決策分析
方法與應用

陳耀茂 編著

五南圖書出版公司 印行

在這種強調社會整體發展的社會生活的範疇之中，面臨各種決策是無法避免的重要問題。像選擇學校、選擇就職的企業、甚至選擇結婚的對象、決定住宅地點等等。小自選擇電視節目、餐廳的菜色以及選擇服裝等，大至廠址選擇或國外設廠地址的選定，甚或核能電廠的評估等。在所有決策中，我們大多是根據設定的目標（goal），從許多的替代案（alternatives）之中，依據幾個評價基準（criteria），來選擇一個或數個可行的替代案。按照如此來想時，人們的生活可以說是選擇行為的累積，也是決策的集合。而且，它可以說是在複雜或模糊不清的狀況下，依據人們的主觀判斷來做決策（decision-making）。

另一方面，在複雜與混沌不清的現代社會中，由於「資訊公開」、「IT 革命」與網際網路的進步，不僅是經營的世界，甚至是我們周遭的生活，正在向資訊化的時代邁進。因而以往的想法無法趕上時時刻刻在變化的時代潮流，並會延誤步入國際化的舞臺。如今有需要進行真正的典範轉移（paradism shift）。此意指從以前的典範去創造新的典範。亦即，簡單的說，從作業性的管理（在所選擇的道路上如何高明地行駛的策略論）變更為策略性的管理（如何選擇正確道路的策略論）。1990 年以前的時代是追求「How to do efficiently 的時代」，此後的時代是追求「What to do exactly 的時代」。

像這樣，決策理論成為 21 世紀解決重要課題的關鍵語。在此種時候，以新的決策手法呈現在眼前的是，美國匹茲堡大學的沙第（T. L. Saaty）教授所開發的 AHP（Analytic Hierarchy Process）與 ANP（Analytic Network Process）。AHP & ANP 的新穎之處在於只要是人，任何人所具有的經歷與直覺此種「感覺資訊（feeling information）」，在決策過程中仍是重要的要素。所以，在以往的決策手法中對於無法模式化或難以定量化的主題，如使用 AHP & ANP 即可應付解決。

決策必須遵循一定的模式，才能使決策科學化和規範化，才能避免決策的盲目性和主觀隨意性，進而取得應有的效果。

決策的基本程式可分為四個步驟：

1. 找出問題，確定目標。亦即進行調查研究、分析問題，找出解決問題的關鍵，據此確定決策目標。

2. 擬定備選方案。即根據決策目標要求，尋求和擬定實現目標的多種方案。

3. 評價和選擇方案，做出決策判斷。即從被選方案中，選出一個比較滿意的方案。在方案的評價和選擇中，要注意以下幾個問題：一是要確定評價基準。二是要審查方案的可靠性，即審查所提供的資料、數據是否有科學依據，是否齊全和準確。三是要注意方案之間的可比性和差異性，把不可比因素轉化爲可比因素，對其差異著重比較與分析。四是要從正反兩方面進行比較，考慮到方案可能帶來的不良影響和潛在問題，權衡利弊，做出正確的決斷。

4. 方案的實施與追蹤。方案一經選定，就要組織實施，落實責任到人。在執行過程中，要了解實施狀況，採取措施或調整方案，以達到預期決策目標。

因此本書以容易了解的方式解說 AHP 及其新發展的模式 ANP。而且，作爲題材的例子均是選自日常生活中容易理解的有趣題材，因此想必可使閱讀趣味化。因此，對於想學習 AHP & ANP 的學生、實際業務中想使用 AHP & ANP 的政府當局人士或經營人士，以及雖然與工作無直接關係但作爲充實自己、想理解 AHP 的實務人士而言，相信是非常實用而且是容易理解的一本書。

陳耀茂　謹誌於仲夏
東海大學企管系所

CONTENTS 目 錄

附錄：AHP 案例導讀

第一篇　基本篇

第一節　第五十篇

第1章 決策與 AHP

1989 年 12 月日本的股價，日經 DOW 平均約達到 39,000 日圓（時價約 530 兆日圓），正值泡沫經濟的頂點。之後泡沫崩壞，有一陣子股價跌到大約 12,000 日圓的價位（時價約 230 兆日圓）。此後有稍微恢復，但複合不景氣（通貨壓縮不景氣）的傷痕甚深，總體經濟來說，金融不景氣（不動產不景氣）持續低迷，設備投資、個人消費、GDP 未見成長。另外，在個體經濟方面，由於加班時間減少，可支配所得減少，甚至出現裁員。如今重組（restructure）這句話甚至變成平常茶餘飯後的用語。此事說明一向被終身僱用制、年功系列制所支持的公司本位主義也面臨檢討的階段。亦即，暗示著與其提及好的「公司人」，不如提及好的「社會人」，要從「量」的發想轉換成「質」的發想，以及要把眼光朝向生活大國（消費者主體）。

從以上的話題，我們可以說從中學到了很大的教訓。第一、第二次世界大戰以後，一直篤信著成長的直線（相信經濟的管道會擴大，股票或土地會持續上升，特別是土地神話近乎信仰），稱此為「迴歸分析症候群」（regression syndrome）。另一者則是，沉迷金融遊戲的虛浮無定。此種資金被認為應該向廣義的社會資本（也包含 IT 相關者）去充實投資才是。

因此，如今需要做的事情是，將自 1990 年所失去的 10 年總括起來，向新的典範（paradigm）去轉移。而且此典範轉移的關鍵語是從「戰術」轉向「戰略」。如今戰略（資源分配的優先順位、重點設置方式的架構，亦即決定未來的方向）的想法最為重要。以觀念的改變來說，從「高明的行駛在所選擇的道路上」到「選擇正確道路」，的確決策是不可欠缺的。以時代的背景來說，從「什麼都要的時代」（泡沫期預算的安排方式），朝向「只要這些的時代」（此後的預算安排方式）去改變。換言之，此後新的典範轉移的重點，可以認為與其「重視結果」，不如重視「決策過程」。

可以回答此種典範轉移的決策模式，有本書要介紹的 AHP（Analytic Hierarchy Process：階層分析法）。此模式是由美國匹茲堡大學的沙第（T. L. Saaty）教授所提倡的手法，在問題的分析方面，係為適切組合主觀判斷與系統研究後的一種問題解決型（提案型）的決策手法。

　　亦即，AHP 是設法解決以往決策手法中無法應對的問題所開發之方法。因此，在使用 AHP 解決問題方面，首先要以如下的關係來掌握：

| 綜合目的 | …… | 評價基準 | …… | 替代案 |

　　然後再做出階層構造。接著求出從綜合目的來看的評價基準比重，其次從各評價基準評價各替代案的重要度，最後，將這些換算成從綜合目的來看替代案的評價。在此評價的過程，AHP 適用以往的經驗與直覺，將以往難以模式化或定量化者使之也能處理，為其特徵所在。

　　因此 AHP 與其他模式之不同特徵加以整理有以下 4 點：

1. 可建立模式並能反映出人所具有的主觀與直覺。

2. 它是可以同時考慮許多目的之模式。

3. 可以明確說明模糊環境的模式。

4. 決策者可以容易地使用此模式。

　　以下介紹提出 AHP 的沙第教授生平。他於 1926 年誕生於伊拉克的墨沙魯。父親是美國的貿易商，母親是伊拉克人。1947 年赴美，在哥倫比亞大學聯合學院研習數學、物理學、生物學。1953 年從耶魯大學取得數學博士學位，其後持續在索爾本大學與 MIT 進行數學與 OR 的研究。1957 年進入國防部五角大廈（Pentagon），進行對英聯戰略的 OR 研究。1963 年進入國務部，為了縮小軍備與軍備限制進行 OR 研究。1969 年成為賓州大學的教授，數年後發現 AHP。1979 年成為匹茲堡大學教授，盡力普及 AHP。此外，近年來發現 AHP 的發展模式──ANP（Analytic Network Process），也致力於它的啟蒙。

　　因此，本書在基礎篇中將利用 AHP、ANP 的決策手法，以容易了解的例子來說明，並且在數理篇中介紹 ISM、Demetal、模糊 AHP 及其他相關之數理手法，此外也在應用篇中介紹各種與 AHP 相結合之手法，最後在案例篇中介紹曾在研討會發表過的幾篇案例。

第2章 何謂 AHP

2.1 何謂 AHP

AHP 是由以下所說明的 3 個步驟所構成的。

步驟 1

將各種想解決的問題，按評價基準與替代案區分層次以階層構造來表現。其中階層構造的最上方是由 1 個要素所形成的綜合目的（goal）。在其下方的層次，依解決問題的當事者（也有複數者）的判斷，從幾個要素數（評價基準數）與它的上一層次之要素（綜合目的或評價基準）之關係來決定。並且，各層次的要素數最大容許數是（7±2）。同時，層次的層數是受應解決之問題性質來決定，因其並無特別的界限。換言之，評價基準形成多階層也沒有關係。最後，階層的最下方放置替代案。階層構造圖如圖 2.1 所示。

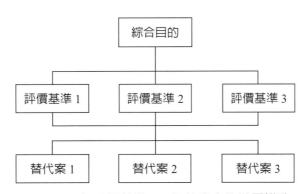

圖 2.1　3 個評價基準、3 個替代案的階層構造

步驟 2

進行各層次的要素間之比重設定。將其層次中的要素間之一對比較在它上一層次的關係要素之下進行。將 n 當作對象的比較要素之個數時，決策者即要進行 $n(n-1)/2$ 個的一對比較。而且，此一對比較所要使用之值當作是 1/9、1/8、……、1/2、1、2、……、8、9，各個數字的意思如表 2.1 所示。

表 2.1　重要性的尺度與其定義

重要性的尺度	定　　義
1	同樣重要（Equal Importance）
3	稍微重要（Weak Importance）
5	相當重要（Strong Importance）
7	非常重要（Very Strong Importance）
9	極為重要（Absolute Importance）

（其中，2、4、6、8 是在中間時使用，不重要時使用倒數）

　　從以上所得到的各層次的一對比較矩陣（已知）來計算各層次的要素間的比重（未知）。關於此要使用一對比較矩陣的特徵值及特徵向量之值，詳細情形，留在 3.1 節 AHP 的數學背景中再行說明。

　　另外，此一對比較矩陣是倒數矩陣，在決策者所回答的一對比較中，期待首尾一貫性的回答是不可能的。因此，此模糊的尺度定義有整合度指數。這要使用一對比較矩陣的最大特徵值之值，詳細情形在 3.1 節 AHP 的數學背景中說明。

步驟 3

　　如計算出各層次的要素間的比重設定時，使用此結果進行整個階層的比重設定。利用此決定各替代案對綜合目的的優先順位（priority）。AHP 的各步驟流程圖，如圖 2.2 所示。

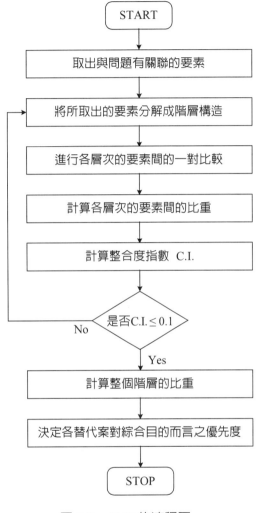

圖 2.2　AHP 的流程圖

2.2　AHP 中的簡易計算法 1

步驟 1

　　AHP 中的計算，如 2.1 節所述，在於求出一對比較矩陣的最大特微值與其特微向量。利用此結果，即可計算各要因（評價基準、替代案）的比重向量與整合度指數 C.I.。因此，本節與下節將要介紹這些計算的簡易方法。

本節先說明簡易計算法 1。譬如，假定有 5 個要因，這些要因間的一對比較如表 2.2 所示。因此，利用簡易計算法 1 求此 5 個要因的比重向量與整合度指數 C.I.。

求比重向量的步驟是由步驟 1 到步驟 3 所構成，又求整合度指數 C.I. 的步驟是由步驟 1 到步驟 4 所構成。

表 2.2　各個要因的一對比較

	🔍	✓	■	□	▪
🔍	1	3	5	7	9
✓	$\frac{1}{3}$	1	3	6	7
■	$\frac{1}{5}$	$\frac{1}{3}$	1	2	3
□	$\frac{1}{7}$	$\frac{1}{6}$	$\frac{1}{2}$	1	3
▪	$\frac{1}{9}$	$\frac{1}{7}$	$\frac{1}{3}$	$\frac{1}{3}$	1

⇐ 列

（其中第 1 列第 2 行的「3」是指要因 🔍 比要因 ✓ 稍微重要）

⇧
列

【求比重向量之步驟】

步驟 1

將一對比較矩陣的各行要素合計。本例的情形是

$$
\begin{bmatrix}
1 & 3 & 5 & 7 & 9 \\
1/3 & 1 & 3 & 6 & 7 \\
1/5 & 1/3 & 1 & 2 & 3 \\
1/7 & 1/6 & 1/2 & 1 & 3 \\
1/9 & 1/7 & 1/3 & 1/3 & 1
\end{bmatrix}
$$

行的合計　　1.787　　4.643　　9.833　　16.333　　23

步驟 2

　　將一對比較矩陣的要素除以行的合計，譬如，第 1 行的各要素除以 1.789，第 2 行的各要素除以 4.643。本例的情形，如下表示。譬如，第 1 行第 1 列的 0.560 是利用 $1 \div 1.789$ 的計算所求得。

$$\begin{bmatrix} 0.560 & 0.646 & 0.508 & 0.429 & 0.391 \\ 0.187 & 0.215 & 0.305 & 0.367 & 0.304 \\ 0.112 & 0.072 & 0.102 & 0.122 & 0.130 \\ 0.080 & 0.036 & 0.051 & 0.061 & 0.130 \\ 0.062 & 0.031 & 0.034 & 0.020 & 0.043 \end{bmatrix}$$

步驟 3

　　將步驟 2 所求出的矩陣各要素按各列求平均。譬如第 1 列為

$$\frac{0.560 + 0.646 + 0.508 + 0.429 + 0.391}{5} = 0.507$$

　　接著由第 2 列至第 5 列進行同樣計算，將結果整理如下。

$$\begin{bmatrix} 0.507 \\ 0.276 \\ 0.108 \\ 0.072 \\ 0.038 \end{bmatrix}$$

　　此結果即為比重向量。亦即第 1 個要因此比重是 0.507，第 2 個要因此比重是 0.276 等等。

【求 C.I. 的步驟】

步驟 1

　　將先前所求出之比重向量，依序乘上表 2.2 所表示的一對比較矩陣的各行後，再求其和。本例的情形，表示如下。

$$0.507 \times \begin{bmatrix} 1 \\ 1/3 \\ 1/5 \\ 1/7 \\ 1/9 \end{bmatrix} + 0.276 \times \begin{bmatrix} 3 \\ 1 \\ 1/3 \\ 1/6 \\ 1/7 \end{bmatrix} + 0.108 \times \begin{bmatrix} 5 \\ 3 \\ 1 \\ 1/2 \\ 1/3 \end{bmatrix} + 0.072 \times \begin{bmatrix} 7 \\ 6 \\ 2 \\ 1 \\ 1/3 \end{bmatrix} + 0.038 \times \begin{bmatrix} 9 \\ 7 \\ 3 \\ 3 \\ 1 \end{bmatrix}$$

$$= \begin{bmatrix} 0.507 \\ 0.169 \\ 0.101 \\ 0.072 \\ 0.056 \end{bmatrix} + \begin{bmatrix} 0.828 \\ 0.276 \\ 0.092 \\ 0.046 \\ 0.039 \end{bmatrix} + \begin{bmatrix} 0.540 \\ 0.324 \\ 0.108 \\ 0.054 \\ 0.036 \end{bmatrix} + \begin{bmatrix} 0.504 \\ 0.432 \\ 0.144 \\ 0.072 \\ 0.024 \end{bmatrix} + \begin{bmatrix} 0.342 \\ 0.266 \\ 0.114 \\ 0.114 \\ 0.038 \end{bmatrix} = \begin{bmatrix} 2.721 \\ 1.467 \\ 0.559 \\ 0.358 \\ 0.193 \end{bmatrix}$$

步驟 2

將步驟 1 所求出的各要素的計算結果，除以先前所求出的各要素之比重。本例的情形如下所示。

$$\begin{bmatrix} 2.721/0.507 \\ 1.467/0.276 \\ 0.559/0.108 \\ 0.358/0.072 \\ 0.193/0.038 \end{bmatrix} = \begin{bmatrix} 5.367 \\ 5.315 \\ 5.176 \\ 4.972 \\ 5.079 \end{bmatrix}$$

步驟 3

將步驟 2 所求出之各要素的計算結果予以平均。此結果即為表 2.2 所示之一對比較矩陣的最大特徵值 λ_{max}。本例的情形表示如下。

$$\lambda_{max} = \frac{5.367 + 5.315 + 5.176 + 4.972 + 5.079}{5} = 5.182$$

步驟 4

利用步驟 3 所求出的 λ_{max} 求整合度指數 C.I.。本例的情形如下所示。

$$C.I. = \frac{\lambda_{max} - n}{n-1} = \frac{5.182 - 5}{4} = 0.046 < 0.1$$

因此，具有有效性。

以上是利用簡易計算法 1 求比重向量與 C.I.。

一、利用簡易計算法 1 的例子

此處利用簡易計算法 1 分析以下例子。

步驟 1

面臨就職的學生經常造訪我的研究室商談就職問題。此時，學生本人感到非常苦惱的情形也有；另一方面，輕鬆沒有負擔地聆聽我的意見的情形也有。所有情形中最感困擾的是，應付腦海中未理出在就職中如何選定企業內容之學生，如果掌握不住是什麼原因在煩惱就無法解決問題。

因此，首先要掌握選定企業的選定要因（評價基準）。此處列舉 6 個要因，分別是企業的將來性、規模、在職期間的薪資體系、上班地點、休假狀況，以及保險等福利保健狀況。這是基於以往接受就職訪談時的經驗所推論出來的。因此，將此問題分解成如圖 2.3 所示的階層構造。階層的最上層（層次 1）列入綜合目的即企業選定，層次 2 是列入 6 個選定要因，以及最下層列入 3 個替代案（A 公司、B 公司、C 公司）。這些要素均有關聯，因此以線連結。

步驟 2

對面臨就職的學生實施意見調查。此即在進行如圖 2.3 所示之選定企業時，針對層次 2 各要因間（評價基準）與層次 3 各要因間（替代案）的一對比較進行回答。

首先，有關企業選定的層次 2 之各要因的一對比較，如表 2.3 所示。因此，利用簡易計算法 1 進行此矩陣的比重向量與 C.I. 的計算。

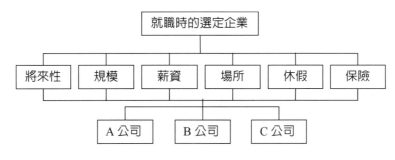

圖 2.3　企業選定中的階層構造

表 2.3 有關選定企業在層次 2 的各要因的一對比較

	將來性	規模	薪資	場所	休假	保險
將來性	1	2	1	5	5	1
規模	$\frac{1}{2}$	1	$\frac{1}{3}$	2	3	1
薪資	1	3	1	3	3	$\frac{1}{2}$
場所	$\frac{1}{5}$	$\frac{1}{2}$	$\frac{1}{3}$	1	1	$\frac{1}{3}$
休假	$\frac{1}{5}$	$\frac{1}{3}$	$\frac{1}{3}$	1	1	$\frac{1}{3}$
保險	1	1	2	3	3	1

$\lambda_{max} = 6.244$　C.I. $= 0.049$

【求比重向量之步驟】

步驟 1

$$\begin{bmatrix} 1 & 2 & 1 & 5 & 5 & 1 \\ 1/2 & 1 & 1/3 & 2 & 3 & 1 \\ 1 & 3 & 1 & 3 & 3 & 1/2 \\ 1/5 & 1/2 & 1/3 & 1 & 1 & 1/3 \\ 1/5 & 1/3 & 1/3 & 1 & 1 & 1/3 \\ 1 & 1 & 2 & 3 & 3 & 1 \end{bmatrix}$$

行的合計　3.9　7.833　5　15　16　4.166

步驟 2

以行的合計除以一對比較矩陣的要素。

$$\begin{bmatrix} 0.256 & 0.255 & 0.2 & 0.333 & 0.313 & 0.24 \\ 0.128 & 0.128 & 0.067 & 0.133 & 0.188 & 0.24 \\ 0.256 & 0.383 & 0.2 & 0.2 & 0.188 & 0.12 \\ 0.051 & 0.064 & 0.067 & 0.067 & 0.063 & 0.080 \\ 0.051 & 0.043 & 0.067 & 0.067 & 0.063 & 0.080 \\ 0.256 & 0.128 & 0.4 & 0.2 & 0.188 & 0.24 \end{bmatrix}$$

步驟 3

利用步驟 2 所求出之矩陣的各要素按各列求平均。

$$\frac{0.256+0.255+0.2+0.333+0.313+0.24}{6}=0.266$$

同樣也求其他列的平均。將它們的結果 W 如下表示。

$$W=\begin{bmatrix} 0.266 \\ 0.147 \\ 0.225 \\ 0.065 \\ 0.062 \\ 0.235 \end{bmatrix}$$

此即爲 6 個選定要因的比重。由此結果得知，對學生來說，將來性是最重要的要因，其次依序爲保險、薪資……。

【求 C.I. 的步驟】

步驟 1

$$0.266 \times \begin{bmatrix} 1 \\ 1/2 \\ 1 \\ 1/5 \\ 1/5 \\ 1 \end{bmatrix} + 0.147 \times \begin{bmatrix} 2 \\ 1 \\ 3 \\ 1/2 \\ 1/3 \\ 1 \end{bmatrix} + 0.225 \times \begin{bmatrix} 1 \\ 1/3 \\ 1 \\ 1/3 \\ 1/3 \\ 2 \end{bmatrix} + 0.065 \times \begin{bmatrix} 5 \\ 2 \\ 3 \\ 1 \\ 1 \\ 3 \end{bmatrix} + 0.062 \times \begin{bmatrix} 5 \\ 3 \\ 3 \\ 1 \\ 1 \\ 3 \end{bmatrix} + 0.235 \times \begin{bmatrix} 1 \\ 1 \\ 1/2 \\ 1/3 \\ 1/3 \\ 1 \end{bmatrix}$$

$$=\begin{bmatrix} 0.266 \\ 0.133 \\ 0.266 \\ 0.053 \\ 0.053 \\ 0.266 \end{bmatrix} + \begin{bmatrix} 0.294 \\ 0.147 \\ 0.441 \\ 0.074 \\ 0.049 \\ 0.147 \end{bmatrix} + \begin{bmatrix} 0.225 \\ 0.075 \\ 0.225 \\ 0.075 \\ 0.075 \\ 0.450 \end{bmatrix} + \begin{bmatrix} 0.325 \\ 0.130 \\ 0.195 \\ 0.065 \\ 0.065 \\ 0.195 \end{bmatrix} + \begin{bmatrix} 0.310 \\ 0.186 \\ 0.186 \\ 0.062 \\ 0.062 \\ 0.186 \end{bmatrix} + \begin{bmatrix} 0.235 \\ 0.235 \\ 0.118 \\ 0.078 \\ 0.078 \\ 0.235 \end{bmatrix} = \begin{bmatrix} 1.655 \\ 0.906 \\ 1.431 \\ 0.407 \\ 0.382 \\ 1.479 \end{bmatrix}$$

上述的計算是在各行向量乘上對應的比重,再按各列合計。

步驟 2

$$\begin{bmatrix} 1.655/0.266 \\ 0.906/0.147 \\ 1.431/0.225 \\ 0.407/0.065 \\ 0.382/0.062 \\ 1.479/0.235 \end{bmatrix} = \begin{bmatrix} 6.222 \\ 6.163 \\ 6.360 \\ 6.262 \\ 6.161 \\ 6.294 \end{bmatrix}$$

步驟 3

$$\lambda_{\max} = \frac{6.222 + 6.163 + 6.360 + 6.262 + 6.161 + 6.294}{6} = 6.244$$

步驟 4

$$\text{C.I.} = \frac{\lambda_{\max} - n}{n - 1} = \frac{6.244 - 6}{5} = 0.049 < 0.1$$

因此,具有有效性。

其次,將層次 2(選擇要因)當作評價基準針對層次 3 中的各替代案間(3 個企業 A、B、C)進行一對比較。結果如表 2.4 所示。

利用簡易計算法求出此 6 個一對比較矩陣的比重向量與 C.I.。首先,6 個比重量如下。

將來性……$w_1^T = (0.277, 0.595, 0.128)$

規模………$w_2^T = (0.231, 0.077, 0.692)$

薪資………$w_3^T = (0.122, 0.648, 0.230)$

場所………$w_4^T = (0.286, 0.143, 0.571)$

休假………$w_5^T = (0.231, 0.077, 0.692)$

保險………$w_6^T = (0.279, 0.640, 0.081)$

表 2.4　關於 6 個選定要因各替代案的一對比較

將來性	A	B	C
A	1	$\frac{1}{2}$	2
B	2	1	5
C	$\frac{1}{2}$	$\frac{1}{5}$	1

$\lambda_{\max} = 3.005$　C.I.$=0.0025$

規模	A	B	C
A	1	3	$\frac{1}{2}$
B	$\frac{1}{3}$	1	$\frac{1}{9}$
C	3	9	1

$\lambda_{\max} = 3.0$　C.I.$=0$

薪資	A	B	C
A	1	$\frac{1}{5}$	$\frac{1}{2}$
B	5	1	3
C	2	$\frac{1}{3}$	1

$\lambda_{\max} = 3.0044$　C.I.$=0.0022$

場所	A	B	C
A	1	2	$\frac{1}{2}$
B	$\frac{1}{2}$	1	$\frac{1}{4}$
C	2	4	1

$\lambda_{\max} = 3.0$　C.I. $= 0$

休假	A	B	C
A	1	3	$\frac{1}{3}$
B	$\frac{1}{3}$	1	$\frac{1}{9}$
C	3	9	1

$\lambda_{\max} = 3.0$　C.I.$=0$

保險	A	B	C
A	1	$\frac{1}{2}$	3
B	2	1	9
C	$\frac{1}{3}$	$\frac{1}{9}$	1

$\lambda_{\max} = 3.014$　C.I.$=0.007$

　　由此結果得知，關於將來性來說，B 公司可以說魅力度（重要度）最高，關於規模而言是 C 公司，關於薪資則是 B 公司。另一方面，此 6 個一對比較矩陣的最大特徵值 $\lambda_{\max}$ 與整合性之評價 C.I.，分別表示在各矩陣的下方。C.I. 之值均在 0.1 以下，所以這些一對比較矩陣均是有效的。

　　由以上得出6個選定要因此比重向量 W 與各替代案的評價向量 $w_1 \sim w_6$ 之值。

步驟 5

　　如計算出層次 2、3 的要素間的比重設定時，由此結果進行整個階層的比重設定，亦即針對綜合目的製作各替代案（企業 A、B、C）的定量性選定基準。

　　替代案的選定基準比重設為 X 時，

$$X = [w_1, w_2, \cdots\cdots, w_6]W$$

本例的情形是：

$$
X = \begin{array}{c} \\ A \\ B \\ C \end{array}
\begin{array}{cccccc}
\text{將來性} & \text{規模} & \text{薪資} & \text{場所} & \text{休假} & \text{保險} \\
\left[\begin{array}{cccccc}
0.277 & 0.231 & 0.122 & 0.286 & 0.231 & 0.279 \\
0.595 & 0.077 & 0.648 & 0.143 & 0.077 & 0.640 \\
0.128 & 0.692 & 0.230 & 0.571 & 0.692 & 0.081
\end{array}\right]
\end{array}
\begin{bmatrix} 0.266 \\ 0.147 \\ 0.225 \\ 0.065 \\ 0.062 \\ 0.235 \end{bmatrix}
= \begin{array}{c} A \\ B \\ C \end{array}\begin{bmatrix} 0.234 \\ 0.480 \\ 0.286 \end{bmatrix}
$$

因此，回答表 2.3、表 2.4 之一對比較矩陣的決策者（學生），對各企業的魅力度（重要度），如上式成為 B > C. > A 的偏好順序。附帶一提，實際上此位學生向 B 公司求職獲得成功。

2.3 AHP 中的簡易計算法 2

本節說明簡易計算法 2。譬如有 5 個要因，這些要因間的一對比較矩陣如表 2.5 所示。因此，利用簡易計算法 2 求此 5 個要因此比重向量與整合度指數 C.I.。其中求 C.I. 的步驟與簡易計算法 1 相同。此計算法的步驟如以下說明。

表 2.5　5 個要素間的一對比較

	①	②	③	④	⑤
①	1	2	3	4	5
②	$\frac{1}{2}$	1	6	4	6
③	$\frac{1}{3}$	$\frac{1}{6}$	1	1	2
④	$\frac{1}{4}$	$\frac{1}{4}$	1	1	2
⑤	$\frac{1}{5}$	$\frac{1}{6}$	$\frac{1}{2}$	$\frac{1}{2}$	1

【求比重向量的步驟】

步驟 1

　　求一對比較矩陣之各行要素的幾何平均。本例的情形如下。

要因 1　$\sqrt[5]{1 \times 2 \times 3 \times 4 \times 5} = 2.605$

要因 2　$\sqrt[5]{1/2 \times 1 \times 6 \times 4 \times 6} = 2.352$

要因 3　$\sqrt[5]{1/3 \times 1/6 \times 1 \times 1 \times 2} = 0.644$

要因 4　$\sqrt[5]{1/4 \times 1/4 \times 1 \times 1 \times 2} = 0.660$

要因 5　$\sqrt[5]{1/5 \times 1/6 \times 1/2 \times 1/2 \times 1} = 0.384$

步驟 2

將步驟 1 所求出之各行要素的幾何平均加以合計。

$$2.605 + 2.352 + 0.644 + 0.660 + 0.384 = 6.645$$

步驟 3

　　步驟 1 所求出之各行要素的幾何平均除以步驟 2 所求出之合計值。此值即為比重向量。

$$\begin{bmatrix} 2.605/6.645 \\ 2.352/6.645 \\ 0.644/6.645 \\ 0.660/6.645 \\ 0.384/6.645 \end{bmatrix} = \begin{bmatrix} 0.392 \\ 0.354 \\ 0.097 \\ 0.099 \\ 0.058 \end{bmatrix}$$

　　由此結果知，要因 1 的比重是 0.392，其次要因 2 的比重是 0.354。

【求 C.I. 的步驟】

步驟 1

　　將先前所求出的比重向量之各要素，依序乘上表 2.5 所示的一對比較的各行後，再求其和。

$$0.392 \times \begin{bmatrix} 1 \\ 1/2 \\ 1/3 \\ 1/4 \\ 1/5 \end{bmatrix} + 0.354 \times \begin{bmatrix} 2 \\ 1 \\ 1/6 \\ 1/4 \\ 1/6 \end{bmatrix} + 0.097 \times \begin{bmatrix} 3 \\ 6 \\ 1 \\ 1 \\ 1/2 \end{bmatrix} + 0.099 \times \begin{bmatrix} 4 \\ 4 \\ 1 \\ 1 \\ 1/2 \end{bmatrix} + 0.058 \times \begin{bmatrix} 5 \\ 6 \\ 2 \\ 2 \\ 1 \end{bmatrix}$$

$$= \begin{bmatrix} 0.392 \\ 0.196 \\ 0.131 \\ 0.098 \\ 0.078 \end{bmatrix} + \begin{bmatrix} 0.708 \\ 0.354 \\ 0.059 \\ 0.089 \\ 0.059 \end{bmatrix} + \begin{bmatrix} 0.291 \\ 0.582 \\ 0.097 \\ 0.097 \\ 0.049 \end{bmatrix} + \begin{bmatrix} 0.396 \\ 0.396 \\ 0.099 \\ 0.099 \\ 0.050 \end{bmatrix} + \begin{bmatrix} 0.290 \\ 0.348 \\ 0.116 \\ 0.116 \\ 0.058 \end{bmatrix} = \begin{bmatrix} 2.077 \\ 1.876 \\ 0.502 \\ 0.499 \\ 0.294 \end{bmatrix}$$

步驟 2

將步驟 1 所求出的各要素計算結果，除以先前所求出之各要素的比重。

$$\begin{bmatrix} 2.077/0.392 \\ 1.876/0.354 \\ 0.502/0.097 \\ 0.499/0.099 \\ 0.294/0.058 \end{bmatrix} = \begin{bmatrix} 5.298 \\ 5.299 \\ 5.175 \\ 5.040 \\ 5.069 \end{bmatrix}$$

步驟 3

將步驟 2 所求出之各要素的計算結果予以平均，此結果即為表 2.5 所示之一對比較矩陣的最大特徵值 λ_{max}。

$$\lambda_{max} = \frac{5.298 + 5.299 + 5.175 + 5.040 + 5.069}{5} = 5.176$$

步驟 4

利用步驟 3 所求出的 λ_{max} 來求整合度指數 C.I.。

$$C.I. = \frac{\lambda_{max} - n}{n - 1} = \frac{5.176 - 5}{4} = 0.044 < 0.1$$

因此，此矩陣是有效的。

以上是利用簡易計算法 2 求比重向量與 C.I. 的計算步驟。

利用簡易計算法 2 的例子

此處利用簡易計算法 2 分析以下的例子。

步驟 1

曾經某一位棒球評論家想預測明年的優勝賽，不知有無科學的方法而前來與我商談。此評論家是猜測下一季優勝隊的名人而受到業界矚目。可是，總是有人批評他過於依賴個人的直覺，缺乏客觀的根據，目前有可能進入優勝比賽的球隊，有 A、B、C 三隊。並且，這些隊伍都很優越、很難分出軒輊，評論家這次相當的迷惑。因此，決定使用 AHP 解決此問題。此時，首先需要掌握有關職棒預估順位的要因。此處與這位評論家商討的結果，列舉出 5 個要因。亦即：投手力（先攻、防守、轉投）、攻擊力（打力、跑力）、防守力（內外野的防守、隊形變化）、教練的指揮（作戰）、團隊合作。因此，將此問題分解成如圖 2.4 所示的階層構造。

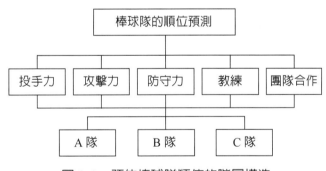

圖 2.4　預估棒球隊順位的階層構造

步驟 2

當想進行棒球隊順位預估時，層次 2 各要因（評價基準）間與層次 3 各要因（替代案）間之一對比較要如何進行，乃向此評論家進行意見調查。結果，就棒球隊順位預估來說，層次 2 各要因（評價基準）的一對比較，如表 2.6 所示。因此，利用簡易計算法 2 進行此矩陣的比重向量與 C.I.。

【求比重向量的步驟】

步驟 1

求一對比較矩陣之各列要素的幾何平均。本例的情形如下。

要因 1　$\sqrt[5]{1 \times 3 \times 6 \times 1/2 \times 1} = 1.552$

要因 2　$\sqrt[5]{1/3 \times 1 \times 4 \times 1/5 \times 1/2} = 2.3520.668$

要因 3　$\sqrt[5]{1/6 \times 1/4 \times 1 \times 1/7 \times 1/3} = 0.288$

要因 4　$\sqrt[5]{2 \times 5 \times 7 \times 1 \times 3} = 2.914$

要因 5　$\sqrt[5]{1 \times 2 \times 3 \times 1/3 \times 1} = 1.149$

表 2.6　就棒球隊順位預估而言層次 2 的各要因此一對比較

	投手力	攻擊力	防守力	教練	團隊合作
投手力	1	3	6	$\frac{1}{2}$	1
攻擊力	$\frac{1}{3}$	1	4	$\frac{1}{5}$	$\frac{1}{2}$
防守力	$\frac{1}{6}$	$\frac{1}{4}$	1	$\frac{1}{7}$	$\frac{1}{3}$
教練	2	5	7	1	3
團隊合作	1	2	3	$\frac{1}{3}$	1

步驟 2

將步驟 1 所求出之各列要素的幾何平均予以合計。

$$1.552 + 0.668 + 0.288 + 2.914 + 1.149 = 6.571$$

步驟 3

將步驟 1 所求出之各行要素的幾何平均值除以步驟 2 所求出之合計值，此值即為比重向量。

$$W = \begin{bmatrix} 1.552/6.571 \\ 0.668/6.571 \\ 0.288/6.571 \\ 2.914/6.571 \\ 1.149/6.571 \end{bmatrix} = \begin{bmatrix} 0.236 \\ 0.102 \\ 0.044 \\ 0.443 \\ 0.175 \end{bmatrix}$$

由此結果可知，教練的指揮是最重要的要因（0.443），接著依序為投手力（0.236）、團隊合作（0.175）……。

【求 C.I. 的步驟】

步驟 1

$$0.236 \times \begin{bmatrix} 1 \\ 1/3 \\ 1/6 \\ 2 \\ 1 \end{bmatrix} + 0.102 \times \begin{bmatrix} 3 \\ 1 \\ 1/4 \\ 5 \\ 2 \end{bmatrix} + 0.044 \times \begin{bmatrix} 6 \\ 4 \\ 1 \\ 7 \\ 3 \end{bmatrix} + 0.443 \times \begin{bmatrix} 1/2 \\ 1/5 \\ 1/7 \\ 1 \\ 1/3 \end{bmatrix} + 0.175 \times \begin{bmatrix} 1 \\ 1/2 \\ 1/3 \\ 3 \\ 1 \end{bmatrix}$$

$$= \begin{bmatrix} 0.236 \\ 0.079 \\ 0.039 \\ 0.472 \\ 0.236 \end{bmatrix} + \begin{bmatrix} 0.306 \\ 0.102 \\ 0.026 \\ 0.510 \\ 0.204 \end{bmatrix} + \begin{bmatrix} 0.264 \\ 0.176 \\ 0.044 \\ 0.308 \\ 0.132 \end{bmatrix} + \begin{bmatrix} 0.222 \\ 0.089 \\ 0.063 \\ 0.443 \\ 0.148 \end{bmatrix} + \begin{bmatrix} 0.175 \\ 0.088 \\ 0.058 \\ 0.525 \\ 0.175 \end{bmatrix} = \begin{bmatrix} 1.203 \\ 0.534 \\ 0.230 \\ 2.258 \\ 0.895 \end{bmatrix}$$

上述的計算是對各行向量乘上對應的比重，再將各列合計。接著，以如下的步驟，將這些值除以對應的比重。

步驟 2

$$\begin{bmatrix} 1.203/0.236 \\ 0.534/0.102 \\ 0.230/0.044 \\ 2.258/0.443 \\ 0.895/0.175 \end{bmatrix} = \begin{bmatrix} 5.097 \\ 5.235 \\ 5.227 \\ 5.097 \\ 5.114 \end{bmatrix}$$

步驟 3

$$\lambda_{\max} = \frac{5.097 + 5.235 + 5.227 + 5.097 + 5.114}{5} = 5.154$$

步驟 4

$$C.I. = \frac{\lambda_{\max} - n}{n-1} = \frac{5.154 - 5}{4} = 0.039 < 0.1$$

因此，它可以說是有效的。

其次，以層次 2（各要因）作為評價基準進行層次 3 中各替代案（A, B, C）間的一對比較。結果如表 2.7 所示。

利用簡易計算法 2 求此 5 個一對比較矩陣的比重向量與 C.I.。首先，5 個比重向量得出如下。

投手力⋯⋯⋯⋯$w_1^T = (0.570, 0.333, 0.097)$

攻擊力⋯⋯⋯⋯$w_2^T = (0.5, 0.25, 0.25)$

防守力⋯⋯⋯⋯$w_3^T = (0.637, 0.105, 0.258)$

教練⋯⋯⋯⋯⋯$w_4^T = (0.597, 0.346, 0.057)$

團隊合作⋯⋯⋯$w_5^T = (0.258, 0.637, 0.105)$

由此結果知，譬如關於投手力是 A 隊，關於防守力也是 A 隊，關於團隊合作是 B 隊，⋯⋯可以說魅力度（重要度）是最高的。

表 2.7　層次 3 中各替代案間的一對比較

投手力	A	B	C
A	1	2	5
B	$\frac{1}{2}$	1	4
C	$\frac{1}{5}$	$\frac{1}{3}$	1

$\lambda_{\max} = 3.025$　C.I.=0.012

攻擊力	A	B	C
A	1	2	2
B	$\frac{1}{2}$	1	1
C	$\frac{1}{2}$	1	1

$\lambda_{\max} = 3.0$　C.I. = 0

防守力	A	B	C
A	1	5	3
B	$\frac{1}{5}$	1	$\frac{1}{3}$
C	$\frac{1}{3}$	3	1

λ_{max} = 3.038   C.I.=0.019

教練	A	B	C
A	1	2	9
B	$\frac{1}{2}$	1	7
C	$\frac{1}{9}$	$\frac{1}{7}$	1

λ_{max} = 3.022   C.I.=0.011

團隊合作	A	B	C
A	1	$\frac{1}{3}$	3
B	3	1	5
C	$\frac{1}{3}$	$\frac{1}{5}$	1

λ_{max} = 3.038   C.I.=0.019

另一方面，此 5 個一對比較矩陣的最大特徵值 λ_{max} 與整合性之評價 C.I.，分別表示在各矩陣的下方。

以上，得出本例中 5 個評價要因此比重向量 W 與各替代案的評價向量 w_1～w_5 之值。

步驟 5

如計算出層次 2、3 要因間的比重設定時，依此結果進行整個階層的比重設定。亦即，針對綜合目的（棒球的順位預估）製作各替代案（A, B, C）的定量性順位基準。

如替代案的順位基準比重設為 X 時，則

$$X = [w_1, w_2, w_3, w_4, w_5]W$$

本例的情形是：

$$X = \begin{array}{c} \\ A \\ B \\ C \end{array} \begin{array}{ccccc} \text{投手力} & \text{攻擊力} & \text{防守力} & \text{教練} & \text{團隊合作} \\ \begin{bmatrix} 0.570 & 0.5 & 0.637 & 0.597 & 0.258 \\ 0.333 & 0.25 & 0.105 & 0.346 & 0.637 \\ 0.097 & 0.25 & 0.258 & 0.057 & 0.105 \end{bmatrix} \end{array} \begin{bmatrix} 0.236 \\ 0.102 \\ 0.044 \\ 0.443 \\ 0.175 \end{bmatrix} = \begin{array}{c} A \\ B \\ C \end{array} \begin{bmatrix} 0.523 \\ 0.374 \\ 0.103 \end{bmatrix}$$

因此，此評論家用 AHP 所預估的順位是 A > B > C。

實際上進入比賽季節，優勝比賽是 A、B、C 3 隊的競爭。此白熱戰（dead heat）持續至季節結束，許多球迷都是緊張屏息、提心吊膽的定睛注視。如 AHP 的分析，優勝是 A 隊，第 2 是 B 隊，第 3 是 C 隊而塵埃落定。最高興的人是這一位評論家。預估猜中一事雖與每一次的球季並無不同，但是由於有客觀的根據，所以對他的評價愈來愈高。

像 AHP 這樣被稱為將直覺與科學（數學）加以組合來解決問題的系統手法，其理由是非常清楚的。此外，它建立身為一流棒球評論家的地位，而且 AHP 也開始嶄露頭角、普及化。

第3章 AHP 中的計算例

3.1 AHP 的數學背景

求出某層次的要素 $A_1, A_2, \cdots A_n$，對上一層次的要素比重 $w_1, w_2, \cdots, w_n$。此時，a_i 對 a_j 的重要度設爲 a_{ij} 時，要素 $A_1, A_2, \cdots A_n$ 的一對比較矩陣即爲 $A = [a_{ij}]$。如果 $w_1, w_2, \cdots, w_n$ 已知時，$A = [a_{ij}]$ 即：

$$A = [a_{ij}] = \begin{matrix} \\ A_1 \\ A_2 \\ \vdots \\ A_n \end{matrix} \overset{\begin{matrix} A_1 & A_2 & \cdots & A_n \end{matrix}}{\begin{bmatrix} w_1/w_1 & w_1/w_2 & \cdots & w_1/w_n \\ w_2/w_1 & w_2/w_2 & \cdots & w_2/w_n \\ \vdots & & & \\ w_n/w_1 & w_n/w_2 & \cdots & w_n/w_n \end{bmatrix}} \tag{3.1}$$

其中，

$$a_{ij} = w_i/w_j, \; a_{ji} = 1/a_{ij}, \; W = \begin{bmatrix} w_1 \\ w_2 \\ \vdots \\ w_n \end{bmatrix} \qquad i, j = 1, 2, \cdots, n$$

此時，對所有的 i、j、k 而言，$a_{ij} \times a_{jk} = a_{ik}$ 是成立的。此事說明決策者的判斷完全首尾一致。如將此一對比較矩陣 A 乘上比重向量 W 時，即得出向量 $n \cdot W$。亦即：

$$A \cdot W = n \cdot W$$

並且，此式可以變形成爲如下特徵值問題，即：

$$(A - n \cdot I) \cdot W = 0 \; （I 爲單位矩陣列） \tag{3.2}$$

此處為了使 $W \neq 0$ 成立，n 必須是 A 的特徵值（eignvalue）才行。此時 W 稱為 A 的特徵向量（eignvector）。而且，A 的秩（rank）是 1，所以特徵值 $\lambda_i (i = 1, 2, \cdots, n)$ 只有 1 個非零，其他均為零。並且 A 的主對角元素之和為 n，因此將唯一非零的 λ_i 設為 $\lambda_{\max}$ 時，則：

$$\lambda_i = 0, \lambda_{\max} = n \qquad (\lambda_i \neq \lambda_{\max}) \tag{3.3}$$

因此，對 $\lambda_1, \lambda_2, \cdots, \lambda_n$ 而言的比重向量 W，即為對 A 最大特徵值 $\lambda_{\max}$ 而言的標準化（$\sum w_i = 1$）特徵向量。

實際上解決複雜狀況下的問題時，A' 是未知的，必須求 W'。因此，W' 是從決策者的回答所得到的一對比較矩陣來計算。如此一來，此種問題即為：

$$A'W' = \lambda'_{\max} = W' \qquad (\lambda'_{\max} \text{ 為 } A' \text{ 的最大特徵值})$$

因此，如前述 W' 是對 A' 的最大特徵值 $\lambda'_{\max}$ 而言的標準化特徵向量。利用此式未知的 W' 即可求出。

但是，實際上狀況變得愈複雜，決策者的回答變得愈難整合（首尾變得沒有一貫）。像這樣，隨著 A' 變得不整合，$\lambda_{\max}$ 就會比 n 大。此事由以下所示的沙第定理就可以知道：

$$\lambda_{\max} = n + \sum_{i=1}^{n} \sum_{j=i+1}^{n} \frac{(w'_j a_{ij} - w'_i)^2}{w'_i w'_j a_{ij} n} \tag{3.4}$$

因此，經常成立 $\lambda_{\max} \geq n$，等號是只有在首尾一貫性的條件滿足時才成立的。

所以首尾一貫性的尺度是：

$$\text{C.I.} = \frac{\lambda'_{\max} - n}{n - 1} \tag{3.5}$$

此稱為整合度指數（Consistency Index）。亦即，矩陣 A' 有 n 個特徵值，它

的和知成爲 n。因此，式（3.5）的分子可以看成是一種指標，表示除 λ'_{max} 以外的特徵值的大小。並且由於（$n-1$）個特徵值具有此指標，因此每一個特徵值的此指標平均值即爲式（3.5）。矩陣 A 具有完全整合性時此值爲 0，此值也愈大，可以想成不整合性愈高。沙第依據經驗法則提出 C.I. 之值在 0.1（有時 0.15）以下視爲合格。

3.2　AHP 的特徵與注意點

雖然從過去就開發出各種決策手法，但本書所介紹的 AHP 相較於這些手法來說有些特徵，可以整理如下。

1. 評價基準有很多，而且相互並無共通尺度之類的問題是可以解決的。

2. 在以往的定量分析中，無法處理之不明確（intangible）要因交織著，構造也不明確之問題是可以解決的，譬如，以一對比較回答比率時，藉著使用「大約相同、稍微、相當、非常、極爲」之模糊表現，決策者的負擔可以減輕。實際上嚴密回答未具有明確尺度的要素間之比率是不可能的。

3. 可以處理首尾沒有一貫性的數據，而且首尾一貫性的整合度可以同時知道，所以修正容易。並且就像沙第本身所主張的那樣，不過是爲了能適切估計首尾一貫性的必要條件而已，這如果太差時，必須重新再次進行一對比較。

4. 將複雜且構造不明確的問題利用階層化來整理，能以有限的條件不斷地去做部分性的比較與考察即可解決，之後即可進行全體的評價。人的思考過程是製作階層後再逐步去解決，階層化的探討容易被大家接受。

5. 將系統的探討與主觀的判斷加以組合，即可活用以往組織上難以採納的直覺與經驗來下決策。

6. 像沒有數據、或在不易收集的環境下進行決策等問題是可以解決的。

7. 在決定之前，設想各種情形，並設想預測決策之影響對此類問題是可以解決的。

8. 當由小組來決策時，表示及整理有關人員之間的意見也是非常方便的。在製作問題的階層或進行一對比較的過程中，召集有關人員以小組來進行爲宜。

接著說明在實施 AHP 時應注意的要點。

1. 引進到同一層次的要素應選擇相互間獨立性高者。

2. 一對比較的對象要素在 7 個左右，至多不超過 9 個。

3. 當一對比較值無法確信時，對該值進行感度分析。

4. 綜合的重要度（綜合評價值）表示偏好度，以此值的大小順序來決定理想的替代案，但就此值之差（或比）來說，有需要注意再行處理。綜合重要度的判定雖然是決策者在進行，但有時先除去重要度低的要素，再去實施 AHP 也是需要的。

5. 當小組決策使用 AHP 時，一對比較值是使用小組成員之值的幾何平均。

以上說明了 AHP 的特徵與注意點。對於特徵 3、注意點 5，會在第 4 章詳細檢討。

3.3　AHP 的應用例與計算例

開發 AHP 的沙第教授，在許多著作中介紹了各種應用例。其中所敘述的 AHP 應用對象有經濟問題與經營問題，以及能源問題、醫療與健康、紛爭處理、軍備縮小問題、國際關係、人事評價、專案選定、組合選擇、政策決定、社會學、都市計畫等。特別是芬蘭的 Hamalainen 教授所提出的，針對核能發電可否建設在國會審議中的應用，以及 Satty 教授所提出的祕魯日本大使館人質事件的應用，均是有名的事例。這些應用例的共同特徵是，所有的問題均含有質的要素，它是占有重要功能的決策問題。因此，由於定量化困難，所以目前為止未能列舉的問題仍有很多。

另一方面，在日本 AHP 的應用例，則有「小組 AHP 在人事評價上的應用」、「AHP 評價的重複修正支援法與它的實裝系統」、「利用感官資訊的定量化進行機械系統的可靠性與安全性解析」、「利用絕對評價法進行更新的成本收益評價」、「阪神高速公路中自動點檢監視系統的評價」、「新地區國際機場的地址選定」、「利用 AHP 進行風險評價」、「因應 21 世紀社會經濟環境的構造變化所出現的生活模式」、「縣民意識調查與該縣未來面的評價」等。

因此，此處準備 3 個容易理解的計算例。第 1 是 AHP 的典型例，評價基準是同時性（相同層次）的情形。第 2 是評價基準屬階層性（橫跨複數層次）之情形。第 3 是設定幾個可以反映立場的評價腳本之情形。

【計算例 1　完全型】

步驟 1

某位金融相關人員前來商討有關金融商品之評價。

金融大改革的潮流在日本也於數年前蜂湧而至，金融界遭受甚大變革。譬如，湧向個人資產的三大潮流，分別是 2000 年 4 月的郵政存款開始大量償還；2001 年 4 月的股票等之源泉分離課稅制度廢止；2002 年 4 月償付（pay off）的解禁。在此種變革期中，各種金融商品（MMF、中期公債基金、公債公司債、美國公債、股票、股票投資信託、公司債投信等等）陳列在消費者的眼前。此時，重要的是，各商品的風險與回收（risk and return）的分析。譬如，它是高風險、高回收的商品，或是低風險、低回收的商品等等。另一則是分析商品的內容，從各種基準來評價各商品。

因此，針對此金融相關人員所提示的 3 個金融商品 A、B、C 進行評價分析。譬如，評價基準列舉以下 5 個要因，分別是將來性、安定性、投機性、方便性、資訊性。如此一來，此問題就變成如圖 3.1 所示的階層構造。階層的最上層列入綜合目的，即金融商品選擇問題，層次 2 列入 5 個選擇要因，接著最下層（層次 3）分別列入 3 個替代案（商品 A、B、C）。這些要因均有關聯，所以以線連結。

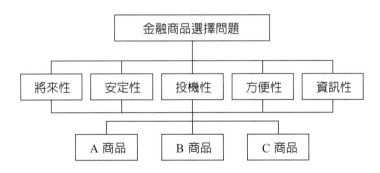

圖 3.1　有關選擇金融商品問題（計算例 1）之階層構造

步驟 2

當進行如圖 3.1 所示的金融商品選擇時，讓金融投資專家回答層次 2 各要因（評價基準）與層次 3 各要因（替代案）之一對比較情形。首先，就金融商品的選擇進行層次 2 各要因（評價基準）的一對比較。結果如表 3.1 所示。觀察此表，

譬如第 1 列第 2 行的「3」，意謂「將來性比安定性稍微重要 (3)」。此矩陣的最大特徵值是：

$$\lambda_{\max} = 5.039$$

因此整合性的評價是：

$$\text{C.I.} = \frac{\lambda_{\max} - n}{n - 1} = 0.01 < 0.1$$

所以，可以說此矩陣具有效性。而且，對於此最大特徵值的標準化特徵向量為：

$$W^T = (0.438, 0.148, 0.282, 0.082, 0.050)$$

矩陣 W 的上方加上 T 是表示轉置（Transpose）。這是 5 個選定要因的比重向量。由此可知，對此金融投資家來說，最重要的選定要因是將來性，其次依序是投機性、安定性。

接著以層次 2（選定要因）作為評價基準，進行層次 3 中各替代案（A 商品、B 商品、C 商品）之間的一對比較。換言之，就 5 個選定要因來比較各替代案的重要性。這些結果如表 3.2 所示。

表 3.1　有關金融商品選擇問題在層次 2 的各要因此一對比較

	將來性	安定性	投機性	方便性	資訊性
將來性	1	3	2	5	7
安定性	$\frac{1}{3}$	1	$\frac{1}{2}$	2	3
投機性	$\frac{1}{2}$	2	1	4	6
方便性	$\frac{1}{5}$	$\frac{1}{2}$	$\frac{1}{4}$	1	2
資訊性	$\frac{1}{7}$	$\frac{1}{3}$	$\frac{1}{6}$	$\frac{1}{2}$	1

$\lambda_{\max} = 5.039$　　　C.I.=0.010

表 3.2　有關 5 個選擇要因的各替代案的一對比較

將來性	A	B	C
A	1	2	3
B	$\frac{1}{2}$	1	2
C	$\frac{1}{3}$	$\frac{1}{2}$	1

$\lambda_{\max} = 3.009$　C.I.=0.005

安定性	A	B	C
A	1	$\frac{1}{3}$	2
B	3	1	6
C	$\frac{1}{2}$	$\frac{1}{6}$	1

$\lambda_{\max} = 3.0$　C.I.=0

投機性	A	B	C
A	1	2	2
B	$\frac{1}{2}$	1	1
C	$\frac{1}{2}$	1	1

$\lambda_{\max} = 3.0$　C.I.=0

方便性	A	B	C
A	1	1	$\frac{1}{3}$
B	1	1	$\frac{1}{3}$
C	3	3	1

$\lambda_{\max} = 3.0$　C.I.=0

資訊性	A	B	C
A	1	2	$\frac{1}{2}$
B	$\frac{1}{2}$	1	$\frac{1}{4}$
C	2	4	1

$\lambda_{\max} = 3.0$　C.I.=0

　　這些 5 個一對比較矩陣的最大特徵值 $\lambda_{\max}$ 與其整合性的評價 C.I.，分別表示在各矩陣的下方。對此 5 個選定要因的 C.I. 值均在 0.1 以下，所以這些一對比較矩陣均具有效性。而且，對這些 5 個最大特徵值的標準化特徵向量分別得出如下結果：

將來性⋯⋯⋯$w_1^T = (0.540, 0.297, 0.163)$

安定性⋯⋯⋯$w_2^T = (0.222, 0.667, 0.111)$

投機性⋯⋯⋯$w_3^T = (0.5, 0.25, 0.25)$

方便性⋯⋯⋯$w_4^T = (0.2, 0.2, 0.6)$

資訊性⋯⋯⋯$w_5^T = (0.286, 0.143, 0.571)$

譬如，就將來性而言，A 商品的魅力度（重要度）可說是最高，對安全性而言，B 商品的魅力度最高，對資訊性而言，C 商品的魅力性最高。

由以上得出層次 2（評價基準）對層次 1（綜合目的）的比重 W，與層次 3（替代案）對層次 2 的各選擇要因（評價基準）之比重 $w_1 \sim w_5$ 之值。

步驟 3

如計算出層次 2、3 要因間的比重時，利用此結果進行整個階層的比重設定。亦即，對綜合目的（金融商品的選擇）製作各替代案 A、B、C 的定量性選擇基準。

替代案的選擇基準比重設為 X 時，則：

$$X = [w_1, w_2, \cdots, w_5]$$

本例的情形即為：

$$
X = \begin{array}{c} \\ A \\ B \\ C \end{array}
\begin{array}{ccccc}
\text{將來性} & \text{安定性} & \text{投機性} & \text{方便性} & \text{資訊性} \\
\begin{bmatrix}
0.540 & 0.222 & 0.5 & 0.2 & 0.286 \\
0.297 & 0.667 & 0.25 & 0.2 & 0.143 \\
0.163 & 0.111 & 0.25 & 0.6 & 0.571
\end{bmatrix}
\end{array}
\begin{bmatrix}
0.438 \\
0.148 \\
0.282 \\
0.082 \\
0.050
\end{bmatrix}
= \begin{array}{c} A \\ B \\ C \end{array}
\begin{bmatrix}
0.441 \\
0.323 \\
0.236
\end{bmatrix}
$$

因此，回答如表 3.1 與表 3.2 那樣的一對比較矩陣決策者（此金融投資家），對各商品（A、B、C）的魅力度（重要度）如上式，偏好順序為 $A > B > C$。

【計算例 2　短絡型】

步驟 1

又在某日，另一位投資家前來商討與計算例 1 相同的內容。

但是，此位投資家與前一位不同的地方是，在選擇要因中另追加費用（Cost）。亦即，選擇要因有 6 個，分別是費用、將來性、安定性、投機性、方便性、資訊性。

但是，這 6 個選擇要因並非像計算例 1 那樣同時性（相同層次）處理，而是階層性（複數的層次）的處理。也就是說，對此位投資家來說，費用的選擇要因

與其他選擇要因不在相同的層次。本例的情形，最基本的要因爲費用、長期性要因（歸納成將來性、安定性）、短期性要因（歸納成投機性、方便性、資訊性）三者。

　　將此種內容圖示時，就變成如圖 3.2 所示的階層構造。亦即，階層的最上層（層次 1）是綜合目的，即金融商品選擇問題，從層次 2 到層次 3 是列入選擇要因（評價基準），最下層（層次 4）是列入 3 種商品（A、B、C）。這些要因均有關聯，所以以線連結。

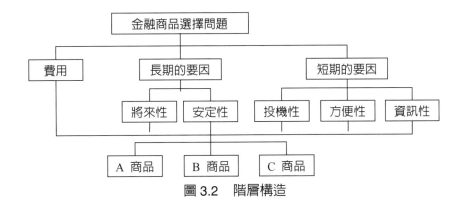

圖 3.2　階層構造

表 3.3　層次 2 的各要因此一對比較

	費用	長期的要因	短期的要因
費用	1	$\dfrac{1}{3}$	2
長期的要因	3	1	6
短期的要因	$\dfrac{1}{2}$	$\dfrac{1}{6}$	1

$\lambda_{max} = 3.0$　C.I.=0

步驟 2

　　當進行選擇如圖 3.2 所示的金融商品時，從層次 2 到層次 4（最下層）各要因（評價基準、替代案）間的一對比較是如何，讓此位投資家回答。首先，就「金融商品選擇」進行層次 2 各要因（評價基準）的一對比較。結果如表 3.3 所示，此矩陣的最大特徵值是：

$$\lambda_{max} = 3.0$$

因此,整合性的評價是:

$$C.I. = 0$$

可說此矩陣具有效性。而且,對此最大特徵值而言,標準化的特徵向量是:

$$w_1^T = (0.222, 0.667, 0.111)$$

這是層次 2 的比重。亦即,層次 2 的選擇要因以長期性要因最為重要,接著依序為費用、短期性要因。

其次,分別對長期性要因的層次 3 各要因(將來性、安定性)與短期性要因的層次 3 的各要因(投資性、方便性、資訊性)進行一對比較,這些結果如表 3.4 所示。

表 3.4　層次 3 的各要因的一對比較

長期的要因	將來性	安定性
將來性	1	2
安定性	$\frac{1}{2}$	1

$$\lambda_{max} = 2.0$$

短期的要因	投機性	方便性	資訊性
投機性	1	2	3
方便性	$\frac{1}{2}$	1	2
資訊性	$\frac{1}{3}$	$\frac{1}{2}$	1

$$\lambda_{max} = 3.009 \quad C.I.=0.005$$

有關長期性要因此一對比較矩陣的最大特徵值為:

$$\lambda_{max} = 2.0$$

而且,對此最大特徵值而言的標準化特徵向量為:

$$w_2^T = (0.667, 0.333)$$

此即為有關長期性要因的層次 3 各要因的比重向量。

其次，有關短期性要因的一對比較矩陣的最大特徵值為：

$$\lambda_{\max} = 3.009$$

因此，整合性的評價為：

$$\text{C.I.} = 0.005$$

可以說該矩陣是具有效性的。另外，對此最大特徵值而言，標準化特徵向量為：

$$w_3^T = (0.540, 0.297, 0.163)$$

此即為有關短期性要因的層次 3 各要因之比重向量。

又，從層次 1 看到的比重設定為：

$$0.667 \times w_2^T = (0.444, 0.222)$$
$$0.111 \times w_3^T = (0.060, 0.033, 0.018)$$

6 個評價基準（費用、將來性、安定性、投機性、方便性、資訊性）的比重向量設為 W 時，由以上得出：

$$W^T = (0.222, 0.444, 0.222, 0.060, 0.033, 0.018)$$

亦即，此位投資家選擇金融商品，以將來性最為重要，其次是費用、安定性。

最後，就此 6 個評價基準進行各替代案（金融商品）的一對比較，這些結果如表 3.5 所示。

此 6 個矩陣的各個最大特徵值 λ_{max} 與整合性的 C.I. 值，分別表示在各矩陣下方，並且對此 6 個最大特徵值得出的標準化特徵向量分別爲：

費用…………$w_I^T = (0.169, 0.387, 0.444)$

將來性………$w_{II}^T = (0.540, 0.297, 0.163)$

安定性………$w_{III}^T = (0.761, 0.082, 0.157)$

投機性………$w_{IV}^T = (0.216, 0.685, 0.102)$

方便性………$w_V^T = (0.648, 0.230, 0.122)$

資訊性………$w_{VI}^T = (0.143, 0.571, 0.286)$

$w_I \sim w_{VI}$ 是各替代案（各金融商品）對各評價基準（選擇要因）的評價值（比重）。

表 3.5　有關 6 個評價基準的各替代代案的一對比較

費用	A	B	C
A	1	$\frac{1}{2}$	$\frac{1}{3}$
B	2	1	1
C	3	1	1

$\lambda_{max} = 3.018$　C.I. = 0.009

將來性	A	B	C
A	1	2	3
B	$\frac{1}{2}$	1	2
C	$\frac{1}{3}$	$\frac{1}{2}$	1

$\lambda_{max} = 3.009$　C.I. = 0.005

安定性	A	B	C
A	1	9	5
B	$\frac{1}{9}$	1	$\frac{1}{2}$
C	$\frac{1}{5}$	2	1

$\lambda_{max} = 3.001$　C.I. = 0.001

投機性	A	B	C
A	1	$\frac{1}{3}$	2
B	3	1	7
C	$\frac{1}{2}$	$\frac{1}{2}$	1

$\lambda_{max} = 3.003$　C.I. = 0.001

方便性	A	B	C
A	1	3	5
B	$\frac{1}{2}$	1	2
C	$\frac{1}{5}$	$\frac{1}{2}$	1

$\lambda_{max} = 3.004$　C.I. = 0.002

資訊	A	B	C
A	1	$\frac{1}{4}$	$\frac{1}{2}$
B	4	1	2
C	2	$\frac{1}{2}$	1

$\lambda_{max} = 3.0$　C.I. = 0

步驟 3

　　如計算出各層次要因間的比重設定時，由此結果進行整個階層的比重設定。亦即，針對綜合目的（金融商品之選擇）製作各替代案（金融商品）的定量或選擇基準。

設替代案之選擇基準的比重爲 X 時，則：

$$X = [w_{\mathrm{I}}, w_{\mathrm{II}}, \cdots, w_{\mathrm{VI}}]W$$

此時 X 爲：

$$X = \begin{array}{c} \\ A \\ B \\ C \end{array}\begin{array}{cccccc} \text{費用} & \text{將來} & \text{安定} & \text{投機} & \text{方便} & \text{資訊} \\ \left[\begin{array}{cccccc} 0.169 & 0.540 & 0.761 & 0.216 & 0.648 & 0.143 \\ 0.387 & 0.297 & 0.082 & 0.682 & 0.230 & 0.571 \\ 0.444 & 0.163 & 0.157 & 0.102 & 0.122 & 0.286 \end{array}\right] \end{array}\begin{bmatrix} 0.222 \\ 0.444 \\ 0.222 \\ 0.060 \\ 0.033 \\ 0.018 \end{bmatrix}$$

$$= \begin{array}{c} A \\ B \\ C \end{array}\begin{bmatrix} 0.483 \\ 0.295 \\ 0.222 \end{bmatrix}$$

　　因此回答如表 3.3～表 3.5 那樣的一對比較矩陣決策者（投資家），對各金融商品的魅力度（重要度）即如上式，偏好順序爲 A > B > C。

【計算例 3　分歧型】

步驟 1

（一）狀況的說明

　　爲了研究開發 LSI（大型積體電路）而製造所需裝置的合資企業 A 公司，爲了因應超 LSI 時代而積極著手開發下期產品。有關此開發計畫公司當局急於下決策，今將公司內的意見大致綜合成如下三者。

　　1. 爲了迎向超 LSI 時代將既有型裝置進行設計變更，而價錢幾乎保持一樣（以上略稱「既有型」）。

2. 在既有型的裝置上追加機能，設計也為之一新之後，稍微提高價格（以下略稱「改良型」）。

3. 將裝置本身充分引進個人電腦謀求自動化，使之高科技化，並提高價格（以下略稱「科技型」）。

此業界的兩大製造商約占 80% 的市場占有率，像 A 公司的合資企業認為，以能因應顧客需求、提供鉅細靡遺的服務當作賣點投入此商戰之外，沒有其他生存之道。

另外，裝置是屬於訂貨生產，在受訂的階段，每一位顧客均要求變更細部規格，技術人員在應付上都要安排許多時間。正當新產品開發的時候，如果推出的是既有型的產品，A 公司的技術人員與服務擔當人員由於熟悉它的規格，因此最容易應付，生產的轉換也能在短時間內完成。

相對的，為了製造科技型的產品，從設計階段起就必須以全新的構想去著手，並經試製與試驗檢討，直到產品成形為止，需要花相當的時日與努力。另外，在生產階段也會對技術者要求新的因應之道，使用、服務也必須為之一變。因此在產品著手生產階段可以預料會發生麻煩，甚至發生一時性混亂的情形也必須有所覺悟。研究開發費用當然會增加，公司高層是最感到頭疼的，認為既有型或改良型難道不行嗎？可是，科技型的優點在於性能的提高與容易使用，使用者這一方對這些重點寄予相當大的期待是可以預料的。

（二）階層構造

將此問題的階層圖表示在圖 3.3 中。首先階層 1 是「新產品開發」，接著列出對此決定有影響的 4 個因素，分別是「顧客」、「高階管理者」、「競爭公司」、「設計部門」。這些構成了階層 2。其次階層 3 出現的是各因素的目的與動機。

以階層圖來說，從此處起形成分歧型。顧客對產品的要求是「價格低廉」、「性能良好」、「容易使用」、「服務」（教育、維修）。高階管理者則是以「產品的利益」、「銷貨收入增加」、「公司的生存」作為目的來決定的。「競爭公司」的目的，推測是「利益」與「維持產品的占有率」。設計部門的動機是「工作的有趣」、「技術提高」、「薪資改善」。

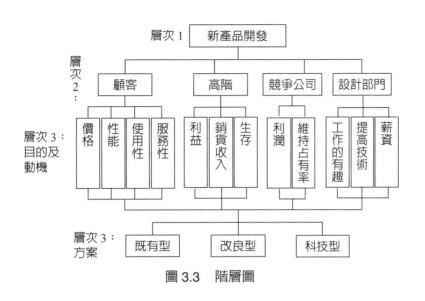

層次 1　新產品開發

層次 2：顧客　高階　競爭公司　設計部門

層次 3：目的及動機　價格　性能　使用性　服務性　利益　銷貨收入　生存　利潤　維持占有率　工作的有趣　提高技術　薪資

層次 3：方案　既有型　改良型　科技型

圖 3.3　階層圖

步驟 2

（一）層次 2 與層次 3 的一對比較與重要度

　　層次 2 的各人物一對比較如表 3.6 所示。使用此值所計算的重要度，則記在表 3.6 的最右欄。「顧客」（0.504）與「高階管理者」（0.320）的比重較大，「競爭公司」與「設計部門」的比重則較低，此處仍然保留著，考慮層次 3 的取捨選擇。

　　其次，就各因素的各動機與目的，將它們的一對比較與由此所計算的重要度，如表 3.7～表 3.10 加以表示。對於「顧客」來說，所關心的事是「性能」（0.443）、「容易使用」（0.280），「價格」（0.081）意外地比重很小。對「高階管理者」來說，知「生存」（0.637）與「利益」（0.258）則是主要的目的。

表 3.6　人物的一對比較與重要度

因素	顧客	高階	競爭公司	設計部門	重要度
顧客	1	3	3	5	0.504
高階		1	5	5	0.320
競爭公司			1	1	0.096
設計部門				1	0.080

$\lambda_{max} = 4.264$, C.I. = 0.09, C.R. = 0.10

表 3.7　顧客關心的事與重要度

顧客	價格	性能	使用性	服務性	重要度
價格	1	1/5	1/3	1/3	0.081
性能		1	2	2	0.443
使用性			1	2	0.280
服務性				1	0.197

$\lambda_{\max} = 4.065$, C.I. = 0.02, C.R. = 0.02

表 3.8　高階的目的與重要度

高階	利益	銷貨	生存	重要度
利益	1	3	1/3	0.258
銷貨		1	1/5	0.106
生存			1	0.637

$\lambda_{\max} = 3.039$, C.I. = 0.02, C.R. = 0.03

表 3.9　競爭公司關心的事與重要度

競爭公司	利益	占有率	重要度
利潤	1	1/3	0.25
占有率		1	0.75

$\lambda_{\max} = 2$, C.I. = 0, C.R. = 0

表 3.10　設計部門的關心與重要度

設計部門	有趣	提高技術	改善薪資	重要度
有趣	1	3	3	0.594
提高技術		1	2	0.249
改善薪資			1	0.157

$\lambda_{\max} = 3.054$, C.I. = 0.03, C.R. = 0.05

步驟 3

（一）至層次 3 為止的累計計算

　　將現在所計算之層次 3 的重要度乘以上面層次 2 的人物所具有的重要度，計算出層次 3 各要素所具有的相對重要度。其結果如表 3.11 所示。由此順位

可知與顧客有關聯之事項即「性能」（第 1 位），「容易使用」（第 3 位）、「服務」（第 4 位）是非常受到重視的，其次出現的是，高階管理者關心的事項，即「生存」（第 2 位）、「利益」（第 5 位）。這些重要度總和就達到 0.75（75%），其他要素比重則較輕，此後的分析則決定此 5 個要素來進行。表 3.12 是針對此 5 個要素表示相對的重要度比率。

步驟 4

（一）層次 4 的一對比較與重要度

　　針對上述 5 要素，各方案「既有型」、「改良型」、「科技型」的一對比較值與重要度，如表 3.13～表 3.17 所示。值得注目的是「科技型」在 3 個要素上比其他型占有壓倒性的優勢，「改善型」則在「利益」方面位居第一，其他各型則位居第二。「既有型」除「服務」以外，評分都很低。

表 3.11　層次 3 之要素的重要度與順位

因素	重要度	目的與動機	重要度	至層次 3 為止的重要度	順位
顧客	0.504	價格	0.081	0.041	⑧
		性能	0.443	0.223	①
		使用性	0.280	0.141	③
		服務性	0.197	0.099	④
高階	0.320	利益	0.258	0.083	⑤
		銷貨	0.105	0.034	⑨
		生存	0.637	0.204	②
競爭公司	0.096	利潤	0.25	0.024	⑩
		占有率	0.75	0.072	⑥
設計部門	0.080	有趣性	0.594	0.048	⑦
		提高技術	0.249	0.020	
		改善薪資	0.157	0.013	

表 3.12　至第 5 順位為止的相對性重要度

順位	項目	重要度	累積	相對的重要度
①	性能	0.223	0.223	0.297
②	生存	0.204	0.427	0.272
③	使用性	0.141	0.568	0.188
④	服務性	0.099	0.667	0.132
⑤	利益	0.083	0.750	0.111

表 3.13　有關性能的一對比較與重要度

性能	既有型	改善型	科技型	重要度
既有型	1	1/3	1/7	0.081
改善型		1	1/5	0.188
科技型			1	0.731

$\lambda_{max} = 3.065$, C.I. = 0.03, C.R. = 0.06

表 3.14　關於生存的一對比較與重要度

生存	既有型	改善型	科技型	重要度
既有型	1	1/3	1/5	0.105
改善型		1	1/3	0.258
科技型			1	0.637

$\lambda_{max} = 3.039$, C.I. = 0.02, C.R. = 0.03

表 3.15　關於容易使用之一對比較與重要度

使用性	既有型	改善型	科技型	重要度
既有型	1	1/3	1/5	0.105
改善型		1	1/3	0.258
科技型			1	0.637

$\lambda_{max} = 3.039$, C.I. = 0.02, C.R. = 0.03

表 3.16　關於服務之一對比較與重要度

服務性	既有型	改善型	科技型	重要度
既有型	1	3	5	0.648
改善型		1	2	0.230
科技型			1	0.122

$\lambda_{max} = 3.003$, C.I. = 0.00, C.R. = 0.00

表 3.17　關於利益之一對比較與重要度

利益	既有型	改善型	科技型	重要度
既有型	1	1/3	1	0.2
改善型		1	3	0.6
科技型			1	0.2

$\lambda_{max} = 3$, C.I. = 0, C.R. = 0

步驟 5

　　表 3.18 是表示各方案的總和得分。從此結果可知，「科技型」相對的居優位，其次依序為「改良型」、「既有型」。

　　A 公司的產品企劃擔當者以此結果，乃對高階管理者建議開發「科技型」的產品。

表 3.18　總分

要素 重要度 方案	性能 **0.297**	生存 **0.272**	容易使用 **0.188**	服務 **0.132**	利益 **0.111**	總分
既有型	0.081	0.105	0.105	0.648	0.2	0.18
改善型	0.188	0.258	0.258	0.230	0.6	0.27
科技型	0.731	0.637	0.637	0.122	0.2	0.55

【計算例 4　腳本分析】

步驟 1

　　某日，我的友人前來與我商討暑假在何處度假較好。以度假地的備案來說，可舉出海、山、溫泉等，但此三者各有利弊，難以決定。

　　因此，我決定讓他使用 AHP 來決定。並且關於此問題的選擇要因，已知有舒適性（氣候等）、費用、快樂度等。因此，在暑假度假地的選擇問題中，它的階層構造如圖 3.4 所示。

　　亦即，階層的最上層（層次 1）列入綜合目的，即暑假度假地的選擇問題，層次 2 列入 3 個選擇要因（評價基準），接著最下層（層次 3）列入 3 個替代案。這些要因全部都有關聯，所以以線連結。但本例與前述例子（計算例 1，計算例 2）不同，它是進行重視各個選擇要因的腳本分析。

步驟 2

　　其次，進行如圖 3.4 所示的決策時，必須先進行層次 2 各要因（評價基準）間與層次 3 各要因間（替代案）的一對比較（當然是我的友人回答）。

　　首先，在 3 個腳本之下進行層次 2 各要因（評價基準）的一對比較。腳本 1 是重視舒適的要因，腳本 2 是重視費用的要因，腳本 3 是重視快樂度的要因。此處首先計算腳本 1。關於腳本 2、3 容後一併介紹。

　　基於腳本 1 層次 2 各要因的一對比較結果，如表 3.19 所示。此矩陣的最大特徵值為：

$$\lambda_{max} = 3.007$$

　　因此，整合性的評價為：

$$C.I. = 0.004$$

　　此矩陣可說是有效的，並且對於此最大特徵值的標準化特徵向量為：

$$W^T = (0.669, 0.243, 0.088)$$

亦即，基於腳本 1 的層次 2 的各要因中，舒適的要因是最重要的，接著依序是費用、快樂度。

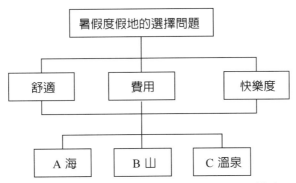

圖3.4　有關暑假度假地選擇問題的階層構造

表 3.19　層次 2 的各要因的一對比較

腳本 1	舒適	費用	快樂度
舒適	1	3	7
費用	$\frac{1}{3}$	1	3
快樂度	$\frac{1}{7}$	$\frac{1}{3}$	1

$\lambda_{max} = 3.007$　C.I. = 0.004

接著，對此 3 個選擇要因（評價基準）的各替代案進行一對比較。這些結果如表 3.20 所示。此 3 個矩陣的最大特徵值 λ_{max} 與整合性的評價值 C.I.，分別寫在各矩陣的下方。並且，對此 3 個矩陣最大特徵值的標準化特徵向量分別如下。

舒適…………$w_I^T = (0.2, 0.2, 0.46)$
費用…………$w_{II}^T = (0.143, 0.143, 0.714)$
快樂度………$w_{III}^T = (0.663, 0.278, 0.058)$
以上的 w_I～w_{III} 是各替代案對各要因（評價基準）的評價值（比重）。

表 3.20　各替代案對 3 個選擇要因的一對比較

舒適	海	山	溫泉
海	1	1	$\frac{1}{3}$
山	1	1	$\frac{1}{3}$
溫泉	3	3	1

$\lambda_{\max} = 3.0$　C.I.= 0

費用	海	山	溫泉
海	1	1	$\frac{1}{5}$
山	3	1	$\frac{1}{5}$
溫泉	5	5	1

$\lambda_{\max} = 3.0$　C.I.= 0

快樂度	海	山	溫泉
海	1	3	9
山	$\frac{1}{3}$	1	6
溫泉	$\frac{1}{9}$	$\frac{1}{6}$	1

$\lambda_{\max} = 3.057$　C.I.= 0.027

步驟 3

計算出各層次要因間的比重設定時，利用此結果進行整個階層的比重設定。亦即，針對綜合目的製作各替代案的定量性選擇基準。

替代案選擇基準的比重設為 X 時，則：

$$X = [x_{\mathrm{I}}, w_{\mathrm{II}}, w_{\mathrm{III}}]W$$

此時，X 成爲如下：

$$X = \begin{matrix} A \\ B \\ C \end{matrix} \begin{bmatrix} 0.2 & 0.143 & 0.663 \\ 0.2 & 0.143 & 0.278 \\ 0.6 & 0.714 & 0.059 \end{bmatrix} \begin{bmatrix} 0.669 \\ 0.243 \\ 0.088 \end{bmatrix} = \begin{matrix} A \\ B \\ C \end{matrix} \begin{bmatrix} 0.227 \\ 0.193 \\ 0.580 \end{bmatrix}$$

（舒適　費用　快樂度）

因此，基於腳本 1 之各替代案的魅力度（重要度）如上式，成爲 C > A > B 的偏好順序。亦即，此時選定去溫泉是比較好的。

步驟 4

　　基於腳本 2、3 之層次 2 的各費用的一對比較結果，如表 3.21 所示。其中，腳本 2 是重視費用的要因，腳本 3 是重視快樂度的要因。

　　以表 3.21 所表示的腳本 2 矩陣來說，對於它的最大特徵值的標準化特徵向量為：

$$W^T = (0.088, 0.773, 0.139)$$

表 3.21　層次 2 各要因的一對比較

腳本 2	舒適	費用	快樂度
舒適	1	$\frac{1}{7}$	$\frac{1}{2}$
費用	7	1	7
快樂度	2	$\frac{1}{7}$	1

$\lambda_{max} = 3.054$　C.I.= 0.027

腳本 3	舒適	費用	快樂度
舒適	1	1	$\frac{1}{9}$
費用	1	1	$\frac{1}{7}$
快樂度	9	7	1

$\lambda_{max} = 3.0$　C.I.= 0.004

　　基於此腳本 2，進行如腳本 1 的計算時，替代案的選擇基準 X 即為：

$$X = \begin{matrix} A \\ B \\ C \end{matrix} \begin{bmatrix} 0.2 & 0.143 & 0.663 \\ 0.2 & 0.143 & 0.278 \\ 0.6 & 0.714 & 0.059 \end{bmatrix} \begin{bmatrix} 0.088 \\ 0.773 \\ 0.139 \end{bmatrix} = \begin{matrix} A \\ B \\ C \end{matrix} \begin{bmatrix} 0.220 \\ 0.167 \\ 0.613 \end{bmatrix}$$

　　因此，基於腳本 2 各替代案的魅力度（效用值）如上式，成為 $C > A > B$ 的偏好順序。亦即，此情形也是去溫泉較好。

　　另一方面，如表 3.21 所示的腳本 3 之矩陣，對於它的最大特徵值的標準特徵向量為：

$$W^T = (0.096, 0.105, 0.799)$$

47

因此基於此腳本 3，進行與腳本 1 同樣的計算，替代案的選擇基準 X 成為：

$$
X = \begin{matrix} \\ A \\ B \\ C \end{matrix}
\begin{matrix} \text{舒適} & \text{費用} & \text{快樂度} \\ \end{matrix}
\begin{bmatrix} 0.2 & 0.143 & 0.663 \\ 0.2 & 0.143 & 0.278 \\ 0.6 & 0.714 & 0.059 \end{bmatrix}
\begin{bmatrix} 0.096 \\ 0.105 \\ 0.799 \end{bmatrix} =
\begin{matrix} A \\ B \\ C \end{matrix}
\begin{bmatrix} 0.564 \\ 0.256 \\ 0.180 \end{bmatrix}
$$

因此，基於腳本 3 的各替代案的魅力度（重要度）如上式，成為 $A > B > C$ 的偏好順序。亦即，此情形則是去海邊比較好。

以上，從設定 3 個腳本得知，腳本 1 選定溫泉，腳本 2 也選定溫泉，腳本 3 則選定海邊。

附錄一

已知一對比較矩陣 $\mathbf{A} = [a_{ij}]$，其中 $a_{ij} = \dfrac{1}{a_{ij}}$，若最大特徵值設爲 $\lambda_{\max}$，特徵向量設爲 $\mathbf{V}$，即 $\mathbf{V}^T = [v_1, v_2, \cdots, v_n]$，則一般說來 $\lambda_{\max} \geq n$（註 $\mathbf{V}^T$ 表 V 的轉置）。

證

由於 $\lambda_{\max}$ 是 $\mathbf{A}$ 的特徵值，$\mathbf{V}$ 是 $\lambda_{\max}$ 對 $\mathbf{A}$ 的特徵向量，
因此

$$\mathbf{AV} = \lambda_{\max}\,\mathbf{V}$$

如將上式展開，即爲：

$$\sum_{j=1}^{n} a_{ij} v_j = \lambda_{\max} v_i \qquad (i = 1, 2, \cdots, n)$$

由上式得：

$$\lambda_{\max} = \sum_{j=1}^{n} a_{ij} \frac{v_j}{v_i} \qquad (i = 1, 2, \cdots, n)$$

此處如令 $y_{ij} = a_{ij}\,(v_j/v_i)$ 並使用 $a_{ij} = \dfrac{1}{a_{ij}}$ 之關係，則上式可寫爲：

$$\lambda_{\max} - 1 = \frac{1}{n} \sum_{1 \leq i < j \leq n} \left(y_{ij} + \frac{1}{y_{ij}} \right)$$

一般來說 $y_{ij} > 0$，因此：

$$y_{ij} + \frac{1}{y_{ij}} \geq 2$$

而且等式只在 $y_{ij} = 1$ 時才成立。

因此：

$$\lambda_{\max} - 1 \geq \frac{1}{n} \cdot 2 \cdot \frac{n(n-1)}{2} = n - 1$$

是故：

$$\lambda_{\max} \geq n \text{。}$$

附錄二　以 EXCEL 求解特徵值的方法

在應用上求解矩陣最大特徵值（絕對值）的情形甚多。因此，有使用冪乘法去建立矩陣的冪之反覆計算法。

定理

將 n 階矩陣的特徵值，按絕對值的大小順序排列，$|\lambda_1| \geq |\lambda_2| \geq |\lambda_3| \geq \cdots \geq |\lambda_n|$，且對應的特徵向量保持線性獨立。

取任意的向量 $X^{(0)}$，建立 $X^{(k+1)} = AX^{(k)}, (k = 0, 1, 2, \cdots)$ \hfill (1)

以成分 $X_i^{(k)}$ 表示 $X^{(k)}$ 時，

對某個 i，如 $X_i^{(k)} \neq 0$　$(k = 0, 1, \cdots)$ 時，當 $k \to \infty$

$$r_i^{(k+h)} = \frac{x_i^{(k+1)}}{x_i^{(k)}} \to \lambda_1 \text{（最大特徵值）} \tag{2}$$

$$\frac{X^{(k)}}{[r_i^{(k)}]^k} \to X_1 \text{（對應的特徵向量）} \tag{3}$$

例

以冪乘法求解矩陣 A 的最大絕對值的特徵值與其特徵向量，但 $X^{(0)} = (1, 1, 1, 1)^T$。

註

$$y^{(k+1)} = \begin{bmatrix} 5 & 4 & 1 & 1 \\ 4 & 5 & 1 & 1 \\ 1 & 1 & 4 & 2 \\ 1 & 1 & 2 & 4 \end{bmatrix} x^{(k)} \qquad x^{(k)} = y^{(k)} / \max |y_i^{(k)}|$$

試求，$x^{(1)}$、$x^{(2)}$、……

解　以有效數字 5 位來計算時，即為如下：

k	$y_1^{(k)}$	$y_2^{(k)}$	$y_3^{(k)}$	$y_4^{(k)}$	$x_1^{(k)}$	$x_2^{(k)}$	$x_3^{(k)}$	$x_4^{(k)}$	$r^{(k)}$
0					1.0	1.0	1.0	1.0	
1	11.0	11.0	8.0	8.0	1.0	1.0	0.72727	0.72727	11.0
2	10.455	10.455	6.3636	6.3636	1.0	1.0	0.60867	0.60867	10.455
3	10.217	10.217	5.6520	5.6520	1.0	1.0	0.55320	0.55320	10.217
4	10.106	10.106	5.3192	5.3192	1.0	1.0	0.52634	0.52634	10.106
5	10.053	10.053	5.158	5.158	1.0	1.0	0.51308	0.51308	10.053
6	10.026	10.026	5.0785	5.0785	1.0	1.0	0.50653	0.50653	10.026
7	10.013	10.013	5.0392	5.0392	1.0	1.0	0.50327	0.50327	10.013
8	10.007	10.007	5.0196	5.0196	1.0	1.0	0.50161	0.50161	10.007
9	10.003	10.003	5.0097	5.0097	1.0	1.0	0.50082	0.50082	10.003
10	10.002	10.002	5.0049	5.0049	1.0	1.0	0.50039	0.50039	10.002
11	10.001	10.001	5.0029	5.0029	1.0	1.0	0.50024	0.50024	10.001
12	10.000	10.000	5.0014	5.0014	1.0	1.0	0.50014	0.50014	10.000
13	10.000	10.000	5.0008	5.0008	1.0	1.0	0.50008	0.50008	10.000

由以上的計算得 $\lambda_1 = 10.000$, $x_1^T = [1.0, 1.0, 0.50008, 0.50008]$

例
以 EXCEL 求特徵值的方法（冪乘法）。

	A	B	C	D	E	F	G	H
3		第 1 次						
4		一對比較表	費用	施設・環境	交便方便	幕僚態度		
5			1	3	5	7		
6		施設・環境	=1/D5	1	1	5		
7		交便方便	=1/E5	=1/E6	1	3		
8		幕僚態度	=1/F5	=1/F6	=1/F7	1		
9								
10		比重（第 0 次）	0.25	0.25	0.25	0.25		
11		積					合計	第 1 次的比重
12		費用	=C5*C10	=D5*D10	=E5*E10	=F5*F10	=SUM(C12:F12)	=G12/G16
13		施設・環境	=C6*C10	=D6*D10	=E6*E10	=F6*F10	=SUM(C13:F13)	=G13/G16
14		交便方便	=C7*C10	=D7*D10	=E7*E10	=F7*F10	=SUM(C14:F14)	=G14/G16
15		幕僚態度	=C8*C10	=D8*D10	=E8*E10	=F8*F10	=SUM(C15:F15)	=G15/G16
16						合計（特徵值）	=SUM(G12:G15)	
17								
18		第 2 次						
19		一對比較表	費用	施設・環境	交便方便	幕僚態度		
20		費用	=C5	=D5	=E5	=F5		
21		施設・環境	=C6	=D6	=E6	=F6		

A	B	C	D	E	F	G	H
22	交便方便	=C7	=D7	=E7	=F7		
23	幕僚態度	=C8	=D8	=E8	=F8		
24							
25	比重（第1次）	=H12	=H13	=H14	=H15		
26	積					合計	第2次的比重
27	費用	=C20*C25	=D20*D25	=E20*E25	=F20*F25	=SUM(C27:F27)	=G27/G31
28	施設‧環境	=C21*C25	=D21*D25	=E21*E25	=F21*F25	=SUM(C28:F28)	=G28/G31
29	交便方便	=C22*C25	=D22*D25	=E22*E25	=F22*F25	=SUM(C29:F29)	=G29/G31
30	幕僚態度	=C23*C25	=D23*D25	=E23*E25	=F23*F25	=SUM(C30:F30)	=G30/G31
31					合計（特徵值）	=SUM(G27:G30)	
32							
33	（以下重複操作直到穩定為止）						

附錄三　矩陣的性質

定義：矩陣的加減法，乘法

例

$$A = \begin{bmatrix} 2 & -1 & 1 \\ 0 & 1 & 2 \\ 1 & 0 & 1 \end{bmatrix}$$

$$A + A = 2A = \begin{bmatrix} 4 & -2 & 2 \\ 0 & 2 & 4 \\ 2 & 0 & 2 \end{bmatrix}$$

$$A - A = 0$$

$$A \cdot A = A^2 = \begin{bmatrix} 2 & -1 & 1 \\ 0 & 1 & 2 \\ 1 & 0 & 1 \end{bmatrix} \begin{bmatrix} 2 & 1 & -1 \\ 0 & 1 & 2 \\ 1 & 0 & 1 \end{bmatrix} = \begin{bmatrix} 5 & -3 & 1 \\ 2 & 1 & 4 \\ 3 & -1 & 2 \end{bmatrix}$$

定理：行列式的運算

(1) $|A \cdot B| = |A| \cdot |B|$

(2) $|A \cdot B \cdot C| = |A| \cdot |B| \cdot |C|$

(3) $|A^n| = |A|^n$

定義：秩 (Rank)

一非零矩陣 A 之秩 (Rank) 為 r，如其中至少有一個 r 階方子式不為零，而每一個 $(r + 1)$ 階及以上階的方子式如有，則為零。

例

$A = \begin{bmatrix} 1 & 2 & 3 \\ 2 & 3 & 4 \\ 3 & 5 & 7 \end{bmatrix}$ 之秩為 2，且為 $\begin{vmatrix} 1 & 2 \\ 2 & 3 \end{vmatrix} \neq 0$，而 $|A| = 0$

定義：非奇異、奇異矩陣

一 n 階方陣 A 如其秩 $r = n$。亦即 $|A| \neq 0$，則 A 稱為非奇異矩陣 (nonsingular)，否則 A 稱為奇異 (singular)。

例

$A = \begin{bmatrix} 1 & 2 & 3 \\ 2 & 3 & 4 \\ 3 & 5 & 7 \end{bmatrix}$ 為奇異矩陣，因 $|A| = 0$

例

$A = \begin{bmatrix} 1 & 2 & 3 \\ 4 & 5 & 6 \\ 7 & 8 & 9 \end{bmatrix}$ 為非奇異矩陣，因 $|A| \neq 0$

定義：

設 A 為 n 階方陣，若實數 λ 及異於 0 的 $n \times 1$ 行向量 $X \neq 0$，滿足 $AX = \lambda X$，則稱 λ 為 A 的特徵值，並稱 X 為 A 對 λ 的特徵向量。

$|A - \lambda I_n| = 0$，此稱為 A 的特徵方程式。

例

$$A = \begin{bmatrix} 1 & 2 & -1 \\ 1 & 0 & 1 \\ 4 & -4 & 5 \end{bmatrix}$$ 的特徵值及特徵向量

解

$$|A - \lambda I_n| = \begin{vmatrix} 1-\lambda & 2 & -1 \\ 1 & 0-\lambda & 1 \\ 4 & -4 & 5-\lambda \end{vmatrix} = 0$$

$\lambda^3 + \lambda^2 - 11\lambda + 6 = (1-\lambda)(2-\lambda)(3-\lambda) = 0$

$\lambda = 1, 2, 3$ 為 A 的特徵值

(1) 當 $\lambda = 1$ 時，$AX = 1 \cdot X$，方程式組為：

$$\begin{cases} 2x_2 - x_3 = 0 \\ x_1 - x_2 + x_3 = 0 \\ 4x_1 - 4x_2 + 4x_3 = 0 \end{cases}$$

解為 $X = t \cdot [-1, 1, 2]^t$

(2) $\lambda = 2, AX = X$

$$\begin{cases} -x_1 + 2x_2 - x_3 = 0 \\ x_1 - 2x_2 + x_3 = 0 \\ 4x_1 - 4x_2 + 3x_3 = 0 \end{cases}$$

解為 $X = u \cdot [-2, 1, 4]^t$

(3) $\lambda = 3, AX = 3X$

$$\begin{cases} -2x_1 + 2x_2 - x_3 = 0 \\ x_1 - 3x_2 + x_3 = 0 \\ 4x_1 - 4x_2 + 2x_3 = 0 \end{cases}$$

解為 $X = v \cdot [-1, 1, 4]^t$

定理

設 $A = [a_{ij}]$ 為 n 階方陣，若 $\lambda_1, \lambda_2, \cdots, \lambda_m$ 為 A 的特徵方程式之所有根，則

(1) $|A| = \lambda_1, \lambda_2, \cdots, \lambda_m$

(2) $T_r A = \displaystyle\sum_{i=1}^{\infty} \lambda_i$

例

$$A = \begin{bmatrix} 2 & 1 & -1 \\ 2 & 1 & 2 \\ 1 & -1 & 4 \end{bmatrix}$$

特徵值為 1, 3, 3

特徵方程式為 $\lambda^3 - 7\lambda - 0\lambda - 8$

$|A| = 9$

$T_r A = 7$

定理

n 階方陣 A 為非奇異，則 A 的特徵值皆異於零。反之亦成立。

定理

若 n 階方陣 A 的秩為 r，則其特徵值有 $n-r$ 個為零。

例

$$A = \begin{bmatrix} 2 & 5 \\ 3 & 4 \end{bmatrix} \qquad\qquad A = \begin{bmatrix} 2 & 8 \\ 1 & 4 \end{bmatrix}$$

A 為非奇異 $\Leftrightarrow \lambda = 7, -1$ A 為奇異 $\Leftrightarrow \lambda = 0, 6$

定理：譜分解 (spectral)

    n 階對稱矩陣 A 使用特徵值 λ_i 與長度為 1 的特徵向量 $W_i (i = 1, 2, \cdots, n)$ 即可如下表現。

$$A = W\Lambda W' = \lambda_1 w_1 w_1' + \lambda_2 w_2 w_2' + \cdots + \lambda_n w_n w_n'$$

其中，

$$\Lambda = \begin{bmatrix} \lambda_1 & 0 & \cdots & 0 \\ 0 & \lambda_2 & \cdots & 0 \\ & & \ddots & \\ 0 & & \cdots & \lambda_n \end{bmatrix}$$

$$W = (w_1,\ w_2,\ \cdots,\ w_n)$$

例

$$R = \begin{bmatrix} 1 & r \\ r & 1 \end{bmatrix}$$

$$|R - \lambda I_2| = \begin{vmatrix} 1-\lambda & r \\ r & 1-\lambda \end{vmatrix} = 0 \text{，} \lambda = 1 \pm r$$

1. $\lambda = 1 + r$　　　　　　2. $\lambda = 1 - r$

$$X = \begin{bmatrix} \dfrac{1}{\sqrt{2}} \\ \dfrac{1}{\sqrt{2}} \end{bmatrix} \qquad\qquad Y = \begin{bmatrix} \dfrac{1}{\sqrt{2}} \\ -\dfrac{1}{\sqrt{2}} \end{bmatrix}$$

$$\therefore R = \begin{bmatrix} 1 & r \\ r & 1 \end{bmatrix} = (1+r) \begin{bmatrix} \dfrac{1}{\sqrt{2}} \\ \dfrac{1}{\sqrt{2}} \end{bmatrix} \begin{bmatrix} \dfrac{1}{\sqrt{2}} & \dfrac{1}{\sqrt{2}} \end{bmatrix} + (1-r) \begin{bmatrix} \dfrac{1}{\sqrt{2}} \\ -\dfrac{1}{\sqrt{2}} \end{bmatrix} \begin{bmatrix} \dfrac{1}{\sqrt{2}} & \dfrac{-1}{\sqrt{2}} \end{bmatrix}$$

第4章 AHP 的用法

4.1 決策者有複數人時

步驟 1

神戶市招攬棒球隊 Oricks 到綠色體育館，千葉縣也招攬棒球隊 Rotte 到千葉巨艦體育館，兩市均獲得成功。反映此種棒球界的情勢，某市的市長前來與我商討招攬棒球隊的問題。該市的企劃室指定 A、B、C 3 個球隊作為候選球隊。但市長無法獨斷要招攬那一個球隊，需要取得議會與市民的同意。在此種條件下要招攬那一個球隊好呢？

於是我建議使用 AHP。此情形與前面不同，決策者是 3 個人（市民的心聲、議會、市長）。一面將此事列入考慮，一面決定出 3 個選擇要因（球隊的人氣、球隊的實力、球隊母公司的經營力）。接著，將此問題分解成如圖 4.1 所示的階層構造。

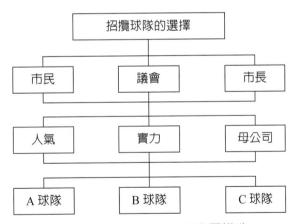

圖 4.1 在選擇球隊中的階層構造

步驟 2

其次透過此商談者（市長）實施意見調查。亦即進行如圖 4.1 的選擇時，要求對方回答從層次 2 到層次 4 要素間的一對比較。

首先進行有關選擇球隊的層次 2 各要因（各決策者）的一對比較。結果如

表 4.1 所示。亦即，這是表示進行選擇時決策者們的力量關係。而且，此意見調查是讓與三者均爲等距離之某市的企劃室來回答。此矩陣的最大特徵值是 λ_{max} = 3.080。

表 4.1　就選擇球隊而言層次 2 各要因的一對比較

	市民	議會	市長
市民	1	7	1
議會	$\frac{1}{7}$	1	$\frac{1}{3}$
市長	1	3	1

λ_{max} = 3.08　　C.I. = 0.04

因此，整合性的評價 C.I. = 0.04，可以說具有效性。

此外，對於此最大特徵值來說已標準化的特徵向量爲：

$$w_1^T = (0.515, 0.097, 0.388)$$

這是層次 2 的比重向量。亦即，在 3 位決策者之中，可知市民具有最大的發言力，其次是市長，最後才是議會。

接著，針對決策者（市民、議會、市長）分別進行層次 3 的各要因比較。這些結果如表 4.2 所示。

表 4.2　層次 3 各要因的一對比較

市民	人氣	實力	母公司
人氣	1	3	7
實力	$\frac{1}{3}$	1	3
母公司	$\frac{1}{7}$	$\frac{1}{3}$	1

λ_{max} = 3.007　C.I. = 0.004

議會	人氣	實力	母公司
人氣	1	$\frac{1}{7}$	$\frac{1}{2}$
實力	7	1	7
母公司	2	$\frac{1}{7}$	1

λ_{max} = 3.054　C.I.= 0.027

市長	人氣	實力	母公司
人氣	1	3	$\frac{1}{9}$
實力	1	1	$\frac{1}{7}$
母公司	9	7	1

$$\lambda_{max} = 3.007 \quad C.I.= 0.004$$

　　3 個矩陣的各自最大特徵值 λ_{max} 與整合性的評價 C.I. 之值，分別表示在各矩陣的下方。3 個矩陣的 C.I. 之值均在 0.1 以下，所以可說均具有效性。另外，對此 3 個矩陣的最大特值而言，它們標準化的特徵向量分別為：

市民⋯⋯⋯$w_2^T = (0.669, 0.243, 0.088)$

議會⋯⋯⋯$w_3^T = (0.088, 0.773, 0.139)$

市長⋯⋯⋯$w_4^T = (0.096, 0.105, 0.799)$

　　這些是層次 3 對各決策者而言的比重向量。亦即，可知市民重視球隊的人氣，議會重視球隊的實力，市長重視母公司的經營力。

　　如本例決策者有複數人（本例是 3 人）時，層次 3 各要因的最終比重由於依存決策者的力量關係，因此有需要如下計算。將層次 3 各要因的比重向量當作 W 時，即為：

$$W = [w_2, w_3, w_4]w_1$$

本例的情形即為：

$$W = \begin{array}{c} \text{人 氣} \\ \text{實 力} \\ \text{母公司} \end{array} \overset{\substack{市民 \quad 議會 \quad 市長}}{\begin{bmatrix} 0.669 & 0.088 & 0.096 \\ 0.243 & 0.773 & 0.105 \\ 0.088 & 0.139 & 0.799 \end{bmatrix}} \begin{bmatrix} 0.515 \\ 0.097 \\ 0.388 \end{bmatrix} = \begin{bmatrix} 0.390 \\ 0.241 \\ 0.369 \end{bmatrix}$$

　　因此，有關招攬球隊的選擇問題在層次 3 中的要因比重，可知依序為球隊的人氣（0.390）＞母公司的經營力（0.369）＞球隊的實力（0.241）。

最後，針對此 3 個選擇要因進行各替代案（球隊 A、B、C）的一對比較（基於對各球隊的客觀資料進行一對比較）。這些結果如表 4.3 所示。此 3 個矩陣的各自最大特徵值 λ_{max} 與整合性的評價 C.I. 之值，表示在各矩陣的下方。另外，對此 3 個矩陣最大特徵值的標準化特徵向量分別為：

人氣…………$w_{\mathrm{I}}^{T} = (0.2, 0.2, 0.6)$
實力…………$w_{\mathrm{II}}^{T} = (0.143, 0.143, 0.714)$
母公司………$w_{\mathrm{III}}^{T} = (0.663, 0.278, 0.059)$

從 w_{I} 到 w_{III} 是層次 4（各替代案）對層次 3 各要因此比重向量。

亦即，關於球隊的人氣與實力，C 球隊的魅力度（重要度）是最高的，關於母公司的經營力來說，A 球隊的魅力度是最高的。

表 4.3　與 3 個選擇要因有關之各替代案的一對比較

人氣	A	B	C
A	1	1	$\frac{1}{3}$
B	1	1	$\frac{1}{3}$
C	3	3	1

$\lambda_{max} = 3.0$　C.I.= 0

實力	A	B	C
A	1	1	$\frac{1}{5}$
B	1	1	$\frac{1}{5}$
C	5	5	1

$\lambda_{max} = 3.0$　C.I.= 0

母公司	A	B	C
A	1	3	9
B	$\frac{1}{3}$	1	6
C	$\frac{1}{9}$	$\frac{1}{6}$	1

$\lambda_{max} = 3.054$　C.I.= 0.027

步驟 3

各層次的要素間之比重設定結束時，利用此結果進行整個階層的比重設定。亦即，針對綜合目的（選擇球隊）製作各替代案的定量性選擇基準。

替代案的選擇基準的比重設為 X 時，即為：

$$X = [w_{\text{I}}, w_{\text{II}}, w_{\text{III}}]W$$

本例的情形是：

$$X = \begin{matrix} \\ \text{A} \\ \text{B} \\ \text{C} \end{matrix} \begin{matrix} \text{人氣} & \text{實力} & \text{母公司} \\ \begin{bmatrix} 0.2 & 0.143 & 0.663 \\ 0.2 & 0.143 & 0.278 \\ 0.6 & 0.714 & 0.056 \end{bmatrix} \end{matrix} \begin{bmatrix} 0.390 \\ 0.241 \\ 0.369 \end{bmatrix} = \begin{bmatrix} 0.357 \\ 0.215 \\ 0.428 \end{bmatrix}$$

　　因此，決策者（複數）從表 4.1 到表 4.3 所回答的一對比較矩陣對各球隊的魅力度（重要度）即如上式，偏好的順序即為 C ＞ A ＞ B。市長所希望的「母公司經營力佳」的 A 球隊並未入選。可是，「人氣」與「實力」兼備的 C 球隊中選，市民也非常高興。此後，只有期待此球隊的「母公司的經營力」。

　　其後，此球隊歷經 3 年的落後低迷，但第 4 年以後就保持日本第一寶座。母公司的從旁協助發揮奏效。另外，託球隊優勝之福，母公司的經營力也提升，老闆也喜不自勝。此例也證明了 AHP 的效力。

4.2 替代案可分成複數個類別時

步驟 1

　　有一個時期，友人前來與我商討購買住宅時要如何選擇。目前是由手頭上的存額與貸款的金額來決定，據說住宅價格大約 4000 萬日圓左右，依符合此價格左右的物件，找出了獨棟（A、B、C）、公寓（D、E、F）共計 6 個物件。問題是，從 6 個物件之中要選擇哪一個。因此，決定利用 AHP 分析此問題。此時與以往 AHP 不同的是，替代案被分成 2 類（獨棟、公寓）。因此，決定一面考慮此事一面檢討。

　　首先，選定要素決定為「至上班地點的所需時間」、「物件內容」、「購物之方便」、「環境」等 4 個要素。此情形如圖 4.2 所示的階層構造。

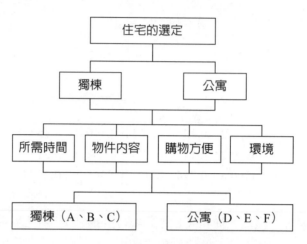

圖 4.2　選定住宅的階層構造

步驟 2

　　首先，比較層次 2 的 2 類（獨棟、公寓）之重要度。結果如表 4.4 所示。此矩陣的特徵向量（比重）為：

$$w_1^T = (0.6, 0.4)$$

因此，可知該人稍微喜歡獨棟。

表 4.4　層次 2 的 2 個分類（獨棟、公寓）的一對比較

住宅的選定	獨棟	公寓
獨棟	1	$\dfrac{3}{2}$
公寓	$\dfrac{2}{3}$	1

　　其次，選定獨棟的物件（A、B、C）時，對各要因的重要度進行一對比較，此結果如表 4.5 所示。此矩陣的特徵向量（比重）為：

$$w_2^T = (0.098, 0.332, 0.102, 0.468)$$

表 4.5　在獨棟與公寓中各要因的一對比較

獨棟	所需時間	物件內容	購物方便	環境
所需時間	1	$\frac{1}{3}$	1	$\frac{1}{5}$
物件內容	3	1	5	$\frac{1}{2}$
購物方便	1	$\frac{1}{5}$	1	$\frac{1}{3}$
環境	5	2	3	1

$\lambda_{max} = 4.128$　C.I.= 0.043

公寓	所需時間	物件內容	購物方便	環境
所需時間	1	3	1	3
物件內容	$\frac{1}{3}$	1	$\frac{1}{2}$	1
購物方便	1	2	1	3
環境	$\frac{1}{3}$	1	$\frac{1}{3}$	1

$\lambda_{max} = 4.02$　C.I.= 0.07

另一方面，選定公寓的物件（D、E、F）時，對各要因的重要度進行一對比較。此結果如表 4.5 所示。此矩陣的特徵向量（比重）為：

$$w_3^T = (0.383, 0.142, 0.348, 0.127)$$

由此結果可知，選定獨棟時，「環境」是最具影響力（46.8%），在公寓方面，「所需時間」是最具影響力（38.3%）的。

其次，按各選定要因進行各替代案的評價。但是，一對比較是按各分類（獨棟、公寓）進行。其結果如表 4.6、表 4.7 所示。另外，至上班地點為止的所需時間是表示實際時間。

表 4.6　有關獨棟之評價

所需時間	時間
A	1.5
B	0.5
C	1.0

物件內容	A	B	C
A	1	3	5
B	$\frac{1}{3}$	1	3
C	$\frac{1}{5}$	$\frac{1}{3}$	1

$\lambda_{max} = 3.039$　C.I. = 0.019

購物方便	A	B	C
A	1	3	$\frac{1}{5}$
B	$\frac{1}{3}$	1	$\frac{1}{7}$
C	5	7	1

$\lambda_{max} = 3.065$　C.I.= 0.032

環境	A	B	C
A	1	3	$\frac{1}{4}$
B	$\frac{1}{3}$	1	$\frac{1}{5}$
C	4	5	1

$\lambda_{max} = 3.086$　C.I.= 0.043

表 4.7　有關公寓之評價

所需時間	時間
D	1.2
E	0.2
F	0.8

物件內容	A	B	C
D	1	4	3
E	$\frac{1}{4}$	1	$\frac{1}{2}$
F	$\frac{1}{3}$	2	1

$\lambda_{max} = 3.018$　C.I. = 0.009

購物方便	D	E	F
D	1	3	$\frac{1}{2}$
E	$\frac{1}{3}$	1	$\frac{1}{3}$
F	2	3	1

$\lambda_{max} = 3.054$　C.I.= 0.027

環境	D	E	F
D	1	4	2
E	$\frac{1}{4}$	1	$\frac{1}{3}$
F	$\frac{1}{2}$	3	1

$\lambda_{max} = 3.018$　C.I.= 0.09

　　獨棟之分類（A、B、C）的評價向量，分別如下。但是，關於至上班地點的所需時間，是將實際時間的倒數使之標準化（所需時間愈短比重即愈高）。其他的選定要因是求一對比較矩陣的特徵向量（比重）。

　　所需時間……$w_4^T = (0.183, 0.545, 0.273)$

　　物件內容……$w_5^T = (0.637, 0.258, 0.105)$

　　購物方便……$w_6^T = (0.188, 0.081, 0.731)$

環境…………$w_7^T = (0.226, 0.101, 0.673)$

另一方面，公寓的分類（D、E、F）的評價向量，也與獨棟相同可以求出。

所需時間……$w_8^T = (0.118, 0.706, 0.176)$

物件內容……$w_9^T = (0.625, 0.137, 0.238)$

購物方便……$w_{10}^T = (0.333, 0.140, 0.527)$

環境…………$w_{11}^T = (0.559, 0.121, 0.320)$

步驟 3

如計算出各層次的比重時，從此結果按各分類（獨棟、公寓）進行各替代案（物件）的綜合評價。

獨棟的各替代案（物件 A、B、C）的綜合評價值設為 X 時，即為：

$$X = [w_4, w_5, w_6, w_7]w_2$$

本例的情形是：

$$X = \begin{matrix} & \text{所需} & \text{物件} & \text{購物} & \\ & \text{時間} & \text{內容} & \text{方便} & \text{環境} \\ A \\ B \\ C \end{matrix} \begin{bmatrix} 0.182 & 0.637 & 0.188 & 0.226 \\ 0.545 & 0.258 & 0.081 & 0.101 \\ 0.545 & 0.105 & 0.731 & 0.673 \end{bmatrix} \begin{bmatrix} 0.098 \\ 0.332 \\ 0.102 \\ 0.468 \end{bmatrix} = \begin{bmatrix} 0.354 \\ 0.195 \\ 0.451 \end{bmatrix}$$

另一方面，公寓的各替代案（物件 D、E、F）綜合評價值設為 Y 時，即為：

$$Y = [w_8, w_9, w_{10}, w_{11}]w_3$$

本例的情形是：

$$Y = \begin{matrix} & \text{所需} & \text{物件} & \text{購物} & \\ & \text{時間} & \text{內容} & \text{方便} & \text{環境} \\ D \\ E \\ F \end{matrix} \begin{bmatrix} 0.118 & 0.625 & 0.333 & 0.559 \\ 0.706 & 0.137 & 0.140 & 0.121 \\ 0.176 & 0.238 & 0.527 & 0.320 \end{bmatrix} \begin{bmatrix} 0.383 \\ 0.354 \\ 0.348 \\ 0.127 \end{bmatrix} = \begin{bmatrix} 0.321 \\ 0.354 \\ 0.325 \end{bmatrix}$$

最後將此 2 個分類（獨棟、公寓）的比重 w_1 乘上 X、Y。由此結果即可比較獨棟的各替代案（A、B、C）與公寓的各替代案（D、E、F）之綜合評價值。亦即：

$$0.6 \cdot X = 0.6 \cdot \begin{bmatrix} 0.354 \\ 0.195 \\ 0.451 \end{bmatrix} = \begin{matrix} A \\ B \\ C \end{matrix} \begin{bmatrix} 0.212 \\ 0.117 \\ 0.271 \end{bmatrix}$$

$$0.4 \cdot Y = 0.4 \cdot \begin{bmatrix} 0.321 \\ 0.354 \\ 0.325 \end{bmatrix} = \begin{matrix} D \\ E \\ F \end{matrix} \begin{bmatrix} 0.128 \\ 0.142 \\ 0.130 \end{bmatrix}$$

因此，6 個物件的最終偏好順序，依序為 $C > A > E > F > D > B$。

4.3　AHP 中用法的檢討

一、整合性

在第 2 章中，已定義整合性的尺度 C.I.。因此，計算了一對比較矩陣的各要素比重時，如果該矩陣的整合性差（整合性的尺度 C.I. 在 0.1～0.15 以上時），必須重新檢討一對比較矩陣之值，可是，發現哪個一對比較之值違反整合性並非易事，因此，此種情形使用以下例子說明更改一對比較的哪一個值較好。一對比較矩陣 P 的各項目比重 w_1、w_2、w_3、w_4、w_5、w_6 與 C.I. 如下。

$$P = \begin{array}{c} 1 \\ 2 \\ 3 \\ 4 \\ 5 \\ 6 \end{array} \begin{bmatrix} 1 & 3 & 1/3 & 4 & 6 & 7 \\ 1/3 & 1 & 1/5 & 5 & 5 & 6 \\ 3 & 5 & 1 & 3 & 2 & 3 \\ 1/4 & 1/5 & 1/3 & 1 & 1 & 2 \\ 1/6 & 1/5 & 1/2 & 1 & 1 & 1 \\ 1/7 & 1/6 & 1/3 & 1/2 & 1/2 & 1 \end{bmatrix} \begin{matrix} 比重 \\ \begin{bmatrix} 0.275 \\ 0.182 \\ 0.367 \\ 0.064 \\ 0.069 \\ 0.043 \end{bmatrix} \end{matrix} \quad \text{C.I.} = 0.198$$

C.I. 之值大，判斷整合性差。因此，檢討如下。

（一）根據所計算的比重 w_1、w_2、w_3、w_4、w_5、w_6 以 w_i/w_j 當作 (i, j) 的成分製作矩陣 W。

$$W = \begin{array}{c} 1 \\ 2 \\ 3 \\ 4 \\ 5 \\ 6 \end{array} \begin{bmatrix} 1 & 1.511 & \boxed{0.749} & 4.297 & 3.986 & 6.395 \\ & 1 & \boxed{0.496} & 2.844 & 2.638 & 4.233 \\ & & 1 & 5.734 & \boxed{5.319} & \boxed{8.535} \\ & & & 1 & 0.928 & 1.488 \\ & & & & 1 & 1.605 \\ & & & & & 1 \end{bmatrix}$$

（二）比較矩陣 P 與 W 的各成分，注意差異大者（譬如 $\boxed{}$ 內）重新修改一對比較。結果，假定得出 P'。

所謂差異大是指比較的要素（P 與 W）之值有 2 倍以上差異者。

$$P' = \begin{array}{c} 1 \\ 2 \\ 3 \\ 4 \\ 5 \\ 6 \end{array} \begin{array}{cccccc} 1 & 2 & 3 & 4 & 5 & 6 \end{array} \begin{bmatrix} 1 & 3 & 1/2 & 4 & 6 & 7 \\ & 1 & 1/3 & 5 & 5 & 6 \\ & & 1 & 3 & 4 & 7 \\ & & & 1 & 1 & 2 \\ & & & & 1 & 2 \\ & & & & & 1 \end{bmatrix} \begin{array}{c} 比重 \\ \begin{bmatrix} 0.300 \\ 0.195 \\ 0.346 \\ 0.066 \\ 0.058 \\ 0.035 \end{bmatrix} \end{array} \quad \text{C.I.} = 0.075$$

C.I. 之值在 0.1 以下，可以說 P' 具有效性。因此，P' 的整合性佳。

二、不完全一對比較矩陣

將 AHP 應用於實際的問題時，一對比較矩陣的要素之值也有無法全部回答的時候。對某詢問來說，也有必須放棄的時候，或即使想回答，卻沒有比較數據的情形。對此種不完全的倒數矩陣，Harker 提出可以應用特徵值法。因此，此處介紹即使一對比較矩陣的幾個要素不知道時，可以考慮間接近似的特徵值法，亦即 Harker 的方法。

譬如，在要素有 5 個的不完全一對比較矩陣中，想估計的比重設為 $W = (w_1, w_2, w_3, w_4, w_5)$。然而，在要素間的一對比較中，假定只得到 $a_{13} = 3$、$a_{15} = 5$、$a_{24} = 2$、$a_{25} = 3$、$a_{35} = 4$ 的值。此時，對角要素當成 1，假定有倒數關係時，可以得

出如下所示的不完全倒數矩陣 P。

$$a_{ji} = \frac{1}{a_{ij}}$$

$$P = \begin{bmatrix} 1 & \boxed{} & 3 & \boxed{} & 5 \\ \boxed{} & 1 & \boxed{} & 2 & 3 \\ 1/3 & \boxed{} & 1 & \boxed{} & 4 \\ \boxed{} & 1/2 & \boxed{} & 1 & \boxed{} \\ 1/5 & 1/3 & 1/4 & \boxed{} & 1 \end{bmatrix}$$

其中，$\boxed{}$ 的要素是表示不知道的部位。

其次，由於

$$a_{ij} = \frac{w_i}{w_j}$$

所以將 $\boxed{}$ 的部位以 w_i/w_j 填入時，型式上特徵值問題可以寫成：

$$\begin{bmatrix} 1 & w_1/w_2 & 3 & w_1/w_4 & 5 \\ w_2/w_1 & 1 & w_2/w_3 & 2 & 3 \\ 1/3 & w_3/w_2 & 1 & w_3/w_4 & 4 \\ w_4/w_1 & 1/2 & w_4/w_3 & 1 & w_4/w_5 \\ 1/5 & 1/3 & 1/4 & w_5/w_4 & 1 \end{bmatrix} \begin{bmatrix} w_1 \\ w_2 \\ w_3 \\ w_4 \\ w_5 \end{bmatrix} = \lambda \begin{bmatrix} w_1 \\ w_2 \\ w_3 \\ w_4 \\ w_5 \end{bmatrix}$$

由此可以得到：

$$\begin{aligned} 3w_1 && + 3w_3 && + 5w_5 &= \lambda w_1 \\ & 3w_2 && + 2w_4 & + 3w_5 &= \lambda w_2 \\ 1/3\,w_1 && + 3w_3 && + 4w_5 &= \lambda w_3 \\ & 1/2\,w_2 && + 4w_4 && &= \lambda w_4 \\ 1/5\,w_1 & + 1/3\,w_2 & + 1/4\,w_3 && + 2w_5 &= \lambda w_5 \end{aligned}$$

接著將上式以矩陣表示時：

$$\begin{bmatrix} 3 & 0 & 3 & 0 & 5 \\ 0 & 3 & 0 & 2 & 3 \\ 1/3 & 0 & 3 & 0 & 4 \\ 0 & 1/2 & 0 & 4 & 0 \\ 1/5 & 1/3 & 1/4 & 0 & 2 \end{bmatrix} \begin{bmatrix} w_1 \\ w_2 \\ w_3 \\ w_4 \\ w_5 \end{bmatrix} = \lambda \begin{bmatrix} w_1 \\ w_2 \\ w_3 \\ w_4 \\ w_5 \end{bmatrix}$$

亦即，P 的不完全倒數矩陣的比重，只要求解如上式所示的特徵值問題時，即可得出。於是上式所表示的係數矩陣，即為將 P 的 □ 中之要素以 0 替代，而且它的第 i 對角要素正是將 P 的 i 行中的 □ 個數加上 1 之後所得到的矩陣。

以上所表示的方法，即為 Harker 所建議的方法。利用此手法即可求出 w 的估計值 w'。而且上式所表示的特徵值問題，可以近似地計算出（近似求解特徵值、特徵向量的數值解法有冪乘法）如下：

$$\widetilde{\lambda}_{max} = 5.0$$
$$\widetilde{w} = (0.462 , 0.181 , 0.205 , 0.086 , 0.667)$$

三、利用小組的決策

也有以小組單位使用 AHP 的情形。譬如，由幾個人謀求共識來下決策的時候。此時，各自分別實行 AHP，經出示結果相互檢討之後，再提出結論也是一種方法。可是，在取得小組的共識方面，也需要由小組決定一對比較之值。此種情形，在各成員間經常發生一對比較值不一致。只要各成員的立場與價值觀不同，自然是理所當然的。雖然可以將它集中成一個數值，但無法取得同意時可如下因應。

譬如，小組的成員有 A、B、C 3 人，對某問題進行了一對比較，在如下的一個部位（ □ 內）值不同，總是無法整理成 1 個數值。

$$A = \begin{bmatrix} 1 & 3 & 3 & \boxed{3} & 5 \\ & 1 & 1 & 2 & 3 \\ & & 1 & 2 & 4 \\ & & & 1 & 3 \\ & & & & 1 \end{bmatrix} \quad B = \begin{bmatrix} 1 & 3 & 3 & \boxed{4} & 5 \\ & 1 & 1 & 2 & 3 \\ & & 1 & 2 & 4 \\ & & & 1 & 3 \\ & & & & 1 \end{bmatrix}$$

$$C = \begin{bmatrix} 1 & 3 & 3 & \boxed{5} & 5 \\ & 1 & 1 & 2 & 3 \\ & & 1 & 2 & 4 \\ & & & 1 & 3 \\ & & & & 1 \end{bmatrix}$$

此種情形，以 3 人之值的幾何平均當作替代值來採用。亦即：

$$\sqrt[3]{3 \times 4 \times 5} = \sqrt[3]{60} = 3.915$$

如此採行時，在一對比較矩陣中對稱位置的數值，即成立倒數關係。亦即：

$$\sqrt[3]{\frac{1}{3} \times \frac{1}{4} \times \frac{1}{5}} = \sqrt[3]{\frac{1}{60}} = \frac{1}{3.915}$$

取算術平均時，此種倒數關係一般是不成立的。如在本例中：

$$\frac{1}{3}(3 + 4 + 5) = 4$$

由於 1/4 = 0.25，所以

$$\frac{1}{3}\left(\frac{1}{3} + \frac{1}{4} + \frac{1}{5}\right) = 0.261$$

對稱位置的數值即不成立倒數關係。

第5章 有關替代案的偏好順序的檢討

5.1 Belton 與 Gear 的反例

譬如,假定某公司的下任總經理候選人有 A、B、C 3 人浮現檯面。並且評價基準假定選出 a(先見力)、b(決斷力)、c(指導力)3 個要素。為了以 AHP 分析此問題所做作成的階層構造如圖 5.1。

因此,層次 2 的 3 個基準 a、b、c 相對地對下任總經理的選定有多少影響,利用經驗與直覺來判斷。將 3 個評價基準之中的任兩個加以比較,整理成如表 5.1。

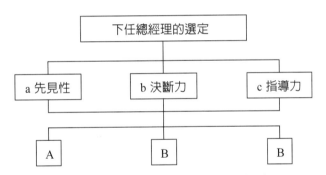

圖 5.1 選定下任總經理的階層構造

表 5.1 關於評價基準的一對比較

	a	b	c
a	1	1	1
b	1	1	1
c	1	1	1

此時,由於全部均為一樣重要,所以填入「1」的數字。對於此矩陣的最大特徵值($\lambda_{max} = 3.0$)而言的特徵向量 W 是:

$$W^T = (1/3, 1/3, 1/3)$$

　　其次，根據 3 個評價基準分別對層次 3 所表示的 3 位候選人進行一對比較。結果，如表 5.2。對於此 3 個一對比較矩陣的各自最大特徵值（均爲 $\lambda_{max} = 3$）而言的特徵向量，分別爲：

$$w_a^T = (1/11, 9/11, 1/11)$$
$$w_b^T = (9/11, 1/11, 1/11)$$
$$w_c^T = (8/18, 9/18, 1/18)$$

表 5.2　在選定下期總經理候選人中 3 個評價基準的一對比較

a （先見性）	A	B	C
A	1	$\frac{1}{9}$	1
B	9	1	9
C	1	$\frac{1}{9}$	1

b （決斷力）	A	B	C
A	1	9	9
B	$\frac{1}{9}$	1	1
C	$\frac{1}{9}$	1	1

c （指導力）	A	B	C
A	1	$\frac{8}{9}$	8
B	$\frac{9}{8}$	1	9
C	$\frac{1}{8}$	$\frac{1}{9}$	1

　　假定替代案的選擇基準的比重設爲 X 時，則

$$X = [w_a, w_b, w_c]W$$

本例的情形即為：

$$X = \begin{array}{c} \\ A \\ B \\ C \end{array} \begin{array}{ccc} a & b & c \\ \begin{bmatrix} 1/11 & 9/11 & 8/18 \\ 9/11 & 1/11 & 9/18 \\ 1/11 & 1/11 & 1/18 \end{bmatrix} \end{array} \begin{bmatrix} 1/3 \\ 1/3 \\ 1/3 \end{bmatrix} = \begin{array}{c} A \\ B \\ C \end{array} \begin{bmatrix} 0.45 \\ 0.47 \\ 0.08 \end{bmatrix}$$

因此，各替代案的偏好順序即為 B > A > C。表 5.1 與表 5.2 所表示的一對比較矩陣全部都有首尾一貫性。

話說，此處有 1 位新的候選人 D 浮出檯面。因此，決定將 D 加入後再利用 4 人來進行評價。其中假定 3 個評價基準的比重 w 以及 3 人（A、B、C）對各評價基準的一對比較值不變。結果，4 人對 3 個評價基準的一對比較矩陣即如表 5.3 所示。而且，即使新加入替代案也能保持首尾一貫性。對此 3 個矩陣的各自最大特徵值（均為 $\lambda_{max} = 4$）的特徵向量即為：

$$w_a^T = (1/20, 9/20, 1/20, 9/20)$$

表 5.3　4 位總經理候選人的一對比較

a（先見性）	A	B	C	D
A	1	$\frac{1}{9}$	1	$\frac{1}{9}$
B	9	1	9	1
C	1	$\frac{1}{8}$	1	$\frac{1}{9}$
D	9	1	9	1

b（決斷力）	A	B	C	D
A	1	9	9	9
B	$\frac{1}{9}$	1	1	1
C	$\frac{1}{9}$	1	1	1
D	$\frac{1}{9}$	1	1	1

c （指導力）	A	B	C	D
A	1	$\frac{8}{9}$	8	$\frac{8}{9}$
B	$\frac{9}{8}$	1	9	1
C	$\frac{1}{9}$	$\frac{1}{9}$	1	$\frac{1}{9}$
D	$\frac{9}{8}$	1	9	1

$$w_b^T = (9/12, 1/12, 1/12, 1/12)$$
$$w_c^T = (8/27, 9/27, 1/27, 9/27)$$

因此，假定各替代案的比重設為 X 時，則

$$X = \begin{array}{c} A \\ B \\ C \\ D \end{array} \begin{bmatrix} 1/20 & 9/12 & 8/27 \\ 9/20 & 1/12 & 9/27 \\ 1/20 & 1/12 & 1/27 \\ 9/20 & 1/12 & 9/27 \end{bmatrix} \begin{bmatrix} 1/3 \\ 1/3 \\ 1/3 \end{bmatrix} = \begin{bmatrix} 0.37 \\ 0.29 \\ 0.06 \\ 0.29 \end{bmatrix}$$

亦即，各替代案的偏好順序為 A > B = D > C。

可是，此結果充滿詭論（paradox）。因為，由於新加入 D 氏，在前面的 3 人之中，A、B 兩氏的評價出現逆轉，而且，關於 A、B、C 3 人之評價的一對比較矩陣，並未因 D 氏的加入而改變。

事實上，此順位逆轉現象雖然是由 Belton 與 Gear 所指出，但 AHP 的提倡者 Saaty 提出反對，謂此種逆轉是可以接受的。因為，所追加的替代案（本例是 D 氏），如果是以往替代案的複製（copy）時，很顯然此替代案的評價值（比重）即下降。好好觀察表 5.3，即可明白 D 氏是 B 氏的複製。即使不是同一人物，對各個評價基準而言，也是接受相同評價的人物。像這樣，複製的替代案愈被追加，該替代案的比重就愈會下降，此事於下節說明。

5.2　複製替代案的例子

某企業使用 AHP 進行了企業人（Business man）的評價。評價基準有能力與人格兩項，替代案假定是 M 氏與 N 氏（參照圖 5.2）。另外，能力與人格的比重是：

$$W^T = (0.7, 0.3)$$

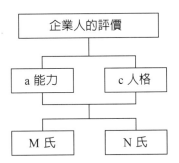

圖 5.2　企業人的評價之階層構造

其次，2 個替代案對 2 個評價基準的一對比較如表 5.4 所示。

表 5.4　對各評價基準的一對比較

能力	M	N
M	1	2
N	$\frac{1}{2}$	1

人格	M	N
M	1	$\frac{1}{3}$
N	3	1

此 2 個一對比較矩陣的特徵向量（比重）是

$$w_a^T = (0.667, 0.333)$$
$$w_b^T = (0.25, 0.75)$$

因此，M 氏、N 氏的綜合評價值為

$$X = \begin{array}{c} \\ M \\ N \end{array} \overset{\begin{array}{cc} a & b \end{array}}{\begin{bmatrix} 0.667 & 0.25 \\ 0.333 & 0.75 \end{bmatrix}} \begin{bmatrix} 0.7 \\ 0.3 \end{bmatrix} = \begin{bmatrix} 0.542 \\ 0.458 \end{bmatrix}$$

偏好順序為 M > N。

此處假定新追加 M 氏的複製 M′ 氏當作替代案。當然,前面的替代案(M, N)之間的一對比較不變。且 M′ 氏由於是 M 氏的複製,所以應與 M 氏有相同的評價。因此,各替代案(M, N, M′)對此 2 個評價基準的一對比較如表 5.5 所示。並且,此 2 個一對比較矩陣的特徵向量(比重)是

$$w_a^T = (0.4, 0.2, 0.4)$$
$$w_b^T = (0.2, 0.6, 0.2)$$

表 5.5　有關 2 個評價基準的一對比較

能力	M	N	M′	人格	M	N	M′
M	1	2	1	M	1	$\frac{1}{3}$	1
N	$\frac{1}{2}$	1	$\frac{1}{2}$	N	3	1	3
M′	1	2	1	M′	1	$\frac{1}{3}$	1

因此,M 氏、N 氏、M′ 氏的綜合評價值為

$$X = \begin{array}{c} \\ M \\ N \\ M' \end{array} \overset{\begin{array}{cc} a & b \end{array}}{\begin{bmatrix} 0.4 & 0.2 \\ 0.2 & 0.6 \\ 0.4 & 0.2 \end{bmatrix}} \begin{bmatrix} 0.7 \\ 0.3 \end{bmatrix} = \begin{bmatrix} 0.34 \\ 0.32 \\ 0.34 \end{bmatrix}$$

偏好順序為 M = M′ = M″ = M。但 M ≒ N。

此處假定再追加新的 M 氏的複製 M″ 氏作為替代案。當然,假定前面的替代案(M, N, M′)間的一對比較不變。而且 M″ 氏是 M 氏的複製,所以與 M 氏有相同的評價。因此,各替代案(M, N, M′, M″)對 2 個評價基準的一對比較如

表 5.6 所示。於是，此 2 個一對比較矩陣的特徵向量（比重）為

$$w_a^T = (0.286, 0.143, 0.286, 0.286)$$
$$w_b^T = (0.167, 0.5, 0.167, 0.167)$$

表 5.6　關於 2 個評價基準的一對比較

能力	M	N	M′	M″
M	1	2	1	1
N	$\frac{1}{2}$	1	$\frac{1}{2}$	$\frac{1}{2}$
M′	1	2	1	1
M″	1	2	1	1

人格	M	N	M′	M″
M	1	$\frac{1}{3}$	1	1
N	3	1	3	3
M′	1	$\frac{1}{3}$	1	1
M″	1	$\frac{1}{3}$	1	1

因此，M 氏、N 氏、M′ 氏、M″ 氏的綜合評價值為

$$X = \begin{matrix} M \\ N \\ M' \\ M'' \end{matrix} \begin{bmatrix} 0.286 & 0.167 \\ 0.143 & 0.5 \\ 0.286 & 0.167 \\ 0.286 & 0.167 \end{bmatrix} \begin{bmatrix} 0.7 \\ 0.3 \end{bmatrix} = \begin{bmatrix} 0.25 \\ 0.25 \\ 0.25 \\ 0.25 \end{bmatrix}$$

偏好順序成為 M = M′ = M″ = N。

此處如再追加另一個 M 氏的複製 M‴ 氏當作替代案。當然以往的替代案（M, N, M′, M″）間的一對比較不變。且由於 M‴ 是 M 氏的複製，所以應與 M 氏有相同的評價。因此，各替代案（M, N, M′, M″, M‴）對 2 個評價基準的一對比較如表 5.7 所示。而且，此 2 個一對比較矩陣的特徵向量（比重）是

$$w_a^T = (0.222, 0.111, 0.222, 0.222, 0.222)$$
$$w_b^T = (0.143, 0.428, 0.143, 0.143, 0.143)$$

表 5.7　關於 2 個評價基準的一對比較

能力	M	N	M′	M″	M‴		人格	M	N	M′	M″	M‴
M	1	2	1	1	1		M	1	$\frac{1}{3}$	1	1	1
N	$\frac{1}{2}$	1	$\frac{1}{2}$	$\frac{1}{2}$	$\frac{1}{2}$		N	3	1	3	3	3
M′	1	2	1	1	1		M′	1	$\frac{1}{3}$	1	1	1
M″	1	2	1	1	1		M″	1	$\frac{1}{3}$	1	1	1
M‴	1	2	1	1	1		M‴	1	$\frac{1}{3}$	1	1	1

因此，M 氏、N 氏、M′ 氏、M″ 氏、M‴ 氏的綜合評價值為

$$
\begin{array}{c}
\begin{array}{cc} a & b \end{array} \\
\begin{array}{c} M \\ N \\ M' \\ M'' \\ M''' \end{array}
\begin{bmatrix}
0.222 & 0.143 \\
0.111 & 0.428 \\
0.222 & 0.143 \\
0.222 & 0.143 \\
0.222 & 0.143
\end{bmatrix}
\begin{bmatrix}
0.7 \\
\\
0.3
\end{bmatrix}
=
\begin{bmatrix}
0.198 \\
0.207 \\
0.198 \\
0.198 \\
0.198
\end{bmatrix}
\end{array}
$$

偏好順序即為 N > M = M′ = M″ = M‴。

由以上的結果可知，複製替代案（M′, M″, M‴）愈被追加，所屬替代案（M）的綜合評價值就愈下降。

5.3　複製替代案時的計算法

關於 5.1 節所介紹的 Belton 與 Gear 反例，Saaty 與 Balgas 提出反對，接著 Belton 及 Gear 再提出反對。可是，在 AHP 中，混入複製替代案時，如 5.2 節所示，所屬替代案即過小評估是很顯然的。

因此，本節考察此種逆順位發生的理由，介紹混入複製替代案時的計算法。在 Belton and Gear 的反例中，D 被追加之後，儘管對 A、B、C 的一對比較值不變，也可看出 A 與 B 之間出現順位逆轉的現象。此處觀察各替代案對評價基準

a、b、c 的評價變化（D 被追加之前與之後）。如此一來，得知 B 比 A 的評價高，對評價基準 a、c 來說，評價約降低一半（參照表 5.8）。換言之，根據評價基準間之比重與各替代案對各評價基準的評價來計算綜合評價值時，D 加入之後，只要不改變評價基準間的比重，a、c 的影響度因為相對地減少，所以才發生 A 與 B 的順位逆轉。

表 5.8　關於 A、B 的比重變化

	A			B		
	a	b	c	a	b	c
D 被追加之前	$\dfrac{1}{11}$	$\dfrac{9}{11}$	$\dfrac{8}{18}$	$\dfrac{9}{11}$	$\dfrac{1}{11}$	$\dfrac{9}{18}$
D 被追加之後	$\dfrac{1}{20}$	$\dfrac{9}{12}$	$\dfrac{8}{27}$	$\dfrac{9}{20}$	$\dfrac{1}{12}$	$\dfrac{9}{27}$

亦即，各替代案對各評價基準的評價值（比重）因為被標準化，新追加替代案時尺度發生改變，發生如本例所見的現象。

因此，只要使用複製替代案 D 被追加之前的相同評價基準間的比重，在計算出綜合評價值之後進行標準化是需要的。

此處，介紹在此種情形中求各替代案之綜合評價值的計算法。其中假定各評價基準為 $C_i(i = 1, \cdots, n)$，C_i 的比重為 v_i，各替代案為 $A_j(j = 1, \cdots, m)$，A_j 對 C_i 的評價值設為 w_{ij}。

一、假定追加某替代案 A_{m+1}

此時 v_i 理所當然是不改變，w_{ij} 也照樣採用。且 A_{m+1} 對 C_i 的評價值（比重）重新當作 $w_{i, m+1}$ 來評價。如果，A_{m+1} 是 A_j^* 的複製，則 $w_{i, m+1} = w_{ij}^*$。

二、計算以下 2 個式子

$$\sum_{i=1}^{n} v_i w_{ij} = \varepsilon_j \qquad (j = 1, \cdots, m + 1)$$

$$\sum_{j=1}^{m+1} v_i w_{ij} = f_i \qquad (i = 1, \cdots, n)$$

ε_i 是替代案 A_j 的綜合評價值，f_i 是評價基準 i 的比重。

三、計算下式

$$\sum_{i=1}^{n} f_i = F\left(= \sum_{j=1}^{m+1} \varepsilon_j \right)$$

接著，為了標準化，計算

$$\varepsilon_i / F = w_j$$

此 w_j 是替代案 j 已標準化的綜合評價值。

將以上的計算法套入 Belton 與 Gear 的例子中時，即如表 5.9。

亦即，$A(w_1) = 0.3070, B(w_2) = 0.3196, C(w_3) = 0.0538, D(w_4) = 0.3196$，偏好順序為 B = D > A > C，未發生順位逆轉。而且，此結果可知與替代案 D 被追加之前的替代案 (A, B, C) 間的綜合評價值之比並無不同。

表 5.9　修正計算

	a	**b**	**c**	w_j
A	$\frac{1}{3} \times \frac{1}{11}$	$\frac{1}{3} \times \frac{9}{11}$	$\frac{1}{3} \times \frac{8}{18}$	$\left(\frac{1}{33} + \frac{9}{33} + \frac{8}{54} \right)/1.4697 = 0.3070$
B	$\frac{1}{3} \times \frac{9}{11}$	$\frac{1}{3} \times \frac{1}{11}$	$\frac{1}{3} \times \frac{9}{18}$	0.3196
C	$\frac{1}{3} \times \frac{1}{11}$	$\frac{1}{3} \times \frac{1}{11}$	$\frac{1}{3} \times \frac{1}{18}$	0.0538
D	$\frac{1}{3} \times \frac{9}{11}$	$\frac{1}{3} \times \frac{1}{11}$	$\frac{1}{3} \times \frac{9}{18}$	0.3196
f_i	0.6061	0.3636	0.5	$F = 1.4697$

表 5.10　修正計算

	a	b	w_j
M	$0.7 \times \dfrac{2}{3}$	$0.3 \times \dfrac{1}{4}$	$\left(0.7 \times \dfrac{2}{3} + 0.3 \times \dfrac{1}{4}\right) / 2.625 = 0.20635$
N	$0.7 \times \dfrac{1}{3}$	$0.3 \times \dfrac{3}{4}$	0.17460
M′	$0.7 \times \dfrac{2}{3}$	$0.3 \times \dfrac{1}{4}$	0.20635
M″	$0.7 \times \dfrac{2}{3}$	$0.3 \times \dfrac{1}{4}$	0.20635
M‴	$0.7 \times \dfrac{2}{3}$	$0.3 \times \dfrac{1}{4}$	0.20635
f_i	2.1	0.525	F = 2.625

此外，試套入 5.2 節所表示的複製替代案的例子（M, N, M′, M″, M‴）時，即如表 5.10。

亦即，$M(w_1) = 0.20635$，$M(w_2) = 0.17460$，$M'(w_3) = 0.20635$，$M''(w_4) = 0.20635$，$M'''(w_5) = 0.20635$，偏好順序為 M = M′ = M″ = M‴ > N，未發生順位逆轉。而且，此結果可知與替代案（M′, M″, M‴）被追加之前的替代案（M, N）間的綜合評價值之比並無不同。

5.4　偏好順序逆轉例

在 5.1 節、5.2 節中，介紹了因複製替代案發生順位逆轉的例子。因此，本節使用 Saaty 的例 (1) 來說明追加並非複製的替代案，而偏好順序出現逆轉的情形。此外，就追加複製替代案偏好順序逆轉具有妥當性之情形，使用 Saaty 的例 (2) 來說明。

一、投資問題

在財產管理中投資是重要的決策。此處以投資問題當作綜合目的，其階層構造如圖 5.3 所示。亦即，評價基準是利潤性與安定性，替代案是股票、債券等投資對象的 A、B。另外，利潤性與安全性的比重假定是：

$$W^T = (0.5, 0.5)$$

其次，各替代案對各評價基準的一對比較如表 5.11 所示。亦即，對利潤率來說，A 比 B 好（A＞B），對安全性來說 B 比 A 好（A＜B）。

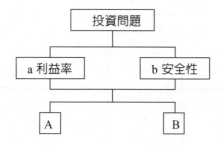

圖 5.3　投資問題的階層構造

表 5.11　各評價基準的一對比較

利益率	A	B
A	1	3
B	$\frac{1}{3}$	1

安全性	A	B
A	1	$\frac{1}{2}$
B	2	1

此 2 個一對比較矩陣的特徵向量（比重）是：

$$w_a^T = (0.75, 0.25)$$
$$w_b^T = (0.33, 0.34)$$

因此，A、B 的綜合評價值為：

$$X = \begin{matrix} A \\ B \end{matrix} \begin{bmatrix} 0.75 & 0.33 \\ 0.25 & 0.67 \end{bmatrix} \begin{bmatrix} 0.5 \\ 0.5 \end{bmatrix} = \begin{bmatrix} 0.54 \\ 0.46 \end{bmatrix}$$

偏好順序為 $A > B$。

此處假定追加新的替代案 C。各替代案（A, B, C）對各評價基準的一對比較

如表 5.12 所示。

表 5.12　各評價基準的一對比較

利益率	**A**	**B**	**C**
A	1	3	$\frac{1}{2}$
B	$\frac{1}{3}$	1	$\frac{1}{6}$
C	2	6	1

安全性	A	B	C
A	1	$\frac{1}{2}$	4
B	2	1	8
C	$\frac{1}{4}$	$\frac{1}{8}$	1

此 2 個一對比較矩陣的特徵向量（比重）爲：

$$w_a^T = (0.3, 0.1, 0.6)$$
$$w_b^T = (0.31, 0.61, 0.08)$$

亦即，關於利潤率是 C 比 A 好（C > A > B），關於安全性是 A 比 C 好（B > A > C）。因此，A、B、C 的綜合評價值爲：

$$X = \begin{array}{c} \\ A \\ B \\ C \end{array} \begin{array}{cc} a & b \end{array} \begin{bmatrix} 0.3 & 0.31 \\ 0.1 & 0.62 \\ 0.6 & 0.08 \end{bmatrix} \begin{bmatrix} 0.5 \\ \\ 0.5 \end{bmatrix} = \begin{bmatrix} 0.30 \\ 0.36 \\ 0.34 \end{bmatrix}$$

亦即，各替代案的偏好順序爲 B > C > A，A 與 B 逆轉。而且所追加的替代案 D 不是替代案 A、B 的複製。由此可知，因追加並非複製的替代案，偏好順序也有逆轉的時候。且即使在此種情形，如套用 5.3 節的計算法時，即爲表 5.13。亦即，$A(w_1) = 0.302$、$B(w_2) = 0.256$、$C(w_3) = 0.442$，偏好順序爲 C > A > B，A 與 B 的順位並未發生逆轉。而且，此結果可知，與替代案 C 追加前的替代案（A, B）的綜合評價值之比並無不同。

表 5.13　修正計算

	a	b	w_j
A	$\frac{1}{2} \times \frac{3}{4}$	$\frac{1}{2} \times \frac{1}{3}$	$\left(\frac{1}{2} \times \frac{3}{4} + \frac{1}{2} \times \frac{1}{3}\right)/1.792 = 0.302$
B	$\frac{1}{2} \times \frac{1}{4}$	$\frac{1}{2} \times \frac{2}{3}$	0.256
C	$\frac{1}{2} \times \frac{6}{4}$	$\frac{1}{2} \times \frac{1}{12}$	0.442
f_i	1.25	0.542	$F = 1.792$

二、選擇西裝的例子

以追加複製替代案偏好順序逆轉具有正當性的例子來說，Saaty 提出如下選擇西裝的問題（本書中以不同的例子介紹）。

首先，問題的階層構造如圖 5.4 所示。亦即，評價基準是設計與稀少價值，替代案是西裝 A 與西裝 B。各評價基準之比重設爲：

$$W^T = (0.4, 0.6)$$

其次，各替代案對各評價基準的一對比較如表 5.14 所示。

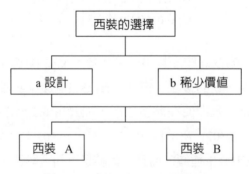

圖 5.4　選擇西服的階層構造

此 2 個一對比較矩陣的特徵向量（比重）爲：

$$w_a^T = (0.75, 0.25)$$
$$w_b^T = (0.5, 0.5)$$

表 5.14　各評價基準的一對比較

設計	A	B
A	1	3
B	$\frac{1}{3}$	1

稀少價值	A	B
A	1	1
B	1	1

亦即，關於設計來說，西裝 A 比西裝 B 好，關於稀少價值來說，西裝 A 與 B 均相同。因此，西裝 A 與 B 的綜合評價值為

$$X = \begin{array}{c} \\ A \\ B \end{array} \begin{array}{cc} a & b \end{array} \begin{bmatrix} 0.75 & 0.5 \\ 0.25 & 0.5 \end{bmatrix} \begin{bmatrix} 0.4 \\ 0.6 \end{bmatrix} = \begin{bmatrix} 0.6 \\ 0.4 \end{bmatrix}$$

偏好順序是西裝 A > 西裝 B。

此處，假定加入新西裝 C（與西裝 A 相同）。亦即，在此西裝店中仔細巡視物品時，發現與西裝 A 非常相似的西裝 C。於是，各西裝（A, B, C）對各評價基準重新進行一對比較時，即如表 5.15 所示。

並且，此 2 個一對比較矩陣的特徵向量（比重）為：

$$w_a^T = (0.42, 0.16, 0.42)$$
$$w_b^T = (0.125, 0.75, 0.125)$$

表 5.15　各評基準的一對比較

	A	B	C
A	1	3	1
B	$\frac{1}{3}$	1	$\frac{1}{3}$
C	1	3	1

稀少價值	A	B	C
A	1	$\frac{1}{6}$	1
B	6	1	6
C	1	$\frac{1}{6}$	1

亦即，關於設計來說，西裝 C 與西裝 A 為相同評價（A = C > B）。另一方面，關於稀少價值來說，由於西裝 A 與 C 非常類似，所以西裝 B 的評價高。

因此，西裝 A、B、C 的綜合評價值為：

$$X = \begin{array}{c} \\ A \\ B \\ C \end{array} \begin{matrix} a \quad\quad b \\ \begin{bmatrix} 0.42 & 0.125 \\ 0.16 & 0.75 \\ 0.42 & 0.125 \end{bmatrix} \end{matrix} \begin{bmatrix} 0.4 \\ \\ 0.6 \end{bmatrix} = \begin{bmatrix} 0.238 \\ 0.514 \\ 0.238 \end{bmatrix}$$

亦即，偏好順序為西裝 B > 西裝 A = 西裝 C，可知 A、B 發生逆轉。此處如試著將 5.3 節的計算法套入本例時，即如表 5.16。亦即，$A(w_1) = 0.27835$、$B(w_2) = 0.4433$、$C(w_3) = 0.27835$。偏好順序為西裝 B > 西裝 A = 西裝 C，仍維持順序逆轉。換言之，在本例中的順位逆轉，由於西裝 A、C 非常相似，所以可以認為因西裝 B 的稀少價值提高，所以才發生。因此，此情形的偏好順位逆轉可以想成是具有妥當性的例子。

表 5.16　修正計算

	a	b	w_j
A	$0.4 \times \frac{3}{4}$	$0.6 \times \frac{1}{7}$	$\left(0.4 \times \frac{3}{4} + 0.6 \times \frac{1}{7}\right)/1.3857 = 0.27835$
B	$0.4 \times \frac{1}{4}$	$0.6 \times \frac{6}{7}$	0.4433
C	$0.4 \times \frac{3}{4}$	$0.6 \times \frac{1}{7}$	0.27835
f_i	0.7	0.6857	$F = 1.3857$

5.5　D-AHP 模式偏好順位逆轉現象的整合性解釋

一、前言

利用 AHP 評估數個替代案，由於附加新的替代案或消除已經存在的替代案，因此其他替代案的偏好度發生變化，有時偏好順位發生了逆轉的現象，稱為 AHP 偏好順位逆轉現象（rank reversal）。Saaty 的 AHP，對此現象無法解釋它的理由，視為逆轉現象是 AHP 的矛盾。之後有許多研究人員考察了在何種情況下不會發生逆轉。可是，評價者或決策者偏好構造的變化，在實際的決策過程中也是稀鬆平常，逆轉現象不能說經常是矛盾的。因此，並非是將偏好順位逆轉現象視為矛盾，而是排除不合理的逆轉現象，重新提出能適切表現合理逆轉現象的 AHP。此 AHP 可被視為 AHP 的記述性（Descriptive）模式（或稱為行為科學模式），於此稱為 D-AHP。

D-AHP 中引述表現各個替代案滿足度的「偏好特性」以及評估決策者周遭狀況的「狀況特性」此 2 個概念，綜合此兩者評估全體。此處對於決策者身邊的各替代偏好度，稱為偏好特性，對決策者所提供的替代案周遭狀況的偏好度，稱為狀況特性，為了使此偏好特性明確，尋找對各評價項目的希求水準（Aspiration level）。接著，將所有評價項目均有此希求水準的假想替代案加入替代案集合後，進行一對一比較，透過將希求水準的評價值（weight）當作 1 的標準化，求出各替代案的評價值。

二、偏好特性與狀況特性

所謂希求水準是指對該評價項目可以滿足的最底線，譬如人在購買某種商品時會考慮「預算」，心中具有支付額度的尺度。此預算可說是「金額」此種評價基準之下的希求水準，即使在「性能」此種抽象的評價水準之下，一般也具有希望能有如此物品之欲求，因此讓決策者設想希求水準並非相當困難。對決策者而言，可以滿足的替代案評價值在 1 以上，不滿足的替代案評價值未滿 1。圖 5.5 是以 9 為底，利用對數在已設定刻度的軸上，以 Case 1 來說，表示有替代案 A_1、B_1，以 Case 2 表示有 A_2、B_2。透過將希求水準的評價值標準化成 1，替代

案 A_1、B_1 均是能滿足的替代案,替代案 A_2、B_2 均是難以滿足的替代案,可以一目了然地判斷,而像過去那樣評價替代案的重要度之後,將替代案的評價值之和做成 1 進行標準化時,Case 1 與 Case 2 即不易區別。

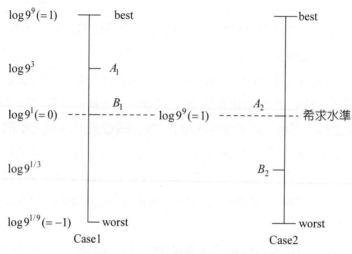

圖 5.5　替代案重要度之比的評價

　　另一方面,有關替代案的資訊對決策者具有甚大影響。譬如,非常有魅力的替代案,引出其魅力的評價項目之比重即變高。相反的,在某評價項目之下,一對比較的整合性不佳時,決策者對此評價項目的偏好是模糊不清的,因此對此評價項目的比重即變低。像這樣,對提供給決策者之替代案其周遭狀況的偏好度,稱為狀況特性。在綜合偏好特性與狀況特性時,可以想成是替代案集合的評價值愈是比希求水準大,愈會增加由偏好特性所求出之評價項目的基本重要度,一對比較的整合度愈是不佳,一對比較即模糊不清,決策者的偏好即愈不明確,因此會減少由偏好特性所求出之評價項目的重要度。圖5.6表示過去的 AHP 與 D-AHP 在架構上的不同,以下說明具體的評價法。

　　今將 A 當作在某評價項目之下比較 L 個替代案之 L×L 的一對比較矩陣,即 $A = (a_{ij})$。此時下式成立。

$$1/\rho < a_{ij} < \rho \qquad (1)$$

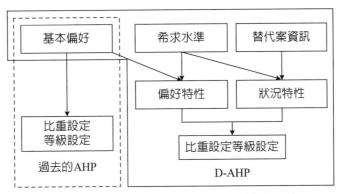

圖 5.6 過去的 AHP 與 D-AHP 的架構的比較

通常 ρ 被設定成 $\rho = 9$。替代案 i、j 的比重分別當作 w_i、w_j 時，則 $a_{ij} = w_i / w_j$ 是成立的，因此 (1) 式可以如下表示：

$$1/\rho < w_i / w_j < \rho \qquad (2)$$

當替代案處於希求水準時，$w_j = 1$ 成立，因此 (2) 成為：

$$1/\rho < w_i < \rho \qquad (3)$$

因此，

$$-1 \leqq \log_\rho W_i \leqq 1 \qquad (4)$$

又，取 w_i，$i = 1, 2, \cdots, L$ 的幾何平均時，同樣下式成立：

$$1/\rho \leqq (\prod_{i=1}^{L} W_i)^{1/L} \leqq \rho \qquad (5)$$

$$-1 \leqq \log_\rho (\prod_{i=1}^{L} W_i)^{1/L} \leqq 1 \qquad (6)$$

如定義：

$$C = |\log_\rho (\prod_{i=1}^{L} W_i)^{1/L}| \qquad (7)$$

可得出：

$$0 \leq C \leq 1 \qquad (8)$$

此處將狀況特性如(7)式當作替代案的幾何平均值與希求水準之重要度（=1）之比的對數來定義，可以想成「決策者重視狀況特性大之替代案集合的評價基準」。

三、兩特性之綜合

在綜合此偏好特性與狀況特性時，狀況特性之值愈大，替代案集合與希求水準之偏差可以判斷愈大，因此會增加該評價基準之重要度，一對比較的整合性之指標 C.I. 值愈大，一對比較即愈模糊，可以判斷決策者的偏好不明確，因此會減少評價基準的重要度。

接著，當 C.I. 值為 0 時，可以想成決策者對替代案的偏好明確，不受周遭狀況所影響，視為狀況特性沒有影響。

首先，在階層構造的各評價基準層次進行一對比較，決策各評價基準的重要度，將此當作各評價基準的基本重要度。並且，一對比較矩陣未保持整合性時，就要求出整合性指標 C.I. 之值與狀況特性之值。

今將替代案層次的上一層次的評價基準 $p(p = 1, 2, \cdots, m)$ 的基本重要度當作 W_p^B。其次，在替代案層次中，包含希求水準在內，按各個評價基準 p 進行一對比較。然後，透過標準化將希求水準的重要度變成 1，求出各替代案 q ($q = 1, 2, \cdots, n$) 的重要度。

另外，一對比較矩陣未保持整合性時，讓替代案 q 的集合的狀況特性之值 C_q 反映到評價基準 p 的基本重要度 W_p^B，如 (9) 式那樣決定評價基準 p 的重要度 W_p。

$$W_p = W_p^B \cdot C_q^{f(\text{C.I.})} \tag{9}$$

此處 $f(\text{C.I.})(\geq 0)$ 是取決於一對比較矩陣的整合度 C.I. 值之函數，將此稱為信賴度函數。此函數是表示將一對比較矩陣的模糊度反映到狀況特性之程度，因此，它是 C.I. 值的單調增加函數。C.I. 值為 0 時，不考量狀況特性（$f(0) = 0$），只利用偏好特性進行評價，而 C.I. 值為正時，依其大小將狀況特性反映到決策中。

將替代案層次中的狀況特性 C_q 反映到評價基準 p 之結果，某評價基準 p 的重要度 W_p 即變小，如 $\sum_{p=1}^{m} w_p < 1$ 時，再次於評價基準層次中進行標準化。

階層構造是由更多的層次構成時，重複同樣的作業，依序求出上一層次的重要度即可。

對於所有評價基準來說，滿足度等於希求水準之替代案其重要度成為 1。因此，替代案的綜合重要度比 1 大或小，可以成為對該替代案表示滿足度的指標。換言之，在各個評價基準之下，不管是取比希求水準大之值（高滿足度）或取小之值（低滿足度），如綜合重要度超過 1 時，整體來說，可以說是足以滿足的替代案。像這樣，此模式不僅是決定替代案的偏好順位，也可表示能滿足的替代案有幾個。

四、改良型 AHP 的步驟與數值例

步驟 1：將評價基準與替代案整理成階層構造

此處，考察在 2 個評價基準 X、Y 之下，評價 3 個替代案 a、b、c 的決策問題。

步驟 2：在上一層次的某評價基準之下進行替代案的一對比較。從一對比較矩陣的最大特徵值所求得之特徵向量，可以得知各個評價基準的重要度之比，為了使重要度之和成為 1 進行標準化，當作基本重要度。

首先進行評價基準之間的一對比較，得出如表 5.17 的一對比較矩陣。

表 5.17　評價基準的一對比較

	X	Y	比重
X	1	1/2	0.333
Y	2	1	0.667

各評價基準 X、Y 的基本重要度分別為：

$$W_X^B = 0.333$$
$$W_Y^B = 0.667$$

步驟 3：在各個評價基準之下，尋找希求水準，也將它包含在內進行替代案的一對比較。對於由一對比較矩陣的最大特徵值所得出的特徵向量，可以得知各替代案的重要度之比，為了使希求水準的重要度成為 1 而進行標準化。

將各評價基準 X、Y 之下的希求水準分別當作 S_X、S_Y 時，替代案的一對比較矩陣以及重要度如表 5.18 所示。

表 5.18　替代案的一對

X	a	b	c	S_X	比重
a	1	1/6	1/2	1/2	0.50
b	6	1	3	3	3.00
c	2	1/3	1	1	1.00
S_X	2	1/3	1	1	1.00

C.I. = 0

Y	a	b	c	S_Y	比重
a	1	7	2	3	2.97
b	1/7	1	1/3	1/3	0.57
c	1/2	3	1	2	1.56
S_Y	1/3	3	1/2	1	1.00

C.I. = 0.014

步驟 4：在各評價基準之下的一對比較矩陣如保持整合性時，基本重要度即為該評價基準的重要度。未保持整合性時，該評價基準的重要度可用 (9) 式來表現。

由於在評價基準 X 之下的一對比較矩陣的整合性完全保持，因此決策者對替代案的偏好明確，替代案周遭的狀況對評價基準 X 的重要度不具影響。可是，

在評價基準 Y 之下的一對比較矩陣因爲未保持整合性，狀況特性對決策者有影響，使評價基準 Y 的重要度發生變化。

今計算在評價基準 Y 之下的狀況特性時，即爲 0.147[1]。又此處是有關 C.I. 的單調增加函數，以滿足 $f(0) = 0$ 之最簡單的一個可靠性函數來說，假定 $f(C.I.) = 10 \times C.I.$。從經驗上可以看成一對比較矩陣具有整合性的界境值是 $f(0.1) = 1$，評價基準的重要度（(9) 式），就像基本重要度與狀況特性之積所表現的那樣加以設定。

此時評價基準的重要度成爲如下：

$$W_X = 0.333$$
$$W_Y = 0.667 \times 0.147^{10 \times 0.014} = 0.510$$

步驟 5：斟酌狀況特性後，重要度發生變化時，爲了使評價基準之重要度之和成爲 1，重新進行標準化。

此處評價基準 X 的重要度不變，評價基準 Y 的重要度因爲一對比較矩陣未具整合性，因而變少了，因此，再將評價基準的重要度標準化，於是變成：

$$W_X = 0.395$$
$$W_Y = 0.604$$

結果，一對比較矩陣保持整合性的評價基準 X 的重要性相對增加，一對比較矩陣模糊的評價基準 Y 的重要性可說減少了。

步驟 6：依據加法系綜合規則，求出綜合重要度，當階層構造還有上一層次時，進入步驟 7。如無時，即結束。

使用此評價基準的重要度後，替代案的綜合重要度即爲表 5.19，替代案 a 即爲最偏好的替代案。

1　$\log_9 \sqrt[3]{2.97 \times 0.57 \times 1.56} = \log_9 1.382 = \log_{10} 1.382 / \log_{10} 9 = 0.141 / 0.95 = 0.147$

表 5.19　替代案的綜合重要度

	X .395	Y 0.605	比重	等級
a	0.500	2.976	2.00	1
b	3.000	0.423	1.44	2
c	1.000	1.560	1.34	3
s	1.000	1.000	1.00	4

步驟 7：把各替代案的重要度已知的評價基準 C_1 在其上層次的評價基準 C_2 之下進行一對比較，求出各個基本重要度。並且，一對比較矩陣未保持整合性時，從已知的評價基準 C_1 的重要度求狀況特性，針對該評價基準變更重要度，進入步驟 6。

五、偏好順位逆轉現象的整合性解釋

為了表示此模式 D-AHP 的有效性，將問題分成以下 3 種情形來說明。

（一）一對比較矩陣保持整合性而且階層構造無變化

有人指出在過去的 AHP 階層構造中，即使決策者的判斷沒有任何矛盾，替代案的偏好順位仍有可能發生逆轉現象。可是，「一對比較矩陣保持整合性」，「在決策上的構造（決定要因）上如無變化時」，不可能發生偏好順位的逆轉。

在 D-AHP 的模式中，一對比較矩陣如保持整合性時，狀況特性不影響決策，基於將希求水準當作 1 的標準化的重要度決定，選擇替代案。因此，希求水準只要不變，其他替代案的比重不受替代案的追加或刪除而改變，在階層構造中的所有層次，如重要度無變化時，替代案的綜合重要度也不應改變，因此，替代案的偏好順位逆轉現象即不會發生。

今在 4 個評價基準（C_1, C_2, C_3, C_4）之下，評價 4 個替代案（A_1, A_2, A_3, A_4）。各個評價基準的重要度當作相等。表 5.20 是利用 Direct Rating 表示在各評價基準下的替代案的價值設定。所謂 Direct Rating 是在各個評價基準之下，將某替代案的價值固定，透過與它的比較，決定其他替代案的價值。此處將最不受到偏好的替代案價值當作 1 時，尋找其他替代案的價值。

表 5.20　在各評價基準中替代案的評價

	C_1	C_2	C_3	C_4
A_1	1	9	1	3
A_2	9	1	9	1
A_3	8	1	4	5
A_4	4	1	6	6

　　由此表可以製作保持整合性的一點比較矩陣，應用 AHP，可以決定各替代案的偏好順位。利用 Satty 的 AHP 所得到的替代案綜合重要度，與改良型的 D-AHP 所得出的綜合重要度，表示在表 5.21 中。在 D-AHP 的模式中，希求水準在所有的評價基準中，等於替代案 A_4。

　　其次，從這些的替代案集合中，除去替代案 A_4 時，同樣依從 2 種手法所求出的綜合重要度，如表 5.22 所示。

表 5.21　綜合重要度（替代案刪除前）

	Satty-AHP		D-AHP	
	比重	等級	比重	等級
A_1	0.261	1	2.479	1
A_2	0.252	2	1.229	2
A_3	0.245	3	1.125	3
A_4	0.241	4	1.000	4

表 5.22　綜合重要度（替代案刪除後）

	Satty-AHP		D-AHP	
	比重	等級	比重	等級
A_1	0.320	3	2.479	1
A_2	0.336	2	1.229	2
A_3	0.344	1	1.125	3

　　從表 5.21 與表 5.22 可知，使用過去的 AHP 時，在刪除 A_4 的前後，其他替

代案的偏好順位有甚大的改變。換言之，儘管所有的一對比較矩陣保持整合性，且階層構造沒有變化，替代案的偏好順位也會發生變化。

（二）一對比較矩陣未保持整合性時

　　一對比較矩陣未保持整合性的評價基準，決策者對各個替代案，因未具有完全的偏好意識，可以說是進行模糊不清的判斷。此種情形，替代案集合周遭的狀況被認為對決策有甚大的影響，考量表現替代案本身滿足度的「偏好特性」與對替代案周遭狀況表現偏好的「狀況特性」兩者，進行決策。

　　就前節所說明的 D-AHP 模式之數值例來考察。曾指出評價基準 Y 之下的一對比較有些微的模糊，於是再次重作一對比較，假定得出如表 5.23 的結果。

表 5.23　替代案的一對比較

Y	a	b	c	S_Y	比重
a	1	8	2	3	3.11
b	1/8	1	1/4	1/3	0.38
c	1/2	4	1	2	1.68
S_Y	1/3	3	1/2	1	1.00

C.I. = 0.05

此時，評價基準的重要度如下：

$$W_X = 0.333$$
$$W_Y = 0.667 \times 0.163^{10 \times 0.005} = 0.609$$

為了使評價基準的重要度之和成為 1，再次進行標準化：

$$W_X = 0.354$$
$$W_Y = 0.646$$

重作一對比較矩陣，一對比較矩陣的模糊性（C.I. 值）減少，評價基準的

重要度發生了變化。使用此評價基準，求各替代案的綜合重要度時，得出如表5.24，替代案 b 與替代案 c 的偏好順位發生逆轉。

根據此例，可知決策因一對比較的模糊性而受到影響，替代案的偏好順位有可能發生逆轉現象。

表 5.24　綜合重要度

	X 0.354	Y 0.646	比重	等級
a	0.500	3.111	2.19	1
b	3.000	0.377	1.27	3
c	1.000	1.679	1.45	2
d	1.000	1.000	1.000	4

（三）階層構造有變化時

Luce 與 Raiffa 曾列舉某位紳士在餐廳點餐時，替代案的偏好順位發出逆轉現象的有名例子。菜單中有鮭魚排與牛排，最初是選擇其中一方，但在知道蝸牛餐（escargot）之後，判斷另一方最好，發生順位逆轉的現象。

以此鮭魚排與牛排的偏好順位逆轉原因來說，因為知道該餐廳可以做出蝸牛餐此種高級料理之後，對此餐廳的認知改變，認為此餐廳的料理是高級的，決策者對於此餐廳的要求即發生改變。亦即，因蝸牛餐的追加，在決策過程中可以說加入了「餐廳的品質」此種屬性，那麼如在階層構造中加入「餐廳的品質」時，是否就能表現正確的決策過程呢？

「餐廳的品質」此種項目，對各替代案是採取共同的評價值。換言之，在「餐廳的品質」的評價基準下，對鮭魚排、牛排、蝸牛餐無法一對比較。此項目的改變是在蝸牛餐此種新菜色出現前的評價時點與出現後的評價時點。亦即，所謂評價基準必須是可區別各替代案的要素，把「餐廳的品質」此種對所有替代案的共同項目加入評價基準，也無法適切評價。像這樣不依賴替代案的項目有所附加時，要如何評價才好呢？

此「餐廳的品質」有了改變，意指追加蝸牛餐後，認知此餐廳是高級的餐廳，想必口味也不錯，即使多付出些也想吃美食，或者，金額上即使便宜（不管

是哪種菜色）也會認為是佳餚。換言之，可以視為對餐廳要求的東西有了改變。表現此想法的是希求水準。在口味的評價基準之下的希求水準（口味的期待）變高，在價格的評價基準之下的希求水準（預算）也變高。

1. 替代案的追加前

最初，餐廳的菜單有「牛排」與「鮭魚排」2 種。因此，以階層的方式表現決策構造，將評價基準設定為「料理的口味」與「價格」。接著在腦海中描繪這些評價基準之下的希求水準。亦即，在料理的口味方面，想像著吃這類東西，在「價格」方面要多少錢。

之後，就階層構造之中的各層次要素進行一對比較，得出如表 5.25。

表 5.25　評價基準的一對比較一重要度決定

	口味	價格	比重
口味	1	1/2	0.333
價格	2	1	0.667

其次，在「料理的口味」、「價格」的評價基準之下，進行替代案的一對比較，結果如表 5.26 所示。但在「口味」方面的希求水準設定與鮭魚排相同，在「價格」方面，牛排是 2,000 元，鮭魚排是 1,000 元，希求水準是 800 元。

依循所有的一對比較矩陣保持完全的整合性，而後求替代案的綜合重要度時，得出如表 5.27，此決策者可以說喜歡「牛排」甚於「鮭魚排」。

表 5.26　各評價基準中的一對比較

口味	牛排	鮭魚排	A.L	比重	價格	牛排	鮭魚排	A.L	比重
牛排	1	2	2	2.0	牛排	1	0.5	0.4	0.4
鮭魚排	1/2	1	1	1.0	鮭魚排	2	1	0.8	0.8
A.L	1/2	1	1	1.0	A.L	2.5	1.25	1	1.0

A.L：Aspiration Level

表 5.27　綜合重要度

	口味 0.333	價格 0.667	比重
牛排	2.000	0.400	0.133
鮭魚排	1.000	0.800	0.867

2. 替代案的追加後

　　如果餐廳的老闆出面介紹可訂購「蝸牛餐（4,800 元）」。此決策者的認知是，「蝸牛餐」是非常高級的料理，可以做出此種料理的餐廳給予高度評價。亦即，決策者對此餐廳的認知有了改變，從「平凡的餐廳」，改變成「高級的餐廳」，對此餐廳的期望也有了改變。

　　在此狀況中，決策者再次尋找希求水準，製作一對比較矩陣，求出各替代案的綜合重要度。此時，在「價格」方面，如果是高級的餐廳時，認為即使多支付些也行，預算上升至 1,200 元左右，在「料理的口味」方面也是水準上升，把牛排水準的東西想成希求水準。此時，替代案的綜合重要度如表 5.28，牛排與鮭魚排的偏好順位發生逆轉，這是導因於在「料理口味」層面上，牛排的優位性依希求水準的變化而減少，在「價格」層面上，鮭魚排的優位性增加所致。

5.28　綜合重要度（替代案追加後）

	口味 0.333	價格 0.667	比重
牛排	1.000	0.600	0.733
鮭魚排	0.500	1.200	0.967
蝸牛餐	2.000	0.250	0.833

六、結論

　　本文使用改良型的 D-AHP，說明了替代案的偏好度（priority）依變化的要因別，發生偏好順位逆轉現象。以記述對象來說，決策主體知道除了既有的替代案之外，也有新的替代案，有可能會影響替代案的偏好狀況，探討了此種在決策

過程中所見到的現象。以過去的 AHP 記述此種狀況是不可能的,而以此改良型的模式,引進了表現各替代案滿足度的偏好特性以及評價決策者周遭狀況的狀況特性 2 個概念,以總體及個體的觀點評價各替代案,透過綜合雙方量出全體的評價。因此,並不會太增加決策者的負擔,可以柔軟的表現各種決策過程。

參考文獻

1. 田村堆之、高橋理,鳩野逸生,馬野元參,「階層化決策法(AHP)的記述模式與偏好順位逆轉現象的整合性解釋」,Journal of Operations Research Society of Japan, Vol.41, No.2, June 1988。

第6章　絕對評價法

6.1　何謂絕對評價法

以往的 AHP 各替代案對各評價基準之評價，是以各替代案間的一對比較來進行。沙第教授將此做法稱爲相對評價法（relative measurement）。然而此方法有以下的問題點。

①替代案被追加時，必須再一次重新進行一對比較。

②如第 5 章所說明的，當追加替代案時，替代案的順位有時會出現逆轉。

③替代案的數目增多時，一對比較的數目變得極多，每一位觀測者一次處理一對比較變得很困難。而且可以斷定整合性 C.I. 會變差。

因此，沙第爲了消除此種不利（①②③），提倡絕對評價法。此方法並非相對評價（relative measurement），而是以絕對評價（absolute measurement）進行各替代案對各評價基準的評價。亦即，此方法只有在各評價基準間的一對比較才需要，各替代案對各評價基準的一對比較並不需要。

此種絕對評價法的特徵，在於克服問題點（①②③）。利用以下例子說明此手法的步驟。

如 1995 年初所發生之阪神大地震以及地下鐵沙林事件中所見到的，針對都市防災、治安的危機管理（crisis management）是非常重要的問題。

特別是以地域防災對策來說，決定應從那一個地域重點性地著手復原作業，是在進行迅速的行政服務上所需要的條件。因此，列舉幾個作爲都市機能的評價基準，客觀地評估各對象地域的災害狀況，以決定地域防災對策的優先順位。此即所謂的危機管理的決策問題。

因此，試利用絕對評價法分析此問題。

步驟 1

有關此問題的階層構造表示在圖 6.1 中。亦即，層次 1 列入綜合目的，即「地域防災對策優先順位」，接著，層次 2 列入 5 個評價基準（「居住機能（住宅）」、「生命線機能」、「資訊・通信機能」、「醫療機能」、「交通運輸機能」），最後層次 3 列入 6 個替代案（A 地域、B 地域、C 地域、D 地域、E 地

域、F 地域）。

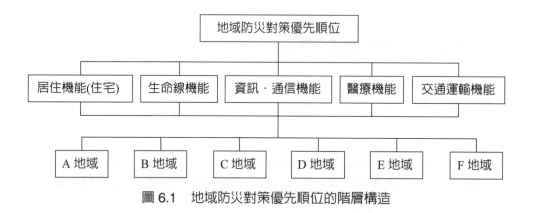

圖 6.1　地域防災對策優先順位的階層構造

　　其次，進行 5 個評價基準間的一對比較。結果如表 6.1 所示（此處一對比較所使用之數字的意義，與以往的 AHP 相同）。

表 6.1　各評價基準的一對比較

	居住機能	生命線機能	資訊‧通信機能	醫療機能	交通運輸機能
居住機能	1	5	5	9	2
生命線機能	$\frac{1}{5}$	1	2	2	2
資訊‧通信機能	$\frac{1}{5}$	$\frac{1}{2}$	1	3	$\frac{1}{3}$
醫療機能	$\frac{1}{9}$	$\frac{1}{2}$	$\frac{1}{2}$	1	$\frac{1}{2}$
交通運輸機能	$\frac{1}{2}$	$\frac{1}{2}$	3	2	1

此一對比較矩陣的最大特徵值為：

$$\lambda_{\max} = 5.380$$

因此整合性的評價為：

$$C.I. = 0.095$$

可以說，此矩陣具有效性。另外，對於此矩陣的最大特徵值來說，它的標準化特徵向量（比重）爲：

$$W^T = (0.504, 0.171, 0.096, 0.059, 0.170)$$

亦即，關於「地域防災對策優先順位」來說，「居住機能」是最重要的評價基準，有 50% 強的影響力。其次依序是「生命線機能」、「交通運輸機能」的評價基準，分別具有大約 17% 的影響力。

步驟 2

在以往的方法中，其次是進行各替代案對各評價基準的一對比較。可是，絕對評價法是設定有關各評價基準的絕對性評價水準。評價水準依各個評價基準，即使不同也行。本例的情形假定如表 6.2。譬如，在「居住機能」的評價基準中，受害是按「實在大、大、普通、小」之 4 級來評價。因此，對各評價基準來說，即可定量的計算受害程度大小。因此，按各評價基準進行評價水準間的一對比較。亦即，關於「居住機能」來說，受害「實在大」與「大」相比大多少等進行一對比較。其結果如表 6.3 所示。譬如「生命線機能」矩陣的第 1 列第 3 行的「5」，對「生命線機能」的受害來說，「大」與「小」相比，意指「受害相當大」。且「醫療機能」矩陣第 2 列第 3 行的「3」，對「醫療機能」的受害來說，「大」與「普通」相比，意謂「受害稍大」（此數字的意義，與以往的 AHP 是相同定義的）。

表 6.2　各評價基準的評價水準（受害程度）

居住機能	生命線機能	資訊·通信機能	醫療機能	交通運輸機能
				非常大
實在大			實在大	實在大
大	大	大	大	大
普通	普通	普通	普通	普通
小	小	小	小	小

表 6.3 所表示的 5 個矩陣，它們的最大特徵值 $\lambda_{\max}$ 與整合性的評價 C.I.，分別表示在各個矩陣的下方。並且，對這些 5 個矩陣的最大特徵值而言，它們的標準化特徵向量（比重）分別得出：

居住機能…………………$w_1^T = (0.513, 0.275, 0.138, 0.074)$

生命線機能………………$w_2^T = (0.648, 0.230, 0.122)$

資訊－通信機能……………$w_3^T = (0.582, 0.309, 0.109)$

醫療機能…………………$w_4^T = (0.527, 0.300, 0.110, 0.063)$

交通運輸機能………………$w_6^T = (0.471, 0.268, 0.142, 0.075, 0.044)$

表 6.3　各評價基準中評價水準的一對比較

居住機能	實在大	大	普通	小
實在大	1	2	4	6
大	$\frac{1}{2}$	1	2	4
普通	$\frac{1}{4}$	$\frac{1}{2}$	1	2
小	$\frac{1}{6}$	$\frac{1}{4}$	$\frac{1}{2}$	1

$\lambda_{\max} = 4.009$　C.I. = 0.003

生命線機能	大	普通	小
大	1	3	5
普通	$\frac{1}{3}$	1	2
小	$\frac{1}{5}$	$\frac{1}{2}$	1

$\lambda_{\max} = 3.004$　C.I. = 0.002

資訊·通信機能	大	普通	小
大	1	2	5
普通	$\frac{1}{2}$	1	3
小	$\frac{1}{5}$	$\frac{1}{3}$	1

$\lambda_{\max} = 3.004$　C.I. = 0.002

醫療機能	實在大	大	普通	小
實在大	1	2	5	7
大	$\frac{1}{2}$	1	3	5
普通	$\frac{1}{5}$	$\frac{1}{3}$	1	2
小	$\frac{1}{7}$	$\frac{1}{5}$	$\frac{1}{2}$	1

$\lambda_{\max} = 4.021$　C.I. = 0.007

交通運輸機能	非常大	實在大	大	普通	小
非常大	1	2	4	6	8
實在大	$\frac{1}{2}$	1	2	4	6

交通運輸機能	非常大	實在大	大	普通	小
大	$\frac{1}{4}$	$\frac{1}{2}$	1	2	4
普通	$\frac{1}{6}$	$\frac{1}{4}$	$\frac{1}{2}$	1	2
小	$\frac{1}{8}$	$\frac{1}{6}$	$\frac{1}{4}$	$\frac{1}{2}$	1

$\lambda_{max} = 5.044$　C.I. = 0.0011

表 6.4　各地域的受害評價

$\overset{i}{\underset{j}{}}$	居住機能	生命線機能	資訊、通信機能	醫療機能	交通運輸機能
A	實在大	大	普通	小	大
B	大	小	普通	小	大
C	小	大	大	大	小
D	大	大	普通	普通	大
E	大	大	普通	普通	普通
F	普通	普通	小	普通	非常大

　　其次，將各替代案（A, B, …, F）的評價，按 5 個評價基準，依據表 6.2 所表示的評價水準進行。其結果如表 6.4 所示。譬如，替代案 A 地域對於居住機能的受害來說是「實在大」，對於生命線機能的受害來說是「大」，對於資訊、通信機能的受害來說是「普通」，對於醫療機能的受害來說是「小」，對交通運輸機能的受害來說是「大」。

　　因此，將某評價基準 i 中替代案 j 的評價值 a_{ij}，以評價基準 i 中的最大評價值 $a_{i\max}$ 來除其值設為 s_{ij}。此 s_{ij} 重新當作在評價基準 i 中替代案 j 的評價值。亦即：

$$s_{ij} = \frac{a_{ij}}{a_{i\max}}$$

　　譬如，替代案 B 地域關於「居住機能」的評價是「大」。因此，向量 w_1 的第 2 成分（0.275）即為 a_{12}，關於此評價基準的最大評價值 $a_{1\max}$ 即為第 1 成分（0.513）。換言之，即：

$$s_{12} = \frac{a_{12}}{a_{1\max}} = 0.536$$

另外，替代案 E 地域關於「交通運輸機能」的評價爲「普通」。因此，向量 w_5 的第 4 成分（0.075）爲 a_{55}，關於此評價基準的最大評價值 $a_{5\max}$，即爲第 1 成分（0.471）。換言之，即：

$$s_{55} = \frac{a_{55}}{a_{5\max}} = 0.159$$

像這樣決定出評價矩陣 S_{ij}。

步驟 3

由以上結果，計算出層次 2 的各評價基準間以及有關各評價基準的評價水準間之比重，並且決定了評價矩陣 S_{ij}。

由此結果，可以利用下式求出各替代案（A, B, ···, F）的綜合評價值：

$$E_j = S_{ij}W$$

E_j 是各替代案（A, B, ···, F）的綜合評價值向量，S_{ij}, W 分別是第 2 步驟中所說明的評價矩陣（S_{ij}）與評價基準間的比重向量（W）。如此一來，對各個評價基準而言，得出最高評價的替代案（地域），它的綜合評價值均爲 1.0。

本例中各替代案（A, B, ···, F）的綜合評價值，即爲下式。

在此情形，E_j（綜合評價值）是表示受害程度的指標，數字愈大，意指受害的程度也愈大。

$$E = \begin{matrix}
 & \text{居住} & \text{生命線} & \text{資訊·通信} & \text{醫療} & \text{交通運輸} \\
A & 0.513/0.513 & 0.648/0.648 & 0.309/0.582 & 0.063/0.527 & 0.142/0.471 \\
B & 0.275/0.513 & 0.122/0.648 & 0.309/0.582 & 0.063/0.527 & 0.142/0.471 \\
C & 0.074/0.513 & 0.648/0.648 & 0.582/0.582 & 0.300/0.527 & 0.044/0.471 \\
D & 0.275/0.513 & 0.648/0.648 & 0.309/0.582 & 0.110/0.527 & 0.142/0.471 \\
E & 0.275/0.513 & 0.648/0.648 & 0.309/0.582 & 0.110/0.527 & 0.075/0.471 \\
F & 0.138/0.513 & 0.230/0.648 & 0.109/0.582 & 0.110/0.527 & 0.471/0.471
\end{matrix} \begin{bmatrix} 0.504 \\ 0.171 \\ 0.096 \\ 0.059 \\ 0.170 \end{bmatrix}$$

則此結果變成：

$$E^T = (0.785, 0.411, 0.390, 0.556, 0.532, 0.396)$$

亦即，在本例的情形，地域防災對策的優先順位為：A 地域 > D 地域 > E 地域 > B 地域 > F 地域 > C 地域。而且這些一連串的分析，即為危機管理中優先順位與重要度（priority and Relative Value）的想法。

6.2　絕對評價法的計算例

步驟 1

日本企業向海外進行事業展開時，要在哪一個國家投資好呢？我曾接受此種商討。是以 ASEAN 諸國為中心的開發中國家為目標，替代案像新加坡、馬來西亞……。此處不具體寫出國名，假定是 A、B、C、D、E、F 6 個國家。問題是要在這些 6 個國家中決定經濟投資的優先順位，因此，我推薦使用 AHP 之中的絕對評價法。

首先，考慮評價基準，結果如下，分別為「政治的安定性」、「經濟情勢」、「稅制」、「投資保證」、「基礎建設」、「金融制度」。

但是這 6 個評價基準如前例，並未同時（同階）處理，決定按階層式（複數的層次）來處理。也就是說，在決定投資國的優先順位時，並非將各個評價基準當作整體同時考慮再決定，而是被認為是從最基本的評價基準依階段性的考慮再決定。本例的情形，最基本的評價基準設為「政治經濟情勢」（政治的安定性、經濟情勢兩者的匯總）、「投資政策」（稅制、投資保證的匯總）、「基礎建設」、「金融制度」4 個。

將此種內容表示成圖時，結果即如圖 6.2 所示的階層構造。亦即，層次 1 列入綜合目的「決定投資國的優先順位」，從層次 2 到層次 3 列入各評價基準，接著在最下層次列入替代案（A 國、B 國、C 國、D 國、E 國、F 國）。

其次，對「投資國的優先順位之決定」進行層次 2 的各評價基準的一對比較，結果如表 6.5 所示。

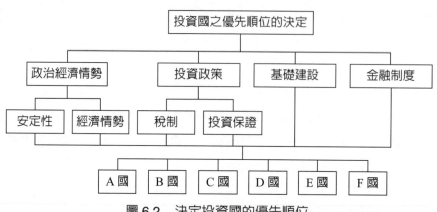

圖 6.2　決定投資國的優先順位

表 6.5　層次 2 的各要因的一對比較

	政治經濟情勢	投資政策	基礎建設	金融制度
政治經濟情勢	1	1	$\frac{1}{2}$	$\frac{1}{5}$
投資政策	1	1	$\frac{1}{3}$	$\frac{1}{4}$
基礎建設	2	3	1	$\frac{1}{2}$
金融制度	5	4	2	1

$\lambda_{max} = 4.027$　C.I. = 0.009

此表所表示的一對比較矩陣之最大特徵值是：

$$\lambda_{max} = 4.027$$

因此，整合性的評價是：

$$C.I. = 0.009$$

可以說，此矩陣具有效性。此外，對此矩陣的最大特徵值來說，它的標準化特徵向量（比重）是：

$$w_{\mathrm{I}}^{T} = (0.114,\ 0.109,\ 0.268,\ 0.509)$$

　　這是層次 2 的比重向量。亦即，在層次 2 的評價基準中，可知金融制度（0.509）與基礎建設（0.268）是較為重要的。

　　其次，分別進行有關政治經濟情勢之層次 3 的各評價基準（政治的安定性、經濟情勢）的一對比較，以及有關投資政策之層次 3 的各評價基準（稅制、投資保證）的一對比較。其結果如表 6.6 所示。

　　關於政治經濟情勢的矩陣最大特徵值為：

$$\lambda_{\max} = 2.0$$

　　對於此最大特徵值而言，它的標準化特徵向量（比重）為：

$$w_{\mathrm{II}}^{T} = (0.333,\ 0.667)$$

表 6.6　層次 3 各要因的一對比較

政治經濟情勢	政治的安定性	經濟情勢		投資政策	稅制	投資保證
政治的安定性	1	$\dfrac{1}{2}$		稅制	1	$\dfrac{1}{2}$
經濟情勢	2	1		投資保證	3	1

　　其次，關於投資政策之矩陣的最大特徵值為：

$$\lambda_{\max} = 2.0$$

　　對於此最大特徵值來說，它的標準化特徵向量（比重）為：

$$w_{\mathrm{III}}^{T} = (0.25,\ 0.75)$$

　　這是有關投資政策的層次 3 之各評價基準的比重向量。

　　又，從層次 1 所見到的比重即為：

$$0.114 \cdot w_{\mathrm{II}}^T = (0.038, 0.076)$$
$$0.109 \cdot w_{\mathrm{III}}^T = (0.027, 0.082)$$

由以上可知，6 個評價基準（政治的安定性、經濟情勢、稅制、投資保證、充實基礎建設、金融制度）的比重向量設為 W 時，即為：

$$w^T = (0.038, 0.076, 0.027, 0.082, 0.268, 0.509)$$

亦即，關於「投資國之優先順位的決定」，「金融制度」是最重要的評價基準，具有 51% 的影響力。其次，依序為「充實基礎建設」、「投資保證」、「經濟情勢」，分別具有 27%、8%、8% 的影響力。

步驟 2

其次，對各評價基準設定絕對性的評價水準。本例的情形如表 6.7。譬如「政治的安定性」的評價基準以「好、普通、壞」3 級來評價，「經濟情勢」、「稅制」、「基礎建設」、「金融制度」的評價基準是以「實在好、好、普通、壞」4 級來評價，「投資保證」是以「實在好、好、普通、壞、實在壞」5 級來評價。

表 6.7　各評價基準的評價水準

政治的安定性	經濟情勢	稅制	投資保證	基礎建設	金融制度
	實在好	實在好	實在好	實在好	實在好
好	好	好	好	好	好
普通	普通	普通	普通	普通	普通
壞	壞	壞	壞	壞	壞
			實在壞		

接著，對各評價基準以定量方式計算好壞的程度。因此，按 6 個評價基準進行各評價水準間的一對比較，結果如表 6.8 所示。其中，有關經濟情勢、稅制、基礎建設、金融制度的評價水準間的一對比較當作相同。另外，表 6.8 所表示的 3 個矩陣，各個最大特徵值 $\lambda_{\max}$ 與整合性的評價 C.I. 之值，表示在矩陣的下方。

另外，對這些 3 個矩陣的最大特徵值而言，它們的標準化特徵向量（比重）分別
表示如下。

表 6.8　各評價基準的評價水準間之一對比較

投資保證	實在好	好	普通	壞	實在壞
實在好	1	3	4	6	7
好	$\frac{1}{2}$	1	2	3	4
普通	$\frac{1}{2}$	$\frac{1}{2}$	1	2	3
壞	$\frac{1}{2}$	$\frac{1}{2}$	$\frac{1}{2}$	1	2
實在壞	$\frac{1}{7}$	$\frac{1}{4}$	$\frac{1}{3}$	$\frac{1}{2}$	1

$\lambda_{max} = 5.027$　C.I. $= 0.018$

經濟情勢・稅制・基礎建設・金融制度	實在好	好	普通	壞
實在好	1	2	4	5
好	$\frac{1}{2}$	1	2	3
普通	$\frac{1}{4}$	$\frac{1}{2}$	1	2
壞	$\frac{1}{5}$	$\frac{1}{3}$	$\frac{1}{2}$	1

$\lambda_{max} = 4.021$　C.I. $= 0.007$

政治的安定性	好	普通	壞
好	1	3	4
普通	$\frac{1}{3}$	1	2
壞	$\frac{1}{4}$	$\frac{1}{2}$	1

$\lambda_{max} = 3.018$　C.I. $= 0.009$

安定性…………$w_1^T = (0.625, 0.238, 0.137)$

經濟情勢………$w_2^T = (0.507, 0.264, 0.143, 0.086)$

稅制……………$w_3^T = w_4^T$

投資保證………$w_4^T = (0.507, 0.221, 0.137, 0.082, 0.053)$

基礎建設………$w_5^T = w_2^T$

金融制度………$w_6^T = w_2^T$

表 6.9　各國的評價

	安定性	經濟情勢	稅制	投資保證	基礎建設	金融
A	好	實在好	普通	實在壞	好	實在好
B	好	好	普通	壞	實在好	好
C	壞	壞	好	實在好	普通	普通
D	普通	普通	實在好	好	壞	壞
E	壞	壞	壞	普通	壞	壞
F	好	普通	好	普通	普通	好

　　其次按 6 個評價基準，依據表 6.7 所表示的評價水準，進行各替代案（A, B, …, F）的評價。其結果如表 6.9 所示，且評價矩陣 S_{ij}（替代案 j 對評價基準 i 的評價值）利用前節所表示的式子來計算，即：

$$s_{ij} = \frac{a_{ij}(\text{在評價基準 } i \text{ 中替代案 } j \text{ 的評價值})}{a_{i\max}(\text{在評價基準 } i \text{ 中的最大評價值})}$$

　　其結果，如表 6.10 所示。

表 6.10　評價矩陣 S_{ij}

	安定性	經濟情勢	稅制	投資保證	基礎建設	金融
A 國	$\dfrac{0.625}{0.625}$	$\dfrac{0.507}{0.507}$	$\dfrac{0.143}{0.507}$	$\dfrac{0.053}{0.507}$	$\dfrac{0.264}{0.507}$	$\dfrac{0.507}{0.507}$
B 國	$\dfrac{0.625}{0.625}$	$\dfrac{0.264}{0.507}$	$\dfrac{0.143}{0.507}$	$\dfrac{0.082}{0.507}$	$\dfrac{0.507}{0.507}$	$\dfrac{0.264}{0.507}$
C 國	$\dfrac{0.137}{0.625}$	$\dfrac{0.086}{0.507}$	$\dfrac{0.264}{0.507}$	$\dfrac{0.507}{0.507}$	$\dfrac{0.143}{0.507}$	$\dfrac{0.143}{0.507}$
D 國	$\dfrac{0.238}{0.625}$	$\dfrac{0.143}{0.507}$	$\dfrac{0.507}{0.507}$	$\dfrac{0.221}{0.507}$	$\dfrac{0.086}{0.507}$	$\dfrac{0.086}{0.507}$
E 國	$\dfrac{0.137}{0.625}$	$\dfrac{0.086}{0.507}$	$\dfrac{0.086}{0.507}$	$\dfrac{0.137}{0.507}$	$\dfrac{0.086}{0.507}$	$\dfrac{0.086}{0.507}$
F 國	$\dfrac{0.625}{0.625}$	$\dfrac{0.143}{0.507}$	$\dfrac{0.264}{0.507}$	$\dfrac{0.137}{0.507}$	$\dfrac{0.143}{0.507}$	$\dfrac{0.264}{0.507}$

步驟 3

　　利用以上的結果，計算出 6 個評價基準間以及有關各評價基準之評價水準間的比重，接著決定出評價矩陣 S_{ij}。因此，各替代案（A, B, …, F）的綜合評價值即可利用下式求出。

$$E_j = S_{ij} \cdot W$$

　　本例中各替代案的綜合評價值為：

$$E^T = (0.779, 0.631, 0.336, 0.230, 0.180, 0.436)$$

　　亦即，此分析的結果，投資國的優先順位為 A 國 > B 國 > F 國 > C 國 > D 國 > E 國。

第 7 章　內部從屬法

7.1　何謂內部從屬法

以往的 AHP（相對評價法：relative measurement，以及絕對評價法：absolute measurement）在分析時，係假定如下的獨立條件〔圖 7.1(1)〕。

①位於相同層次的評價基準間（或替代案間）相互獨立。

②各層次相互獨立。

但是，如不滿足這些條件時，必須以如下所表示的手法來應付。

①位於相同層次之評價基準間（或替代案間）有從屬性（相互影響）時，採內部從屬法（inner dependence）〔圖 7.1(2)〕。

②在各層次間有從屬性時，採外部從屬法（outer dependence）〔圖 7.1(3)〕。

③、①、②同時發生時，採內部、外部從屬法（inner-outer dependence）〔圖 7.1(4)〕。

因此，本章先解說①內部從屬法，對於②外部從屬法與③內部、外部從屬法則留在第 8 章再行說明。

內部從屬法有只在各評價基準間有從屬性，即只在替代案間有從屬性；以及各評價基準間、各替代案間，均有從屬性等 3 種情形。因此，下節會對相同問題使用以往的 AHP（無從屬性時），與上述 3 種內部從屬法來分析，然後比較檢討其結果。

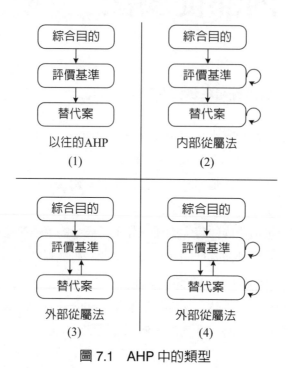

圖 7.1　AHP 中的類型

7.2 　內部從屬法的計算例

一、以往的 AHP

　　M 氏從小就夢想成為總理大臣，所以一直奮發圖強。運動積極地參與，也曾擔任學生會的幹部。從村子的青年團長歷經村會議員、縣會議員、國會議員，到了成為大臣時，心情雀躍不已。接著在成為總理時，雖然與其他 2 位候選人到最後一直商討，仍無法解決，只好由前總理裁定。以單純的機率計算雖然是 1/3，但 M 氏並未有自信。閱讀裁定文最吃驚的人是 M 氏自己。可是，坐上總理寶座時，開始發覺許多事情等著他做。因此，立刻想著手實施。他的創意豐富，出現種種點子，想為日本的發展、世界的和平效力。但是，每日加在他身上的課題都是例行的內閣會議、圓滑周到的國會答辯。應付這些工作最令他感到吃不消。換言之，如果他想要實行想做或想要做的工作時，一定會受到內閣會議、國會、國民的反對。因此，每日的功課就像鸚鵡學舌、人云亦云地演講大家都中意

的政策。如此無懈可擊的做完 2 年任期的 M 氏，深感自己沒有實力，下期總理決定推薦兼具政策力、實行力、領袖魅力的人物。M 氏決定使用 AHP（M 氏非常拿手數學）選定下期的總理大臣。首先，評價基準如先前所舉的政策力、實行力、領袖魅力。替代案是 A 氏（現任幹事長）、B 氏（現任財務大臣）、C 氏（現任政調會長）3 人。因此，階層構造如圖 7.2。

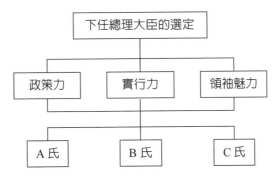

圖 7.2 與選定下期總理大臣有關之階層構造

首先最初考慮各評價基準（政策力、實行力、領袖魅力）與各替代案（A 氏、B 氏、C 氏）間為獨立之情形（以往的 AHP）。因此，就下期總理大臣之選定有關的各評價基準之間進行一對比較（表 7.1 參照）。結果，各評價基準的比重如下。

$$w_1^T = (0.637, 0.258, 0.105)$$

表 7.1 各評價基準間的一對比較

	政策力	實行力	領袖魅力
政策力	1	3	5
實行力	$\frac{1}{3}$	1	3
領袖魅力	$\frac{1}{5}$	$\frac{1}{3}$	1

$\lambda_{max} = 3.039$ C.I. = 0.019

亦即,對下期總理大臣選定最具影響力之評價基準是政策力,可知具有64%弱的影響力。以下依序為實行力、領袖魅力。其次,對各評價基準的各替代案(A氏、B氏、C氏)間之評價進行一對比較(參照表7.2)。

表7.2　3氏間之一對比較

政策力	A	B	C
A	1	3	5
B	$\frac{1}{3}$	1	2
C	$\frac{1}{5}$	$\frac{1}{2}$	1

$\lambda_{max} = 3.004$　C.I. = 0.002

實行力	A	B	C
A	1	3	7
B	$\frac{1}{3}$	1	3
C	$\frac{1}{7}$	$\frac{1}{3}$	1

$\lambda_{max} = 3.007$　C.I. = 0.004

領袖魅力	A	B	C
A	1	5	$\frac{1}{2}$
B	$\frac{1}{5}$	1	$\frac{1}{7}$
C	2	7	1

$\lambda_{max} = 3.014$　C.I. = 0.007

結果,各評價基準對替代案的評價向量成為如下:

政策力………$w_{21}^T = (0.648, 0.230, 0.122)$

實行力………$w_{22}^T = (0.669, 0.243, 0.088)$

領袖魅力……$w_{23}^T = (0.333, 0.075, 0.592)$

因此,關於下期總理大臣之選定來說,3氏(A、B、C)的綜合評價值如下:

$$W = (w_{21}, w_{22}, w_{23}) \cdot w_1 = \begin{array}{c} A \\ B \\ C \end{array} \begin{bmatrix} 0.648 & 0.669 & 0.333 \\ 0.230 & 0.243 & 0.075 \\ 0.122 & 0.088 & 0.592 \end{bmatrix} \begin{bmatrix} 0.637 \\ 0.258 \\ 0.105 \end{bmatrix} = \begin{array}{c} A \\ B \\ C \end{array} \begin{bmatrix} 0.6204 \\ 0.2170 \\ 0.1626 \end{bmatrix}$$

(政策力　實行力　領袖魅力)

亦即，選定總理大臣的偏好順序為 A(0.6204) > B(0.2170) > C(0.1626)。

二、各評價基準間有從屬性時

其次，考慮各評價基準間並非獨立（以往的 AHP 是獨立），而是相互從屬之情形。亦即，各評價基準的政策力、實行力、領袖魅力相互有影響之情形。此情形無法使用以往的 AHP，因此，決定利用內部從屬法（各評價基準間是從屬）的 AHP。此手法是當同一層次的各評價基準間有從屬性時，使用它的相互關係的矩陣進行分析。以下利用內部從屬法分析前述例子。

當各評價基準間是獨立時，

$$w_1^T = (0.637, 0.258, 0.105)$$

是 3 個評價基準（政策力、實行力、領袖魅力）的比重。可是，本例中這 3 個評價基準間有從屬關係。它的情形如圖 7.3 所示。

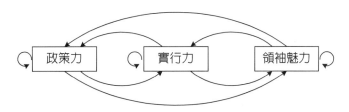

圖 7.3　評價基準間的從屬關係圖

譬如，政策力的評價基準，可知不僅是政策力，也受到來自實行力、領袖魅力的影響。接著，將這些影響力的強弱以一對比較的結果，如表 7.3 所示。求這 3 個一對比較矩陣的特徵向量（比重），將這些 3 個評價基準間的從屬關係整理時，即成為表 7.4（從屬矩陣）。

表 7.3 從屬關係的一對比較

政策力	政策力	實行力	領袖魅力
政策力	1	5	7
實行力	$\frac{1}{5}$	1	2
領袖魅力	$\frac{1}{7}$	$\frac{1}{2}$	1

$\lambda_{max} = 3.014$ C.I. = 0.007

實行力	政策力	實行力	領袖魅力
政策力	1	$\frac{1}{3}$	2
實行力	3	1	5
領袖魅力	$\frac{1}{2}$	$\frac{1}{5}$	1

$\lambda_{max} = 3.004$ C.I. = 0.002

政策力	政策力	實行力	領袖魅力
政策力	1	2	$\frac{1}{2}$
實行力	$\frac{1}{5}$	1	$\frac{1}{4}$
領袖魅力	2	4	1

$\lambda_{max} = 3.0$ C.I. = 0

表 7.4 從屬矩陣

w_3	政策力	實行力	領袖魅力
政策力	0.740	0.230	0.286
實行力	0.166	0.648	0.143
領袖魅力	0.094	0.122	0.571

由以上結果，從從屬矩陣 w_3 與向量 w_1（假定各評價基準獨立時，各評價基準的比重），利用下式即可求出真正的各評價基準的比重（考慮各評價基準的從屬性之比重）w_c。

$$w_c = w_3 \cdot w_1 = \begin{bmatrix} 0.740 & 0.230 & 0.286 \\ 0.166 & 0.648 & 0.143 \\ 0.094 & 0.122 & 0.571 \end{bmatrix} \begin{bmatrix} 0.637 \\ 0.258 \\ 0.105 \end{bmatrix} = \begin{bmatrix} 0.561 \\ 0.288 \\ 0.151 \end{bmatrix}$$

結果，對選定下期總理大臣最具影響力的評價基準是政策力，可知具有 50% 的影響力。以下依序為實行力、領袖魅力。其次，各替代案（A 氏、B 氏、C 氏）對各評價基準評價的一對比較，與表 7.2 相同。

因此，對選定下期總理大臣來說，3 氏（A、B、C）的綜合評價值 W'（考慮各評價基準間的從屬性時）如下：

$$W' = (w_{21}, w_{22}, w_{23}) \cdot w_c = \begin{matrix} A \\ B \\ C \end{matrix}\begin{bmatrix} 0.648 & 0.669 & 0.333 \\ 0.230 & 0.243 & 0.075 \\ 0.122 & 0.088 & 0.592 \end{bmatrix}\begin{bmatrix} 0.561 \\ 0.288 \\ 0.151 \end{bmatrix}$$

$$= \begin{matrix} A \\ B \\ C \end{matrix}\begin{bmatrix} 0.607 \\ 0.210 \\ 0.183 \end{bmatrix}$$

亦即，關於選定下期總理大臣之偏好順序，可知 A(0.607) > B(0.210) > C(0.183)。

三、各替代案間有從屬性時

其次考慮各替代案間並非獨立（在以往的 AHP 中是獨立），而是相互從屬的情形。此情形依以往的 AHP 是無法使用的。因此決定運用內部從屬法（各替代案間是從屬）的 AHP。

所謂各替代案間有從屬性時，是意指以下的詢問內容。亦即，考慮「譬如，A 氏的政策力不只是 A 氏本身，也受到 B 氏、C 氏的影響。此時，對 A 氏的政策力的影響力，A、B、C 3 氏分別是多少」之類的內容。接著也對 B 氏的政策力、C 氏的政策力進行同樣的比較。這些一對比較，如表 7.5 所示。

表 7.5　有關 3 氏政策力的一對比較

（一）

政策力×A氏	A	B	C
A	1	5	9
B	$\frac{1}{5}$	1	5
C	$\frac{1}{9}$	$\frac{1}{5}$	1

政策力×B氏	A	B	C
A	1	$\frac{1}{4}$	2
B	4	1	7
C	$\frac{1}{2}$	$\frac{1}{7}$	1

（二）

政策力×C氏	A	B	C
A	1	1	$\frac{1}{3}$
B	1	1	$\frac{1}{3}$
C	3	3	1

譬如，表7.5（一）的第1列第2行的「5」，意指「A氏政策力的影響力，與B氏相比是較大的」。其次，這3個一對比較矩陣之特徵向量（比重）分別成為如下。

$$\boxed{政策力} \times \boxed{A氏}（A氏的政策力）$$
$$w_{41(1)}^{T} = (0.735, 0.207, 0.058)$$
$$\boxed{政策力} \times \boxed{B氏}（B氏的政策力）$$
$$w_{41(2)}^{T} = (0.187, 0.715, 0.098)$$
$$\boxed{政策力} \times \boxed{C氏}（C氏的政策力）$$
$$w_{41(3)}^{T} = (0.2, 0.2, 0.6)$$

依此，關於政策力各替代案（A, B, C）間的影響度矩陣 w_{41}，即可如下求出。

$$w_{41} = (w_{41(1)}, w_{41(2)}, w_{41(3)}) = \begin{bmatrix} 0.735 & 0.187 & 0.2 \\ 0.207 & 0.715 & 0.2 \\ 0.058 & 0.098 & 0.6 \end{bmatrix}$$

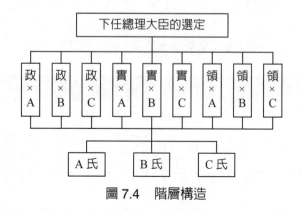

圖 7.4　階層構造

對其他的評價基準，也同樣進行與前述相同的詢問。亦即，針對 各評價基準 × 各替代案 ，調查各替代案所具有的影響度。此事相當於將階層構造如圖 7.4 表示。

依此，關於實行力各替代案間的影響度矩陣 w_{42}，即可與 w_{41} 同樣求出（像表 7.5 那樣的一對比較矩陣省略揭載）。

$$w_{42} = (w_{42(1)}, w_{42(2)}, w_{42(3)}) = \begin{bmatrix} 0.714 & 0.143 & 0.143 \\ 0.143 & 0.714 & 0.143 \\ 0.143 & 0.143 & 0.714 \end{bmatrix}$$

並且，關於領袖魅力各替代案間之影響度矩陣 w_{43}，也與 w_{41}, w_{42} 一樣可以求出（省略揭載如表 7.5 的一對比較矩陣）。

$$w_{43} = (w_{43(1)}, w_{43(2)}, w_{43(3)}) = \begin{bmatrix} 0.8 & 0.2 & 0.1 \\ 0.1 & 0.7 & 0.2 \\ 0.1 & 0.1 & 0.7 \end{bmatrix}$$

其次根據這些結果，求出各替代案對各評價基準的比重（評價值）。首先關於政策力（w_{41}）成為如下：

$$w_{A1} = w_{41} \cdot w_{21} = \begin{bmatrix} 0.735 & 0.187 & 0.2 \\ 0.207 & 0.715 & 0.2 \\ 0.058 & 0.098 & 0.6 \end{bmatrix} \begin{bmatrix} 0.648 \\ 0.230 \\ 0.122 \end{bmatrix} = \begin{bmatrix} 0.544 \\ 0.323 \\ 0.133 \end{bmatrix}$$

關於實行力（w_{A2}）成為如下：

$$w_{A2} = w_{42} \cdot w_{22} = \begin{bmatrix} 0.714 & 0.143 & 0.143 \\ 0.143 & 0.714 & 0.143 \\ 0.143 & 0.143 & 0.713 \end{bmatrix} \begin{bmatrix} 0.669 \\ 0.248 \\ 0.088 \end{bmatrix} = \begin{bmatrix} 0.525 \\ 0.282 \\ 0.193 \end{bmatrix}$$

關於領袖魅力（w_{A3}）成為如下：

$$w_{A3} = w_{43} \cdot w_{23} = \begin{bmatrix} 0.8 & 0.2 & 0.1 \\ 0.1 & 0.7 & 0.2 \\ 0.1 & 0.1 & 0.7 \end{bmatrix} \begin{bmatrix} 0.333 \\ 0.075 \\ 0.592 \end{bmatrix} = \begin{bmatrix} 0.341 \\ 0.204 \\ 0.455 \end{bmatrix}$$

其中，w_{21}、w_{22}、w_{23} 是各評價基準對各替代案的評價向量（各替代案間獨立時）。今設

$$w_A = (w_{A1}, w_{A2}, w_{A3})$$

此時，關於下期總理大臣的選定來說，3 氏（A、B、C）的綜合評價值 W''（考慮各替代案間之從屬性時）如下：

$$W'' = w_A \cdot w_1 = \begin{matrix} A \\ B \\ C \end{matrix} \begin{bmatrix} \overset{政策力}{0.544} & \overset{實行力}{0.525} & \overset{領袖魅力}{0.341} \\ 0.323 & 0.282 & 0.204 \\ 0.133 & 0.193 & 0.455 \end{bmatrix} \begin{bmatrix} 0.637 \\ 0.258 \\ 0.105 \end{bmatrix} = \begin{matrix} A \\ B \\ C \end{matrix} \begin{bmatrix} 0.518 \\ 0.300 \\ 0.182 \end{bmatrix}$$

亦即，關於選定下期總理大臣的偏好順位，可知 A(0.518) > B(0.300) > C(0.182)。其中 w_1 是各評價基準（獨立時）的比重。

四、各評價基準間與各替代案間均有從屬性時

其次，考慮各評價基準間與各替代案間均有從屬性之情形。

此時，使用各評價基準間為從屬時的各評價基準之比重向量：

$$w_c = w_3 \cdot w_1$$

與各替代案間為從屬時的各替代案的評價矩陣：

$$w_A = (w_{A1}, w_{A2}, w_{A3})$$

求總合評價值。

因此，關於選定下期總理大臣 3 氏（A、B、C）的綜合評價值 W'''（各評價基準間與各替代案間的從屬性一起考慮時）如下：

$$W''' = w_A \cdot w_C = \begin{matrix} \\ A \\ B \\ C \end{matrix} \begin{bmatrix} \overset{\text{政策力}}{0.544} & \overset{\text{實行力}}{0.525} & \overset{\text{領袖魅力}}{0.341} \\ 0.323 & 0.282 & 0.204 \\ 0.133 & 0.193 & 0.455 \end{bmatrix} \begin{bmatrix} 0.561 \\ 0.288 \\ 0.151 \end{bmatrix} = \begin{matrix} A \\ B \\ C \end{matrix} \begin{bmatrix} 0.508 \\ 0.293 \\ 0.199 \end{bmatrix}$$

亦即，關於選定下期總理大臣的偏好順序，係為 A(0.508) > B(0.293) > C(0.199)。

7.3　內部從屬法與絕對評價法的組合例

本節介紹內部從屬法（各評價基準從屬時）與絕對評價法加以組合的例子。

基於 18 歲人口的降低與高等教育機關的多樣化，據說大學的嚴苛時代已經到來。從大學審議會的答詢「21 世紀的大學與今後的改革方針——在競爭的環境中個性耀眼的大學」以來，特別受到注目的是，所謂的教員一方的資質改善「FD; Faculty Development」。授課如果改變，大學是否改變？FD 對大學而言，毫無疑問是重要問題。總之能在 21 世紀殘存的大學、學院，必須要能因應來自外部的評價才行。

因此，本例是列舉大學的評鑑。此時評價基準是「授課的質」、「就職狀況」、「研究的質」、「設施」、「校園生活」5 個。而且這 5 個評價基準並非獨立（以往的 AHP 是獨立），而是相互從屬。因此，以下對於大學評價例利用內部從屬性（各評價基準有從屬性時）與絕對評價法（想同時評價許多的大學）的組合手法來分析。

一、第 1 步驟

關於大學的階層構造如圖 7.5 所示。層次 1 列入綜合目的的「大學評鑑」，層次 2 列入 5 個評價基準，最後的層次 3 則分別列入 6 個大學（A、B、C、D、E、F）。

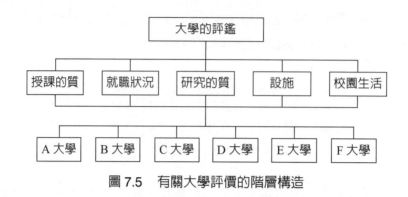

圖 7.5　有關大學評價的階層構造

其次，針對大學評鑑的 5 個評價基準進行一對比較（參照表 7.6）。結果，各評價基準的比重如下：

$$w_1^T = (0.438, 0.148, 0.282, 0.082, 0.050)$$

亦即，關於大學的評鑑，「授課的質」（0.438）是最重要的評價基準，其次依序是「研究的質」（0.282），「就職狀況」（0.148）等。可是，這是假定 5 個評價基準是獨立的情形。

表 7.6　各評價基準間的一對比較

	授課的質	就職狀況	研究的質	設施	校園生活
授課的質	1	3	2	5	7
就職狀況	$\frac{1}{3}$	1	$\frac{1}{2}$	2	3
研究的質	$\frac{1}{2}$	2	1	4	6
設施	$\frac{1}{5}$	$\frac{1}{2}$	$\frac{1}{4}$	1	2
校園生活	$\frac{1}{7}$	$\frac{1}{3}$	$\frac{1}{6}$	$\frac{1}{2}$	1

$\lambda_{max} = 5.039$　C.I. = 0.010

二、第 2 步驟

本例是前述 5 個評價基準有從屬關係，此情形如圖 7.6 所示。譬如「就職狀況」不只是「就職狀況」本身，也受到來自「授課的質」、「研究的質」、「校園生活」等影響。

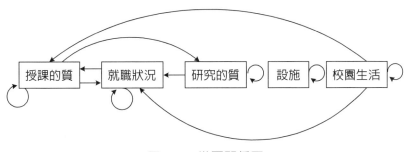

圖 7.6　從屬關係圖

接著，就這些影響強度進行一對比較之結果，如表 7.7 所示。求出此 3 個矩陣的特徵向量，並將這些 5 個評價基準間的從屬關係加以整理，即成為表 7.8。

表 7.7　從屬關係的一對比較

授課 的質	授課	就職	校園
授課	1	5	7
就職	$\frac{1}{5}$	1	2
校園	$\frac{1}{7}$	$\frac{1}{2}$	1

C.I. = 0.007

就職 狀況	授課	就職	研究	校園
授課	1	$\frac{1}{6}$	2	$\frac{1}{2}$
就職	6	1	9	3
研究	$\frac{1}{2}$	$\frac{1}{9}$	1	$\frac{1}{4}$
校園	2	$\frac{1}{3}$	4	1

C.I. = 0.003

研究的質	授課	研究
授課	1	$\frac{1}{5}$
研究	5	1

　　眞正的各評價基準比重（考慮各評價基準之從屬性時）W_c，從表示從屬關係的矩陣 w_2 與向量 w_1，利用下式即可求出。

表 7.8　從屬矩陣（w_2）

w_2	授課	就職	研究	設施	校園
授課	0.739	0.109	0.167	0	0
就職	0.167	0.613	0	0	0
研究	0	0.059	0.833	0	0
設施	0	0	0	1	0
校園	0.094	0.219	0	0	1

　　譬如，關於設施與校園來說，由於未受到其他評價基準之影響，所以形成如表 7.8 所示之結果。

$$
W_c = w_2 \cdot w_1 = \begin{bmatrix} 0.739 & 0.109 & 0.167 & 0 & 0 \\ 0.167 & 0.613 & 0 & 0 & 0 \\ 0 & 0.059 & 0.833 & 0 & 0 \\ 0 & 0 & 0 & 1 & 0 \\ 0.094 & 0.219 & 0 & 0 & 1 \end{bmatrix} \begin{bmatrix} 0.438 \\ 0.148 \\ 0.282 \\ 0.082 \\ 0.050 \end{bmatrix} = \begin{bmatrix} 0.387 \\ 0.164 \\ 0.244 \\ 0.082 \\ 0.124 \end{bmatrix}
$$

　　結果，關於大學的評鑑，可知「授課的質」有 39% 之影響，以下依序爲「研究的質」（0.244）、「就職狀況」（0.164）等。

三、第 3 步驟

　　其次，就各評價基準設定絕對的評價水準。本例的情形，如表 7.9 那樣設定。譬如，「授課之質」的評價基準分爲「實在好」、「好」、「普通」、

「壞」4 個等級。

表 7.9　評價水準

授課的質	就職狀況	研究的質	設施	校園生活
實在好 好 普通 壞	實在好 好 普通 壞	好 普通 壞	好 普通 壞	好 普通 壞

表 7.10　評價水準間之一對比較

授課的質 ·就職狀況	實在好	好	普通	壞
實在好	1	3	5	7
好	$\frac{1}{3}$	1	3	5
普通	$\frac{1}{5}$	$\frac{1}{3}$	1	3
壞	$\frac{1}{7}$	$\frac{1}{5}$	$\frac{1}{3}$	1

C.I. = 0.04

研究的質·設 施·校園生活	好	普通	壞
好	1	4	6
普通	$\frac{1}{4}$	1	2
壞	$\frac{1}{6}$	$\frac{1}{2}$	1

C.I. = 0.005

　　其次，定量性地計算各評價基準的好壞程度，因此，按 5 個評價基準進行各評價水準間的一對比較。結果，如表 7.10 所示。其中，「授課的質」、「就職狀況」以及有關「研究的質」、「設施」、「校園生活」的評價水準間的一對比較分別視為相同。另外，針對這 2 個矩陣最大結果特徵值而言的標準化特徵向量（比重），分別得出如下：

授課的質…w_{I}^{T} = (0.565, 0.262, 0.118, 0.055)

就職狀況…$w_{\mathrm{II}}^{T} = w_{\mathrm{III}}^{T}$

研究的質…w_{III}^{T} = (0.701, 0.193, 0.106)

設施………$w_{\mathrm{IV}}^{T} = w_{\mathrm{III}}^{T}$

校園生活…$w_{\mathrm{V}}^{T} = w_{\mathrm{III}}^{T}$

　　其次，按 5 個評價基準，如表 7.9 所示的評價水準進行各替代案（A、B、C、D、E、F）之評價，結果如表 7.11 所示。接著利用第 6 章所說明的絕對評價

法，計算評價矩陣 S_{ij}（替代案 j 對評價基準 i 的比較）。

四、第 4 個步驟

利用以上的結果，計算出 5 個評價基準與評價水準間對各評價基準之比重。並且，決定出評價矩陣 S_{ij}。因此，各大學（A、B、C、D、E、F）的綜合評價值即可利用下式求出。

$$E_j = S_{ij} \cdot W_c$$

$$= \begin{array}{c} A \\ B \\ C \\ D \\ E \\ F \end{array} \begin{bmatrix} \overset{授課}{0.055/0.565} & \overset{就職}{0.118/0.565} & \overset{研究}{0.193/0.701} & \overset{設施}{0.701/0.701} & \overset{校園}{0.701/0.701} \\ 0.262/0.565 & 0.565/0.565 & 0.701/0.701 & 0.701/0.701 & 0.193/0.701 \\ 0.118/0.565 & 0.262/0.565 & 0.193/0.701 & 0.193/0.701 & 0.701/0.701 \\ 0.565/0.565 & 0.262/0.565 & 0.701/0.701 & 0.193/0.701 & 0.193/0.701 \\ 0118/0.565 & 0.055/0.565 & 0.193/0.701 & 0.106/0.701 & 0.701/0.701 \\ 0.262/0.565 & 0.118/0.565 & 0.106/0.701 & 0.701/0.701 & 0.106/0.701 \end{bmatrix} \begin{bmatrix} 0.387 \\ 0.164 \\ 0.244 \\ 0.082 \\ 0.124 \end{bmatrix}$$

其結果得出為：

$$E_j^T = (0.345, 0.704, 0.371, 0.764, 0.300, 0.351)$$

表 7.11　各大學的評鑑資料

評價基準\\大學	授課的質	就職狀況	研究的質	設施	校園生活
A	壞	普通	普通	好	好
B	好	實在好	好	好	普通
C	普通	好	普通	普通	好
D	實在好	好	好	普通	普通
E	普通	壞	普通	壞	好
F	好	普通	壞	好	壞

亦即，由此分析的結果，各大學綜合評鑑的偏好順序依序為 D > B > C > F > A > E。

第8章　外部從屬法

8.1　何謂外部從屬法

在第 7 章介紹了「在同一層次的評價基準間（或替代案間）有從屬性時」，亦即「內部從屬法的 AHP」。因此，本章針對「各層次間有從屬性時」，即「外部從屬法」（outer dependence）與「內部從屬與外部從屬同時發生時」，亦即針對「內部—外部從屬法（inner-outer dependence）的 AHP」進行介紹。

外部從屬的想法其特徵在於各評價基準的比重，並非受綜合目的一致性地加以決定（以往的 AHP），而是按各替代案加以決定，即使它們相異也行。實際上，在分析社會現象等的時候，各評價基準的比重，並非各替代案都是相同的，各替代案不同的時候也很多。因此，以「企業的體力測量」為例，介紹外部從屬法中的計算手法。

某人前來商討如何選定企業作為資金的投資對象。備選企業有 A 企業（流通業）、B 企業（廠商）、C 企業（IT 產業）。每一種企業均是優良企業，鑑於時勢，想客觀地進行企業的體質測量，選定最佳的企業作為投資對象。

因此，我決定利用 AHP 進行此分析。為了進行企業的體質測量，評價基準選出「企業的收益力」（與營業收入除以營業費用之值成比例）、「企業的活力」（與總資本週轉率成比例）、「企業的成長力」（與自我資本之增減成比例）三者。可是，仔細想想看時，這 3 個評價基準之比重並非 3 企業都相同（以往的 AHP，評價基準的比重是所有的替代案都是相同），可知在評價 A、B、C 3 企業時分別是不同的。因此，決定活用外部從屬法的 AHP。此手法是當不同層次間有從屬性時，使用同時表現此關係的超矩陣（super matrix）來分析，稱為外部從屬法（因為是不同層次間的從屬性而使用外部的用語）。因此，以下利用外部從屬法分析本例。

步驟 1

有關企業體質測量的階層構造，表示在圖 8.1 中。其次，進行 3 個評價基準的一對比較。如前述，以往的 AHP 是此一對比較可以用一個矩陣來表現（因為對各替代案是共同的）。可是，在本例卻是依 A、B、C 3 個企業而有不同。因

此，就各企業進行 3 個評價基準的一對比較，結果如表 8.1 所示。接著，利用這些計算結果，評價 A 企業時，各評價基準的比重 w_1 即為：

$$w_1^T = (0.648, 0.230, 0.122)$$

評價 B 企業、C 企業時，各評價基準的比重 w_2, w_3 分別為：

$$w_2^T = (0.25, 0.5, 0.25)$$
$$w_3^T = (0.286, 0.143, 0.571)$$

本例中，各評價基準是獨立的。

圖 8.1　有關企業的體力測量的階層構造

表 8.1　3 個評價基準的一對比較

A 企業	收益力	活力	成長力
收益力	1	3	5
活力	$\frac{1}{3}$	1	2
成長力	$\frac{1}{5}$	$\frac{1}{2}$	1

$\lambda_{max} = 3.004$　C.I. $= 0.002$

B 企業	收益力	活力	成長力
收益力	1	$\frac{1}{2}$	1
活力	2	1	2
成長力	1	$\frac{1}{2}$	1

$\lambda_{max} = 3.0$　C.I. $= 0$

C 企業	收益力	活力	成長力
收益力	1	2	$\frac{1}{2}$
活力	$\frac{1}{2}$	1	$\frac{1}{4}$
成長力	2	4	1

$\lambda_{\max} = 3.0$　C.I. = 0

由此可知，評價 A 企業時，重點放在「收益力」（0.648），評價 B 企業時，重點則放在「活力」（0.5），評價 C 企業時，重點則放在「成長力」（0.571）。

表 8.2　3 企業的一對比較

收益力	A	B	C
A	1	5	3
B	$\frac{1}{5}$	1	$\frac{1}{3}$
C	$\frac{1}{3}$	3	1

$\lambda_{\max} = 3.039$　C.I. = 0.019

活力	A	B	C
A	1	$\frac{1}{2}$	2
B	2	1	5
C	$\frac{1}{2}$	$\frac{1}{5}$	1

$\lambda_{\max} = 3.006$　C.I. = 0.003

成長力	A	B	C
A	1	$\frac{1}{3}$	$\frac{1}{5}$
B	3	1	$\frac{1}{2}$
C	5	2	1

$\lambda_{\max} = 3.004$　C.I. = 0.002

步驟 2

其次，就各評價基準進行 3 企業的一對比較評價，這與以往的 AHP 相同。此結果如表 8.2 所示。如計算這 3 個矩陣的特徵向量（比重）時，即成為如下。首先，關於「企業的收益力」來說，3 個企業的評價向量 w_4 為：

$$w_4^T = (0.637, 0.105, 0.258)$$

關於「企業的活力」、「企業的成長力」來說，3 企業的評價向量 w_5, w_6 分別為：

$$w_5^T = (0.276, 0.595, 0.129)$$
$$w_6^T = (0.109, 0.309, 0.582)$$

由此可知，「企業的收益力」是 A 企業最好，「企業的活力」是 B 企業最好，「企業的成長力」是 C 企業最好。

步驟 3

如計算出層次 2, 3 的比重時，利用此結果即可計算階層全體的比重（綜合評價值）。

層次 2 的各評價基準間之比重有 3 種（3 企業的每一個），如將 B 企業的比重 w_2 假定是共同的尺度時，E 即成為如下。

$$E = (w_4, w_5, w_6) \cdot w_2$$

$$= \begin{array}{c} \text{收益力} \quad \text{活力} \quad \text{成長力} \\ \begin{array}{c} A \\ B \\ C \end{array} \begin{bmatrix} 0.637 & 0.276 & 0.109 \\ 0.105 & 0.595 & 0.309 \\ 0.258 & 0.129 & 0.582 \end{bmatrix} \begin{bmatrix} 0.250 \\ 0.500 \\ 0.250 \end{bmatrix} = \begin{array}{c} A \\ B \\ C \end{array} \begin{bmatrix} 0.325 \\ 0.401 \\ 0.274 \end{bmatrix} \end{array}$$

此結果在以往的 AHP 計算中，B 企業是最適合當作投資對象的企業。

並且，此計算（以往的 AHP）也能利用如下所示的超矩陣來進行。所謂超矩陣（supper matrix），是將各評價基準與各替代案之關係以 1 個矩陣來表現者。

$$W = \begin{array}{c} \text{評價基準} \\ \text{替 代 案} \end{array} \begin{bmatrix} \overset{\text{評價基準}}{0} & \overset{\text{替代案}}{w_C} \\ w_A & 0 \end{bmatrix}$$

且上式的 W 具有馬可夫性[1]（Makov；再歸性），此推移機率矩陣（矩陣的縱

---

1 機率過程 $\{X(n), n = 0, 1, 2, \cdots\}$ 對所有的 $i_0, i_1, \cdots, i, j$ 及時刻 n 來說，當 $P\{X(n + 1) = j \mid X(0)$

向要素之合計成為1.0），顯示向如下的極限推移矩陣（各行之值相等）W^* 收斂。

$$\lim_{k \to \infty} W^{2k+1} = W^*$$ 　　（W 的無限大乘冪向 W^* 收斂）

結果得知，W^{2k+1}（k 為整數）與 W 是具有相同型式的矩陣。其中

$$W^* = \begin{array}{c} 評價基準 \\ 替\ 代\ 案 \end{array} \begin{bmatrix} \overset{評價基準}{0} & \overset{替代案}{w_C^*} \\ w_A^* & 0 \end{bmatrix}$$

（w_A 是向 w_A^*，w_C 是向 w_C^* 收斂）

而且，w_A^* 是綜合評價矩陣，w_C^* 是各評價基準的比重矩陣。

本例的情形，由於將 B 企業的各評價基準的比重（w_2）當作共同的尺度，所以

$$w_C = (w_2\ ,\ w_2\ ,\ w_2)$$
$$= \begin{bmatrix} 0.25 & 0.25 & 0.25 \\ 0.5 & 0.5 & 0.5 \\ 0.25 & 0.25 & 0.25 \end{bmatrix}$$

另一方面，

$$w_A = (w_4\ ,\ w_5\ ,\ w_6)$$
$$= \begin{bmatrix} 0.637 & 0.276 & 0.109 \\ 0.105 & 0.595 & 0.309 \\ 0.258 & 0.129 & 0.582 \end{bmatrix}$$

$= i_0, X(1) = i_1, \cdots X(n-1) = i_{n-1}, X(n) = i\} = P\{X(n+1) = j \mid X(n) = 1\}$……ρ 成立時，稱為離散基馬可夫鏈。上述的條件機率是表示在過去與現在的所有履歷條件下，將來的推移機率只依賴現在的狀態，與過去的履歷無關，此性質稱為馬可夫性。又，ρ 式的右邊之機率不依存 n 時，亦即 $P\{X_{n+1} = j \mid X_n = i\}P_{ij}$ 稱為時間性均一的馬可夫鏈，此時 P_{ij} 表由狀態 i 之下，一時點移到 j 的機率，稱為馬可夫的推移機率。

將各評價基準與各替代案之關係以 1 個矩陣表現之超矩陣如下。

其中 w_C、w_A 的位置與前述之 W（超矩陣）的式子中之位置視為相同。

$$W = \begin{array}{c} \text{收益力} \\ \text{活 力} \\ \text{成長力} \\ A \\ B \\ C \end{array} \begin{array}{cccccc} \overset{\text{收益力}}{} & \overset{\text{活力}}{} & \overset{\text{成長力}}{} & \overset{A}{} & \overset{B}{} & \overset{C}{} \\ \left[\begin{array}{cccccc} 0 & 0 & 0 & 0.25 & 0.25 & 0.25 \\ 0 & 0 & 0 & 0.5 & 0.5 & 0.5 \\ 0 & 0 & 0 & 0.25 & 0.25 & 0.25 \\ 0.637 & 0.276 & 0.109 & 0 & 0 & 0 \\ 0.105 & 0.595 & 0.309 & 0 & 0 & 0 \\ 0.258 & 0.129 & 0.582 & 0 & 0 & 0 \end{array}\right] \end{array}$$

因此，如求

$$\lim_{k \to \infty} W^{2k+1} = W^*$$

時，W^* 即成為：

$$W^* = \begin{array}{c} \text{收益力} \\ \text{活 力} \\ \text{成長力} \\ A \\ B \\ C \end{array} \begin{array}{cccccc} \overset{\text{收益力}}{} & \overset{\text{活力}}{} & \overset{\text{成長力}}{} & \overset{A}{} & \overset{B}{} & \overset{C}{} \\ \left[\begin{array}{cccccc} 0 & 0 & 0 & 0.25 & 0.25 & 0.25 \\ 0 & 0 & 0 & 0.5 & 0.5 & 0.5 \\ 0 & 0 & 0 & 0.25 & 0.25 & 0.25 \\ 0.325 & 0.325 & 0.325 & 0 & 0 & 0 \\ 0.401 & 0.401 & 0.401 & 0 & 0 & 0 \\ 0.274 & 0.274 & 0.274 & 0 & 0 & 0 \end{array}\right] \end{array}$$

因此，依據以往 AHP 的想法（各評價基準間之比重對各替代案是相同的）使用超矩陣計算之結果，形成 B 企業（0.401）> A 企業（0.325）> C 企業（0.274）的偏好順序。這與利用以往 AHP 之計算法所得結果 E 是相同的。

其次，考慮 3 個替代案的各評價基準的比重（w_1, w_2, w_3）（外部從屬法的想法）時，

$$w_C = (w_1, w_2, w_3) = \begin{bmatrix} 0.648 & 0.250 & 0.286 \\ 0.230 & 0.500 & 0.143 \\ 0.122 & 0.250 & 0.571 \end{bmatrix}$$

另一方面，

$$w_A = (w_4, w_5, w_6) = \begin{bmatrix} 0.637 & 0.276 & 0.109 \\ 0.105 & 0.595 & 0.309 \\ 0.258 & 0.129 & 0.582 \end{bmatrix}$$

因此，利用外部從屬法時，超矩陣成為如下：

$$W = \begin{array}{c|cccccc} & 收益力 & 活力 & 成長力 & A & B & C \\ \hline 收益力 & 0 & 0 & 0 & 0.648 & 0.25 & 0.286 \\ 活力 & 0 & 0 & 0 & 0.230 & 0.5 & 0.143 \\ 成長力 & 0 & 0 & 0 & 0.122 & 0.25 & 0.571 \\ A & 0.637 & 0.276 & 0.109 & 0 & 0 & 0 \\ B & 0.105 & 0.595 & 0.309 & 0 & 0 & 0 \\ C & 0.258 & 0.129 & 0.582 & 0 & 0 & 0 \end{array}$$

因此，如求：

$$\lim_{k \to \infty} W^{2k+1} = W^*$$

W^* 即成為：

$$W^* = \begin{array}{c|cccccc} & 收益力 & 活力 & 成長力 & A & B & C \\ \hline 收益力 & 0 & 0 & 0 & 0.41 & 0.41 & 0.41 \\ 活力 & 0 & 0 & 0 & 0.285 & 0.285 & 0.285 \\ 成長力 & 0 & 0 & 0 & 0.305 & 0.305 & 0.305 \\ A & 0.373 & 0.373 & 0.373 & 0 & 0 & 0 \\ B & 0.307 & 0.307 & 0.307 & 0 & 0 & 0 \\ C & 0.320 & 0.320 & 0.320 & 0 & 0 & 0 \end{array}$$

結果，利用外部從屬法的綜合評價，其偏好順序成為 A 企業（0.373）> C 企業（0.320）> B 企業（0.307），A 企業是作為投資對象的最適企業。得知此與依據以往的 AHP 想法之計算結果（B 企業是最適企業）有所不同。但是，利用外部從屬法的各評價基準之比重，是向收益力（0.41）、活力（0.285）、成長力（0.305）收斂。

8.2　何謂內部、外部從屬法

本節針對「內部從屬法與外部從屬法同時發生時」，亦即利用「內部、外部從屬法的 AHP」進行說明。但本例的內部、外部從屬法，是各評價基準有從屬的情形。另外，內部從屬的內容請參照第 7 章。

話說現今的美國，以個人金融資產的投資對象來說，投資信託是人氣最旺的。像日本，個人金融資產的 55% 都轉到現金、存款，美國則不同，許多個人金融資產都流到股票、投資信託、保險年金預備金。因此，現金、存款不過是 10% 而已。美國從間接金融轉向直接金融的傾向愈來愈顯著。其中，投資信託的增加最為顯著，目前（2000 年）已達 58% 兆日圓的市場，大約為日本的 10 倍，它的原因可以歸納為以下 4 個。第 1 是股票市況要因（美國股票的景氣），第 2 是銷售通路的擴大（網際網路等），第 3 是向固定籌款型年金市場滲透，最後是金融環境（金融合併由來已久）的變化。因此，本例就美國的投資信託商品 X、Y、Z 利用 AHP 進行評價。

投資信託的評價基準選出前述的「股票市況」、「銷售通路」、「年金市場」、「金融環境」4 個。可是，這 4 個評價基準的比重並非 3 個商品均相同（以往的 AHP，各評價基準的比重對所有替代案都是共通的），分別評價 X、Y、Z 3 個商品時，可知它們是不同的。而且，這 4 個評價基準相互是從屬的。因此，本例利用內部、外部從屬法進行分析。

步驟 1

關於投資信託商品的評價，其階層構造如圖 8.2 所示。接著就 4 個評價基準進行一對比較。然而如前述，以往的 AHP 此一對比較在各商品（X、Y、Z）是共通的。可是本例，卻依 3 個商品而有不同，因此，就各商品進行 4 個評價基準的一對比較，它的結果如表 8.3 所示。

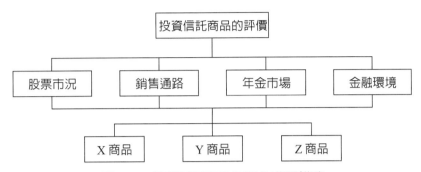

圖 8.2　投資信託商品評價的階層構造

表 8.3　4 個評價基準的一對比較

X 商品	股票	銷售	年金	金融
股票	1	3	4	6
銷售	$\frac{1}{3}$	1	2	3
年金	$\frac{1}{4}$	$\frac{1}{2}$	1	2
金融	$\frac{1}{6}$	$\frac{1}{3}$	$\frac{1}{2}$	1

$\lambda_{\max} = 4.031$　C.I. = 0.01

Y 商品	股票	銷售	年金	金融
股票	1	$\frac{1}{3}$	1	$\frac{1}{2}$
銷售	3	1	4	2
年金	1	$\frac{1}{4}$	1	$\frac{1}{3}$
金融	2	$\frac{1}{2}$	3	1

$\lambda_{\max} = 4.031$　C.I. = 0.01

Z 商品	股票	銷售	年金	金融
股票	1	2	$\frac{1}{3}$	$\frac{1}{9}$
銷售	$\frac{1}{2}$	1	$\frac{1}{5}$	$\frac{1}{6}$
年金	3	5	1	1
金融	4	6	1	1

$\lambda_{\max} = 4.015$　C.I. = 0.0105

接著，依這些的計算結果，當評價 X 商品時，各評價基準的比重 w_1 爲：

$$w_1^T = (0.559, 0.228, 0.135, 0.078)$$

以下評價 Y 商品、Z 商品時，各評價基準的比重 w_2, w_3 分別是：

$$w_2^T = (0.136, 0.470, 0.114, 0.280)$$
$$w_3^T = (0.123, 0.069, 0.380, 0.428)$$

可是，這些比重是假定 4 個評價基準為獨立的情形。

步驟 2

在前節所介紹的外部從屬法中，上述的比重是有關各商品的 4 個評價基準的比重。可是，本例是這些 4 個評價基準間有從屬關係。它的情形如圖 8.3 所示。譬如，股票不只是股票本身，也受到銷售、年金、金融的影響。這些影響強度進行一對比較之結果，如表 8.4 所示。求此 3 個一對比較矩陣的特徵向量（比重），將此 4 個評價基準間的從屬關係加以整理時（從屬矩陣 M），即成為如下：

$$M = \begin{bmatrix} 0.516 & 0 & 0 & 0.122 \\ 0.189 & 1 & 0.297 & 0.230 \\ 0.189 & 0 & 0.540 & 0 \\ 0.106 & 0 & 0.163 & 0.648 \end{bmatrix}$$

由以上的從屬矩陣 M 與向量 w_1、w_2、w_3（假定各評價基準獨立時各評價基準的比重），利用下式即可求出真正的評價基準比重（考慮各評價基準的從屬性時之比重）w_4、w_5、w_6。

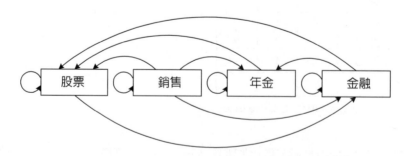

圖 8.3　4 個評價基準間之從屬關係圖

表 8.4　影響強度的一對比較

股票	股票	銷售	年金	金融
股票	1	3	3	4
銷售	$\frac{1}{3}$	1	1	2
年金	$\frac{1}{3}$	1	1	2
金融	$\frac{1}{4}$	$\frac{1}{2}$	$\frac{1}{2}$	1

$\lambda_{max} = 4.021$　C.I. $= 0.007$

年金	銷售	年金	金融
銷售	1	$\frac{1}{2}$	2
年金	2	1	3
金融	$\frac{1}{2}$	$\frac{1}{3}$	1

$\lambda_{max} = 3.009$　C.I. $= 0.005$

金融	股票	銷售	金融
股票	1	$\frac{1}{2}$	$\frac{1}{5}$
銷售	2	1	$\frac{1}{3}$
金融	5	3	1

$\lambda_{max} = 3.004$　C.I. $= 0.002$

就 X 商品來說，4 個評價基準的比重得出如下：

$$w_4 = M \cdot w_1$$

$$= \begin{bmatrix} 0.516 & 0 & 0 & 0.122 \\ 0.189 & 1 & 0.297 & 0.230 \\ 0.189 & 0 & 0.540 & 0 \\ 0.106 & 0 & 0.163 & 0.648 \end{bmatrix} \begin{bmatrix} 0.559 \\ 0.228 \\ 0.135 \\ 0.078 \end{bmatrix} = \begin{bmatrix} 0.298 \\ 0.392 \\ 0.178 \\ 0.132 \end{bmatrix}$$

就 Y 商品來說，4 個評價基準的比重得出如下：

$$w_5 = M \cdot w_2$$

$$= \begin{bmatrix} 0.516 & 0 & 0 & 0.122 \\ 0.189 & 1 & 0.297 & 0.230 \\ 0.189 & 0 & 0.540 & 0 \\ 0.106 & 0 & 0.163 & 0.648 \end{bmatrix} \begin{bmatrix} 0.123 \\ 0.470 \\ 0.114 \\ 0.280 \end{bmatrix} = \begin{bmatrix} 0.104 \\ 0.594 \\ 0.087 \\ 0.215 \end{bmatrix}$$

就 Z 商品來說，4 個評價基準的比重得出如下：

$$w_6 = M \cdot w_3 = \begin{bmatrix} 0.516 & 0 & 0 & 0.122 \\ 0.189 & 1 & 0.297 & 0.230 \\ 0.189 & 0 & 0.540 & 0 \\ 0.106 & 0 & 0.163 & 0.648 \end{bmatrix} \begin{bmatrix} 0.123 \\ 0.069 \\ 0.380 \\ 0.428 \end{bmatrix} = \begin{bmatrix} 0.116 \\ 0.304 \\ 0.228 \\ 0.352 \end{bmatrix}$$

步驟 3

其次就各評價基準進行 3 商品的一對比較評價。這與以往的 AHP 相同。此結果如表 8.5 所示，如計算此 4 個矩陣的特徵向量（比重）時，即成為如下。首先，就股票而言，3 商品的評價向量 w_7 是：

$$w_7^T = (0.648, 0.230, 0.122)$$

就銷售、年金、金融而言，3 商品的評價向量 w_8、w_9、w_{10} 分別為：

$$w_8^T = (0.105, 0.637, 0.258)$$
$$w_9^T = (0.25, 0.25, 0.5)$$
$$w_{10}^T = (0.297, 0.163, 0.540)$$

表 8.5　3 商品利用各評價基準的一對比較

股票	X	Y	Z		銷售	X	Y	Z
X	1	3	5		X	1	$\frac{1}{5}$	$\frac{1}{3}$
Y	$\frac{1}{3}$	1	2		Y	5	1	3
Z	$\frac{1}{5}$	$\frac{1}{2}$	1		Z	3	$\frac{1}{3}$	1

$\lambda_{max} = 3.004$　C.I. $= 0.002$　　　　　$\lambda_{max} = 3.038$　C.I. $= 0.019$

年金	X	Y	Z		金融	X	Y	Z
X	1	1	$\frac{1}{2}$		X	1	2	$\frac{1}{2}$
Y	1	1	$\frac{1}{2}$		Y	$\frac{1}{2}$	1	$\frac{1}{3}$
Z	2	2	1		Z	2	3	1

$\lambda_{max} = 3.0$　C.I. $= 0$　　　　　$\lambda_{max} = 3.009$　C.I. $= 0.005$

由此可知，股票是 X 商品最好，銷售是 Y 商品最好，年金、金融是 Z 商品最好。

步驟 4

如計算出層次 2、3 的比重時，本例的超矩陣即成為如下。其中 $w_C = (w_4, w_5, w_6)$ 與 $w_A = (w_7, w_8, w_9, w_{10})$ 之位置，與前述 W（超矩陣）式中之位置相同，

$$W = \begin{bmatrix} 0 & 0 & 0 & 0 & & & \\ 0 & 0 & 0 & 0 & & & \\ 0 & 0 & 0 & 0 & w_4 & w_5 & w_6 \\ 0 & 0 & 0 & 0 & & & \\ \hline & & & & 0 & 0 & 0 \\ w_7 & w_8 & w_9 & w_{10} & 0 & 0 & 0 \\ & & & & 0 & 0 & 0 \end{bmatrix}$$

	股票	銷售	年金	金融	X	Y	Z
股票	0	0	0	0	0.298	0.104	0.116
銷售	0	0	0	0	0.392	0.594	0.304
年金	0	0	0	0	0.178	0.087	0.228
金融	0	0	0	0	0.132	0.215	0.352
X	0.648	0.105	0.25	0.297	0	0	0
Y	0.230	0.637	0.25	0.163	0	0	0
Z	0.122	0.258	0.5	0.540	0	0	0

因此，如求

$$\lim_{k \to \infty} W^{2k+1} = W^*$$

此時，W^* 成為：

$$W^* = \begin{array}{c} \\ \text{股票} \\ \text{銷售} \\ \text{年金} \\ \text{金融} \\ \text{X} \\ \text{Y} \\ \text{Z} \end{array} \begin{array}{ccccccc} \text{股票} & \text{銷售} & \text{年金} & \text{金融} & \text{X} & \text{Y} & \text{Z} \\ \left[\begin{array}{ccccccc} 0 & 0 & 0 & 0 & 0.159 & 0.159 & 0.159 \\ 0 & 0 & 0 & 0 & 0.442 & 0.442 & 0.442 \\ 0 & 0 & 0 & 0 & 0.159 & 0.159 & 0.159 \\ 0 & 0 & 0 & 0 & 0.240 & 0.240 & 0.240 \\ 0.261 & 0.261 & 0.261 & 0.261 & 0 & 0 & 0 \\ 0.396 & 0.396 & 0.396 & 0.396 & 0 & 0 & 0 \\ 0.342 & 0.342 & 0.342 & 0.342 & 0 & 0 & 0 \end{array}\right] \end{array}$$

結果，利用內部、外部從屬法的綜合評價是 Y 商品（0.397）> Z 商品（0.342）> X 商品（0.261），可知 Y 商品獲得最高的評價。其中，各評價基準的比重是分別向股票（0.159）、銷售（0.442）、年金（0.159）、金融（0.240）收斂。

另一方面，各評價基準獨立時（只外部從屬法），超矩陣成為如下。

其中 $w_C = (w_1, w_2, w_3)$ 與 $w_A = (w_7, w_8, w_9, w_{10})$ 的位置，與前述 W（超矩陣）式子中的位置視為相同。

$$W = \left[\begin{array}{cccc:ccc} 0 & 0 & 0 & 0 & & & \\ 0 & 0 & 0 & 0 & & & \\ 0 & 0 & 0 & 0 & w_1 & w_2 & w_3 \\ 0 & 0 & 0 & 0 & & & \\ \hdashline & & & & 0 & 0 & 0 \\ w_7 & w_8 & w_9 & w_{10} & 0 & 0 & 0 \\ & & & & 0 & 0 & 0 \end{array}\right]$$

$$= \begin{array}{c} \\ \text{股票} \\ \text{銷售} \\ \text{年金} \\ \text{金融} \\ \text{X} \\ \text{Y} \\ \text{Z} \end{array} \begin{array}{ccccccc} \text{股票} & \text{銷售} & \text{年金} & \text{金融} & \text{X} & \text{Y} & \text{Z} \\ \left[\begin{array}{ccccccc} 0 & 0 & 0 & 0 & 0.559 & 0.136 & 0.123 \\ 0 & 0 & 0 & 0 & 0.228 & 0.470 & 0.069 \\ 0 & 0 & 0 & 0 & 0.135 & 0.114 & 0.380 \\ 0 & 0 & 0 & 0 & 0.078 & 0.280 & 0.428 \\ 0.648 & 0.105 & 0.25 & 0.297 & 0 & 0 & 0 \\ 0.230 & 0.637 & 0.25 & 0.163 & 0 & 0 & 0 \\ 0.122 & 0.258 & 0.5 & 0.540 & 0 & 0 & 0 \end{array}\right] \end{array}$$

因此，如求

$$\lim_{k \to \infty} W^{2k+1} = W^*$$

時，得出 W^* 為：

$$
W^* =
\begin{array}{c}
\\ 股票 \\ 銷售 \\ 年金 \\ 金融 \\ X \\ Y \\ Z
\end{array}
\begin{array}{ccccccc}
股票 & 銷售 & 年金 & 金融 & X & Y & Z \\
0 & 0 & 0 & 0 & 0.273 & 0.273 & 0.273 \\
0 & 0 & 0 & 0 & 0.250 & 0.250 & 0.250 \\
0 & 0 & 0 & 0 & 0.213 & 0.213 & 0.213 \\
0 & 0 & 0 & 0 & 0.264 & 0.264 & 0.264 \\
0.335 & 0.335 & 0.335 & 0.335 & 0 & 0 & 0 \\
0.318 & 0.318 & 0.318 & 0.318 & 0 & 0 & 0 \\
0.347 & 0.347 & 0.347 & 0.347 & 0 & 0 & 0
\end{array}
$$

結果，利用外部從屬法的綜合評價為 Z 商品（0.347）＞ X 商品（0.335）＞ Y 商品（0.318），知 Z 商品獲得最高的評價。但各評價基準的比重是分別向股票（0.273）、銷售（0.250）、年金（0.213）、金融（0.264）收斂。

補充說明

1. 外部從屬法

令 $W = \begin{bmatrix} 0 & W_c \\ W_a & 0 \end{bmatrix}$

$W^2 = \begin{bmatrix} W_c W_a & 0 \\ 0 & W_a W_c \end{bmatrix}$

$W^{2k} = \begin{bmatrix} (W_c W_a)^k & 0 \\ 0 & (W_a W_c)^k \end{bmatrix} = \begin{bmatrix} S^k & 0 \\ 0 & W_a S_{k-1} W_c \end{bmatrix}$

令 $S = W_c W_a = \begin{bmatrix} a_{11} & \cdots & a_{41} \\ \vdots & \ddots & \vdots \\ a_{41} & \cdots & a_{44} \end{bmatrix}$

$W^{2k+1} = \begin{bmatrix} 0 & S^k W_c \\ W_a S^k & 0 \end{bmatrix}$，$\displaystyle\lim_{k\to\infty} W^{2k+1} = \begin{bmatrix} 0 & S^* W_c \\ W_a S^* & 0 \end{bmatrix} = W^*$

$\displaystyle\lim_{k\to\infty} S^k = S^* = \begin{bmatrix} p & pp & p \\ q & qq & q \\ r & rr & r \\ s & ss & s \end{bmatrix} \Rightarrow S \cdot \begin{bmatrix} p \\ q \\ r \\ s \end{bmatrix} = \begin{bmatrix} p \\ q \\ r \\ s \end{bmatrix}$，$p+q+r+s=1$

$\begin{bmatrix} a_{11} & \cdots & a_{41} \\ \vdots & \ddots & \vdots \\ a_{41} & \cdots & a_{44} \end{bmatrix} \cdot \begin{bmatrix} p \\ q \\ r \\ s \end{bmatrix} = \begin{bmatrix} p \\ q \\ r \\ s \end{bmatrix}$

求解步驟

1. $S - I = \begin{bmatrix} a_{11}-1 & a_{12} & a_{13} & a_{14} \\ a_{21} & a_{22}-1 & a_{23} & a_{24} \\ a_{31} & a_{32} & a_{33}-1 & a_{34} \\ a_{41} & a_{42} & a_{43} & a_{44}-1 \end{bmatrix}$

2. $S' = \begin{bmatrix} 1 & 1 & 1 & 1 \\ a_{21} & a_{22}-1 & a_{23} & a_{24} \\ a_{31} & a_{32} & a_{33}-1 & a_{34} \\ a_{41} & a_{42} & a_{43} & a_{44}-1 \end{bmatrix}$

3. $(S')^{-1}$

4. $(S')^{-1} \cdot \begin{bmatrix} 1 \\ 0 \\ 0 \\ 0 \end{bmatrix} = \begin{bmatrix} p \\ q \\ r \\ s \end{bmatrix}$

5. $S^* = \begin{bmatrix} p & p & p & p \\ q & q & q & q \\ r & r & r & r \\ s & s & s & s \end{bmatrix}$

2. 內外從屬法

令 $W = \begin{bmatrix} 0 & W_c \\ W_a & 0 \end{bmatrix}$

$W^2 = \begin{bmatrix} W_c W_a & 0 \\ 0 & W_a W_c \end{bmatrix}$

$W^{2k} = \begin{bmatrix} (W_c W_a)^k & 0 \\ 0 & (W_a W_c)^k \end{bmatrix} = \begin{bmatrix} S^k & 0 \\ 0 & W_a S_{k-1} W_c \end{bmatrix}$

令 $S = W_c W_a = \begin{bmatrix} a_{11} & \cdots & a_{41} \\ \vdots & \ddots & \vdots \\ a_{41} & \cdots & a_{44} \end{bmatrix}$

$W^{2k+1} = \begin{bmatrix} 0 & S^k W_c \\ W_a S^k & 0 \end{bmatrix}$, $\lim\limits_{k \to \infty} W^{2k+1} = \begin{bmatrix} 0 & S^* W_c \\ W_a S^* & 0 \end{bmatrix} = W^*$

$\lim\limits_{k \to \infty} S^k = S^* = \begin{bmatrix} p & pp & p \\ q & qq & q \\ r & rr & r \\ s & ss & s \end{bmatrix} \Rightarrow S \cdot \begin{bmatrix} p \\ q \\ r \\ s \end{bmatrix} = \begin{bmatrix} p \\ q \\ r \\ s \end{bmatrix}$, $p+q+r+s = 1$

$\begin{bmatrix} a_{11} & \cdots & a_{41} \\ \vdots & \ddots & \vdots \\ a_{41} & \cdots & a_{44} \end{bmatrix} \cdot \begin{bmatrix} p \\ q \\ r \\ s \end{bmatrix} = \begin{bmatrix} p \\ q \\ r \\ s \end{bmatrix}$

求解步驟

1. $S - I = \begin{bmatrix} a_{11}-1 & a_{12} & a_{13} & a_{14} \\ a_{21} & a_{22}-1 & a_{23} & a_{24} \\ a_{31} & a_{32} & a_{33}-1 & a_{34} \\ a_{41} & a_{42} & a_{43} & a_{44}-1 \end{bmatrix}$

2. $S' = \begin{bmatrix} 1 & 1 & 1 & 1 \\ a_{21} & a_{22}-1 & a_{23} & a_{24} \\ a_{31} & a_{32} & a_{33}-1 & a_{34} \\ a_{41} & a_{42} & a_{43} & a_{44}-1 \end{bmatrix}$

3. $(S')^{-1}$

4. $(S')^{-1} \cdot \begin{bmatrix} 1 \\ 0 \\ 0 \\ 0 \end{bmatrix} = \begin{bmatrix} p \\ q \\ r \\ s \end{bmatrix}$

5. $S^* = \begin{bmatrix} p & p & p & p \\ q & q & q & q \\ r & r & r & r \\ s & s & s & s \end{bmatrix}$

第9章 ANP

9.1 回饋型 ANP

今考察將第 8 章所介紹的 AHP 中的外部從屬法擴張成網路的模式,沙第教授將此模式取名為 ANP (Analytic Network Process)。此 ANP 可大略分成回饋型 (feedback system) 與系列型 (series system),本節首先就回饋型 ANP 介紹它的計算方法。

當掌握社會現象作為多目的決策問題時,不光是各評價基準、各替代案,連腳本 (scenario) 的設定也是需要的。並且,此腳本的設定並非從綜合目的一致性地加以決定,而是按各替代案加以決定,設想這些都是不同的情形。雖將此種系統取名為回饋型 ANP,但此系統的架構卻如圖 9.1 所示。

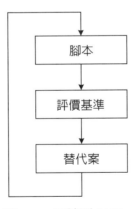

圖 9.1 回饋型 ANP

以下為了分析回饋型 ANP,則以具體的例子作為題材來說明此手法。

某大通路業的企業負責人士來到研究室與我商討,他想在某個地區開設超市,欲分析消費者的購物行為。競爭店在 1 次商圈 (500m 以內) 之中,已有 2 家店鋪 (A 店、B 店),包含新店鋪 (C 店) 在內,3 家店鋪全部以腳踏車的車程來計算,均為 10 分鐘以內的距離。這些店鋪的規模與目的分別不同。

因此,我決定利用 ANP 進行此分析。決定消費者購物行為的評價基準,選出「方便」、「價廉」、「新鮮」、「物色齊全」等 4 個項目。可是,如仔

細考慮時，此 4 個評價基準的比重並非由綜合目的一致性地加以決定（以往的 AHP，各評價基準的比重是從綜合目的一致性地加以決定），可知 2 個腳本（S_1、S_2）分別有所不同。而且，此 2 個腳本（S_1、S_2）的比重，並非從綜合目的一致性地加以決定，而是按各替代案（A 店、B 店、C 店）加以決定，假設它們分別不同。因此，腳本 S_1 是因為在平日進行購物，想購買的東西並不多，所以對於「方便」、「新鮮」看得比較重要，腳本 S_2 是因為在週末開車前往購買一星期分量的物品，所以對於「價廉」、「貨色齊全」認為比較重要。並且，A 店鋪具有腳本 S_2 的目的，新計畫的 C 店鋪具有腳本 S_1 的目的，B 店鋪的目的則介於之間。

因此，對此問題進入分析之前，先說明回饋型 ANP 的概要。此處所使用的記號如下規定，由各替代案來看的腳本比重當作 w_S，由各腳本來看的各評價基準的比重當作 w_C，由各評價基準來看的各替代案（A 店、B 店、C 店）評價比重設為 w_A。接著將腳本、評價基準、替代案的關係以 1 個矩陣來表現。使用此超矩陣，求各替代案的綜合評價值。此時，超矩陣可以如下表現：

$$
W = \begin{array}{c} \text{腳\quad 本} \\ \text{評價基準} \\ \text{替 代 案} \end{array}
\begin{array}{c} \text{腳本} \\ \begin{bmatrix} 0 \\ w_C \\ 0 \end{bmatrix} \end{array}
\begin{array}{c} \text{評價基準} \\ \begin{matrix} 0 \\ 0 \\ w_A \end{matrix} \end{array}
\begin{array}{c} \text{替代案} \\ \begin{matrix} w_S \\ 0 \\ 0 \end{matrix} \end{array}
$$

如將 W 當作 $W = (w_{ij})$ 時，由於 $w_{ij} = w_i/w_j$, $w_{jk} = w_j/w_k$，所以 $w_{ij} \cdot w_{jk}$ 是 w_i/w_k 的間接近似。因此，將矩陣 W 自乘後的 (i, k) 元素 $w_{ik}^{(2)} = \sum w_{ij} \cdot w_{jk}$，是考慮至 2 階（step）為止之比率（$w_i/w_k$）的間接近似值。

$$
W^2 = \begin{array}{c} \text{腳\quad 本} \\ \text{評價基準} \\ \text{替 代 案} \end{array}
\begin{array}{c} \text{腳本} \\ \begin{bmatrix} 0 \\ 0 \\ w_C \cdot w_A \end{bmatrix} \end{array}
\begin{array}{c} \text{評價基準} \\ \begin{matrix} w_S \cdot w_A \\ 0 \\ 0 \end{matrix} \end{array}
\begin{array}{c} \text{替代案} \\ \begin{matrix} 0 \\ w_C \cdot w_S \\ 0 \end{matrix} \end{array}
$$

同樣的做法，考慮至第 3 階（省略）、第 4 階為止之比率（w_i/w_k）的間接近似值，即成為如下：

$$W^4 = \begin{array}{c} \\ 腳\quad本 \\ 評價基準 \\ 替代案 \end{array} \begin{array}{ccc} \overset{腳本}{} & \overset{評價基準}{} & \overset{替代案}{} \\ \begin{bmatrix} 0 & 0 & w_S^2 \cdot w_A \cdot w_C \\ w_C^2 \cdot w_S \cdot w_A & 0 & 0 \\ 0 & w_A^2 \cdot w_C \cdot w_S & 0 \end{bmatrix} \end{array}$$

結果，得知 W^{3n+1}（n 為整數）與 W 是相同型式的矩陣。因此，$W^{3n+1} = \left(W_j^{(3n+1)}\right)$，是考慮長度至（$3n+1$）為止，沿著一切路徑之間接性比率的比重。而且，這些小矩陣（腳本、評價基準、替代案）的行向量可知均收斂於相同值。

因此，計算 W^{3n+1} 的極限矩陣時，即為：

$$\lim_{n \to \infty} W^{3n+1} = W^*$$

其中 W^* 為：

$$W^* = \begin{array}{c} \\ 腳\quad本 \\ 評價基準 \\ 替代案 \end{array} \begin{array}{ccc} \overset{腳本}{} & \overset{評價基準}{} & \overset{替代案}{} \\ \begin{bmatrix} 0 & 0 & w_S^* \\ w_C^* & 0 & 0 \\ 0 & w_A^* & 0 \end{bmatrix} \end{array}$$

最終而言各腳本的比重是 w_S^*，各評價基準的比重是 w_C^*，各替代案的比重是 w_A^*。

以下利用回饋型 ANP 分析本例。

步驟 1

購物行為的階層構造如圖 9.2 所示。層次 1 列入 2 個腳本（S_1、S_2），層次 2 列入 4 個評價基準（方便、價廉、新鮮、貨色齊全），層次 3 列入 3 個替代案（A 店、B 店、C 店），並令其回饋至層次 1。

步驟 2

其次，求各層次的比重。首先從各替代案來看 2 個腳本（S_1、S_2）的一對比較，如表 9.1 所示。這些矩陣的特徵向量（比重）分別得出如下。

A 店…………$w_{S1}^T = (0.2, 0.8)$

B 店…………$w_{S2}^T = (0.5, 0.5)$

C 店…………$w_{S3}^{T} = (0.833, 0.167)$

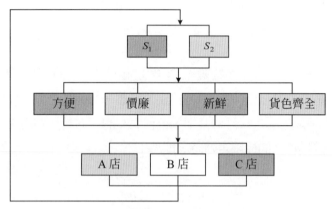

圖 9.2　有關購物行為的階層構造

表 9.1　2 個腳本的一對比較

A 店	S_1	S_2
S_1	1	$\frac{1}{4}$
S_2	4	1

B 店	S_1	S_2
S_1	1	1
S_2	1	1

C 店	S_1	S_2
S_1	1	5
S_2	$\frac{1}{5}$	1

換言之，A 店重視腳本 S_2，C 店重視 S_1，B 店中立。並且，

$$w_S = (w_{S1}, w_{S2}, w_{S3})$$

其次，從腳本 S_1、S_2 來看各評價基準的一對比較，如表 9.2 所示。

表 9.2　在 2 個腳本中各評價基準的一對比較

S_1	方便	價廉	新鮮	貨色齊全
方便	1	4	1	5
價廉	$\frac{1}{4}$	1	$\frac{1}{3}$	1

S_2	方便	價廉	新鮮	貨色齊全
方便	1	$\frac{1}{3}$	1	$\frac{1}{4}$
價廉	5	1	3	2

S_1	方便	價廉	新鮮	貨色齊全
新鮮	1	3	1	3
貨色齊全	$\frac{1}{5}$	1	$\frac{1}{3}$	1

$\lambda_{max} = 4.024$　C.I. = 0.008

S_2	方便	價廉	新鮮	貨色齊全
新鮮	1	$\frac{1}{3}$	1	$\frac{1}{3}$
貨色齊全	4	$\frac{1}{2}$	3	1

$\lambda_{max} = 4.066$　C.I. = 0.022

接著，這些矩陣之特徵向量（比重）分別得出如下：

腳本 S_1…………$w_{C1}^T = (0.433, 0.109, 0.354, 0.104)$

腳本 S_2…………$w_{C2}^T = (0.095, 0.473, 0.117, 0.315)$

換言之，S_1 是重視方便、新鮮的腳本，S_2 是重視價廉、貨色齊全的腳本。

並且，

$$w_C = (w_{C1}, w_{C2})$$

另外，從各評價基準來看各替代案的一對比較，如表 9.3 所示。

表 9.3　各替代案

方便	A	B	C
A	1	$\frac{1}{3}$	$\frac{1}{5}$
B	3	1	$\frac{1}{2}$
C	5	2	1

$\lambda_{max} = 3.004$　C.I. = 0.002

價廉	A	B	C
A	1	3	4
B	$\frac{1}{3}$	1	2
C	$\frac{1}{4}$	$\frac{1}{2}$	1

$\lambda_{max} = 3.018$　C.I. = 0.009

新鮮	A	B	C
A	1	$\frac{1}{2}$	$\frac{1}{6}$
B	2	1	$\frac{1}{2}$
C	6	2	1

$\lambda_{max} = 3.018$　C.I. = 0.009

貨色齊全	A	B	C
A	1	2	3
B	$\frac{1}{2}$	1	1
C	$\frac{1}{3}$	1	1

$\lambda_{max} = 3.018$　C.I. = 0.009

接著此 4 個矩陣的特徵向量（比重）分別得出如下：

方便…………$w_{A1}^T = (0.109, 0.309, 0.582)$

價廉…………$w_{A2}^T = (0.625, 0.238, 0.137)$

新鮮…………$w_{A3}^T = (0.118, 0.268, 0.614)$

貨色齊全……$w_{A4}^T = (0.550, 0.240, 0.210)$

換言之，方便是 C 店，價廉是 A 店，新鮮是 C 店，貨色齊全是 A 店分別獲得最高的評價。並且，

$$w_A = (w_{A1}, w_{A2}, w_{A3}, w_{A4})$$

步驟 3

由以上結果來看，本例中的超矩陣成為如下。

其中，w_S、w_C、w_A 的位置與前述 W（超矩陣）式子中之位置相同。

	S_1	S_2	方便	價廉	新鮮	貨色齊全	A	B	C
S_1	0	0	0	0	0	0	0.2	0.5	0.833
S_2	0	0	0	0	0	0	0.8	0.5	0.167
方便	0.433	0.095	0	0	0	0	0	0	0
價廉	0.109	0.473	0	0	0	0	0	0	0
新鮮	0.354	0.117	0	0	0	0	0	0	0
貨色齊全	0.104	0.315	0	0	0	0	0	0	0
A	0	0	0.109	0.625	0.118	0.550	0	0	0
B	0	0	0.309	0.238	0.268	0.240	0	0	0
C	0	0	0.582	0.137	0.614	0.210	0	0	0

其中 $W =$（此超矩陣）

因此，

$$\lim_{n \to \infty} W^{3n+1} = W^*$$

其中 W^* 是

	S_1	S_2	方便	價廉	新鮮	貨色齊全	A	B	C
S_1	0	0	0	0	0	0	0.525	0.525	0.525
S_2	0	0	0	0	0	0	0.475	0.475	0.475
方　便	0.273	0.273	0	0	0	0	0	0	0
價　廉	0.282	0.282	0	0	0	0	0	0	0
新　鮮	0.241	0.241	0	0	0	0	0	0	0
貨色齊全	0.204	0.204	0	0	0	0	0	0	0
A	0	0	0.347	0.347	0.347	0.347	0	0	0
B	0	0	0.265	0.265	0.265	0.265	0	0	0
C	0	0	0.388	0.388	0.388	0.388	0	0	0

$W^* = $ （上表矩陣）

　　因此，替代案的偏好順序為 C 店（0.388）> A 店（0.347）> B 店（0.265），可以預料某大流通業的開店戰略是成功的。因此，各評價基準的比重是收斂在方便（0.273）、價廉（0.282）、新鮮（0.241）、貨色齊全（0.204），各腳本的比重是收斂在 S_1(0.525)、S_2(0.475)。

9.2　系列型 ANP

　　本節介紹系列型 ANP 的計算方法。

　　所謂系列型 ANP，就像圖 9.3 那樣的階層構造。此想法是首先有綜合目的（goal），決定出從綜合目的來看的幾種腳本之比重。其次，按這些腳本決定各評價基準的比重。然後，再決定從各評價基準來看各替代案的評價（比重）。最後，綜合以上的過程，進行各替代案的綜合評價。

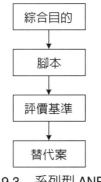

圖 9.3　系列型 ANP

因此，以下以具體的例子說明系列型 ANP 的手法。

某縣的企劃人員前來研究室商談。打算在該縣的郊區建設新都市。因此，需要交通系統可連結市中心與新都市，想知道要選擇那種交通系統較好。

最近特別是對公共事業，市民的眼光非常嚴格，所要求的是透明性、公平性、說明責任、費用、效果。因此決定利用系列型 ANP 分析前述問題。又交通系統的替代案選出了既有型鐵路、新交通系統、單軌列車，並且對選定替代案來說，評價基準考慮方便性、環境性、經濟性。可是，仔細考慮時，此 3 個評價基準的比重，並非是從綜合目的一致性地加以決定（以往的 AHP，各評價基準的比重是從綜合目的一致性地加以決定），可知分別依 3 個腳本（S_1、S_2、S_3）而有不同。而且，此 3 個腳本（S_1、S_2、S_3）的比重是由綜合目的來決定。

因此，首先將由綜合目的來看的腳本比重設為 w_S，由各腳本來看的各評價基準比重設為 w_C，由各評價基準來看的各替代案的評價（比重）設為 w_A。接著將綜合目的、腳本、評價基準、替代案的關係以 1 個矩陣來表現。使用此超矩陣來求各替代案的綜合評價值。此時，超矩陣可以如下表現。

$$W = \begin{array}{c} \\ \text{綜合目的} \\ \text{腳　　本} \\ \text{評價基準} \\ \text{替 代 案} \end{array} \begin{array}{cccc} \text{綜合目的} & \text{腳本} & \text{評價基準} & \text{替代案} \\ \left[\begin{array}{cccc} 0 & 0 & 0 & 0 \\ w_S & 0 & 0 & 0 \\ 0 & w_C & 0 & 0 \\ 0 & 0 & w_A & I \end{array} \right] \end{array}$$

其中 I 稱為單位矩陣，以如下表示，即

$$I = \begin{bmatrix} 1 & & 0 \\ & \ddots & \\ 0 & & 1 \end{bmatrix}$$

上式得知收斂於如下的極限矩陣 W^*。即：

$$W^\infty = W^*$$

其中 W^* 為：

$$W^* = \begin{array}{c} \\ \text{綜合目的} \\ \text{腳 本} \\ \text{評價基準} \\ \text{替 代 案} \end{array} \begin{array}{cccc} \overset{\text{綜合目的}}{} & \overset{\text{腳本}}{} & \overset{\text{評價基準}}{} & \overset{\text{替代案}}{} \\ \left[\begin{array}{cccc} 0 & 0 & 0 & 0 \\ 0 & 0 & 0 & 0 \\ 0 & 0 & 0 & 0 \\ w_A \cdot w_C \cdot w_S & w_A \cdot w_C & w_A & I \end{array} \right] \end{array}$$

而且，w_A、w_B、w_C 是由綜合目的來看的各替代案綜合評價法。w_A、w_C 是由各腳本來看的各替代案的評價值。

以下利用系列型 ANP 分析本例。

步驟 1

選定交通系統的階層構造如圖 9.4 所示。首先，層次 1 列入綜合目的「交通系統的選定」，層次 2 中列入 3 個腳本（S_1、S_2、S_3），層次 3 列入 3 個評價基準（方便性、環境性、經濟性），最後的層次 4 則列入 3 個替代案（既有型鐵路、新交通系統、單軌列車）。

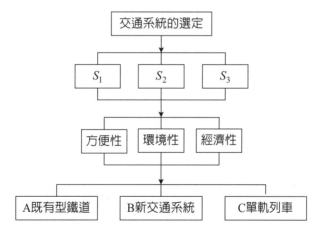

圖 9.4　選定交通系統的階層構造

步驟 2

其次，求各層次的比重。首先，從綜合目的所見之 3 個腳本（S_1、S_2、S_3）的一對比較，如表 9.4 所示。接著，此矩陣的特徵向量（比重）成爲如下：

$$w_S^T = (0.297, 0.540, 0.163)$$

亦即，腳本 1 的比重約為 30%，腳本 2 約 54%，腳本 3 約為 16%。
其次，從 3 個腳本所見之各評價基準的一對比較如表 9.5 所示。

表 9.4　3 個腳本的一對比較

綜合目的	S_1	S_2	S_3
S_1	1	$\frac{1}{2}$	2
S_2	2	1	3
S_3	$\frac{1}{2}$	$\frac{1}{3}$	1

$\lambda_{max} = 3.009$　C.I. $= 0.005$

表 9.5　在 3 個腳本中各評價基準的一對比較

S_1	方便	環境	經濟
方便	1	2	4
環境	$\frac{1}{2}$	1	2
經濟	$\frac{1}{4}$	$\frac{1}{2}$	1

$\lambda_{max} = 3.009$　C.I. $= 0.005$

S_2	方便	環境	經濟
方便	1	$\frac{1}{7}$	$\frac{1}{3}$
環境	7	1	3
經濟	3	$\frac{1}{3}$	1

$\lambda_{max} = 3.007$　C.I. $= 0.004$

S_3	方便	環境	經濟
方便	1	1	$\frac{1}{3}$
環境	1	1	$\frac{1}{4}$
經濟	3	4	1

$\lambda_{max} = 3.009$　C.I. $= 0.005$

這些矩陣的特徵向量（比重）分別為：

腳本 S_1…………$w_{C1}^T = (0.571, 0.286, 0.143)$

腳本 S_2…………$w_{C2}^T = (0.088, 0.669, 0.243)$

腳本 S_3…………$w_{C3}^T = (0.192, 0.174, 0.634)$

因此，

$$w_C = (w_{C1}, w_{C2}, w_{C3})$$

接著，從各評價基準所見之各替代案的一對比較如表 9.6 所示。這些矩陣的特徵向量（比重）分別如下：

方便性··········$w_{A1}^T = (0.614, 0.268, 0.118)$

環境性··········$w_{A2}^T = (0.105, 0.637, 0.258)$

經濟性··········$w_{A3}^T = (0.297, 0.163, 0.540)$

因此，

$$w_A = (w_{A1}, w_{A2}, w_{A3})$$

表 9.6　各替代代案的一對比較

方便性	A	B	C
A	1	2	6
B	$\frac{1}{2}$	1	2
C	$\frac{1}{6}$	$\frac{1}{2}$	1

$\lambda_{max} = 3.018$　C.I. = 0.009

環境性	A	B	C
A	1	$\frac{1}{5}$	$\frac{1}{3}$
B	5	1	3
C	3	$\frac{1}{3}$	1

$\lambda_{max} = 3.039$　C.I. = 0.019

經濟性	A	B	C
A	1	2	$\frac{1}{2}$
B	$\frac{1}{2}$	1	$\frac{1}{3}$
C	2	3	1

$\lambda_{max} = 3.009$　C.I. = 0.005

步驟 3

依以上的結果，本例中的超矩陣變成如下：

$$
W = \begin{array}{c}
\\
\text{綜合目的} \\
S_1 \\
S_2 \\
S_3 \\
\text{方便性} \\
\text{環境性} \\
\text{經濟性} \\
A \\
B \\
C
\end{array}
\begin{array}{ccccccccccc}
\text{綜合目的} & S_1 & S_2 & S_3 & \text{方便性} & \text{環境性} & \text{經濟性} & A & B & C \\
\left[\begin{array}{c}0\end{array}\right. & 0 & 0 & 0 & 0 & 0 & 0 & 0 & 0 & \left.0\right] \\
0.297 & 0 & 0 & 0 & 0 & 0 & 0 & 0 & 0 & 0 \\
0.540 & 0 & 0 & 0 & 0 & 0 & 0 & 0 & 0 & 0 \\
0.163 & 0 & 0 & 0 & 0 & 0 & 0 & 0 & 0 & 0 \\
0 & 0.571 & 0.088 & 0.192 & 0 & 0 & 0 & 0 & 0 & 0 \\
0 & 0.286 & 0.669 & 0.174 & 0 & 0 & 0 & 0 & 0 & 0 \\
0 & 0.143 & 0.243 & 0.634 & 0 & 0 & 0 & 0 & 0 & 0 \\
0 & 0 & 0 & 0 & 0.614 & 0.105 & 0.297 & 1 & 0 & 0 \\
0 & 0 & 0 & 0 & 0.268 & 0.637 & 0.163 & 0 & 1 & 0 \\
0 & 0 & 0 & 0 & 0.118 & 0.258 & 0.540 & 0 & 0 & 1
\end{array}
$$

因此，

$$W^\infty = W^*$$

其中，w_S、w_C、w_A 的位置，與前述之 W（超矩陣）式子中的位置視為相同。

$$
W^* = \begin{array}{c}
\\
\text{綜合目的} \\
S_1 \\
S_2 \\
S_3 \\
\text{方便性} \\
\text{環境性} \\
\text{經濟性} \\
A \\
B \\
C
\end{array}
\begin{array}{ccccccccccc}
\text{綜合目的} & S_1 & S_2 & S_3 & \text{方便性} & \text{環境性} & \text{經濟性} & A & B & C \\
\left[\begin{array}{c}0\end{array}\right. & 0 & 0 & 0 & 0 & 0 & 0 & 0 & 0 & \left.0\right] \\
0 & 0 & 0 & 0 & 0 & 0 & 0 & 0 & 0 & 0 \\
0 & 0 & 0 & 0 & 0 & 0 & 0 & 0 & 0 & 0 \\
0 & 0 & 0 & 0 & 0 & 0 & 0 & 0 & 0 & 0 \\
0 & 0 & 0 & 0 & 0 & 0 & 0 & 0 & 0 & 0 \\
0 & 0 & 0 & 0 & 0 & 0 & 0 & 0 & 0 & 0 \\
0 & 0 & 0 & 0 & 0 & 0 & 0 & 0 & 0 & 0 \\
0.285 & 0.423 & 0.197 & 0.324 & 0.614 & 0.105 & 0.297 & 1 & 0 & 0 \\
0.414 & 0.359 & 0.489 & 0.266 & 0.268 & 0.637 & 0.163 & 0 & 1 & 0 \\
0.301 & 0.218 & 0.314 & 0.410 & 0.118 & 0.258 & 0.540 & 0 & 0 & 1
\end{array}
$$

因此，綜合評價值為新交通系統的 B（0.414）> 單軌列車的 C（0.301）> 既有型鐵路 A（0.285）。並且，從腳本 S_1 所見的評價是 A(0.424) > B(0.359) > C(0.218)，由 S_2 所見之評價是 B(0.489) > C(0.314) > A(0.197)，由 S_3 所見的評價是 C(0.410) > A(0.324) > B(0.266)。

補充說明

1. 回饋型 ANP

$$W = \begin{bmatrix} 0 & 0 & W_s \\ W_c & 0 & 0 \\ 0 & W_a & 0 \end{bmatrix}$$

$$W^3 = \begin{bmatrix} W_s W_a W_c & 0 & 0 \\ 0 & W_c W_s W_a & 0 \\ 0 & 0 & W_a W_c W_s \end{bmatrix}$$

令 $S_1 = W_s W_a W_c$，$S_2 = W_c W_s W_a$，$S_3 = W_a W_c W_s$

$$W^{3k} = \begin{bmatrix} S_1^k & 0 & 0 \\ 0 & S_2^k & 0 \\ 0 & 0 & S_3^k \end{bmatrix}$$

$$W^{3k+1} = \begin{bmatrix} 0 & 0 & S_1^k W_s \\ S_2^k W_c & 0 & 0 \\ 0 & S_3^k W_a & 0 \end{bmatrix}$$

$$\lim_{k \to \infty} W^{3k+1} = \begin{bmatrix} 0 & 0 & S_1^* W_s \\ S_2^* W_c & 0 & 0 \\ 0 & S_3^* W_a & 0 \end{bmatrix} = W^*$$

$$\lim_{k \to \infty} S_1^k = S_1^* = \begin{bmatrix} p_1 & p_1 \\ q_1 & q_1 \end{bmatrix}$$

$$S_1 \begin{bmatrix} p_1 \\ q_1 \end{bmatrix} = \begin{bmatrix} p_1 \\ q_1 \end{bmatrix}, \ p_1 + q_1 = 1$$

$$S_2 \begin{bmatrix} p_2 \\ q_2 \\ r_2 \\ s_2 \end{bmatrix} = \begin{bmatrix} p_2 \\ q_2 \\ r_2 \\ s_2 \end{bmatrix}, \ p_2 + q_2 + r_2 + s_2 = 1$$

$$S_3 \begin{bmatrix} p_3 \\ q_3 \\ r_3 \end{bmatrix} = \begin{bmatrix} p_3 \\ q_3 \\ r_3 \end{bmatrix}, \ p_3 + q_3 + r_3 = 1$$

2. 系列型 ANP

$$W = \begin{bmatrix} 0 & 0 & 0 & 0 \\ w_s & 0 & 0 & 0 \\ 0 & w_c & 0 & 0 \\ 0 & 0 & w_a & I \end{bmatrix}$$

$$W^3 = W^4 = \begin{bmatrix} 0 & 0 & 0 & 0 \\ 0 & 0 & 0 & 0 \\ 0 & 0 & 0 & 0 \\ w_a w_c w_s & w_a w_c & w_a & I \end{bmatrix}$$

$$\lim_{k \to \infty} W^{3k+1} = W^*$$

第 10 章　AHP 活用須知

10.1　模式的修正

一、AHP 是重複應用的過程

　　所製作的模式（階層圖）是否妥當（是否忠實地表示決策的構造），它的結果是否能使用，對實際的決定是否有幫助，具有重要的意義。某模式的計算結果，與由以前所得到的直感或經驗來判斷，如發現有甚大的不同時，質疑模式本身的妥當性，嘗試修正模式使其盡可能接近決定的構造是非常重要的。

　　階層化決策 Analytic Hierarchy Process 的 3 個英文單字，Satty 及 Harker 教授說出它們分別象徵 3 個概念。

　　Analytic：使用數值，在比重計算上使用若干的數學。

　　Hierarchy：以階層圖表現決策的構造。

　　Process：不是製作一次的模式和比較就結束，數度重複。

　　為了製作決策的妥當性模式，其中的 P，模式（階層圖）的修正重複過程，特別重要。可是，關於 P 的研究或文獻並不多。

　　以下舉出一個例子來檢討模式的妥當性，就此過程與 AHP 的利用稍作說明。

二、從東京到高松要搭乘什麼？

　　瀨戶大橋是橫跨日本本州到四國間之瀨戶內海上、共十座橋梁的總稱，也是本州四國聯絡橋的三條路線之一。1988 年瀨戶大橋開通之後，某一廠商為電腦用戶舉辦的說明會在四國的高松召開，知名的 A 先生受邀前往演講。以前如果是急事他就會搭乘飛機從東京前往，但橋好不容易才建好，因此可從新幹線再換成瀨戶大橋線，或者考慮自己駕車前往橫渡大橋。為了從 3 個手段選擇一個，試著使用 AHP 分析看看。

　　圖 10.1 是首先作出來的階層圖，在第 2 層的評價基準的方格中已列入比重之值。雖然也有移動中的「舒適」的評價基準，但是在某種程度的移動裡，「舒適」似乎可以認為與「所需時間」成比例，所以將它省略。然後對評價基準的每一要素進行替代案的一對比較，求出綜合比重：

新幹線	飛機	汽車	
0.516	0.357	0.127	(1)

以上稱為「模式 1」。

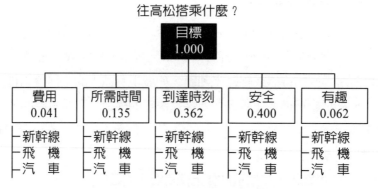

圖 10.1　模式 1 的階層圖

　　如根據此結果時，即為使用新幹線，然而整合度的綜合評價是 0.12 稍欠理想，不由地覺得難以依從此判斷，重新進行評價基準的比較。

　　在圖 10.1 中搭乘工具的「安全性」為 0.400，占有非常大的比重，在國內的新幹線旅行並不需要太介意安全。重新進行比較判斷所作出的一對比較矩陣如圖 10.2，因此評價基準的比重即如圖 10.3。此稱為「模式 2」。此時的綜合比重如下。

新幹線	飛機	汽車	
0.523	0.336	0.141	(2)

	費用	所需時間	到達時刻	安全	有趣
費用		4.0	7.0	5.0	2.0
所需時間			5.0	2.0	3.0
到達時刻				1.0	7.0
安全					5.0
有趣					

圖 10.2　模式 2：評價基準的一對比較矩陣（反白數字表倒數）

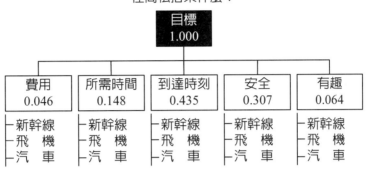

圖 10.3　模式 2 的階層圖

　　這也與 (1) 並無太大差異。新幹線出乎意料地好。此處，注意階層圖之中，發覺到原先打算照預定抵達所安排的基準「到達時刻」之意義並不明確。亦即，此基準具有如下兩個意義。

1. 前日的工作結束之後，是否有在約定的 22 日中午抵達的最佳時刻呢？

2. 預約的班次是否確實地照時刻表開動呢？

　　因此，在「到達時刻」之下如圖 10.4 追加 2 個子基準「22 日正午」與「確實」的層次，當作「模式 3」。接著，子基準的比重決定之後進行下面的替代案的一對比較。

　　在「22 日正午」的下方，實際觀察時刻表，因為在前一日下午有會議，與其當天早上趕著搭乘新幹線，不如前一日下午搭乘有班次之飛機，在比重上較為有利；在「確實」的下方，與其利用受天候影響而恐有停飛或延誤之飛機，不如利用雖然有稍許的不佳天氣而其影響仍較少的新幹線可以判斷較為有利。圖 10.4 中，各方格表示有局部比高（L）與綜合比重（G）（亦即由上面的方格所見到的比重，與由目標所見到的比重）。此處模式 3 中的替代案的綜合比重如下：

新幹線	飛機	汽車	
0.409	0.455	0.106	(3)

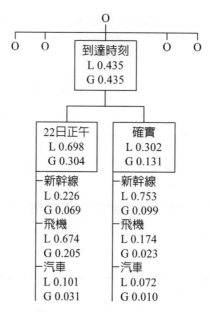

圖 10.4　模式 3：「到達時刻」以下的階層圖

　　在此時點重新評估時，評價基準似乎妥當，整合度的綜合評價 0.08 也能滿足，因此告一段落。實際上，因無需擔心氣候，A 先生選搭飛機前往。

三、只有一個解答並不是 OR

　　說明上面的例子是想敘述，當觀察一度所作出來的階層圖或比較判斷的結果之後，必須要好好檢討才行。決策人員如感到不合適時，還是不能使用。階層圖的作法中何處有不合理的地方，有需要重新進行比較判斷，因此追究不合適的原因，重新製作模式，是好好使用 AHP 的第一步。

　　一旦作出模式，就釘住它，而且一經計算求出解答的話，就喜出望外以為大功告成的 OR 使用者經常可見。如作出生產計畫的 LP 模式並經計算時，它的解不過是在假定的條件式或係數下的最適解，因此條件改變或材料的成本及利用可能量出現不同的話，如果不檢討最適解如何改變就算了事的情形是不智的。這正是有寶貝不能利用白白糟蹋好東西。提倡對話型 OR 的日本權藤先生說：「對話型的 OR，指的是與模式對話。」

　　使用 AHP 如使用個人電腦般非常方便。使用軟體即可順利繪製階層圖，也不用自己計算，可以專心思考。即使決策人員覺得有點不合適，也可以馬上加以

修正。

四、修正模式的典型類型

此處，把修正階層圖的類型試著整理列出。雖非全部，也有重複的地方，於實際修正時或許有一些可以作為參考。

（一）人物的追加（或相反地，刪除）

參與問題解決的人的影響甚大時，可在目標的水準與評價基準的水準間，設立當事者的水準，也可以給這些人設定比重。

（二）評價基準的詳細化、要素的分解或追加層次

為了更詳細地表示評價基準，可從圖 10.3 變成圖 10.4 那樣追加附屬的基準層次。附屬的基準數少而且內容大的話，可增加要素，亦即，將圖 10.4 的「22日正午」和「確實」，與「所要時間」及「安全」並列作成第 2 層也是可以的。

（三）要素的省略——省略比重小可以忽略的要素，當相同的要素重複時可消除之

比重極小的例子如下節說明。Harker 指出有相同要素之情形。

（四）要素的合併、集群化（要素的分解）——相同要素之合併

在同一水準內，將複數個要素整理成一個標題要素比較好的情形是有的。此即為將幾個類似的要素整理歸納之情形，以及把被認為是從屬的要素整理在一起的情形。

（五）收益（或對目標有正面作用之要因）與費用（負面作用之要因）的基準分離——費用對收益分析型之模式

當想要執行某種新事項時，所需要的費用、預算等，以及將它的效果當作同列的基準排列時，有關費用之項目總是會略勝一籌，大多難以進行妥當的分析。因此，有關收益（或效果、機能等）基準之階層圖以及有關費用之階層圖分別製作，之後使之對比的方法也有，因此可以加以利用。

（六）以發想（觀點）的轉換製作完全不同的階層圖

當設計資訊系統時，(1) 將今後設計、開發的系統應發揮的機能及開發上的

問題點等作為中心的見解是首先可加以考慮的。如將此交給高層時，不一定會被接受。因為這是屬於中層管理者的或短中期之觀點的緣故。高層的觀點或許是與其如此還不如 (2) 利用新的系統，公司會獲得什麼樣的利益呢？新的系統在今後的經濟環境之中將會如何有助於企業經營戰略之決定呢？或者是要求中長期的展望也說不定。因此，如果考慮到 (1) 的發想模式的話，經由轉換成 (2) 的觀點，模式至少上方的水準就會變成完全不同。

其中的幾項與其他事項可利用以下來補充。

五、要素的數目過多時

花了相當多的勞力一口氣製作了 4、5 層而且各層均有許多要素之龐大階層圖，而對它僅評估一次的例子卻不常見。

並非一次作出所有的階層就算完成，在第 2 層或第 3 層，比重極輕的要素可以刪除，以後從檢討中拿掉也是需要的。

在前例的圖 10.3 中，「費用」與「有趣」的比重均比其他三者小。此出差並非從自己的口袋支付旅費，前往演講的旅途中「有趣」或「快樂」是屬於次要，所以比重小。因此，這些要素即使忽略了對最終結果的影響也極小。省略此二者的結果之階層圖（當作模式 4）如圖 10.5，此結果的綜合比重如下：

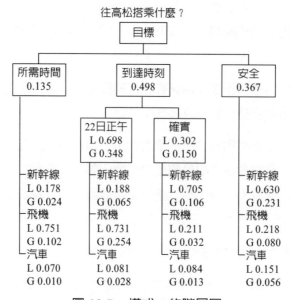

圖 10.5　模式 4 的階層圖

新幹線	飛機	汽車	
0.426	0.468	0.106	(4)

　　當然在最初的階段裡，會有負責人或相關人員對分析者認為不重要的要素表示關心，為了使分析結果不受質疑，不妨先加入階層圖、證明其比重小不影響判斷，可刪除掉再進行評估。

　　只是把綜合比重，不是用在選擇，而是想用在分配之情形下當要考慮所有的項目時，像這樣在途中省略要素恐有割捨弱者之虞，所以要注意。

　　另外，當變成大的階層圖時，除了 5 層、6 層之圖以外，可先在上方的 2、3 層揭示有替代案的圖中列入比重，事後再去製作簡要圖。

六、排除從屬的要素

　　在上例中，曾敘述雖然也有移動中的「舒適性」的評價基準，然而在某種程度的移動方面，如認為舒適與「所需時間」幾乎成比例可將之省略，像這樣，一層之中的要素盡可能選擇獨立的要素最好。在發覺從屬性的有無方面，也可利用下節的圖形，而在軟體中有標示它的警告。

　　關於有高度從屬性的情形之研究雖然也有，但在實用上卻稍有麻煩。相關到什麼程度，即使忽略從屬性實行起來也不會有實用上的問題呢？雖然希望有此種尺度之呼聲，但還未進行研究。

七、敏感度分析的應用

　　所謂敏感度分析，是一旦求解問題之後，該問題的條件與數據如從最初起即發生變化的話，對解答或結果會有何種之影響，在實施結果之前事先進行調查。在 AHP 方面，求出替代案的綜合比重之後，評價基準的比重改變或一對比較的判斷（一對比較矩陣的要素）改變時，調查綜合比重如何改變。

　　在前往高松的例子裡的模式 4 的階層圖（圖 10.5）中，結果出現之後評價基準之中的「到達時間」的比重改變時，替代案的綜合比重之變化模樣利用「Expert Choice」軟體求出之圖形即為圖 10.6。縱向的點線 0.498 是在圖 10.5 的比重下，求出 (4) 的綜合比重值。圖的左端，如果忽略到達時刻（比重為 0）僅是剩餘的基準的綜合比重，顯示新幹線為 0.5，飛機為 0.37，汽車為 0.10。右端是不考慮

其他的基準，只以到達時刻來判斷時（比重 1）的綜合比重，此時飛機大約是 0.6 的比重。

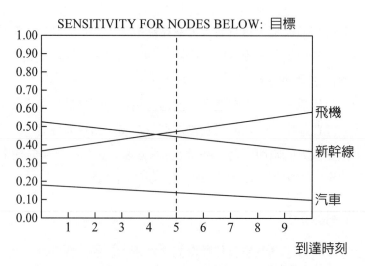

圖 10.6 有關模式 4 的「到達時刻」的敏感度分析

　　敏感度分析圖對模式的改善也有幫助。如觀察圖 10.7 的階層圖的「主要機能」之下的 2 要素的敏感度分析圖時，關於「庫存管理」（圖 10.8）與「需求預測」（圖 10.9），3 個方案的比重變化形狀幾乎相同。因此，2 個要素「庫存管理」與「需求預測」對替代案來說可以認為幾乎發揮相同功能或相互是從屬關係。因此，進行合併或只在一方進行修正是需要的。另外，對於「開發、移行」之下的要素試著繪製敏感度分析圖時，層次 2 的「成本」與「工數」的比重不管如何改變，3 個替代案的比重幾乎未改變，而形成平衡。A、B、C 3 案的特性，對於「成本」或「工數」是那樣的遲鈍，是製作了特性之差異不甚明確的替代案嗎？或者是像上面「成本」與「工數」之要素完全類似呢？由於顯示出它們是從屬性之要素，所以仍然需要重新考慮。

　　實際上成本與工數的一對比較矩陣，雙方幾乎是相同數值以相同的樣式排列著，是用不著看圖的。可是，只是利用語言來比較而不看矩陣時，顯然有些誇大，仍需要敏感度分析圖之支援。

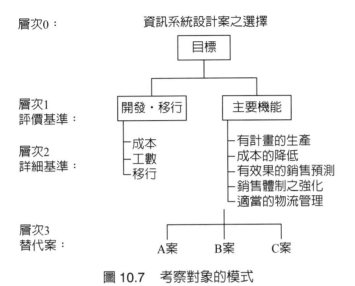

圖 10.7　考察對象的模式

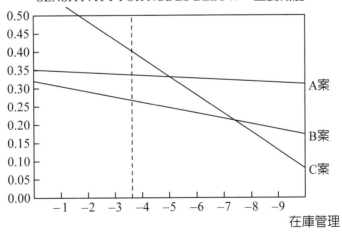

圖 10.8　「在庫管理」之敏感度分析圖

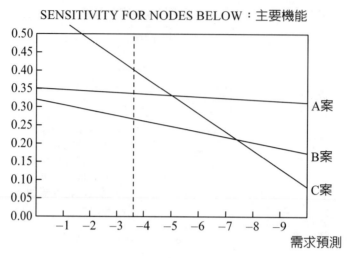

圖 10.9　「需求預測」之敏感度分析圖

10.2　利用 AHP 的「費用／收益分析」

　　假定利用 AHP 之分析，進行了幾個專案的重要度之比較。由於參照種種的評價基準綜合而進行此重要度的決定，因此可以看成各個專案所具有的收益（benefit）之比較，另一方面各專案所需要之費用如果知道的話，利用兩者之比即可計算每單位收益之費用。試著將此值由小而大排列，有助於檢討選擇專案是很明顯的。

　　但是費用的合計並非如此簡單。特別是此後新開始的專案更是如此。而且，此處所需要的並非是各專案所需費用之值，只是比而已，所以利用 AHP 計算各專案對費用的重要度，使用此計算費用對收益的比率時，那麼就變得有助於專案的選擇了。

　　站在此種觀點的一種方法，稱為利用 AHP 的「費用／收益分析」，與其他的方法最大的不同點，並非是所使用的金錢，甚至連難以換成金錢之要素也可當作費用引進來。此乃是從 AHP 具有的「免用單位（unit free）」之性質所產生的。在以往的諸多事例中，費用項目與其他的項目被引進到相同的階層之中，而此處將費用另行提出此點為其特徵所在。以下根據簡單的例子說明費用／收益分析法。

一、接待組具的選定

　　在某辦公室裡為了更換接待組具，正收集目錄檢討之中，考慮預算、機能、用途等剩下了 5 個備選組具（A，B，C，D，E。參照後面之圖片）。為了從中選一，擬使用 AHP 的費用／收益分析看看。

（一）收益的分析

1. 階層構造

　　關於收益的階層，首先分成「機能」與「設計」，以機能的三項目來說舉出有「用途的合適性」、「大小」、「多樣性」、「材質」、「舒適性」；以設計的子項目來說舉出有「現代性」、「色彩」、與「周邊的調和」、「穩健」、「造型美」。如此得出圖 10.10 的階層圖。

2. 項目間的一對比較與重要度的決定

　　層次 2 的一對比較與重要度表示在表 10.1；層次 3 的一對比較與重要度表示在表 10.2；層次 4 的則表示在表 10.3 之中。在層次 2 中因為重視「機能」其占有 75% 的甚大比重，剩下的 25% 則是「設計」的比重。

3. 關於收益的總合重要度

　　如圖 10.10 所示，各組具的「收益」的綜合比重如下：

A……0.103

B……0.215

C……0.304

D……0.229

E……0.149

　　在層次 3 的子項目之中，比重的大小依序為「與用途的適合性」（0.288），「多樣性」（0.152），「舒適性」（0.152），「與周邊的調和」（0.111）。

表 10.1　層次 2

	機能	設計	重要度
機能	1	3	0.75
設計		1	0.25

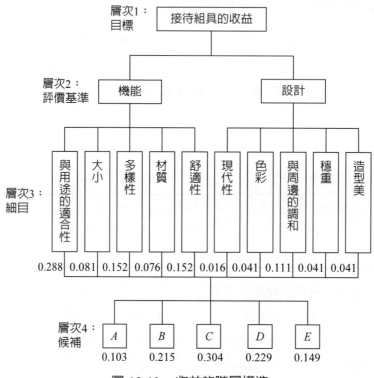

圖 10.10　收益的階層構造

表 10.2　層次 3

機能	用途	大小	多樣性	材質	舒適性	重要度
用途	1	3	2	4	2	0.385
大小		1	1/2	1	1/2	0.108
多樣性			1	2	1	0.203
材質				1	1/2	0.102
舒適性					1	0.203

C.I. = 0.002

設計	現代性	色彩	調和	穩重	造型美	重要度
現代性	1	1/3	1/5	1/3	1/3	0.063
色彩		1	1/3	1	1	0.165
調和			1	3	3	0.443
穩重				1	1	0.165
造型美					1	0.165

C.I. = 0.010

表 10.3　層次 4

用途	A	B	C	D	E	重要度
A	1	1/3	1/3	1/4	1/2	0.063
B		1	1/3	1	3	0.208
C			1	2	3	0.409
D				1	2	0.210
E					1	0.106

C.I. = 0.028

大小	A	B	C	D	E	重要度
A	1	1/2	1/4	1/4	1/3	0.068
B		1	1/3	1	1	0.156
C			1	2	3	0.393
D				1	3	0.247
E					1	0.107

C.I. = 0.045

多樣性	A	B	C	D	E	重要度
A	1	1/3	1/5	1/5	1	0.074
B		1	1/2	1/2	2	0.186
C			1	1	2	0.312
D				1	2	0.312
E					1	0.116

C.I. = 0.029

材質	A	B	C	D	E	重要度
A	1	1	1/3	1/2	1	0.100
B		1	1	1/2	2	0.190
C			1	1	3	0.289
D				1	2	0.279
E					1	0.112

C.I. = 0.031

舒適性	A	B	C	D	E	重要度
A	1	1/2	1/5	1/4	1/3	0.064
B		1	1/3	1/2	3	0.178
C			1	1	2	0.330
D				1	3	0.307
E					1	0.122

C.I. = 0.064

現代性	A	B	C	D	E	重要度
A	1	3	3	3	1	0.346
B		1	2	2	1/2	0.167
C			1	1	1/2	0.108
D				1	1/2	0.108
E					1	0.271

C.I. = 0.024

色彩	A	B	C	D	E	重要度
A	1	1/3	1	1/2	1/3	0.098
B		1	2	3	2	0.368
C			1	1/2	1/2	0.118
D				1	1/2	0.164
E					1	0.251

C.I. = 0.037

調和	A	B	C	D	E	重要度
A	1	1/2	3	2	1/2	0.193
B		1	3	2	2	0.338
C			1	1/2	1/3	0.079
D				1	1/2	0.103
E					1	0.256

C.I. = 0.037

穩重	A	B	C	D	E	重要度
A	1	1/3	1/4	1/3	1/2	0.071
B		1	1/2	2	3	0.259
C			1	3	3	0.395
D				1	2	0.167
E					1	0.108

C.I. = 0.034

造型美	A	B	C	D	E	重要度
A	1	3	5	7	1	0.362
B		1	3	5	1/3	0.161
C			1	3	1/5	0.076
D				1	1/7	0.039
E					1	0.362

C.I. = 0.034

（二）費用的分析

接待組具 A、B、C、D、E 的實際價格與其相對的比重，如表 10.4 所示。

可是，從預算範圍（20～35 萬元）來看時，此實際價格的比重不一定覺得正確。因此就價格進行一對比較以決定價格的比重。此時的詢問採取如下型式。

「A 與 B 相比，你覺得 A 比 B 貴幾倍呢？」

實施此種一對比較得出表 10.5。由此表所計算之價格的比重如下：

A……0.075

B……0.128

C……0.447

D……0.235

E……0.114

與表 10.4 的比重相比時，C 的比重變高，連帶的使其他備選的比重變低。有關此價格之比重除以有關收益之比重，得出如下：

A……0.075/0.103 = 0.731

B……0.128/0.125 = 0.598

C……0.447/0.304 = 1.471

D……0.235/0.229 = 1.028

E……0.114/0.147 = 0.773

由於此值愈小，費用／收益愈好，因此本問題知喜歡的順序依序為 B，A，E，D，C。在「收益」位居第一的 C，卻落在最下位。被認為成本效益（cost performance）良好的 B，則位居第一。

表 10.4　各組具的價格與比重

組具	價格（元）	比重
A	178,000	0.1184
B	287,800	0.1914
C	399,800	0.2659
D	374,000	0.2487
E	264,100	0.1756

表 10.5　有關「價格」的一對比較與重要度

價格	A	B	C	D	E	重要度
A	1	1/2	1/4	1/3	1/2	0.075
B		1	1/3	1/2	1	0.128
C			1	3	4	0.447
D				1	3	0.235
E					1	0.114

C.I. = 0.033

（A、B、C、D、E 請參照下圖）

A 178,000 元

B 287,800 元

C 399,800 元

D 374,000 元

E 264,100 元

（注意）根據實際的價格的比重計算費用／收益時，即成如下：

A……0.1184/0.103 = 1.149

B……0.1914/0.215 = 0.890

C……0.2659/0.304 = 0.875

D……0.2487/0.229 = 1.086

E……0.1756/0.147 = 1.195

此時順位依序為 C、B、D、A、E，而 C 位居第一。如考慮預算規模時，就會發生如上逆轉之情形。

10.3　AHP 與費用收益分析

曾有一時，某國的國防部長前來，為了該國的危機管理想購買飛彈，要如何選擇感到迷惑。3 種飛彈各有優劣，很難決定。

因此，我決定使用 AHP 手法。首先，必須找出選定飛彈時的要素，不只是因購買所產出的效用（收益），也會產生負面的效用（費用）。因此，將費用的要素也與其他要素放入相同的階層構造之中。可是，此處試著將與費用有關的要素當作另一個階層構造來呈現。接著，利用 AHP 計算飛彈的收益與費用的重要度，取其比。亦即，所需要的每單位費用的收益之重要度。因此，站在此種想法乃利用 AHP 手法的費用收益分析應用在飛彈的購買問題上。

首先製作與收益及費用有關的階層構造。

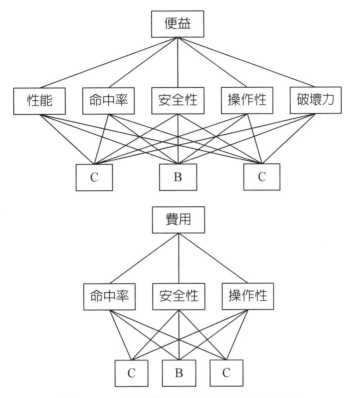

圖 10.11　有關費用收益分析的階層構造

一、有關收益的分析

在收益的階層構造中對層次 2 與層次 3 進行各評價基準（替代案間）的一對比較。其結果如表 10.6 與表 10.7 所示。其中，I 當作「性能」，II 當作「命中率」，III 當作「安全性」，IV 當作「操作性」，V 當作「破壞力」。

表 10.6　有關收益的層次 2 的各評價基準的一對比較

	I	II	III	IV	V
I	1	1/3	1	3	1
II	3	1	3	5	1
III	1	1/3	1	1	1/3
IV	1/3	1/5	1	1	1/5
V	1	1	3	5	1

λ_{max} = 5.194　C.I. = 0.048

表 10.6 所示表之矩陣的最大特徵值是 $\lambda_{\max} = 5.194$，整合度是 0.048，可以說具有有效性，此外，對此矩陣的最大特徵值的標準化特徵向量是

$$W^t = (0.174, 0.356, 0.110, 0.071, 0.289)$$

亦即，對於收益來說，「命中率」最重要，其次是「破壞力」，接著是「性能」。

另一方面，表 10.7 所表示的 5 個一對比較矩陣，最大特徵值 $\lambda_{\max}$ 與整合性的評價 C.I. 分別表示在各矩陣的下方。並且，對此 5 個矩陣的最大特徵值而言的標準化特徵向量分別如下所示。

表 10.7　有關收益各評價基準對替代案的一對比較

性能

	A	B	C
A	1	1/3	1
B	3	1	3
C	1	1/3	1

$\lambda_{\max} = 3$　C.I. = 0

命中率

	A	B	C
A	1	1/5	1
B	5	1	3
C	1	1/3	1

$\lambda_{\max} = 3.029$　C.I. = 0.014

安全性

	A	B	C
A	1	1/5	1/3
B	5	1	1/2
C	3	2	1

$\lambda_{\max} = 3.164$　C.I. = 0.082

操作性

	A	B	C
A	1	1/2	1/3
B	2	1	1/2
C	3	2	1

$\lambda_{\max} = 3.01$　C.I. = 0.005

破壞力

	A	B	C
A	1	1/3	1/2
B	3	1	1
C	2	1	1

$\lambda_{\max} = 3.164$　C.I. = 0.082

(I)性能 $W_1' = (0.2, 0.6, 0.2)$

(II) 命中率 $W_2' = (0.156, 0.659, 0.185)$

(III) 安全性 $W_3' = (0.113, 0.379, 0.508)$

(IV) 操作性 $W_4' = (0.163, 0.297, 0.540)$

(V) 破壞力 $W_5' = (0.169, 0.444, 0.387)$

以上，計算出層次 1，層次 3 的評價基準間（替代案間）的比重，因此，對此結果進行所有階層的比重。因此，對於收益來說各替代案的比重設為 X 時，則

$$X = (W_1, W_2, W_3, W_4, W_5) \cdot W_0$$

此情形變成如下：

$$X = \begin{matrix} & \text{I} & \text{II} & \text{III} & \text{IV} & \text{V} \\ \text{A} & 0.2 & 0.156 & 0.113 & 0.163 & 0.169 \\ \text{B} & 0.6 & 0.659 & 0.379 & 0.297 & 0.444 \\ \text{C} & 0.2 & 0.185 & 0.508 & 0.540 & 0.387 \end{matrix} \begin{bmatrix} 0.174 \\ 0.356 \\ 0.110 \\ 0.071 \\ 0.289 \end{bmatrix} = \begin{matrix} \text{A} \\ \text{B} \\ \text{C} \end{matrix} \begin{bmatrix} 0.163 \\ 0.530 \\ 0.307 \end{bmatrix}$$

因此，此例的情形在購買飛彈時效用（收益）最高的飛彈，知是 B。

二、關於費用的分析

在有關費用的階層構造中進行層次 2、層次 3 的各評價基準間（替代案間）的一對比較。結果，如表 10.8、表 10.9 所示。其中，VI 當作「本體費」，VII 當作「管理費」，VIII 當作「設施費」。

表 10.8

	VI	VII	VIII
VI	1	3	5
VII	1/3	1	2
VIII	1/5	1/2	1

$\lambda_{max} = 3.004$ C.I. $= 0.002$

表 10.9　關於費用對 3 個評價基準各替代案的一對比較

本體費

	A	B	C
A	1	5	7
B	1/5	1	3
C	1/7	1/3	1

$\lambda_{max} = 3.0948$　C.I. $= 0.032$

管理費

	A	B	C
A	1	1/2	1/2
B	2	1	1
C	2	1	1

$\lambda_{max} = 3.0$　C.I. $= 0$

設施費

	A	B	C
A	1	1	1/2
B	1	1	1/2
C	2	2	1

$\lambda_{max} = 3.0$　C.I. $= 0$

　　表 10.8 之矩陣的最大特徵值是 $\lambda_{max} = 3.004$。其整合性的評價是 C.I. $= 0.002$，可以說具有有效性。另外，對此最大特徵值的標準化特徵向量是

$$W^t = (0.648, 0.230, 0.122)$$

　　亦即，關於費用來說，「本體費」最為重要，其次是「管理費」，接著是「設施費」。另一方面，表 10.9 所示的 3 個一對比較矩陣的最大特徵值 λ_{max} 與整合度 C.I. 分別表示在各矩陣的下方。另外，對此 3 個矩陣的最大特徵值的標準化特徵向量分別如下所示。

(VI) 本體費 $W_6^t = (0.731, 0.188, 0.081)$

(VII) 管理費 $W_7^t = (0.2, 0.4, 0.4)$

(VIII) 設施費 $W_8^t = (0.25, 0.25, 0.5)$

　　由以上，計算出層次 2，層次 3 的評價基準間（替代案間）的比重，利用此結果進行有關費用的所有階層的比重。因此，對費用來說各替代的比重設為 Y，則

$$Y = (W_6, W_7, W_8) \cdot W_0$$

$$Y = \begin{matrix} & \text{VI} & \text{VII} & \text{VIII} \\ A & \begin{bmatrix} 0.731 & 0.2 & 0.25 \\ B & 0.188 & 0.4 & 0.25 \\ C & 0.081 & 0.4 & 0.5 \end{bmatrix} \end{matrix} \begin{bmatrix} 0.648 \\ 0.230 \\ 0.122 \end{bmatrix} = \begin{matrix} A \\ B \\ C \end{matrix} \begin{bmatrix} 0.550 \\ 0.244 \\ 0.206 \end{bmatrix}$$

因此，購入飛彈時，負面效用（費用）最高的替代案是 A。

三、綜合評價

最後，組合有關收益與費用兩者的分析進行綜合評估，亦即，替代案的選擇基準的比重設為 Z 時，即為 $Z = X/Y$。此情形即為如下。

$$Z = \begin{matrix} A \\ B \\ C \end{matrix} \begin{bmatrix} 0.163/0.550 \\ 0.530/0.244 \\ 0.307/0.206 \end{bmatrix} = \begin{matrix} A \\ B \\ C \end{matrix} \begin{bmatrix} 0.296 \\ 2.172 \\ 1.490 \end{bmatrix}$$

因此，利用收益費用分析的綜合評價，其選擇的順序是

$$B > C > A$$

第 11 章　支配型 AHP

11.1　支配替代案法

一、AHP 中的新想法

　　向來型 AHP 的各評價基準的重要度，是從綜合目的由上而下地去決定，替代案間全無差別關係作為前提。可是，在決策的模型中，並非由綜合目的來決定各評價基準的比重，心存特定的替代案，為了能容易評價它，而去決定評價基準之比重的探討方式，也被認為是存在的。替代案具有控制此種評價基準之比重的機能，稱為「控制替代案」。

　　然而，評價基準之比重的分配，雖然取決於控制替代案的數目，但讓人預想到對於評價基準的比重決定來說，它卻是控制替代案之間的爭端。可是，我們並非經常採取去淬鍊評價基準比重的做法，決策如果風險少時，即使容忍少許的誤差，也盡可能想以較少的成本來完成。

　　此處，以因應此種要求的有力方法來說，考察如下做法。

　　亦即，以評價的根據來說，如果利用所決定的控制替代案來看評價基準之比重的想法沒有不當時，直到最後為止，就可在該方針之下進行評價。

　　因此，本章考察以下評價方法。亦即，各評價基準的比重，取決於各自的控制替代案形成不同的分配。可是，該分配是取決於決策者隨意所選出的控制替代案，而被一致地加以決定。亦即，除了所決定的控制替代案以外，各評價基準對其他控制替代案的比重，當作是「完全服從」於各評價基準對成為依據的控制替代案的評價。

　　此處，具有此種支配力的控制替代案稱為「支配替代案」，以及服從支配替代案的控制替代案稱為「服從替代案」。亦即，服從替代案的評價基準之比重，可從支配替代案的各評價基準之比重自動地導出。並且，此模式中的支配替代案，不僅支配各評價基準的比重分配，甚至也支配由各比重分配所導出的綜合評價值。

　　亦即，不管哪一個替代案是「支配替代案」，相同的替代案的綜合評價值也都是相同的。

以下，將此新研究方法稱為「支配替代案法」。

二、利用支配替代案法的計算例

此處以簡單的例子，解說利用支配替代案法的計算。

步驟 1

假定階層構造是由 2 個評價基準（I, II）與 3 個替代案（1、2、3）所構成（圖 11.1）。

步驟 2

就支配替代案（替代案 1）進行評價基準（I, II）之間的一對比較。結果，由替代案 1 所看的 I 之比重〔此後，將此比重記成 I(1)〕是 0.25，由替代案 1 所看的 II 之比重〔此後，將此比重記成 II(1)〕是 0.75（一對比較值參照表 11.1）。

亦即，支配替代案 1 所控制的評價基準 I、II 的比重，意指 0.25 對 0.75。

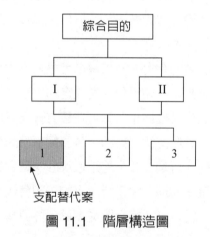

圖 11.1　階層構造圖

表 11.1　由支配替代案所看之評價基準 I、II 的一對比較

	I	**II**	比重
I	1	1/3	0.25
II	3	1	0.75

表 11.2　評價表

支配替代案 1

替代案	I (0.25)	II (0.75)	E 綜合評價值
1	1	1	1
2	3	0.3	0.975
3	5	0.2	1.4

步驟 3

　　各替代案（1、2、3）對評價基準（I, II）進行一對比較。其中，評價結果是將支配替代案（此情形是 1）標準化成為 1，亦即，由評價基準 I 所見之 2 的評價，約為 1 的 3 倍，3 的評價約為 1 的 5 倍（表 11.2）。

　　另一方面，由評價基準 II 所見之 2 的評價，約為 1 的 0.3 倍，3 的評價約為 1 的 0.2 倍（表 11.2）。結果，可求出各替代案（1、2、3）的綜合評價值（表 11.2）。其中，支配替代案 1 的綜合評價值是 1。

　　亦即，

　　1 的綜合評價值 1(E) 是：

$$1(E) = 1 \times 0.25 + 1 \times 0.75 = 1$$

　　2 的綜合評價值 2(E) 是：

$$2(E) = 3 \times 0.25 + 0.3 \times 0.75 = 0.975$$

　　3 的綜合評價值 3(E) 是：

$$3(E) = 5 \times 0.25 + 0.2 \times 0.75 = 1.4$$

步驟 4

　　接著，根據支配替代案的相關資訊，求出服從替代案 2 所控制的評價基準

I、II 的比重。此時，由步驟 2，評價基準 I、II 對支配替代案 1 的比重是已知的。

$$II(1)/I(1) = 0.75/0.25 \tag{1}$$

此處，支配替代案 1 與服從替代案 2 分別所控制的評價基準（I, II）之比重比，假定由評價基準（I, II）所見的支配替代案 1 與服從替代案 2 的評價值之比是相同的。亦即，以下的式子 (2)、(3) 是已知的。

$$2(I)/1(I) = 3/1 = \alpha \tag{2}$$

$$2(II)/1(II) = 0.3/1 = \beta \tag{3}$$

其中，1(I)、2(I) 是由評價基準 I 所見的替代案 1、2 的評價值，1(II)、2(II) 是由評價基準 II 所見之替代案 1、2 的評價值。

於是，由式 (2)、(3) 評價基準（I, II）對服從替代案 2 的比重比，如以下的 (4) 式即可導出。

$$\frac{II(2)}{I(2)} = \frac{\beta \times II(1)}{\alpha \times I(1)} = \frac{0.3 \times 0.75}{3 \times 0.25} = \frac{0.225}{0.75} = \frac{0.231}{0.769} \tag{4}$$

如此一來，評價基準（I, II）對服從替代案 2 的比重即可決定。

由此結果，I(2) 是 0.769，II(2) 是 0.231。並且，由表 11.2 的數據，基於服從替代案 2 的控制利用評價基準的比重求替代案（1、2、3）的綜合評價值時，即為表 11.3。

亦即，

1 的綜合評價值 1(E) 是：

$$1(E) = 0.333 \times 0.769 + 3.333 \times 0.231 = 1.026$$

2 的綜合評價值 2(E) 是：

$$2(E) = 1 \times 0.769 + 1 \times 0.231 = 1$$

3 的綜合評價值 3(E) 是：

$$3(E) = 1.667 \times 0.769 + 0.667 \times 0.231 = 1.436$$

表 11.3　評價表 (2)

服從替代案 2

替代案	I **0.769**	II **0.231**	E 綜合評價值
1	0.333	3.333	1.026
2	1	1	1
3	1.667	0.667	1.436

表 11.4　評價表 (3)

服從替代案 3

替代案	I **0.893**	II **0.107**	E 綜合評價值
1	0.2	5	0.714
2	0.6	1.5	0.696
3	1	1	1

步驟 5

　　其次，基於服從替代案 3 所控制之評價基準 I、II 的比重 I(3)、II(3)，同步驟 4 的方法求出。結果，I(3) 是 0.893，II(3) 是 0.107。接著，利用此結果，與步驟 4 同樣的方法，求出各替代案對服從替代案 3 的綜合評價值（表 11.4）。亦即，

　　1 的綜合評價值 1(E) 是：

$$1(E) = 0.2 \times 0.893 + 5 \times 0.107 = 0.714$$

　　2 的綜合評價值 2(E) 是：

$$2(E) = 0.6 \times 0.893 + 1.5 \times 0.107 = 0.696$$

3 的綜合評價值 3(E) 是：

$$3(E) = 1 \times 0.893 + 1 \times 0.107 = 1$$

此處，將表 11.2～表 11.4 的綜合評價值基準化時，任一者均為 1(0.296)、2(0.289)、3(0.415)，套用任一服從替代案之控制所得出的評價基準之比重，綜合評價值與支配替代案的綜合評價值也都是相同的。

此種狀態稱為「支配替代案間的互換性」，支配替代案間的互換性成立時，可以說處於理想的評價品質狀態。

可是，實際上能保持互換性是很少的，發生少許評價偏差（差距）的情形甚多。因此，調整此種評價偏差的方法，日本的木下、中西兩人提出「一齊法」。此方法被認為與 Saaty 所提出的超矩陣法發揮相類似的功能。

11.2 支配評價水準法

一、相對評價法與絕對評價法

如前面所介紹的，AHP 有相對評價法與絕對評價法 2 種手法。相對評價是根據為評價基準對替代案間的一對比較結果進行綜合評價。絕對評價法是根據各評價基準對各替代案的絕對評價值進行綜合評價。前者可應用在替代案間的直接比較較為有效時，後者可應用在以評價尺度為媒介的替代案間的間接比較較為有效時，木下、中西兩人提出相對評價法中的支配型 AHP（支配替代案法）。因此，此處說明在絕對評價法中也能應用相同模式。

從手法的擴張（絕對評價法的擴張）與觀點（想法）的進化（支配型 AHP 的進化）來掌握時，將 AHP 的進化表示成表 11.5。

表 11.5　AHP 的擴張與進化

觀點的進化 →

手法 ＼ 觀點	過去的觀點	支配性的觀點
相對評價法	向來型相對評價法	支配性替代案法
絕對評價法	向來型絕對評價法	支配評價水準法

↓ 手法的擴張

二、利用支配評價水準法的計算

此處，利用「經管策略」的例子說明支配評價水準法（絕對評價法中的支配型 AHP）。

有關支配替代案法（相對評價法中的支配型 AHP）的想法已有過說明。然而絕對評價法中，評價水準間對替代案評價，與相對評價法中的支配替代案存在同樣的支配關係一事，需使之明確。

步驟 1

階層構造假定是由 2 個評價基準（I, II），5 個替代案（1、2、3、4、5）所構成（參照圖 11.2）。

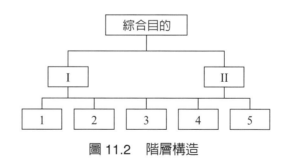

圖 11.2　階層構造

步驟 2

評價基準 I（將來性）的評價水準是 G（好）、M（普通）、P（壞）。因此，進行此等 3 個評價水準間的一對比較。其結果如表 11.6 所示。另一方面，評價基準 II（收益性）的評價水準也當作 G（好）、M（普通）、P（壞），評價水準間的一對比較如表 11.6 所示。

表 11.6 　評價基準間的一對比較

對評價基準 I 而言　　　　　　　　　　　　對評價基準 II 而言
評價水準間的一對比較　　　　　　　　　　評價水準間的一對比較

評價基準 I	G	M	P	比重	基準比
G	1	4	7	0.687	1.0
M	1/4	1	5	0.244	0.355
P	1/7	1/5	1	0.069	0.100

C.I. = 0.062

評價基準 II	G	M	P	比重	基準比
G	1	3	5	0.637	1.0
M	1/3	1	3	0.258	0.405
P	1/5	1/3	1	0.105	0.165

C.I. = 0.019

步驟 3

　　就評價者隨意所選出的支配替代案進行評價基準（I, II）間之比重的一對比較。此情形的支配替代案是考慮對評價基準 I 的評價，其評價水準是 G（好），對評價基準 II 的評價，其評價水準也是 G（好）的替代案。此種假想的替代案實際不存在也沒關係。

　　此種支配替代案所控制的評價基準 I、II 之一對比較，如表 11.7 所示，比重是 0.75 對 0.25。

表 11.7 　關於支配評價水準的一對比較

	I	II	比重
I	1	3	0.75
II	1/3	1	0.25

步驟 4

　　各替代案（1、2、3、4、5）對評價基準（I, II）的評價，以絕對評價法來進行。此時，支配替代案的評價基準 I、II 均為評價水準 G（好）。因此，將表 11.6 的比重以評價基準 I、II 的評價水準 G 為 1.0 進行標準化。

　　此處替代案的評價，可以認為是先心存此種假想的支配替代案，再與它的比較來實施。

　　結果，各替代案對支配評價水準（I、II 均為 G）的綜合評價值，可利用評價基準之比重來計算，如表 11.8 所示。

表 11.8　由評價水準（G, G）所見的綜合評價

支配評價水準（G, G）

替代案	I (0.75)		II (0.25)		E 綜合評價值
1	G	1.0	M	0.405	0.851
2	P	0.1	P	0.165	0.116
3	M	0.355	M	0.405	0.367
4	P	0.1	M	0.405	0.176
5	M	0.355	G	1.0	0.516

步驟 5

　　根據支配評價水準的結果，針對其他的評價水準（服從評價水準），求出評價基準的比重與綜合評價值。此處，評價基準 I、II 的評價水準均為以 P（壞）的假想替代案作為比較基準。求法與前述支配替代案法的情形相同。

　　此處，支配評價水準與服從評價水準分別控制的評價基準（I, II）之比重比，與由評價基準（I, II）所見的支配評價水準與服從評價水準的評價值之比是相同的。

　　亦即，由步驟 3

$$G(I)/G(II) = 0.75/0.25 \tag{5}$$

是已知的。

　　並且，由步驟 4，以下的 (6)、(8) 式是已知的，(7)、(9) 式是被導出的。

$$P(I)/G(I) = 0.1/1.0 \tag{6}$$

$$\therefore P(I) = 0.1 \times G(I) \tag{7}$$

$$P(II)/G(II) = 0.165/1.0 \tag{8}$$

$$\therefore P(II) = 0.165 \times G(II) \tag{9}$$

因此，由 (5)、(7)、(9) 可導出 (10)。

$$\frac{P(I)}{P(II)} = \frac{0.1 \times 0.75}{0.165 \times 0.25} = 1.82 = \frac{0.645}{0.355} \tag{10}$$

如此一來，評價基準（I, II）對服從評價水準的比重（0.645 對 0.355）即可決定。又因將服從評價水準（評價基準 I、II 的評價水準均為 P）當作假想替代案，因此在表 11.6 的比重中，將評價水準 P 基準化為 1.0（表 11.9）。

結果，基於服從評價水準（P, P）的控制，利用評價基準的比重求出替代案（1、2、3、4、5）的綜合評價值時，即為表 11.10。此情形與服從評價水準（P, P）具有相同評價的替代案 3，其綜合評價值即成為 1.0。

表 11.9　以評價水準（P, P）為基準的評價水準的比重

評價水準 I

	比重	基準化
G	0.687	9.957
M	0.244	3.536
P	0.069	1.0

評價水準 II

	比重	基準化
G	0.637	6.067
M	0.258	2.457
P	0.105	1.0

表 11.10　從評價水準（P, P）所見的綜合評價

支配評價水準（P, P）

替代案	I (0.645)		II (0.355)		E 綜合評價值
1	G	9.957	M	2.457	7.317
2	P	1.0	P	1.0	1.0
3	M	3.536	M	2.457	3.178
4	P	1.0	M	2.457	1.542
5	M	3.536	G	6.067	9.495

表 11.11　以評價水準（M, M）為基準的評價水準的比重

評價水準 I

	比重	基準化
G	0.687	2.816
M	0.244	1.0
P	0.069	0.283

評價水準 II

	比重	基準化
G	0.637	2.469
M	0.258	1.0
P	0.105	0.407

表 11.12　從評價水準（M, M）所見的綜合評價

服從評價水準

替代案	I (0.724)		II (0.276)		E 綜合評價值
1	G	2.816	M	1.0	2.315
2	P	0.283	P	0.407	0.319
3	M	1.0	M	1.0	1.0
4	P	0.283	M	1.0	0.483
5	M	1.0	G	2.469	1.405

步驟 6

其次，基於服從評價水準（M, M）的控制，以步驟 5 相同的方法求評價基準 I、II 的比重。

評價基準 I、II 的比重是（0.724 對 0.276）。接著，利用此結果，與步驟 5 相同的方法，基於服從評價水準（M, M）的控制，利用評價基準的比重，計算各替代案的綜合評價值時，即如表 11.12。

因為將服從評價水準（M, M）當作假想替代案，因此將表 11.6 比重中的評價水準 M 基準化成為 1.0（表 11.11）。

此處，將表 11.8、表 11.10、表 11.12 的綜合評價值基準化時，任一均為替代案 1(0.420)、2(0.057)、3(0.181)、4(0.087)、5(0.255)，套用任一服從評價水準之控制所得出的評價基準比重，可知綜合評價值與支配評價水準的綜合評價值也都是相同的。

支配替代案法如果得出有關支配替代案的評價項目之比重，那麼有關服從替代案的評價項目之比重就容易估計，而且，綜合評價不管在哪一個評價，也都是相同的一種合理探討方式。

我們的評價過程，有時是由特定替代案由下而上求評價項目之比重的支配替代案法之方式，有時是由目的由上而下判斷評價項目之比重的向來型 AHP 的方式。

何者的應用是適切的呢？這是取決於評價者本身評價感覺來判斷的問題。如果對所估計的比重有不滿時，也許存在一個有支配力的替代案，勝過一開始所想的支配替代案，此時，有需要更換支配替代案。評價項目的比重受替代案的控制

事實如果不存在時，可回到向來型 AHP 再應用即可。如未出現不滿時，支配替代案法可照樣應用到最後為止。

由以上可知，在應用時，可參考圖表的流程，進行確認作業。

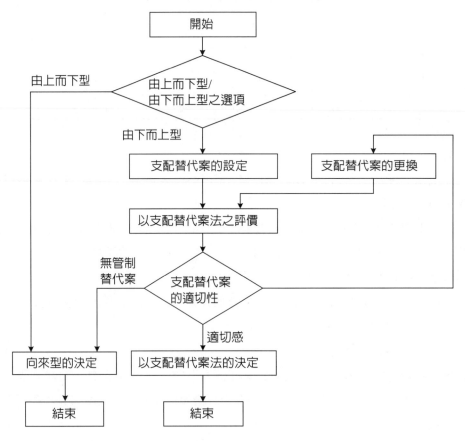

圖 11.3　支配替代案及向來型 AHP 的應用選別流程

參考文獻

1. 木下學藏，中西昌武，「AHP 中新觀點的提案」，土木學會論文集，第 36 卷，第 4 號，1997, pp.1-8。

2. Kinoshita, and Nakanishi, M., "Proposal of New AHP Model in Light of Dominant Relationship among Alternatives", Journal of Operation Research society of Japan, Vol.42, No.2, 1999, pp.180-197.

第12章 社會型的決策手法

　　當社會全體（集團）進行選擇（決策）時，必須基於每個人的自主選擇（決策），再將它們以某種方式累計後再決定。以此種累計方法來說，有交涉（negotiations）與投票（vote）2 種。對於此種投票等方法，在何種條件之下，能否進行民主性且具邏輯性、整合性的社會型決策呢？K. J. Anow 是最初從事研究的人。以後此種問題，發展成社會型的選擇理論。

　　本章擬介紹有關此種社會型決策（集團中的決策）的幾個簡明例子，但對此種想法的理論基礎則省略，可參閱其他書籍。

12.1　順位法

一、問題的緣由

　　某南洋小國，掀起「振興國家」的熱潮。此國也無所謂的產業，由先進諸國而來的觀光收入是唯一的外貨來源，因此宣傳是很需要的。作為「振興國家」的一環來說，決定進行「南洋小姐」選美大賽。並且，從該國的總理到國會議員，全體一致決定此事，國民都給予相當的關心。候選小姐有 5 位，分別由各預選中脫穎而出，分別是珊瑚小姐、鳳梨小姐、香蕉小姐、木瓜小姐、椰子小姐。

　　可是，有一個問題。此即為決定「南洋小姐」的方法。當然是由審查員經投票來決定，但經由投票決定，會帶來不可思議的現象。譬如，投票結果雖然也如一般預期，但出現超乎意料之外的結果也不少。此情形，或許是投票者自身因為進行了不同於預期的投票，而使結果出現不同的情形，儘管各投票者大致都從事如同預期的行動，但因累計的方式，出現奇怪的結果也難免會有。這些都是多數決原理的矛盾、單記名投票方式的矛盾、前兩者的決選投票的功過所致。

　　因此，該國決定利用順位法來解決。所謂順位法，是同時提示幾個對象，將這些對象讓審查員按喜歡的順序設定順位的方法。此情形是各審查員確認 5 位「南洋小姐」候選人的美人度，並由順位 I 到順位 V 予以序列化。

　　那麼，立即以此方法實施「南洋小姐」選美大賽，就此進行審查，審查員的人數，除了總理以下到國會議員的 20 名，以及國民代表 30 名，合計 50 名。它

的結果如表 12.1 所示。

表 12.1

順位	分數	珊瑚小姐	鳳梨小姐	香蕉小姐	木瓜小姐	椰子小姐	合計
I	5	15	20	5	7	3	50
II	4	8	10	5	15	12	50
III	3	10	5	10	10	15	50
IV	2	10	5	12	12	11	50
V	1	7	10	18	6	9	50
計		50	50	50	50	50	
加權計		164	175	177	155	139	
平均		3.28	3.50	2.34	3.1	2.78	

譬如，將第 1 位投票給珊瑚小姐的審查員，50 名中有 15 名，將第 2 位投給珊瑚小姐的審查員有 8 名……等等。那麼，誰將會是該國的「南洋小姐」呢？

二、利用順位法解決

利用順位法所審查的數據如表 12.1 所示。並且，利用此順位法所表示之數據最簡便的累計法，是將各順位假定等間隔的方法。亦即，順位 I 給 5 分，II 給 4 分，III 給 3 分，IV 給 2 分，V 給 1 分，求出各候選人的加權平均。此例的情形，鳳梨小姐的加權平均是 3.50，成為第 1 位。因此，利用此方法時，「鳳梨小姐」即被選為「南洋小姐」。

在此順位法中，是將各順位假定等間隔。可是，一般的順位設定情形，最上位與最下位較容易決定，正中附近的順位大多較難決定。此種情形，以境界的決定方法來說，有如下所示的想法。

亦即，假定各順位就像將標準常態分配的面積均等分割那樣存在。並且，將各順位的比重定位在將各順位所占面積 2 等分之處。此想法如圖 12.1 所示。此處的例子，對象數（候選人）有 5 位，標準常態分配被 5 等分，各順位的面積是 0.2。因此，假定如下時，

$$\phi(x)\frac{1}{\sqrt{2\pi}}\int_{-\infty}^{x}e^{-\frac{t^2}{2}}dt \tag{1}$$

由常態分配表知：

$$\left.\begin{array}{l}\phi(x)=0.2\text{時}，x=-0.84\\[4pt]\phi(x)=0.4\text{時}，x=-0.25\\[4pt]\phi(x)=0.6\text{時}，x=0.25\\[4pt]\phi(x)=0.8\text{時}，x=0.84\end{array}\right\} \tag{2}$$

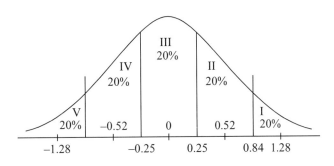

圖 12.1　標準常態分配

但各順位的比重，由於各順位所占面積是 0.2，因此可如下求出。

$$\left.\begin{array}{l}\phi(x)=0.1\text{時}，x=-1.28\\[4pt]\phi(x)=0.3\text{時}，x=-0.52\\[4pt]\phi(x)=0.5\text{時}，x=0\\[4pt]\phi(x)=0.7\text{時}，x=0.52\\[4pt]\phi(x)=0.9\text{時}，x=1.28\end{array}\right\} \tag{3}$$

(3) 式照原來那樣難以使用，因此如下變換後再使用。

$$Y = 10x + 50 \tag{4}$$

將以上的結果整理時，即如表 12.2 所示。並且，將利用此方法所計算的各候選人的評價值表示在表 12.3 中。

表 12.2

順位	各順位的範圍	範圍的上下限的平均值	平均值在常態分配中的橫坐標	式 (4) 的結果
I	80～100%	90%	1.28	62.8
II	60～80%	70%	0.52	55.2
III	40～60%	50%	0	50.0
IV	20～40%	30%	−0.52	44.8
V	0～20%	10%	−1.28	37.2

表 12.3

順位	比重	珊瑚小姐	鳳梨小姐	香蕉小姐	木瓜小姐	椰子小姐	合計
I	62.8	15	20	5	7	3	50
II	55.2	8	10	5	15	12	50
III	50.0	10	5	10	10	15	50
IV	44.8	10	5	12	12	11	50
V	37.2	7	10	18	6	9	50
計		50	50	50	50	50	
加權計		2592	2654	2297.2	2528.4	2428.4	
平均		51.8	53.1	45.9	50.6	48.6	

其次，為了比較表 12.1 與表 12.3，將各評價如下加以變換。

$$\frac{各候選人的評價值 - 香蕉小姐的評價值}{鳳梨小姐的評價值 - 香蕉小姐的評價值} \tag{5}$$

(5) 式所計算的結果，如表 12.4 所示。又此計算是將表 12.1 與表 12.3 的評價值分別當作數據。由此結果可知，2 個方法相當一致。

表 12.4

各候選人	表 **12.1** 的數據	表 **12.3** 的數據
珊瑚小姐	0.81	0.82
鳳梨小姐	1.0	1.0
香蕉小姐	0	0
木瓜小姐	0.66	0.65
椰子小姐	0.38	0.38

亦即，候選人的人數不太多時，利用此 2 種方法的評價結果，可知相當一致。因此，候選人的人數不太多時，即使以前者的方法來評價也無不便。

以此南洋國家「振興國家」方案所進行的「南洋小姐」選美大賽，在圓滿中落幕。並且，選出「鳳梨小姐」為南洋小姐，「珊瑚小姐」為準南洋小姐，受到全國喝采歡呼。而且，利用順位法的 2 個評價方法，結果也幾乎一致，證明此選美大賽的審查是公正的。於是，總理以下的所有有力人士也很滿意此結果。此外，此企劃的成功，使其他國家也紛紛表示舉辦意願。這是南海某國所發生的事件。

12.2 一對比較法

一、問題的緣由

某公司進行著重要會議，也就是最近中東的伊拉克，挾著自己的武力，向鄰國科威特進行軍事進攻。亦即，伊拉克與科威特都是著名的產油國，也是這家公司（綜合商社）有力的石油交易國，其他商社自不待言，此家公司整體的 40% 是依賴此兩國。

正當那時，南海油田與中東地區的石油價格高漲，呈現第 5 次石油危機的景象。並且，先進各國讓軍隊進攻，中東地區呈現一觸即發的危機。

此緊張對股價也造成影響，週末發生大暴跌，這是歷史上留下的黑色星期五。接著各國的通貨也急速貶值。

在此大混亂之中，該公司要如何規劃腳本呢？會議是由會長、社員以外的 10 名董事進行，大家都很嚴肅地在討論著。

經過相當的時間之後，10 人的意見大致被縮減成如下所示的 3 個腳本。

腳本 A：

取代伊拉克、科威特，向同為中東的伊朗、沙烏地阿拉伯請託增產。

腳本 B：

中東還是有很多危險，向南美的石油產國秘魯與委內瑞拉請託增產。

腳本 C：

石油只有減少 40%，向其他的服裝產業、休閒產業擴大進出。

以上要訂出 3 個腳本（A、B、C）的優先順位，向 10 名成員打聽此順位。其結果如表 12.5 所示。又，表 12.6 是將表 12.5 的結果加以整理而得，在表 12.6 中，譬如順列 ♀ 亦即 A、B、C，表示 A 的腳本最喜歡，B 的腳本次之，C 的腳本最不受到喜歡。

表 12.5　3 個腳本的順位設定

董事 No.	順位設定		
1	A	B	C
2	B	C	A
3	A	C	B
4	B	A	C
5	A	B	C
6	C	A	B
7	B	A	C
8	A	C	B
9	C	B	A
10	C	A	B

表 12.6　3 個腳本的順位設定

順列				人數
①	A	B	C	2
②	A	C	B	2
③	B	A	C	2
④	B	C	A	1
⑤	C	A	B	2
⑥	C	B	A	1

董事的意見假定如此加以累計時，該公司要決定哪一個腳本好呢？

二、利用一對比較法解決

本例雖然是以順位法打聽意見，但與第 1 節的「南洋選美大賽」不同，而是以一對比較法進行各腳本的評價。

在表 12.6 中，如考慮 A > B（A 的腳本比 B 的腳本更受到喜歡）的反應時，

可知順列 ①②⑤ 是滿足該條件。因此，A 的腳本比 B 的腳本受到喜歡的比例 $P(A > B)$ 即為如下：

$$P(A > B) = \frac{6}{10}$$

同樣，考慮 A > C 的反應時，順列 ①②③ 是滿足該條件。因此，$P(A > C)$ 即為如下：

$$P(A > C) = \frac{6}{10}$$

其他 $P(X_i > X_j)$ 也可同樣求出，這些結果如表 12.7 所示。

表 12.7　$P(X_i > X_j)$ 的表

X_i \ X_j	A	B	C
A	$\frac{5}{10}$	$\frac{6}{10}$	$\frac{6}{10}$
B	$\frac{4}{10}$	$\frac{5}{10}$	$\frac{5}{10}$
C	$\frac{4}{10}$	$\frac{5}{10}$	$\frac{5}{10}$

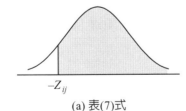
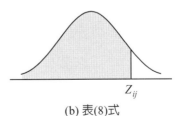

(a) 表(7)式　　　　　　　(b) 表(8)式

斜線的面積 = $P(X_i > X_j)$

圖 12.2　$P(X_i > X_j)$ 與 Z_{ij} 的關係

但是，Thrustone 將對象 X_i 的喜好度想成在偏好尺度上的機率變數 x_i，假定

x_i 服從平均 μ_i，變異數 σ^2 的常態分配。

並且，X_i 的偏好尺度值 $f(X_i)$ 定義成 x_i 的期待值 μ_i。

亦即：

$$f(X_i) = \mu_i \tag{6}$$

因此，

$$P(X_i > X_j) = \frac{1}{\sqrt{2\pi}} \int_{-Z_{ij}}^{\infty} e^{\frac{t^2}{2}} dt \tag{7}$$

$$= \frac{1}{\sqrt{2\pi}} \int_{-\infty}^{Z_{ij}} e^{-\frac{t^2}{2}} dt \tag{8}$$

然而，如設

$$\phi(Z) = \frac{1}{\sqrt{2\pi}} \int_{-\infty}^{Z} e^{-\frac{t^2}{2}} dt \tag{9}$$

(7) 式即為：

$$P(X_i > X_j) = \phi(Z) \tag{10}$$

其次，利用 (10) 式將 $P(X_i > X_j)$ 變換成 Z_{ij} 的結果，如表 12.8 所示。此變換使用常態分配進行。

表 12.8 $P(X_i > X_j) = \phi(Z_j)$ 的 Z_{ij} 表

X_i \ X_j	A	B	C	計	平均	$f(X_i)$
A	0.0	0.25	0.25	0.5	0.167	0.25
B	−0.25	0.0	0.0	−0.25	−0.083	0.0
C	−0.25	0.0	0.0	−0.25	−0.083	0.0

由此結果，即可求出 $f(X_i)$。亦即，$f(A) = 0.25$，$f(B) = 0.0$，$f(C) = 0.0$，可知腳本 A 是最適腳本。但最終的 $f(X_i)$ 是使 $f(B) = f(C) = 0$ 那樣加以變換。

此公司採用腳本 A，亦即取代伊拉克、科威特改向相同之中東國家的伊朗、沙烏地阿拉伯請求石油增產。賭上該商社的命運，透過伊朗、沙烏地阿拉伯的外交途徑，與當地的代理商取得聯繫，終於成功購買到替代石油。

12.3　CR 法

一、問題的緣由

經常出入我研究室的研究生在聊天。談的是最感興趣的車種話題。像是：「捷豹（Jaguar）不錯啦！」「三菱（Galant）不錯啦！」「雷賓（Levin）不錯啦」等，但有許多是我不知道的名稱。因此，決定以投票方式決定哪一車種最為優越。

被評價的車種有：(1) 捷豹（Jaguar）、(2) 裕隆（Sunny）、(3) 三菱（Galant）、(4)CR-X、(5) 大發（Mira）、(6) 雷賓（Levin）、(7) 喜美（Civic）等 7 種。另一方面，審查員有 A、B、C、D、E、F、G 等 7 位學生。

表 12.9　車種的評價

	捷豹	裕隆	三菱	CR-X	大發	雷賓	喜美
A	−3	−5	−1	1	1	5	2
B	0	−5	5	−3	0	0	3
C	5	−5	2	−4	0	1	1
D	5	−5	3	2	1	−2	−4
E	0	0	5	2	0	−2	−5
F	5	−5	3	−2	0	2	−3
G	3	−5	0	−1	1	5	−3

計分方法決定採用 Motor Fan 雜誌所進行的 Car of the year 選定方法。此方法稱為「正負 5 分法」，最佳的車給 +5，最差的車給 −5。並且，其他車是在 −5 分到 +5 分的範圍內，將認為妥當的分數，在平均分數成為 0 之下加以設定。這

些審查結果如表 12.9 所示。

從以上的審查結果來看，各車種的綜合評價變成如何呢？只是將各審查員的分類累計，按各車種的綜合分數順序評價可以嗎？譬如，要如何處理反對意見呢？或者如何處理微妙的差異呢？考慮這些後，綜合評價要如何進行呢？

另外，以相同的例子來說，試著對女性的選美大賽考慮看看。由相同的學生（審查員）A、B、C、D、E、F、G 對 7 位明星（I、II、III、IV、V、VI、VII）進行美人度的評價。計分方法與車種評價情形相同。此審查結果如表 12.10 所示。此評價也與車種的情形相同，要如何進行綜合評價呢？

表 12.10

	I	II	III	IV	V	VI	VII
A	5	2	−5	−4	−1	1	2
B	3	5	−2	−4	−5	2	1
C	−5	5	2	−3	−4	4	1
D	−3	1	2	−5	−2	2	5
E	−1	−1	5	−5	−3	1	4
F	5	4	−1	−4	4	−5	−3
G	2	4	−3	−5	5	−2	−1

二、利用 CR 法解決

個人的評價對集團（社會）的評價（綜合評價）是如何貢獻的呢？以貢獻函數（contribution function）所表示的模式，是由守安、八木、井上等人提出。依據此法時，審查員有 m 人（$\ell = 1, 2, \cdots, m$），對象 i 與對象 j 的評價分別設為 $u^\ell(a_i)$、$u^\ell(a_j)$。此時，ℓ 審查員對對象 i、j 的貢獻函數設為：

$$C^\ell(a_i, a_j) = u^\ell(a_i) - u^\ell(a_j) \tag{11}$$

此時，如 $C^\ell(a_i, a_j) > 0$ 時，i 比 j 的評價可以說較高。

另一方面，針對對象 i、k 的貢獻函數是：

$$C^\ell(a_i, a_k) = u^\ell(a_i) - u^\ell(a_k) \tag{12}$$

因此，

$$
\begin{aligned}
C^\ell(a_i, a_j) + C^\ell(a_j, a_k) &= u^\ell(a_i) - u^\ell(a_j) + u^\ell(a_j) - u^\ell(a_k) \\
&= u^\ell(a_i) - u^\ell(a_i)
\end{aligned}
\tag{13}
$$

話說，由個人的貢獻函數求集團（社會）綜合評價之方法，即為 CR 法。譬如，單純地將每個人的貢獻函數之和當作集團（社會）的偏好時，

$$g(a_i, a_j) = \sum_{\ell=1}^{m} u^\ell(a_i) - \sum_{\ell=1}^{m} u^\ell(a_j) \tag{14}$$

即為集團對對象 i、j 的偏好結果。此時，如 $g(a_i, a_j) > 0$ 時，i 比 j 的綜合評價可說較高。

可是，並不是此種單純累計，要對重視反對意見的情形，或除去微妙評價差異的情形加以檢討。考慮此種情形，前述的守安、八木、井上提出如下累計模式。亦即，對對象 i, j 來說：

$$
\begin{aligned}
g(a_i, a_j) = &\sum_{\ell=1}^{m} w_\ell \{u^\ell(a_i) - u^\ell(a_j)\} \\
&+ \lambda \sum_{\ell=1}^{m} w_\ell Min\{0, u^\ell(a_i) - u^\ell(a_j)\} - m\theta
\end{aligned}
\tag{15}
$$

其中，w_i 是 ℓ 審查員的比重，此處 w_ℓ 當作 1 來使用。並且，λ 是重視反對意見之程度，λ 取大值，是對應要高度保持意見的一致度。另外，θ 是排除弱關係的門檻。

又，在 (15) 式中，如設 $w_\ell = 1$，$\lambda = 0$，$\theta = 0$ 時，即為單純累計 (14) 式。

因此，使用 (15) 式（但 w_ℓ 當作 1），分析此處的 2 個例子（車種的評價、選美大賽）。最初 θ 當作 0，讓 λ 按 $\lambda = 0$，$\lambda = 0.01$，$\lambda = 0.03$，$\lambda = 0.1$，$\lambda = 0.3$，$\lambda = 1.0$，$\lambda = 3.0$，$\lambda = 10.1$ 增加時，畫出此時的評價圖形。其次，將 λ 當作 0，讓

$\theta = 0$，$\theta = 0.003$，$\theta = 0.01$，$\theta = 0.03$，$\theta = 0.1$，$\theta = 0.3$，$\theta = 0.4$，$\theta = 0.5$ 增加時，畫出此時的評價圖形。首先，車種的評價結果，如圖 12.3（$\theta = 0$，讓 λ 增加），與圖 12.4（$\lambda = 0$，讓 θ 增加）所示。

在圖 12.3 中，隨著 λ 的增加，偏好關係逐漸變得難分優劣。此事意謂著為了進行有共識的集團決策，要考慮意見的一致度，一致度低的關係（反對意見強），有需要在審查員間進行意見調整，提高相互理解。

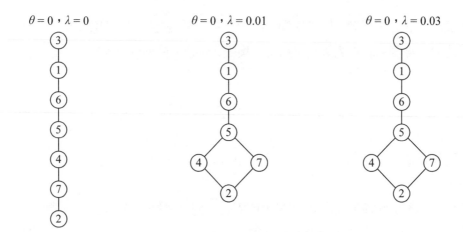

圖 12.3　車種的評價圖 (1)

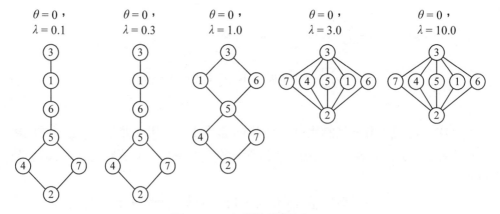

圖 12.3　車種的評價圖 (2)

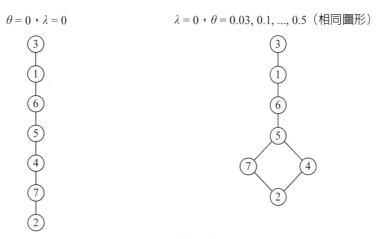

$\theta = 0$，$\lambda = 0$　　　　　　　　$\lambda = 0$，$\theta = 0.03, 0.1, ..., 0.5$（相同圖形）

圖 12.3　車種的評價圖 (3)

另一方面，在圖 12.4 中，θ 有值時，偏好關係也略微難分優劣，即使 θ 增加，優劣關係也不改變。此事意謂本例中模糊的關係較少。

其次，介紹選美大賽評價圖形的結果，如圖 12.5（$\theta = 0$，讓 λ 增加）與圖 12.6（$\lambda = 0$ 讓 θ 增加）所示。

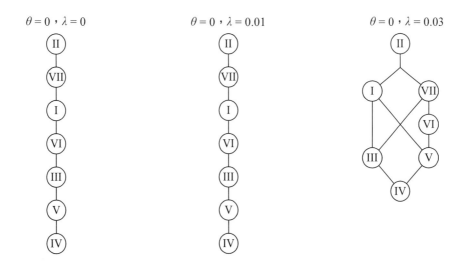

$\theta = 0$，$\lambda = 0$　　　　　　$\theta = 0$，$\lambda = 0.01$　　　　　　$\theta = 0$，$\lambda = 0.03$

$$\theta = 0 \text{,} \lambda = 10.0$$

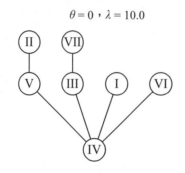

圖 12.5　選美大賽的評價圖形 (1)

圖 12.6　選美大賽的評價圖形 (2)

參考文獻

木下榮藏：意見決定論入門，近代科學社。

第13章　決策分析常用軟體簡介

一、Expert Choice

Expert Choice 是進階決策支援服務的卓越軟體，從 IT 投資組合管理、新產品開發、重要決策計畫到為供應商提供選擇，Expert Choice 可以幫助您的公司做更好的決策和改善您的營收。

Expert Choice 解決方案的重心，是在決策支援軟體與應用上具有強大的團隊。基於階層分析法（Analytical Hierarchy Process；AHP）和數千位顧客超過 20 年的投入，至今有 60 餘個國家、15,000 名用戶使用 Expert Choice，可幫助您和您的公司實現卓越的決策支援應用。多階層分析法是非常有利且靈活的決策手法，它幫助決策者對事件進行階層分析，進而做出在某一觀點下最好的決策。藉著一對一的比較，減少複雜的決策過程並綜合其結果。AHP 不只幫助我們做出最好的決策，而且提供清楚的理由去說明為何選擇。AHP 是發展了超過 20 年的決策理論，它反映出人是如何做決策。目前是非常受重視且應用廣泛的決策理論。

決策者藉由 AHP，把到完成目標前可以選擇的每一動作，以較簡單的準則取代。由簡單的兩兩比較方式完成每一選擇的優先順序。決策的問題可包含社會、政治、經濟等層面。AHP 幫助人以直覺、理性或非理性處理有不確定因素的複雜問題。它通常用來處理預測收入、項目或未來的計畫、團體決策、決策系統的活動控制、資源、成本或收益比較、評估員工等方面。

Expert Choice 是建構在 AHP 理論上的軟體，它容易操作的圖形化介面，讓任何人皆易於上手。因為判斷的階層基準都表現在軟體階層架構上，決策者可以融合企業本身的階層，並做出重要的判斷。在 Expert Choice 決策過程結束之後，決策者可藉由容易了解的結果，明白決策是如何產生的。

友環公司提供 Expert Choice（專家決策分析軟體）用於決策分析之軟體，目前有 Expert choice 3.0 版。

https://www.linksoft.com.tw/

安裝後，出現畫面如下：

點擊 Start Using Expert Choice，即出現如下畫面即可進入分析。

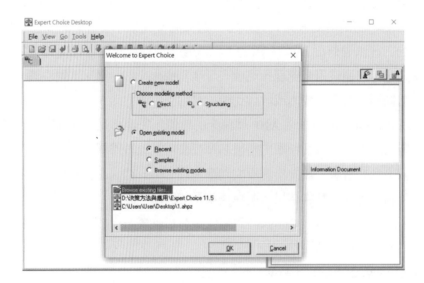

二、Super Decisions

AHP（Analytic Hierarchy Process）和 ANP（Analytic Network Process）使人們有可能對無形之物做出決策。

AHP／ANP 是最強大的綜合方法，用於將判斷和數據相結合，以有效地對選項進行排序並預測結果。

這些是基於數學和心理學用以分析複雜決策的結構化技術。它們是由 Thomas L. Saaty 所開發的。

它們在群體決策中具有特殊應用，並且在政府、商業、工業、醫療保健、造船和教育等領域的各種決策環境中被廣泛使用。

這些方法不是規定「正確」決策，而是幫助決策者找到最適合其目標和解決問題的解決方案。它為建構決策問題，顯示有關要素並量化其要素，將這些要素與總體目標相關聯，以及評估替代案提供了全面而合理的框架。

Super Decision 為一套功能強大的決策軟體，主要應用於 ANP 法（分析網絡程序）的相關研究分析。

此網絡分析法（ANP）可說是為今日決策者提供最全面的構架，可用於社會、政府和企業決策分析。這是一個過程，允許人們提出包括有形和無形的所有因素和基準，從這些因素和基準與做出最佳決策。分析網絡過程允許在元素的集群（內部從屬）內和集群之間（外部從屬）的交互與反饋。這種反饋適切地捕捉了人類社會中相互作用的複雜影響，特別是涉及風險和不確定性。

ANP 首先將系統元素劃分為兩大部分：第一部分稱為控制因素層，包括問題目標及決策準則。所有的決策準則，均被認為是彼此獨立的，且只受目標元素支配。控制因素中可以沒有決策準則，但至少有一個目標。控制層中每個準則的權重，均可用 AHP 方法獲得。第二部分為網絡層，它是由所有受控制層支配的元素組所組成的 C，其內部是互相影響的網絡結構，它是由所有受控制層支配的元素組成的，元素之間互相依存、互相支配，元素和層次間內部不獨立，遞階層次結構中，每個準則支配的不是一個簡單的內部獨立元素，而是一個互相依存，反饋的網絡結構。

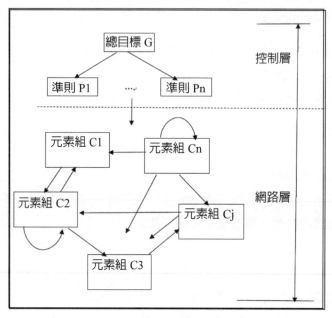

圖　網路分析法模型

此軟體免費提供，有興趣的讀者可瀏覽以下網站：https://superdecisions.com，安裝後出現畫面如下：

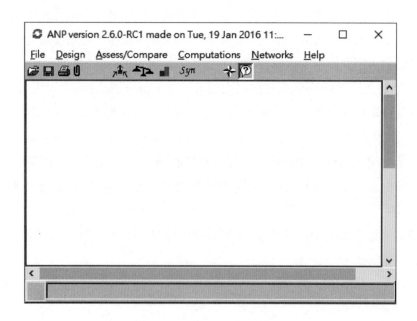

三、Fuzzy AHP

　　眾多的風險評價方法中，階層分析法（AHP; Analytic Hierarchy Process）有著以其定性和定量相結合地處理各種評價因素，以及系統、靈活、簡潔的優點，受到承包商的特別青睞。其特點是將人的主觀判斷過程數學化、思維化，以便使決策依據易於被人接受，因此，更能適合複雜的社會科學領域。由於 AHP 在理論上具有完備性，在結構上具有嚴謹性，在解決問題上具有簡潔性，尤其在解決非結構化決策問題上具有明顯優勢，因此在各行各業獲得廣泛應用。

　　層次分析法最大的問題是，某一層次評價指標很多時（如 4 個以上），其思維一致性很難保證。在這種情況下，將模糊法與層次分析法的優勢結合起來形成的模糊層次分析法（FAHP)〕，將能很好地解決這個問題。模糊層次分析法的基本思想和步驟，與 AHP 的步驟基本一致，但仍有以下兩方面的不同：

　　1. 建立的判斷矩陣不同：在 AHP 中是通過元素的兩兩比較，建立判斷一致矩陣；而在 FAHP 中，係通過元素兩兩比較建立模糊一致判斷矩陣。

　　2. 求矩陣中各元素之相對重要性的權重方法不同。

　　模糊層次分析法（FAHP)〕改進了傳統層次分析法存在的問題，提高了決策可靠性。FAHP 有一種是基於模糊數，另一種是基於模糊一致性矩陣。

　　常用的軟體有 Power Choice，此軟體具多重系統（Hybrid）功能，以多層級分析法（AHP)〕為基礎，搭配三角模糊數理論（Fuzzy AHP）、折衷排序法（VIKOR）等，並配合前端的德爾菲法（Delphi），以期提高系統信效度，確保決策品質。

　　中崗科技公司有提供 Power Choice 決策支援分析軟體。

　　http://www.ixon.com.tw/

　　安裝後出現畫面如下：

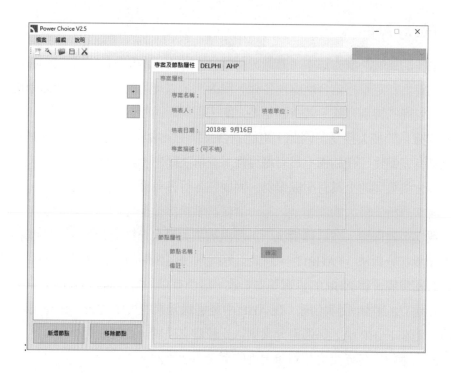

四、TOPSIS

　　TOPSIS（Technique for Order Preference by Similarity to an Ideal Solution）是 C.L.Hwang 和 K.Yoon 於 1981 年首次提出，TOPSIS 法是根據有限的評價對象與理想化目標的接近程度進行排序的方法，是在現有的對象中，進行相對優劣的評價。理想化目標（ideal solution）有兩個，一個是肯定的理想目標（positive ideal solution）或稱最優目標，一個是否定的理想目標（negative ideal solution）或稱最劣目標，評價最好的對象，應該是與最優目標的距離最近，而與最劣目標最遠，距離的計算可採用明考斯基距離（Minkowski Distance），常用的歐幾里德幾何距離（Euclidean Distance）是明考斯基距離的特殊情況。

　　TOPSIS 法是一種理想目標相似性的順序選優技術，在多目標決策分析中，是一種非常有效的方法。它透過常態化後的數據常態矩陣（normalized data normalization matrix），找出多個目標中最優目標和最劣目標（分別用理想解和反理想解表示），分別計算各評價目標與理想解、反理想解的距離，獲得各目標與理想解的貼近度，按理想解貼近度的大小排序，以此作爲評價目標優劣的依

據。貼近度取值在 0～1 之間，該值愈接近 1，表示相應的評價目標愈接近最優水準；反之，該值愈接近 0，表示評價目標愈接近最劣水準。該方法已經在土地利用規劃、物料選擇評估、項目投資、醫療衛生等眾多領域得到成功的應用，明顯提高了多目標決策分析的科學性、準確性和可操作性。

此軟體可上網登錄購買。

https://sites.fastspring.com/statdesign/instant/topsis

安裝後上方出現 Triptych。點此按鈕後，從 Requirement 找出 AHP，即可進入分析。

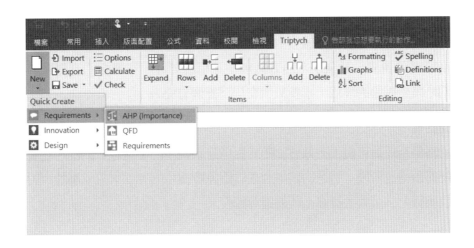

進入 AHP 分析完成輸入之後，點一下 Export，從中選擇 TOPSIS。

五、約略集合（Rough set theory）

約略集合是一種處理不精確、不確定和不完全數據的新數學方法。它可以透過對數據的分析和推理來發現隱含的知識、揭示潛在的規律。在約略集合理論中，知識被認為是一種分類能力。其核心是利用等價關係來對對象集合進行劃分。

約略集合理論提出了知識的簡約方法，是在保留基本知識（信息），同時保證對象的分類能力不變的基礎上，刪除重複、冗餘的屬性和屬性值，實現對知識的壓縮和再提煉。其操作步驟：(1) 透過對條件屬性的約簡，即從決策表中刪除某些列；(2) 刪除重複的行和屬性的冗餘值。

約略集合理論在資料採礦中的應用相當廣泛，涉及領域有醫療研究、市場分析、商業風險預測、氣象學、語音識別、工程設計等。在眾多的資料採礦系統中，約略集合理論的作用，主要集中在以下幾個方面。

1. 數據約簡

約略集合理論可提供有效方法用於對信息系統中的數據進行約簡。在資料採礦系統的預處理階段，透過約略集合理論刪除數據中的冗餘信息（屬性、對象以及屬性值等），可大大提高系統的運算速度。

2. 規則抽取

與其他方法（如神經網路）相比，使用約略集合理論生成規則是相對簡單和直接的。信息系統中的每一個對象即對應一條規則，約略集合方法生成規則的一般步驟為：(1) 得到條件屬性的一個簡約，刪去冗餘屬性；(2) 刪去每規則的冗餘屬性值；(3) 對剩餘規則進行合併。

3. 增量演算法

面對資料採礦中的大規模、高維數據，尋找有效的增量演算法是一個研究熱點。

4. 與其他方法的融合

約略集合理論與其他方法，如神經網路、遺傳演算法、模糊數學、決策樹等相結合，可以發揮各自的優勢，大大增強資料採礦的效率。

常使用的軟體是 ROSE2，是由 Laboratory of Intelligent Decision Support Systems 所發行，此軟體可以免費下載。

https://rose2.updatestar.com/zh-tw

下載完成後，開啟時會出現一朵玫瑰畫面，接著開啟執行畫面，即可進入分析。

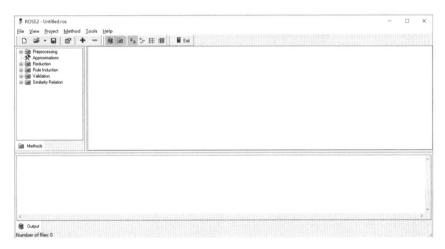

六、Dematel

決策試驗和評估實驗室（Dematel）技術最初由 Battelle 紀念研究所的日內瓦研究中心開發，透過矩陣或有向圖讓複雜之因果關係的結構可視化。作爲一種結構建模方法，它在分析系統組件之間的因果關係時特別有用。Dematel 可以確認因素之間的相互依賴性，並有助於製作地圖以反映其中的相對關係，並可用於調

查和解決複雜與相互交織的問題。該方法不僅透過矩陣將相互依賴關係轉換為因果組，而且還借助影響關係圖，找到複雜結構系統的關鍵因素。

　　近十年來，已經對 Dematel 的應用進行了大量研究，並且在文獻中提出許多不同的變體。我們回顧了 2006 年至 2016 年在國際期刊上發表的 346 篇論文。根據所使用的方法，這些出版物分為五類：經典 Dematel，模糊 Dematel，灰色 Dematel，分析網絡過程 -（ANP-）Dematel 和其他 Dematel。對每個類別的所有論文進行了總結和分析，指出了它們的實施程序，實際應用和重要發現。這一系統而全面的審查，為研究人員和從業人員提供了有價值的見解，可用於指示當前研究趨勢和進一步研究的潛在方向的 Dematel。

　　有關此方法的軟體，可進入下列網站，登錄相關資料後即可下載。

http://www.scilab.org/en/download/6.0.1

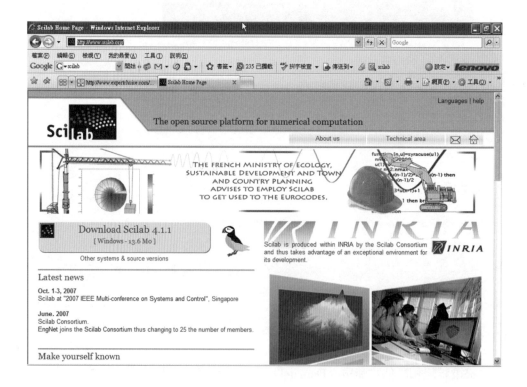

執行安裝時，會出現安裝程式。

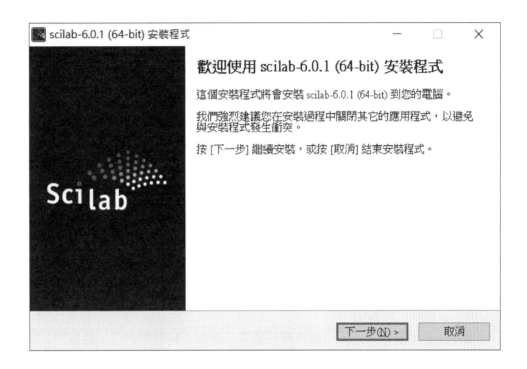

執行完成後會出現執行畫面。

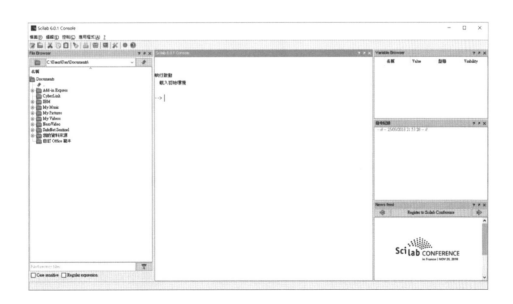

七、決策樹

決策樹（Decision Tree）是常見的資料探勘（Data Mining）技術，主要是使用樹狀分枝的概念來作爲決策模式，是一種強大且廣受歡迎的分析方法。

大多數的決策樹可以運用在分類預測上。當其用來預測應變數類別型態（例如：生或死、男或女）時，該決策樹便稱爲分類樹（Classification Tree）。有些決策樹演算法也可以像迴歸分析一樣，預測結果呈現的是一個實數（例如：身高、體重），這種決策樹就稱爲迴歸樹（Regression Tree）。

另有一種決策樹，則結合了分類樹與迴歸樹的特性，其預測結果不僅可以呈現類別型態，也可以是數值型的資料，該決策樹則稱爲分類迴歸樹（Classification and Regression Tree，簡稱 CART）。分類迴歸樹是由美國統計學家 Brieman 於 1984 年所提出，此方法的特色是在進行分類時，每次只產生兩個分枝來歸納與分析資料集，且不限制變數的類型；由於分析上有較大的彈性，因此成爲最受歡迎的決策樹分析方法之一。

決策樹有幾種產生方法：

- **分類樹**分析是當預計結果可能爲離散類型（例如 3 個種類的花、輸贏等）所使用的概念。
- **回歸樹**分析是當預計結果可能爲實數（例如房價、患者住院時間等）使用的概念。
- **CART** 分析是結合上述兩者的一個概念。CART 是 Classification And Regression Trees 的縮寫。
- **CHAID**（Chi-Square Automatic Interaction Detector）。

決策樹使用的軟體有許多，此處提供不錯也可免費下載的軟體 Weka。

Weka 是以 Java 爲基礎的資料探勘（Data Mining）與機械學習（Machine Learning）軟體，也是自由軟體（Open Source Software）。Weka 全名爲懷卡托智能分析環境（Waikato Environment for Knowledge Analysis），而 Weka 同時也是紐西蘭（New Zealand）的特有種鳥名，開發者也是來自紐西蘭的懷卡托大學（The University of Waikato）。

Weka 整合了大量資料探勘的演算法，因此在 2005 年第 11 屆 ACM SIGKDD 國際會議上，Weka 小組獲得了資料探勘與知識探索的最高服務獎（2005 ACM SIGKDD Service Award）。

首先我們先到 Weka 的官方網頁中下載 Weka 3.8 版本，依據個人電腦版本（Windows x86、Windows x64、Mac OS X、Linux 等）來做下載。

https://www.cs.waikato.ac.nz/ml/weka/downloading.html

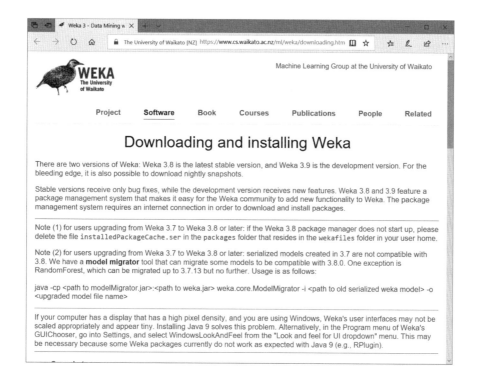

下載完成後，出現如下畫面，點擊 Explorer，即進入分析。

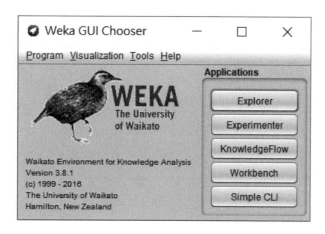

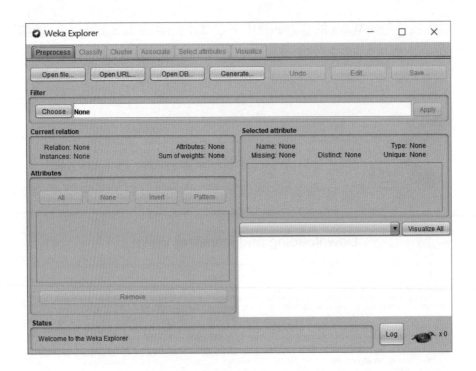

第二篇　數理篇

第14章 最適化問題與 AHP

此處介紹組合 AHP 與線性模式分析最適化問題。首先,問題的設定如下。

某小組企劃了 13 位同事全員參與的長距離旅行,此時,委託旅行社企劃也行,也可以自行搜尋適當的配套旅行。可是,基於小組全員想享受有個性的自創旅行,決定以 Door to Door 的車子出遊。亦即,此小組全員要有駕照。因此,要選擇車子,如果是個人的車子,會加重該車所有人的負擔,因此決定借用租車。此時,要租用幾部幾人座的車子才是最適切的呢?

此問題首先利用 AHP 進行分析。決定每部車的最適搭乘人數之評價值。接著,根據此評價值決定配車計畫,以使小組全體的評價值最大。

以上是此問題的架構。因此,首先利用 AHP 決定每部車的最適乘車人數。

步驟 1

首先,決定最適乘車人數時的評價基準。這些評價基準視為「費用」、「舒適性」、「駕駛時間」3 者,首先,「費用」是指租車費與汽車費,乘車人數愈多就愈便宜,其次「舒適性」是指搭乘的心情。搭乘人數少時,舒適性即增加。最後,「駕駛時間」是所有乘車人員都要換手,因此乘車人員愈多,每個人的負擔即減輕。因此,此問題的階層構造如圖 14.1 所示。亦即,層次 1 是放置綜合目的「決定乘車人數」,層次 2 是放置 3 個評價基準,最下層的層次 3 是放置替代案。這些要素均有關聯,因此以線連結。

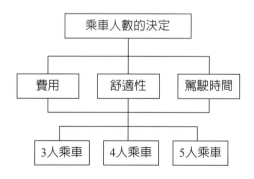

圖 14.1 決定乘車人數的階層構造

步驟 2

其次，向此小組的每個人進行意見調查，內容是進行如圖 14.1 所示的決定時，供其回答層次 2 與層次 3 的各評價基準（各替代案）之一對比較。

首先，針對「乘車人員的決定」進行層次 2 各評價基準的一對比較，結果如表 14.1 所示。

表 14.1　選定乘車人數之各評價基準的一對比較

	費用	舒適性	駕駛時間
費用	1	1/3	1/2
舒適性	3	1	1
駕駛時間	2	1	1

此矩陣的特徵向量（比重）是：

$$W^t = (0.169, 0.444, 0.387)$$

這是 3 個評價基準的比重向量。由此表示，對小組的每個人來說，「舒適性」是最重要的，具有 44% 的影響力。其次是「駕駛時間」（38.7%），「費用」（16.9%）。

其次，將層次 3 中各替代案間的重要性就 3 個評價基準進行一對比較。這些結果如表 14.2 所示。

表 14.2　各替代案對各評價基準的一對比較

(1) 費用

	3 人乘車	4 人乘車	5 人乘車
3 人乘車	1	1/3	1/7
4 人乘車	3	1	1/5
5 人乘車	7	5	1

(2) 舒適性

	3 人乘車	4 人乘車	5 人乘車
3 人乘車	1	3	7
4 人乘車	1/3	1	5
5 人乘車	1/7	1/5	1

(3) 駕駛時間

	3 人乘車	4 人乘車	5 人乘車
3 人乘車	1	1/3	1/7
4 人乘車	3	1	1/3
5 人乘車	7	3	1

此等 3 個矩陣的特徵向量（比重）分別如下。

費用　　　$W_1^t = (0.081, 0.188, 0.731)$

舒適性　　$W_2^t = (0.649, 0.279, 0.072)$

駕駛時間　$W_3^t = (0.088, 0.243, 0.669)$

譬如，對「費用」來說，「5 人乘車」的重要度最高，對「舒適性」來說，則是「3 人乘車」（對應各目的評價值）。

步驟 3

如計算出層次 2、層次 3 的評價基準間（替代案間）之比重時，利用此結果進行所有階層的比重。亦即，建立各替代案對綜合目的定量性選定基準。替代案的選定基準之比重設為 X，則

$$X = [W_1, W_2, W_3] \cdot W$$

此例的情形是：

$$X = \begin{array}{c} \text{3人乘車} \\ \text{4人乘車} \\ \text{5人乘車} \end{array} \begin{bmatrix} \overset{費用}{0.081} & \overset{舒適性}{0.649} & \overset{駕駛時間}{0.088} \\ 0.188 & 0.279 & 0.243 \\ 0.731 & 0.072 & 0.669 \end{bmatrix} \begin{bmatrix} 0.169 \\ 0.444 \\ 0.387 \end{bmatrix} = \begin{array}{c} \text{3人乘車} \\ \text{4人乘車} \\ \text{5人乘車} \end{array} \begin{bmatrix} 0.336 \\ 0.250 \\ 0.414 \end{bmatrix}$$

因此，回答表 14.1、表 14.2 的一對比較矩陣決策者，對各替代案（「3 人乘車」、「4 人乘車」、「5 人乘車」）的重要度（評價值），即成為如下的選擇順序。

5 人乘車 (0.414) > 3 人乘車 (0.336) > 4 人乘車 (0.250)

以上是利用 AHP 手法分析，決定出每部車的最適乘車人數之評價值。因此，根據此評價值去決定供小組全體的評價值，達到最大的配車計畫。

步驟 4

目的函數

$$f(x) = 3 \times 0.336 \times x_1 + 4 \times 0.250 \times x_2 + 5 \times 0.414 \times x_3 \rightarrow \text{Max.} \quad (1)$$

限制條件

$$3x_1 + 4x_2 + 4x_3 = 13 \quad (2)$$

$x_1 \geq 0, x_2 \geq 0, x_3 \geq 0$

x_1, x_2, x_3 均為整數

其中，

x_1：3 人乘車的車數

x_2：4 人乘車的車數

x_3：5 人乘車的車數

因此，滿足 (1) 式限制條件的（x_1, x_2, x_3）即為如下 3 組：

(0, 2, 1)

(1, 0, 2)

(3, 1, 0)

因此，將此等 3 組的目的函數 (1) 式分別計算時，結果成為如下：

(0, 2, 1) 時：$f(x) = 4 \times 0.25 \times 2 + 5 \times 0.414 \times 1 = 4.07$

(1, 0, 2) 時：$f(x) = 3 \times 0.336 \times 1 + 5 \times 0.414 \times 2 = 5.148$

(3, 1, 0) 時：$f(x) = 3 \times 0.336 \times 3 + 4 \times 0.25 \times 1 = 4.024$

因此，在 $x_1 = 1$，$x_2 = 0$，$x_3 = 2$ 時，$f(x)$ 成為最大 (5.148)。由此結果可知，此小組 3 人如果租用 3 人乘車 1 臺，5 人乘車 2 臺時，情況是最適切的（小組全體的評價值達最大）。

第15章 多目標線性計畫法與 AHP

15.1 ## 線性計畫法之問題

在我的友人中，有酷愛玩麻將與網球者。此人一到週末，經常感到迷惑。譬如，星期六玩麻將、星期日玩網球呢？還是星期六的下午只玩麻將，再追加玩網球的時間呢？當然對此也要考慮費用。

此人略微偏好網球，因此玩麻將時的滿意度當作「5」，玩網球的滿意度當作「6」。不管是麻將或是網球，時間太少是玩不起勁的，因此每一次麻將花 4 小時，網球花 2 小時，費用分別當作 200 元、400 元。而總費用當作 2 千元，週末的休閒時間共有 16 小時。

那麼，此人想以最少的費用獲得最大的滿足，分別玩麻將與網球幾次最好呢？

首先，使用初等數學求解此問題。麻將與網球的次數分別當作 x、y 次，此時所得到的滿意度合計當作 z 時，則

$$z = 5x + 6y \rightarrow \text{Max}$$

雖然使 z 成為最大即可，但休閒時間與費用分別有如下的限制條件。
休閒時間在 16 小時以內，因此

$$4x + 2y \leq 16$$

總費用在 20（百元）以內，因此

$$2x + 4y \leq 20$$

另外，x、y 均為正或零的數值，因此 x、$y \leq 0$

以上，滿足 3 個限制條件之點 (x, y) 的存在範圍，即相當於圖 15.1 的斜線部分。今如考慮表示滿意度的式子時，

$$z = 5x + 6y$$

此值在圖的斜線部分與共同點中，使 z 成為最大的值，表示此利益的直線通過兩直線

$$\left. \begin{array}{r} 4x + 2y = 16 \\ 2x + 4y = 20 \end{array} \right\}$$

的交點 $(x = 2, y = 4)$。

因此，最大的滿意度是麻將玩 2 次，網球玩 4 次。

$$z = 10 + 24 = 34$$

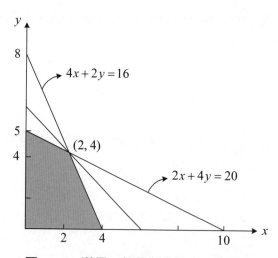

圖 15.1　滿足 3 個限制條件之解的範圍

以上解決了我的友人度週末的問題。可是，此種問題一般稱為線形計畫法，被視為管理數學的一個領域而參與各種研究，在經濟、政治、社會的所有面向，發揮它的威力。並且，線形計畫法實際上被應用時，變數並非 2、3 個，多則也有 100 個或以上，近年由於電腦的發達，這些問題已能快速且正確的獲得解決。

　　其次，進行此線形計畫法的模式化。試舉剛才的週末休閒方式為例。某人度週末，在 m 個限制條件之中，選擇 n 種休閒方式。並且，關於某限制條件的休閒之係數（在先前的例子中，打麻將 1 次要 4 小時，需要 2,000 元費用。此即相當於係數）當作 a_{ij}，m 個限制條件的上限當作 b_i。

　　因此，考察休閒 L_1 有 x_1 次，L_2 有 x_2 次⋯⋯L_n 有 x_n 次時的滿意度，其中，休閒 L_1 玩 1 次時的滿意度設為 c_1，休閒 L_2 玩 1 次時的滿意度設為 c_2⋯休閒 L_n 玩 1 次時的滿意度設為 c_n。此時，想求總滿意度的總計達最大的 x_1、x_2⋯⋯x_n。

　　像以上的線形計畫法，稱為線形計畫法主問題，模式化時即為如下。

目的函數：

$$f(x) = c_1 x_1 + c_2 x_2 + \cdots + c_n x_n$$

限制條件：

$$\left.\begin{array}{c} a_{11}x_1 + a_{12}x_2 + \cdots + a_{1n}x_n \leq b_1 \\ a_{21}x_1 + a_{22}x_2 + \cdots + a_{2n}x_n \leq b_2 \\ \vdots \\ a_{m1}x_1 + a_{m2}x_2 + \cdots + a_{mn}x_n \leq b_m \\ x_1, x_2, \cdots, x_n \geq 0 \end{array}\right\}$$

從上式似乎可以了解，所謂線形計畫法主問題，是在有關非負的 n 個變數 $(x_1, x_2, \cdots, x_n)$ 之聯立一次不等式的限制條件下，使由這些變數所形成的 1 次式，即目的函數 $f(x)$ 成為最大。

　　此時的限制條件式即為聯立一次不等式，按照如此，解會不定。因此，有需要將此不等式改變成聯立一次不等式。m 個不等式兩邊的差當作 $x_{n+1}, x_{n+2}, \cdots, x_{n+m}$ 如下改變。

目的函數：

$$f(x) = c_1 x_1 + c_2 x_2 + \cdots + c_n x_n + c_{n+1}x_{n+1} + \cdots + c_{n+m}x_{n+m} \to Max$$

限制條件：

$$a_{11}x_1 + a_{12}x_2 + \cdots + a_{1n}x_n + x_{n+1} \le b_1$$
$$a_{21}x_1 + a_{22}x_2 + \cdots + a_{2n}x_n + x_{n+2} \le b_2$$
$$\vdots$$
$$a_{m1}x_1 + a_{m2}x_2 + \cdots + a_{mn}x_n + x_{n+m} \le b_m$$
$$x_1, x_2, \cdots, x_n, \cdots, x_{n+m} \ge 0$$

此處，上記的目的函數、限制條件中的變數 $x_1, x_2, \cdots, x_{n+1}, x_{n+m}$，稱為差額函數 (slack variable)，係數 $c_{n+1}, \cdots c_{n+m}$ 之值實際上即為：

$$c_{n+1} = c_{n+2} = \cdots = c_{n+m} = 0$$

又，在上記的限制條件下，求使目的函數為最大的變數 $(x_1, x_2, \cdots, x_{n+m})$ 之方法，有如下所示的單形法 (simplex)。以下使用單形法求解剛才的例子，因此，將剛才的例子模式化時，即為如下的線形計畫法主問題。

目的函數：

$$f(x) = 5x_1 + 6x_1 \to MAX$$

限制條件：

$$16 = 4x_1 + 2x_2 + x_3$$
$$20 = 2x_1 + 4x_2 + x_4$$
$$x_1, x_2, x_3, x_4 \ge 0$$

從以下 (1) 到 (10) 的順序製作如下表 15.1 所示的單形表。首先，步驟 1 的矩陣是以利用 (1) 到 (7) 的操作來進行。

(1) 第 1 列記入 $f(x)$ 的負的係數 $-c_j$ 之值。

(2) 第 2、3 列是將上記的限制條件係數也一併記入。

(3) 確認表的 b 行是否全部為正或 0。

(4) 調查 $f(x)$ 列有無負的數字（此情況，有 -5、-6 等兩個）。

(5) 注意 (4) 中絕對值最大的數字（x_2 行的 -6），標示該行的位置。

(6) 將 b 行的各數除以 x_2 行的正數後，計算 θ 值 (16/2 = 8, 20/4 = 5)。

(7) 比較 θ 值的大小，注意最小值（x_4 列的 5），標示該列（x_4 行）的位置。

經以上的過程，決定出要加入到步驟 2 的變數 (x_2)，以及取而代之要由基底離去的變數 (x_4)。步驟 2 的基底，變成了 x_3、x_4。然後，隨之進行消去計算的操作 (8)、(10)。

(8) 將步驟 1 第 3 列的 x_2 行的數字 4 改成 1，放到步驟 2 的第 3 列（步驟 2 的第 3 列是將步驟 1 的第 3 列除以 4 之後的數列），記入

（步驟 2 的第 3 列）＝（步驟 1 的第 3 列）÷4

(9) 步驟 1 的第 3 列以外的 x_2 行的數字換成 θ，放到步驟 2。因此，步驟 2 的第 1 列、第 2 列分別成為如下。

$$(2.1) = (1.1) + (2.6) \times 6$$
$$(2.1) = (1.2) - (2.3) \times 2$$

(10) 於步驟 2 中，重複進行步驟 1 所進行的操作 (6)～(7)。

如調查步驟 2 第 1 列中負的數字時，只有 –2。因此，注意 –2 後標示 x_1 行的位置。

並且，θ 如下：

$$\frac{6}{3} = 2 \qquad \frac{5}{0.5} = 10$$

如比較 θ 值時，對應 x_3 列的 2 因為是最小，故標示該列的位置。因此，決定要新加入步驟 3 之基底的變數 x_1，以及取而代之要由基底離去的變數 x_3。步驟 3 的基底變成 x_1、x_2。接著，再重複與前面步驟相同的消去計算，其結果如表 15.1 所示。因此，調查步驟 3 中第 1 列的負的數字時，並無負的數字，此時，可知達到最適解，計算結果最適解是 $x_1 = 2$，$x_2 = 4$，$f(x) = 34$，與前面所顯示的計算結果相同。

表 15.1

步驟	基底	b	x1	x2	x3	x4	θ	
1	$f(x)$	0	−5	−6	0	0		(1.1)
	x3	16	4	2	1	0	8	(1.2)
	x4	20	2	4	0	1	5	(1.3)
2	$f(x)$	30	−2	0	0	1.5		(2.1)
	x2	6	3	0	1	−0.5	2	(2.2)
	x3	5	0.5	1	0	0.25	10	(2.3)
3	$f(x)$	34	0	0	2/3	7/6		(3.1)
	x1	2	1	0	1/3	−1/6		(3.2)
	x2	4	0	1	−1/6	1/3		(3.3)

15.2 多目標的線形計畫法

一個目的函數的線形計畫法，以前述的單形法即可求解。但如果是 2 個目標線形計畫法，要如何求解才好呢？

以下說明利用克羅巴爾 (Groubal) 評價法，求解使數個目的函數為最大的多目的線形計畫問題計算步驟。

在 m 個限制條件，n 個變數之下，使 l 目的函數最大的多目標線形計畫模式可以模式化如下。

目的函數：

$$f_k(x) = \sum_{j=1}^{n} c_{kj} x_j \qquad (k = 1, \cdots, l)$$

限制條件：

$$\left. \begin{array}{l} \sum_{j=1}^{n} a_{ij} x_j \leq b_j \quad (i = 1, \cdots, m) \\ x_j \geq 0 \qquad (j = 1, \cdots, n) \end{array} \right\}$$

上記模式的最佳妥協解，可以利用如下步驟求出。

步驟 1　求理想值 $f_k(x)$

　　針對各個目的函數求解線形計畫問題。此時的目的函數之值當作 $f_k(x)$ ($k = 1$, $\cdots$, l)。

步驟 2　製作償付表 (payoff)

　　所謂償付表，是歸納步驟 1 的結果，表示出各個目的函數的線形計畫問題的最適解 x_k ($k = 1$, $\cdots$, l) 以及目的函數值 $f_k(x)$ ($k = 1$, $\cdots$, l)。

步驟 3　求最佳的妥協解

　　由各理想值利用以下式子求出各目的函數的相對偏差值 (s)。

$$S = \frac{f_k(x) - \sum_{j=1}^{n} c_{kj} x_j}{f_k(x)} \qquad (k = 1, \cdots, l)$$

　　使此相對偏差 S 之和成為最小，求解以下線形計畫問題時，即可得出最佳妥協解。

目的函數：

$$f(x) = \sum_{k=1}^{l} \left\{ \frac{f_k(x) - \sum_{j=1}^{n} c_{kj} x_j}{f_k(x)} \right\} \to MIN \tag{1}$$

限制條件：

$$\left. \begin{array}{ll} \sum_{j=1}^{n} a_{ij} x_j \le b_j & (i = 1, \cdots, m) \\ x_j \ge 0 & (j = 1, \cdots, n) \end{array} \right\}$$

試依據上記步驟求解以下例子。

目的函數：

$$f_1(x) = 5x_1 + 3x_2 + 4x_3 \to MAX$$
$$f_2(x) = 2x_1 + 5x_2 + x_3 \to MAX$$

限制條件：

$$2x_1 + 5x_2 + 3x_3 \leq 3$$
$$3x_1 + 2.5x_2 + 6x_3 \leq 40$$
$$x_1 + 4.5x_2 + 9x_3 \leq 52$$
$$x_1, x_2, x_3 \geq 0$$

步驟 1　求出理想值 $f_k(x)$

求解以下線形計畫問題。

（一）目的函數

$$f_1(x) = 5x_1 + 3x_2 + 4x_3 \rightarrow MAX$$

限制條件：

$$2x_1 + 5x_2 + 3x_3 \leq 3$$
$$3x_1 + 2.5x_2 + 6x_3 \leq 40$$
$$x_1 + 4.5x_2 + 9x_3 \leq 52$$
$$x_1, x_2, x_3 \geq 0$$

於限制條件式中加入差額變數 x_4、x_5、x_6 時，即成為如下：

$$3 = 2x_1 + 5x_2 + 3x_3 + x_4$$
$$40 = 3x_1 + 2.5x_2 + 6x_3 + x_5$$
$$52 = x_1 + 4.5x_2 + 9x_3 + x_6$$
$$x_1, \cdots, x_6 \geq 0$$

因此，製作單形表時即為表 15.2。由此可知，最適解是 $x_1 = [x_1, x_5\ x_6]^T = [1.5, 35.5, 50.5]$（$T$ 表轉置矩陣之意）。另一方面，理想值 $f_1(x) = f_{11}(x) = 7.5$。另外，$f_{12}(x) = 30$〔其中 $f_{11}(x)$、$f_{12}(x)$ 之值，是將最適值分別代入 $f_1(x)$、$f_2(x)$ 之後的值〕。

表 15.2　單形表

步驟	基底	b	x1	x2	x3	x4	x5	x6	θ
1	$f(x)$	0	−5	−3	−4	0	0	0	
	x4	3	2	5	3	1	0	0	1.5
	x5	40	3	2.5	6	0	1	0	13.33
	x6	52	1	4.5	9	0	0	1	52
2	$f(x)$	7.5	0	9.5	3.5	2.5	0	0	
	x1	1.5	1	2.5	1.5	0.5	0	0	
	x5	35.5	0	−5	1.5	−1.5	1	0	
	x6	50.5	0	2	7.5	−0.5	0	1	

（二）目的函數

$$f_2(x) = 2x_1 + 5x_2 + x_3 \rightarrow MAX$$

限制條件：

$$\left.\begin{array}{r} 2x_1 + 5x_2 + 3x_3 \le 3 \\ 3x_1 + 2.5x_2 + 6x_3 \le 40 \\ x_1 + 4.5x_2 + 9x_3 \le 52 \\ x_1, x_2, x_3 \ge 0 \end{array}\right\}$$

於限制條件式加入差額變數 x_5、x_6、x_7〔與（一）同〕。製作單形表時，即為表 15.3。由此可知，最適解 $x_1 = [x_1, x_5\ x_6]^T = [0.6, 38.5, 49.3]^T$。另一方面，理想值 $f_2(x) = f_{22}(x) = 3.0$。另外 $f_{21}(x) = 1.8$。

表 15.3　單形表

步驟	基底	b	x1	x2	x3	x4	x5	x6	θ
1	$f(x)$	0	−2	−5	−1	0	0	0	
	x4	3	2	5	3	1	0	0	0.6
	x5	40	3	2.5	6	0	1	0	16
	x6	52	1	4.5	9	0	0	1	11.56

步驟	基底	b	x1	x2	x3	x4	x5	x6	θ
2	$f(x)$	3	0	0	2	1	0	0	
	x1	0.6	0.4	1	0.6	0.2	0	0	
	x5	38.5	2	0	4.5	−0.5	1	0	
	x6	49.3	−0.8	0	6.3	−0.9	0	1	

步驟 2　製作償付表

將步驟 1 的結果整理時，即為表 15.4 的償付表。

表 15.4

	x1	x2	x3	$f_1(x)$	$f_2(x)$
$k = 1$	1.5	0	0	7.5	3.0
$k = 2$	0	0.6	0	1.8	3.0

步驟 3　求最佳的妥協解

將表 15.4 的償付表結果代入 (1) 式中。換言之，

$$f(x) = \frac{7.5 - (5x_1 + 3x_2 + 4x_3)}{7.5} + \frac{3.0 - (2x_1 + 5x_2 + x_3)}{3.0}$$

$$= 2 - 1.333x_1 - 2.067x_2 - 0.867x_3$$

因此，求最佳的妥協解時，求解以下的線形計畫問題即可。

目的函數：

$$f(x) = 2 - 1.333x_1 - 2.067x_2 - 0.867x_3 \rightarrow MIN$$

亦即：

$$-f(x) = -2 + 1.333x_1 + 2.067x_2 + 0.867x_3 \rightarrow MAX$$

限制條件：

$$2x_1 + 5x_2 + 3x_3 \leq 3$$
$$3x_1 + 2.5x_2 + 6x_3 \leq 40$$
$$x_1 + 4.5x_2 + 9x_3 \leq 52$$
$$x_1, x_2, x_3 \geq 0$$

於限制條件中加入差額變數 x_4、x_5、x_6（與步驟 1 同）再製作單形表時，即為表 15.5。由此得出最佳的妥協解是 $x^* = [x_1, x_2, x_3]^T = [1.5, 0, 0]^T$。另外，在此最佳的妥協解中的目的函數值 $f_1^*(x)$、$f_2^*(x)$ 分別為：

$$f_1^*(x) = 7.5$$
$$f_2^*(x) = 3.0$$

表 15.5　單形表

步驟	基底	b	x1	x2	x3	x4	x5	x6	θ
1	f(x)	0	−1.33	−2.07	−0.87	0	0	0	
	x4	3	2	5	3	1	0	0	0.6
	x5	40	3	2.5	6	0	1	0	16
	x6	52	1	4.5	9	0	0	1	11.56
2	f(x)	3.24	−0.51	0	0.37	0.41	0	0	
	x2	0.6	0.4	1	3	0.2	0	0	1.5
	x5	38.5	3	0	4.5	−0.5	1	0	15.25
	x6	49.3	−0.8	0	6.3	−0.9	0	1	
3	f(x)	4	0	1.27	1.13	0.67	0	0	
	x1	1.5	1	2.5	1.5	0.5	0	0	
	x5	35.5	0	−5	1.5	−1.5	1	0	
	x6	50.5	0	2	7.5	−0.5	0	1	

15.3 目標計畫法

由 Charmes 與 Cooper 有體系所設定的數理模式中，有所謂的目標計畫法。此模式是在目標有數個時，並非完全使之達成某目標，說是設法盡可能達成，整體提高目標的達成度，基於此概念得出最佳妥協解的手法。但是，此模式具體言之要以何種步驟方可解決呢？

因此，利用多目標計畫的最適化問題，說明目標計畫法的具體例子。某軟體公司是從事商品（軟體）的開發與製造。目前的階段是使用 2 種軟體材料製造 3 種商品（A、B、C）。亦即，商品 A 是使用 3 單位的材料 1，1 單位的材料 2。同樣的做法，商品 B 是使用 4 單位的材料 1，2 單位的材料 2。商品 C 是使用 2 單位材料 1，3 單位的材料 2。

另一方面，各商品的利潤，每片來說，A 是 3 萬元，B 是 2 萬元，C 是 5 萬元。並且，材料 1、2 的總量分別當作 60 單位、50 單位。因此，此軟體公司要使利潤最大，在材料 1、2 的總量範圍內，各商品要製造多少才好呢？

此問題以線形計畫法予以模式化時即為如下。商品 A、B、C 的個數分別當作 x_1、x_2、x_3，此時所得到的總利潤設為 $f(x)$。

目的函數：

$$f(x) = 3x_1 + 2x_2 + 3x_3 \rightarrow MAX$$

限制條件：

$$\left. \begin{array}{r} 3x_1 + 4x_2 + 2x_3 \leq 60 \\ x_1 + 2x_2 + 3x_3 \leq 50 \\ x_1, x_2, x_3 \geq 0 \end{array} \right\}$$

以上的問題，當作線形計畫主問題，以單形法即可求解。因此，在限制條件式中加入差額變數 x_4、x_5 時即為如下：

$$\left. \begin{array}{l} 60 = 3x_1 + 4x_2 + 2x_3 + x_4 \\ 50 = x_1 + 2x_2 + 3x_3 \qquad\quad + x_5 \\ x_1, x_2, x_3 \geq 0 \end{array} \right\}$$

因此，製作單形表時即爲表 15.6。由此得出最適解是 $x_1 = 11.43$，$x_2 = 0$，$x_3 = 12.86$，目的函數 $f(x) = 98.57$。亦即，商品 A 製造 11.43 個，商品 C 製造 12.86 個時，此公司的利潤最大值爲 98.57 萬元。

表 15.6　單形表

步驟	基底	b	x1	x2	x3	x4	x5	θ
1	f(x)	0	−3	−2	−5	0	0	
	x4	60	3	4	2	1	0	30
	x5	50	1	2	3	0	1	16.67
2	f(x)	83.33	−1.33	1.33	0	0	1.67	
	x4	26.67	2.33	2.67	0	1	−1.67	11.45
	x3	26.67	0.33	0.67	1	0	0.33	50.52
3	f(x)	98.57	0	2.86	0	0.57	1.29	
	x1	11.43	1	1.14	0	0.43	−0.29	
	x3	12.86	0	0.29	1	−0.14	0.43	

然而，並非只是使總利潤達到最大的線形模式，使以下的多目標實現的模式，即可以目標計畫法加以模式化。

第 1 目標：使此公司的總利潤達 80 萬元。

第 2 目標：材料 1、2 的使用量分別以 60 單位、50 單位作爲目標。

此種問題要引進負的差額變數 d^- 與正的差額變數 d^+。這些補助變數如下加以定義。首先，負的差額變數 (d^-) 表示未達到目標值時之不足的大小，正的差額變數 (d^+) 是表示超過目標值時之超量的大小。在目標計畫法中，分成低於目標值的不足量 d^-，以及超出目標值的超出量 d^+ 來掌握，使其和的最小化作爲目標函數的一種線形函數計畫問題。接著，此問題即可利用單形法求解。其中，這些輔助變數成立著

$$d^- \cdot d^+ = 0$$
$$d^- \cdot d^+ \geq 0$$

亦即，d^- 與 d^+ 的任一方，如果是取某值時，與之對應的另一方，必定要成為 0 才行。因此，如果可以得到完全目標值一致的計畫時，則 $d^- = d^+ = 0$。

本例中公司的總利潤（目標值 80 萬元）的補助變數當作 d_1^-, d_1^+ 時，第 1 目標可以如下表現：

$$z_1 = d_1^- \rightarrow MIN$$

另一方面，材料 1、2 的輔助變數分別當作 d_2^-, d_2^+ 與 d_3^-, d_3^+，則第 2 目標可以如下表現：

$$z_2 = d_2^- + d_3^- \rightarrow MIN$$

如本例有 2 個以上的目標時，從優先度高的目標依序排列，設定優先順序的係數 $P_k(k = 1, 2, \cdots)$。於是，本例的情形，目的函數變成如下：

$$z_0 = P_1 d_1^- + P_2(d_2^- + d_3^-) \rightarrow MIN \tag{2}$$

以限制條件而言，即為：

$$\left.\begin{array}{r}
3x_1 + 2x_2 + 5x_3 + d_1^- - d_1^+ = 80 \\
3x_1 + 4x_2 + 2x_3 + d_2^- - d_2^+ = 60 \\
x_1 + 2x_2 + 3x_3 + d_3^- - d_3^+ = 50 \\
x_1, x_2, x_3, d_1^-, d_1^+, d_2^-, d_2^+, d_3^-, d_3^+ \geq 0
\end{array}\right\} \tag{3}$$

以單形法求解以上的目標計畫法。在目標計畫法中的單形法步驟如下所示（參照表 15.7）。

（一）(2) 式的目的函數有 3 個變數 d_1^-、d_2^-、d_3^-，將這些當作基底的變數。並且，將這些變數的比重 (P_1, P_2, P_3) 記入 P_i 欄中。其中 $P_1 > P_2$（優先順序）。

（二）第 1 列～第 3 列中，一併記入 (3) 式的係數。

（三）計算 x_1 行～d_3^+ 行的值。譬如，x_1 行是 $3P_1 + 3P_2 + P_2$。亦即，是 $3P_1 + 4P_2$。並且，d_1^-、d_2^-、d_3^- 在欄外有 P_1、P_2、P_3，譬如，d_1^- 列，即為 $p_1 - p_2$

= 0 但欄外的 p_1 是負號。

（四）確認步驟（三）中所計算的值有無正之值（此情形，$3P_1 + 4P_2$，$2P_1 + 6P_2$，$5P_1 + 5P_2$）。

　　其中注意最大值（x_3 要的 $5P_1 + 5P_2$），標示出該行的位置。

（五）將 b 行的各個數字除 x_3 行的正的數字後，計算 θ 值 (80、5 = 16, 60/2 = 30, 50/3 = 16.7)。

（六）比較 θ 值的大小，注意最小值（d_1^- 列的 16.0），標示出該列（d_1^- 列）的位置。

　　以上步驟 1 結束。接著，決定要新加入步驟 2 的基底變數 (x_3)，以及取而代之從基底離去的變數 (d_1^-)。於是，步驟 2 的基底是 d_3、d_2^-、d_3^-。在步驟 2 的基底欄中記入這些，隨之進行消去計算的操作（七）、（八）。

（七）步驟 1 中第 1 列的 x_3 行的數字 5 換成 1，放到步驟 2 的第 1 列（步驟 2 的第 1 列是將步驟 1 的第 1 列除以 5 之後的數列），記入

（步驟 2 第 1 列）=（步驟 1 第 2 列）÷5

（八）步驟 1 中第 1 列以外的 x_3 行的數字換成 0，放到步驟 2。因此，步驟 2 的第 2 列、第 3 列、第 4 列分別成為如下：

$$(2.2) = (1.2) - (2.1) \times 2$$
$$(2.3) = (1.3) - (2.1) \times 3$$

（九）在步驟 2 中，重複進行步驟 1 所進行的操作（三）～（六）。

　　此結果決定出要新加入步驟 3 的基底變數 (x_2)，以及取代由基底離去的變數 (d_3^-)。亦即，步驟 3 的基底即為 x_3、d_2^-、x_2。之後，重複與前面步驟相同的消去計算（七）、（八）。其次，在步驟 3 中，重複步驟 1 中所進行的操作（三）～（六）。結果，決定出步驟 4 要新加入基底的變數 (x_1) 以及取代由基底離去的變數 (d_2^-)。亦即，步驟 4 的基底成為 x_3、x_1、x_2。接著，重複與前面相同的消去計算（七）、（八）。

　　亦即，所謂目標計畫法的單形法，是重複步驟 1 中（一）～（六）的操作，或者重複步驟 2 以後的消去計算與（九）之操作並計算。接著，最後操作（三）中所算的各值，當變成正值時，計算即結束。

譬如,步驟 4 中操作之值皆爲負數 $(-P_1, -P_2, -P_3)$。因此,達到最適解。最適解是 $x_1 = 4.0$,$x_2 = 6.5$,$x_3 = 11.0$。

亦即,商品 A 製造 4 個,商品 B 製造 6.5 個,商品 C 製造 11 個時,即可達成第 1 目標(總利潤 80 萬元)。

表 15.7　單形表

步驟	P_i	基底	b	x1	x2	x3 (P_1)	d_1^- (P_2)	d_2^- (P_3)	d_3^-	d_1^+	d_2^+	d_3^+	θ	
1	P_1	d_1^-	80	3	2	5	1	0	0	−1	0	0	16.0	(1.1)
	P_2	d_2^-	60	3	4	2	0	1	0	0	−1	0	30.0	(1.2)
	P_3	d_2^-	50	1	2	3	0	0	1	0	0	−1	16.7	(1.3)
	值			$3P_1$ $+4P_2$	$2P_1$ $+6P_2$	$5P_1$ $+5P_2$	0	0	0	$-P_1$	$-P_2$	$-P_3$		
2	P_1	x3	16	0.6	0.4	1.0	0.2	0	0	0.2	0	0	40	(2.1)
	P_2	d_2^-	28	1.8	3.2	0	−0.4	1	0	0.4	−1.0	0	8.8	(2.2)
	P_3	d_3^-	2	−0.8	0.8	0	−0.6	0	1	0.6	0	−1	2.5	(2.3)
	值			P_2	$4P_2$	0	$-P_1$ $-P_2$	0	0	P_2	$-P_2$	$-P_2$		
3	P_1	x3	15	1	0	1	0.5	0	−0.5	−0.5	0	0.5	15	(3.1)
	P_2	d_2^-	20	5	0	0	2.0	1	−4.0	−2.0	−1.0	4.0	4	(3.2)
	P_3	x2	2.5	−1	1	0	−0.8	0	1.3	0.8	0	−1.3		(3.3)
	值			$5P_2$ $-P_1$	0	0	$2P_2$	0	$-5P_2$	$-2P_2$	$-P_2$	$4P_2$		
4	P_1	x3	11	0	0	1	0.1	−0.2	0.3	−0.1	0.2	−0.3		(4.1)
	P_2	x1	4	1	0	0	0.4	0.2	−0.8	−0.4	−0.2	0.8		(4.2)
	P_3	x2	6.5	0	1	0	−0.4	0.2	0.5	0.4	−0.2	−0.5		(4.3)
	值						$-P_1$	$-P_2$	$-P_2$					

第16章　馬可夫鏈與 AHP

16.1　何謂馬可夫鏈

在日常生活中經常體驗的事項，譬如商品的價格變動、每日的天氣、交通事故的件數等，必須按時間的推移來記錄。像這樣，隨著時間的經過所觀測之量的數列，稱為時間數列。

觀測大多是以一定間隔的時間來進行，此時的時間集合，即為：

$$T = 0, 1, 2, \cdots, n$$

此種時間系列稱為離散型。

另一方面，連續被觀測時的時間集合，即為：

$$T = t \qquad (0 \leq t \leq M)$$

此種時間系列稱為連續型。

在某時刻 t 所觀測的量以 $x(t)$ 表示，以其集合表示時間數列。此被觀測的量 $x(t)$ 是機率變數時，此時間數列稱為機率過程。

本章介紹在此機率過程中廣為應用的馬可夫過程，此概念據說是當時蘇聯的數學家馬可夫在調查普西金的詩中，母音與子音的分配狀態時，偶然發現的。如將概念歸納時，即為「某階段中的事項，受其眼前的事項所影響，並不受以前的事項所左右的此種狀況以數學方式所表現者」。亦即，「未來只與現在有關，與過去無關」之情形。

此處說明其中最常使用的馬可夫鏈（Markov Chain）。此乃離散型，而且機率變數 $x(t)$ 的可能值是有限個時。$x(t)$ 的可能值稱為狀態，以 $1, 2, \cdots, n$ 表示。並且探討各階段中的推移機率，P_{ij}（從狀態 i 到狀態 j 的機率，以推移機率 P_{ij} 表示）為一定的定常馬可夫鏈。

今可能出現的狀態空間以 $\{1, 2, \cdots, n\}$ 表示，目前處於 i 的狀態，下一階段

成為 j 的狀態之推移機率 P_{ij}，只與目前的狀態 i 有關，與以前的狀態假定無關。此推移機率矩陣 P_{ij} 可如下表示：

$$P_{ij} = \begin{bmatrix} P_{11} & P_{12} & \cdots & P_{1n} \\ P_{21} & P_{22} & \cdots & \vdots \\ \vdots & \vdots & \ddots & \vdots \\ P_{n1} & P_{n2} & \cdots & P_{nn} \end{bmatrix} \tag{1}$$

將式 (1) 表示成圖形，稱為推移圖。並且，將表示最初狀態的初期機率向量如下表示：

$$g(0) = \{P_1(0), P_2(0), \cdots, P_n(0)\} \tag{2}$$

一般而言，時間 t 中的機率向量即成為如下：

$$g(t) = \{P_1(t), P_2(t), \cdots, P_n(t)\} \tag{3}$$

依馬可夫鏈的性質，得出：

$$g(t+1) = g(t) \cdot P \tag{4}$$

因此，將 $t = 0, 1, \cdots$ 代入上式時，即為：

$$g(1) = g(0) \cdot P$$
$$g(2) = g(1) \cdot P = g(0) \cdot P^2$$
$$\vdots$$
$$g(t) = g(t-1) \cdot P = g(0) \cdot P^t \tag{5}$$

因此，想了解 t 時間後的狀態時，解出式 (5) 即可。

然而，計算 P^t 是相當複雜的，因此先列舉出簡單可求解的公式。但推移機率矩陣 P_{ij} 是 2 行 2 列的情形。此時 P_{ij} 如下決定：

$$P = \begin{bmatrix} \alpha & 1-\alpha \\ 1-\beta & \beta \end{bmatrix}$$

當 P 以上式表示時，P^t 即爲如下：

$$P^t = \frac{1}{2-\alpha-\beta} \begin{bmatrix} 1-\beta & 1-\alpha \\ 1-\beta & 1-\alpha \end{bmatrix} + \frac{(\alpha+\beta-1)^t}{2-\alpha-\beta} \begin{bmatrix} 1-\alpha & -(1-\alpha) \\ -(1-\beta) & 1-\beta \end{bmatrix} \quad (6)$$

利用式 (5) 與式 (6)，t 階段後的狀態向量即可決定。

又，P 的乘冪（譬如，$P^2, P^3, \cdots, p^n \cdots$）均不含有 0 的元素時，此馬可夫鏈稱爲常態馬可夫鏈。此常態馬可夫鏈具有如下重要性質。亦即，經過十分長的時間之後，狀態 1 與狀態 2 的比率如以機率向量 $t = (t_1, t_2)$ 表示時，t 即爲滿足

$$tP = t \quad (7)$$

的唯一向量。

16.2　馬可夫鏈的簡單例題

例 1

某地域的農作物收成，據說有下列的狀況。當某年豐收時，下一年也豐收的機率是 0.6，某年不豐收時，下一年也不豐收的機率是 0.3。今年假定該地域的農作物之收穫狀況是豐收時，試求 t 年後豐收的機率與不豐收的機率。

解

豐收的狀態當作 1，不豐收的狀態當作 2 時，推移圖（圖 16.1）與推移機率矩陣，即爲如下：

$$P = \begin{bmatrix} 0.6 & 0.4 \\ 0.7 & 0.3 \end{bmatrix}$$

又，今年是豐收，所以

$$g(0) = (1, 0)$$

因此，t 年後的狀態 $g(t)$ 即為如下：

$$g(t) = g(0) \cdot P^t$$

且，P^t 成為如下：

$$P^t = \frac{1}{1.1}\begin{bmatrix} 0.7 & 0.4 \\ 0.7 & 0.4 \end{bmatrix} + \frac{(-0.1)^t}{1.1}\begin{bmatrix} 0.4 & -0.4 \\ -0.7 & 0.7 \end{bmatrix}$$

$$= \frac{1}{11}\begin{bmatrix} 7 + (-0.1)^t \times 4 & 4 - (-0.1)^t \times 4 \\ 7 - (-0.1)^t \times 7 & 4 + (-0.1)^t \times 7 \end{bmatrix}$$

因此，

$$g(t) = g(0) \cdot P^t = \frac{1}{11}\{7 + (-0.1)^t \times 4, 4 - (-0.1)^t \times 4\}$$

亦即，t 年後豐收的機率 $P_1(t)$ 是：

$$P_1(t) = \frac{1}{11}\{7 + (-0.1)^t \times 4\}$$

不豐收的機率是：

$$P_2(t) = \frac{1}{11}\{4 - (-0.1)^t \times 4\}$$

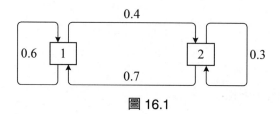

圖 16.1

例2

在棒球的人氣球隊中，吸引球迷支持的競爭很重要。有關統一與兄弟球迷的人數中，每年統一球迷有 3% 變成兄弟球迷，兄弟迷有 1% 轉變成統一球迷。今假定統一與兄弟的球迷人數總和是一定的話，經歷一段長時間後，統一與兄弟的球迷人數比變成如何？並且，此比率是否與最初的球迷人數有關呢？

解

統一球迷的狀態設爲 1，兄弟球迷的狀態設爲 2 時，即成爲如圖 16.2 的推移圖。

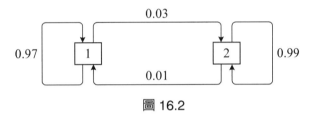

圖 16.2

$$P = \begin{bmatrix} 0.97 & 0.03 \\ 0.01 & 0.99 \end{bmatrix}$$

以此種推移機率所表現的機率過程，雖然是常態馬可夫鏈，如依據此，最初的初期機率，亦即與統一與兄弟最初的球迷人數無關而近乎一定比率 $t(t_1, t_2)$。亦即：

$$t \cdot P = t$$

本例的情形，即爲：

$$(t_1, t_2)\begin{bmatrix} 0.97 & 0.03 \\ 0.01 & 0.99 \end{bmatrix} = (t_1, t_2)$$

亦即：

$$0.97t_1 + 0.01t_2 = t_1$$
$$0.03t_1 + 0.99t_2 = t_2$$

另計,

$$t_1 + t = 1$$

因此,

$$t_1 = \frac{1}{4} , t_2 = \frac{3}{4}$$

故統一球迷與兄弟球迷的比率,與最初的球迷人數無關,近乎 1:3。

16.3 馬可夫鏈的簡單例題

交通量分配理論有許許多多,其中,有利用馬可夫鏈交通量分配的手法。依據此想法時,分歧點中交通流量的分流機率如以推移機率設定時,則路網中之交通量的分配類型即可決定。亦即,此可以將交通流量當作有吸收源的馬可夫鏈來記述。引用此種想法,路網中之交通流量的分配就變得非常容易。

話說,吸收馬可夫鏈具有 1 個以上的吸收點,來自其他的所有狀態有可能到達這些吸引點。譬如,考量 6 個地點,I、II、III、IV、V、VI,假定有如圖 16.3 所示的推移機率。亦即,由地點 V 到 III 的機率是 1,由地點 III 到 II 及 IV 的機率,分別是 1/4 及 3/4,由地點 II 向 I 及 IV 的機率,分別是 1/3 及 2/3,假定車子只向著箭頭的方向行駛。

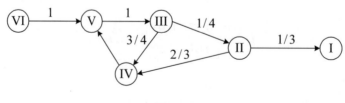

圖 16.3

　　此時，每單位時間有 10 臺車子由地點 VI 出發，依據所設定的推移機率，在路網中移動，最後到達地點 I 時，各道路中出現多少交通量呢？在考慮此種問題上，吸引馬可夫鏈的理論被認爲是非常有用的。

　　亦即，圖 16.3 所示的路網是典型的馬可夫鏈。其次到哪一個地點，只受現在的地點所影響，與以前的地點無關。而且，一旦到達 I 地點時即被吸收，因此具有吸收源。故本例有 6 個可能出現狀態，其中有 1 個吸收源，有 5 個其他狀態的吸收馬可夫鏈。

　　一般定常的吸收馬可夫鏈之推移機率矩陣可如下表示：

$$P = \begin{array}{c} r\text{個} \\ s\text{個} \end{array} \begin{array}{cc} r\text{個} & s\text{個} \\ \left[\begin{array}{c|c} I & O \\ \hline R & L \end{array} \right] \end{array} \tag{8}$$

　　本例的情形，吸收狀態只有 1 個，所以 I 矩陣是 1。並且，非吸收狀態 S 有 5 個，所以 Q 是 5×5 的矩陣，因此，推移機率矩陣 P 即可如下表示：

$$P = \begin{array}{c} \\ I \\ II \\ III \\ IV \\ V \\ VI \end{array} \begin{array}{cccccc} I & II & III & IV & V & VI \\ \left[\begin{array}{c|ccccc} 1 & 0 & 0 & 0 & 0 & 0 \\ \hline 1/3 & 0 & 0 & 2/3 & 0 & 0 \\ 0 & 1/4 & 0 & 3/4 & 0 & 0 \\ 0 & 0 & 0 & 0 & 1 & 0 \\ 0 & 0 & 1 & 0 & 0 & 0 \\ 0 & 0 & 0 & 0 & 1 & 0 \end{array} \right] \end{array}$$

　　在此種推移機率矩陣 P 之中，特別要關注非吸收狀態間的推移機率，矩陣 Q（5×5 的矩陣）。本例的 Q 即爲如下所示：

$$Q = \begin{array}{c} \\ II \\ III \\ IV \\ V \\ VI \end{array} \begin{array}{ccccc} II & III & IV & V & VI \\ \left[\begin{array}{ccccc} 0 & 0 & 2/3 & 0 & 0 \\ 1/4 & 0 & 3/4 & 0 & 0 \\ 0 & 0 & 0 & 1 & 0 \\ 0 & 1 & 0 & 0 & 0 \\ 0 & 0 & 0 & 1 & 0 \end{array} \right] \end{array}$$

對此 Q 來說，以下的關係是成立的，即：

$$I + Q + Q^2 + \cdots = (I-Q)^{-1}$$

此式的右邊 $(I-Q)^{-1}$，稱為吸收馬可夫鏈的基本矩陣。

然而，此基本矩陣具有如下性質。亦即，此基本矩陣的 i、j 元素，是表示由 i 狀態出發，周邊轉來轉去後，通過 j 狀態之次數的期待值。本例的情形，計算此 $(I-Q)^{-1}$，並關注它的 VI 列（第 5 列）。因為，此矩陣的元素，是表示由 VI 地點出發的 1 臺車通過 j 點之次數的期待值。

本例中的 $I-Q$ 是：

$$
I-Q = \begin{array}{c} \\ \text{II} \\ \text{III} \\ \text{IV} \\ \text{V} \\ \text{VI} \end{array}
\begin{array}{c} \begin{matrix} \text{II} & \text{III} & \text{IV} & \text{V} & \text{VI} \end{matrix} \\
\begin{bmatrix}
1 & 0 & -2/3 & 0 & 0 \\
-1/4 & 0 & -3/4 & 0 & 0 \\
0 & 0 & 1 & -1 & 0 \\
0 & -1 & 0 & 1 & 0 \\
0 & 0 & 0 & -1 & 1
\end{bmatrix}
\end{array}
$$

計算逆矩陣時，

$$
(I-Q)^{-1} = \begin{array}{c} \\ \text{II} \\ \text{III} \\ \text{IV} \\ \text{V} \\ \text{VI} \end{array}
\begin{array}{c} \begin{matrix} \text{II} & \text{III} & \text{IV} & \text{V} & \text{VI} \end{matrix} \\
\begin{bmatrix}
3 & 8 & 8 & 8 & 0 \\
3 & 12 & 11 & 12 & 0 \\
3 & 12 & 12 & 12 & 0 \\
3 & 12 & 1 & 12 & 12 \\
3 & 12 & 11 & 12 & 1
\end{bmatrix}
\end{array}
$$

因此，關注 $(I-Q)^{-1}$ 的 VI 列（第 5 列）。依據基本矩陣的性質，由地點 VI 出發的 1 臺車有 3 次通過地點 II，因此區間 II → I 可分配 3×1/3 = 1 臺，區間 II → IV 可分配 3×2/3 = 2 臺。又，地點 III 是通過 12 次，因此區間 III → II 可分配 12×1/4 = 3 臺，區間 III → IV 可分配 12×3/4 = 9 臺。因此，區間 IV → V 及區間 V → III 分別分配 11 臺、12 臺。由地點 VI 出發的車數，每單位時間是 10

臺，因此在定常狀態中，將以上之值全部 10 倍後的區間交通量，即為所求的分配交通量。將此結果圖示即為圖 16.4。

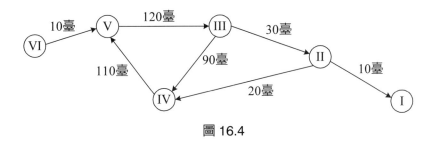

圖 16.4

一般由地點 II、III、IV、V、VI 出現的交通量，分別是 U_2、U_3、U_4、U_5、U_6 時，

$$(U_2, U_3, U_4, U_5, U_6) \begin{bmatrix} 3 & 8 & 8 & 8 & 0 \\ 3 & 12 & 11 & 11 & 0 \\ 3 & 12 & 12 & 12 & 0 \\ 3 & 12 & 11 & 12 & 11 \\ 3 & 12 & 11 & 12 & 1 \end{bmatrix}$$

$$= (3U_2 + 3U_3 + 3U_4 + 3U_5 + 3U_6, 8U_2 + 12U_3 + 12U_4 + 12U_5 + 12U_6,$$
$$8U_2 + 11U_3 + 12U_4 + 11U_5 + 11U_6, 8U_2 + 11U_3 + 12U_4 + 12U_5 + 12U_6,$$
$$11U_5 + U_6)$$

即為通過各地點的交通量。本例的情形由於是：

$$U_2 = U_3 = U_4 = U_5 = 0$$

因此

$$(0, 0, 0, 0, U_6)(I - Q)^{-1} = (3U_6, 12U_6, 11U_6, 12U_6, U_6) \tag{10}$$

是表示通過地點 II、III、IV、V、VI 的交通量。

又，將矩陣 R（5 列 1 行）與式 (10) 相乘時，可得出被吸收源吸收的交通量 M，亦即：

$$M = (0, 0, 0, 0, U_6)(I - Q)^{-1} \cdot R = U_6 \tag{11}$$

由此可知，地點 VI 所發出的交通量全部被地點 I 吸收。

以上即為利用吸收馬可夫鏈的交通量分配情形。

16.4 交通量分配的例題

使用 3 節所說明的交通量分配手法（吸收馬可夫鏈），計算交通網中所分配的交通量。

例 3

在如圖 16.5 所示的交通網中，由發生源 ♡ 有 100 臺車發出時，各道路區間中可分配多少臺的交通量呢？試計算看看。但地點 ④、③、② 中的分歧機率如下設定。

$④ \rightarrow ③ : \dfrac{1}{2}$，$③ \rightarrow ② : \dfrac{1}{3}$，$② \rightarrow ① : \dfrac{1}{4}$

解

因各地點的分歧機率已知，因此推移機率矩陣 $P(7 \times 7)$ 即為如下。

$$P = \begin{bmatrix} 1 & 0 & 0 & 0 & 0 & 0 & 0 \\ 1/4 & 0 & 0 & 0 & 3/4 & 0 & 0 \\ 0 & 1/3 & 0 & 0 & 2/3 & 0 & 0 \\ 0 & 0 & 1/2 & 0 & 1/2 & 0 & 0 \\ 0 & 0 & 0 & 0 & 0 & 1 & 0 \\ 0 & 0 & 0 & 1 & 0 & 0 & 0 \\ 0 & 0 & 0 & 0 & 0 & 1 & 0 \end{bmatrix}$$

（表頭：① ② ③ ④ ⑤ ⑥ ⑦）

因此，非吸收狀態間的推移機率矩陣 $Q(6 \times 6)$ 如下：

$$Q = \begin{array}{c} \begin{array}{cccccc} ② & ③ & ④ & ⑤ & ⑥ & ⑦ \end{array} \\ \begin{bmatrix} 0 & 0 & 0 & 3/4 & 0 & 0 \\ 1/3 & 0 & 0 & 2/3 & 0 & 0 \\ 0 & 1/2 & 0 & 1/2 & 0 & 0 \\ 0 & 0 & 0 & 0 & 1 & 0 \\ 0 & 0 & 1 & 0 & 0 & 0 \\ 0 & 0 & 0 & 0 & 1 & 0 \end{bmatrix} \end{array}$$

就非吸收狀態間的推移機率矩陣 Q 而言，$(I-Q)$ 成爲如下：

$$I-Q = \begin{array}{c} \begin{array}{cccccc} ② & ③ & ④ & ⑤ & ⑥ & ⑦ \end{array} \\ \begin{bmatrix} 1 & 0 & 0 & -3/4 & 0 & 0 \\ -1/3 & 1 & 0 & -2/3 & 0 & 0 \\ 0 & -1/2 & 1 & -1/2 & 0 & 0 \\ 0 & 0 & 0 & 1 & -1 & 0 \\ 0 & 0 & -1 & 0 & 1 & 0 \\ 0 & 0 & 0 & 0 & -1 & 1 \end{bmatrix} \end{array}$$

其次，計算吸收馬可夫鏈的基本矩陣 $(I-Q)^{-1}$，其結果如下：

$$(I-Q)^{-1} = \begin{array}{c} \begin{array}{cccccc} ② & ③ & ④ & ⑤ & ⑥ & ⑦ \end{array} \\ \begin{bmatrix} 4 & 9 & 18 & 18 & 18 & 0 \\ 4 & 12 & 22 & 22 & 22 & 0 \\ 4 & 12 & 24 & 23 & 23 & 0 \\ 4 & 12 & 24 & 24 & 24 & 0 \\ 4 & 12 & 24 & 23 & 24 & 0 \\ 4 & 12 & 24 & 23 & 24 & 1 \end{bmatrix} \end{array}$$

由地點 ♡ 發生的 100 臺車子，所以發生向量 A 即爲如下：

$$A = \begin{array}{c} \begin{array}{cccccc} ② & ③ & ④ & ⑤ & ⑥ & ⑦ \end{array} \\ (0, \quad 0, \quad 0, \quad 0, \quad 0, \quad 100) \end{array}$$

因此，各地點的通過交通量成爲如下：

$$A(I-Q)^{-1} = (0, \quad \overset{②}{0}, \quad \overset{③}{0}, \quad \overset{④}{0}, \quad \overset{⑤}{0}, \quad \overset{⑥}{0}, \quad \overset{⑦}{100}) \begin{bmatrix} 4 & 9 & 18 & 18 & 18 & 0 \\ 4 & 12 & 22 & 22 & 22 & 0 \\ 4 & 12 & 24 & 23 & 23 & 0 \\ 4 & 12 & 24 & 24 & 24 & 0 \\ 4 & 12 & 24 & 23 & 24 & 0 \\ 4 & 12 & 24 & 23 & 24 & 1 \end{bmatrix}$$

$$= (\overset{②}{400}, \quad \overset{③}{1200}, \quad \overset{④}{2400}, \quad \overset{⑤}{2300}, \quad \overset{⑥}{2400}, \quad \overset{⑦}{100})$$

結果，各道路區間的分配交通量如圖 16.5 所示。

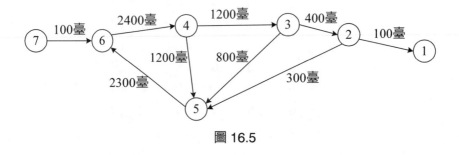

圖 16.5

參考文獻

1. 木下學藏，意思決定論入門，近代科學社，pp.173～191.

2. Shunji Osaki, Applied Stochastic System Modeling, Springer-Verlag, 1993.

第17章　系統化的數理模式

　　本章以具體的例子說明系統工程中的階層構造化手法（ISM 與 Dematel）。ISM 模式是由 J. N. Warfield 所提倡的階層構造化手法的一種，Dematel 法是利用意見調查之手段，將專門性的知識予以密集，使問題的構造明確，查明問題複合體的本質，匯集共同理解的一種方法。

17.1　ISM

　　AHP 中曾介紹過階層構造，當時是將問題的評價基準分解成階層構造。可是，該處中所說明的例子是決策者主觀性地決定階層構造。因此，希望能利用數學模式，以更客觀的方法導出最適構造。此時所使用的數學手法是何種數學模式呢？

　　引導出最適階層構造的數學手法有 ISM 模式。此模式是由 J. W. Warfield 所提倡，取 Interpretive Structural Modeling（說明式的構造模式法）的第 1 個字母，是階層構造化手法的一種。

　　此模式的特徵如下：

　　1. 為了查明問題，有需要聚集許多人之智慧的一種參與型系統。

　　2. 以此種腦力激盪法〔小組的思考技術，通常包含主持人在內聚集 5～10 名，盡可能相互提出許多奇特的創意，但絕不批評其他人的想法。創意的選擇是在事後召開其他集會來進行。將此方法當作個人思考方式時，稱為個人腦力激盪法（solo brainstorming）。1939 年 A. F. Osban 首次嘗試在美國的廣告公司當作提出奇特構想的方法。所得到的內容，以定性的方法進行構造化，以視覺的方式（階層構造）表示結果的系統。

　　3. 以手法來說，是屬於演算式的（algorithm），以電腦的支援當作基本。

　　將此種手法應用在實際問題上，可以修正利用人所具有的直覺與經驗判斷，在認知上所具有的矛盾點，可以更客觀地使問題明確。

　　其次，說明此模式的計算步驟。首先，聚集數位成員，利用腦力激盪法抽出關聯要素。接著進行此要素的一對比較，要素 i 如對要素 j 有影響時當作 1，若非如此時當作 0，製作關係矩陣。以下，一面參照圖 17.1，一面閱讀。

決策分析 ── 方法與應用

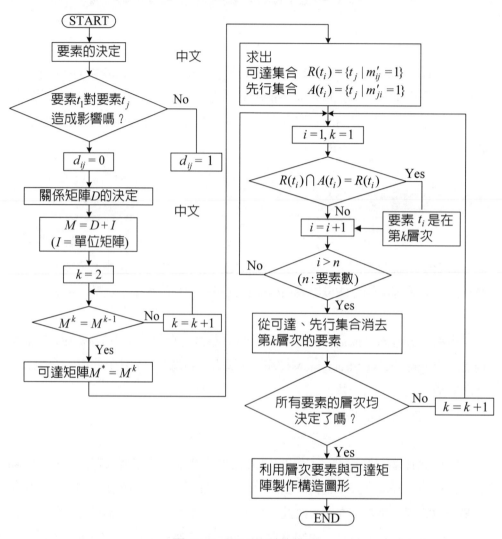

圖 17.1　ISM 的計算流程

以「選定住宅」的評價基準為例，說明 ISM 模式的計算步驟。

首先，聚集數位成員，利用腦力激盪法，抽出覺得與「住宅的選定」有關的評價基準。結果如表 17.1 所示。但是，評價基準的個數全部是 10 個。其次，進行此等 10 個評價基準的一對比較，如評價基準 i 對評價基準 j 有影響時當作 1，無影響時當作 0，製作關係矩陣（D）。在本例中，就像表 17.2 所示的那樣。然後加上單位矩陣 I 當作

264

$$M = D + I \tag{1}$$

表 17.1　評價基準一覽表

號碼	評價基準的內容
1	住宅的選定
2	價格
3	立地條件
4	物件內容
5	快適性
6	便利性
7	居住面積
8	布置
9	景觀
10	環境

表 17.2　關係矩陣

評價基準	1	2	3	4	5	6	7	8	9	10
1	0	0	0	0	0	0	0	0	0	0
2	1	0	0	0	0	0	0	0	0	0
3	1	0	0	0	0	0	0	0	0	0
4	1	0	0	0	0	0	0	0	0	0
5	1	0	1	0	0	0	0	0	0	0
6	1	0	1	0	0	0	0	0	0	0
7	1	0	0	1	0	0	0	0	0	0
8	1	0	0	1	0	0	0	0	0	0
9	1	0	1	0	1	0	0	0	0	0
10	1	0	1	0	1	0	0	0	0	0

依序求出此 M 的乘冪，計算可達矩陣 M^*（計算到 $M^k = M^{k-1}$ 爲止）。所謂可達矩陣，即爲以下所示的內容。

像 (1) 式那樣，如將 $(D + I)$ 寫成 M 時，將此進行 $(k - 1)$ 次以上的乘冪計算其結果也不變。此處，k 即爲 D 的次元。亦即，$M^{k-1} = M^k = M^{k+1}$。稱此矩陣爲原來矩陣 D 的可達矩陣（reachability matrix），以 M^* 表示。但是，此矩陣演算是以 1（有影響）與 0（無影響）來進行。

此例的可達矩陣 M^*，如表 17.3 所示。其次，利用此可達矩陣對各評價基準 t_i 求出：

$$可達集合\ R(t_i) = \{t_j \mid m'_{ij} = 1\} \tag{2}$$

$$先行集合\ A(t_i) = \{t_j \mid m'_{ji} = 1\} \tag{3}$$

表 17.3 可達矩陣

評價基準	1	2	3	4	5	6	7	8	9	10
1	1	0	0	0	0	0	0	0	0	0
2	1	1	0	0	0	0	0	0	0	0
3	1	0	1	0	0	0	0	0	0	0
4	1	0	0	1	0	0	0	0	0	0
5	1	0	1	0	1	0	0	0	0	0
6	1	0	1	0	0	1	0	0	0	0
7	1	0	0	1	0	0	1	0	0	0
8	1	0	0	1	0	0	0	1	0	0
9	1	0	1	0	1	0	0	0	1	0
10	1	0	1	0	1	0	0	0	0	1

如更簡單地說明此事時，在求可達集合 $R(t_i)$ 方面，觀察各列之後，收集出現「1」的行，在求先行集合 $A(t_i)$ 方面，觀察各行之後，收集出現「1」的列。本例中各評價基準的可達集合與先行集合，如表 17.4 所示。

表 17.4 可達集合與先行集合

t_i	$R(t_i)$	$A(t_i)$	$R(t_i) \cap A(t_i)$
1	1	1, 2, 3, 4, 5, 6, 7, 8, 9, 10	1
2	1, 2	2	2
3	1, 3	3, 5, 6, 9, 10	3
4	1, 4	4, 7, 8	4
5	1, 3, 5	5, 9, 10	5
6	1, 3, 6	6	6
7	1, 4, 7	7	7
8	1, 4, 8	8	8
9	1, 3, 5, 9	9	9
10	1, 3, 5, 10	10	10

在階層構造中各評價基準之層次，是利用此可達矩陣 $R(t_i)$ 與先行集合 $A(t_i)$，逐次去求出滿足

$$R(t_i) \cap A(t_i) = R(t_i) \qquad\qquad (4)$$

來決定。在 (4) 式中，滿足表 17.4 的只有評價基準 1 而已，所以第 1 層次即可決定。

亦即：

$$L_1 = \{1\}$$

其次，從表 17.4 消去（附有圓圈記號）評價基準 1，以同樣的做法抽出滿足表 17.4 的評價基準。結果，以層次 2 而言即為：

$$L_2 = \{2, 3, 4\}$$

其次，消去這些評價基準 $\{2, 3, 4\}$，即為表 17.5。

表 17.5　可達集合與先行集合

t_i	$R(t_i)$	$A(t_i)$	$R(t_i) \cap A(t_i)$
5	⑤	⑤, 9, 10	5
6	⑥	⑥	6
7	⑦	⑦	7
8	⑧	⑧	8
9	⑤, 9	9	9
10	⑤, 10	10	10

針對此表再應用 (4) 式時，層次 3 即為：

$$L_3 = \{5, 6, 7, 8\}$$

決策分析──方法與應用

接著，再應用 (4) 式時，層次 4 即為：

$$L_4 = \{9, 10\}$$

亦即，此階層構造的層次只到層次 4 為止。利用這些各層次的評價基準與表 17.3 所表示的可達矩陣，可以得出能表示相鄰層次之間的評價基準之關係的構造化矩陣。以本例來說，即如表 17.6 所示。

表 17.6　構造化矩陣

評價基準	1	2	3	4	5	6	7	8	9	10
1	1	0	0	0	0	0	0	0	0	0
2	1	1	0	0	0	0	0	0	0	0
3	1	0	1	0	0	0	0	0	0	0
4	1	0	0	1	0	0	0	0	0	0
5	0	0	1	0	1	0	0	0	0	0
6	0	0	1	0	0	1	0	0	0	0
7	0	0	0	1	0	0	1	0	0	0
8	0	0	0	1	0	0	0	1	0	0
9	0	0	0	0	1	0	0	0	1	0
10	0	0	0	0	1	0	0	0	0	1

利用此構造化矩陣，即可決定階層構造。亦即，如觀察層次 1 評價基準 1 的行時，在 {1、2、3、4} 中有 1，可知與層次 2 的評價基準 2、3、4 有關聯。同時，評價基準 3 與評價基準 5、6；評價基準 4 與評價基準 7、8；評價基準 5 與評價基準 9、10 有關聯。

以上，以線連結有關聯的評價基準間，從層次 1 到層次 4 的階層構造予以圖示時，即為圖 17.2。

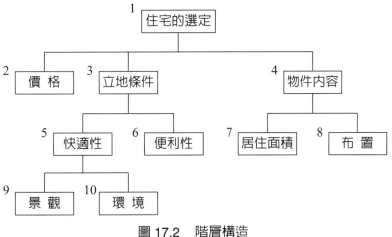

圖 17.2　階層構造

17.2　ISM 的應用例

本例是決定公共投資的優先順位，亦即考察道路養護的施工優先順位。道路是日常生活或產業活動無法欠缺之最普通而且是基礎的交通設施，同時擔負起形成良好的生活環境以及當作防災空間、都市設備的收容空間之任務。

然而，我國道路養護的水準非常落後，有需要謀求道路財政之充實與強化，從高速公路到鄉鎮市公路的路網，要有體系且有計畫的養護，確保重視環境面的適切道路空間，以及透過適切的維持管理經常確保安全且舒適的道路交通作為基本方針，確實去推行道路養護。並且，應有效使用有限的財源，並推行有效率的養護，並評估道路網中各路線的優先度，從緊急度高的道路依序去施工是眾所期盼的。

因此，將此種道路養護施工優先順位問題的階層構造，擬使用 ISM 手法來決定。要如何進行才好呢？

首先，包含道路養護專家在內，聚集數名成員，利用腦力激盪法，抽出覺得與道路養護之施工優先順位有關的要素。結果，如表 17.7 所示。

此要素的具體內容如下。

t_1（**道路養護的施工優先順位**）：說明在比較對象路線中，道路養護的施工優先順位。

表 17.7　要素一覽表

要素 t_i	要素的內容
1	道路養護的施工優先順位
2	便利性
3	環境性
4	經濟性
5	接近性
6	舒適性
7	確實性
8	安全性
9	養護水準
10	交通規則
11	防災關聯
12	關聯交通設施
13	用地費
14	設施費

t_2（便利性）：說明與實際利用時有關的要因。

t_3（環境性）：說明該道路中的物理性要因。

t_4（經濟性）：說明預算額的取得容易性。

t_5（接近性）：說明至某目的地為止的距離。

t_6（舒適性）：說明舒適感等身體上感覺。

t_7（確實性）：說明車輛的通行狀態，亦即順暢度。

t_8（安全性）：說明事故等危險性。

t_9（養護水準）：說明道路寬度的充足度。

t_{10}（交通規則）：說明單向通行或禁止通行等之有無。

t_{11}（防災關聯）：說明人行道的分離及防災空間的狀態。

t_{12}（關聯交通設施）：說明公車路線與高速道路等之有無。

t_{13}（用地費）：說明與確保寬度所需用地之費用。

t_{14}（設施費）：主要是說明與人行道的分離所需設施之費用。

其次，進行此等 14 個要素的一對比較，製作關係矩陣（D）。結果如表 17.8 所示。並且，從此關係矩陣（D）計算可達矩陣 M^*。其結果如表 17.9 所示。

表 17.8　關係矩陣

t_{ij}	1	2	3	4	5	6	7	8	9	10	11	12	13	14
1	0	0	0	0	0	0	0	0	0	0	0	0	0	0
2	1	0	0	0	0	0	0	0	0	0	0	0	0	0
3	1	0	0	0	0	0	0	0	0	0	0	0	0	0
4	1	0	0	0	0	0	0	0	0	0	0	0	0	0
5	1	1	0	0	0	0	0	0	0	0	0	0	0	0
6	1	1	0	0	0	0	0	0	0	0	0	0	0	0
7	1	1	0	0	0	0	0	0	0	0	0	0	0	0
8	1	1	0	0	0	0	0	0	0	0	0	0	0	0
9	1	0	1	0	0	0	0	0	0	0	0	0	0	0
10	1	0	1	0	0	0	0	0	0	0	0	0	0	0
11	1	0	1	0	0	0	0	0	0	0	0	0	0	0
12	1	0	1	0	0	0	0	0	0	0	0	0	0	0
13	1	0	0	1	0	0	0	0	0	0	0	0	0	0
14	1	0	0	1	0	0	0	0	0	0	0	0	0	0

表 17.9　可達矩陣

t_{ij}	1	2	3	4	5	6	7	8	9	10	11	12	13	14
1	1	0	0	0	0	0	0	0	0	0	0	0	0	0
2	1	1	0	0	0	0	0	0	0	0	0	0	0	0
3	1	0	1	0	0	0	0	0	0	0	0	0	0	0
4	1	0	0	1	0	0	0	0	0	0	0	0	0	0
5	1	1	0	0	1	0	0	0	0	0	0	0	0	0
6	1	1	0	0	0	1	0	0	0	0	0	0	0	0
7	1	1	0	0	0	0	1	0	0	0	0	0	0	0
8	1	1	0	0	0	0	0	1	0	0	0	0	0	0
9	1	0	1	0	0	0	0	0	1	0	0	0	0	0

t_{ij}	1	2	3	4	5	6	7	8	9	10	11	12	13	14
10	1	0	1	0	0	0	0	0	0	1	0	0	0	0
11	1	0	1	0	0	0	0	0	0	0	1	0	0	0
12	1	0	1	0	0	0	0	0	0	0	0	1	0	0
13	1	0	0	1	0	0	0	0	0	0	0	0	1	0
14	1	0	0	1	0	0	0	0	0	0	0	0	0	1

另外,從此可達矩陣求可達集合 $R(t_i)$ 與先行集合 $A(t_i)$,決定出各要素在階層構造中的層次。結果,層次 1 是:

$$L_1 = \{1\}$$

層次 2 是:

$$L_2 = \{2, 3, 4\}$$

層次 3 是:

$$L_3 = \{5, 6, 7, 8, 9, 10, 11, 12, 13, 14\}$$

表 17.10　構造化矩陣

t_{ij}	1	2	3	4	5	6	7	8	9	10	11	12	13	14
1	1	0	0	0	0	0	0	0	0	0	0	0	0	0
2	1	1	0	0	0	0	0	0	0	0	0	0	0	0
3	1	0	1	0	0	0	0	0	0	0	0	0	0	0
4	1	0	0	1	0	0	0	0	0	0	0	0	0	0
5	0	1	0	0	1	0	0	0	0	0	0	0	0	0
6	0	1	0	0	0	1	0	0	0	0	0	0	0	0
7	0	1	0	0	0	0	1	0	0	0	0	0	0	0
8	0	1	0	0	0	0	0	1	0	0	0	0	0	0

t_{ij}	1	2	3	4	5	6	7	8	9	10	11	12	13	14
9	0	0	1	0	0	0	0	0	1	0	0	0	0	0
10	0	0	1	0	0	0	0	0	0	1	0	0	0	0
11	0	0	1	0	0	0	0	0	0	0	1	0	0	0
12	0	0	1	0	0	0	0	0	0	0	0	1	0	0
13	0	0	0	1	0	0	0	0	0	0	0	0	1	0
14	0	0	0	1	0	0	0	0	0	0	0	0	0	1

　　亦即，階層構造的層次是到 3 層次為止。利用此等之各層次的要素與可達矩陣，可以得出能表示相鄰層次間之要素關係之構造化矩陣，其結果如表 17.10 所示。利用此構造化矩陣來決定階層構造，亦即如圖 17.3 所示。

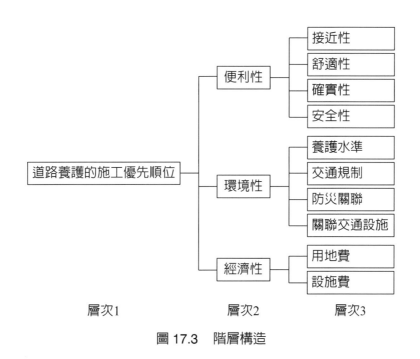

圖 17.3　階層構造

17.3　Demetal 法

　　以系統化的數理模式（在許多要素複雜地相互交織的狀況中，面臨必須將此

273

等許多要素之關係適切掌握時的數理模式）來說，在系統工程中，階層構造化手法中有 ISM 與 Dematel 法。ISM 已如前述，而 Dematel 是何種的模式呢？

Dematel 法是「Decision Making Trial and Evaluation Laboratory」的簡稱（決策實驗室分析法），它是利用意見調查的手段，藉著將專門性的知識密集，使問題的構造明確，以查明問題複合體的本質，匯集共同理解的手法。此手法是瑞士的 Batel 研究所分析世界性複合問題（world problematigue：南北問題、東西問題、資源、環境問題等）所開發出來的。在內容上與前述 ISM 手法類似。

亦即，系統如果變大時，認識系統中的各構造要素以及它們的結合狀況變得困難。此種情形，已開發出可以有效率建立各要素之間關係的手法。在系統的構造解析或構造化方面，除前述 ISM 外，亦有 Dematel 法。但是，Dematel 與 ISM 不同的地方有以下 3 點。

1. 在要素間的一對比較調查中，ISM 是以 1 或 0 回答，相對的，Dematel 是以 0, 2, 4, 8（或 1, 2, 3, 4）的數個等級來回答。

2. 進行 1. 的一對比較時，ISM 是人與電腦以對話的方式（interactive）進行，而 Dematel 是利用向專家進行意見調查來處理。

3. ISM 是假定要素間的關係具有推移性，而 Dematel 並未有如此之假定，處理以 1. 所得到的矩陣（稱為交叉支援矩陣：cross support matrix）後，再表現系統的構造。

此 Dematel 法除世界性複合問題外，像環境評估、都市再開發問題、學校中學科課程之編排、競技者順位問題等，均可應用。

其次，說明 Dematel 法的數學背景與計算步驟。首先，針對所給予的問題（主題）讓專家萃取出與此問題（主題）有關之要素（問題項目）。接著，進行這些要素的一對比較，要素 i 對要素 j 有多少的直接影響（貢獻）以 a_{ij} 表示，並製作矩陣 A（交叉支援矩陣）。成分 a_{ij} 是表示要素 i 對要素 j 直接影響（貢獻）的程度。當然，這些的一對比較也向此問題的專家進行意見調查後再製作，而專家利用如下所表示之形容尺度所附帶的數值，來評估各影響（貢獻）的程度 a_{ij}。

非常大的直接影響（貢獻）：**8**

相當的直接影響（貢獻）：**4**

某種程度的直接影響（貢獻）：**2**

可以忽略的直接影響（貢獻）：**0**

　　除此之外，作爲尺度使用 4, 3, 2, 1 的情形也有。但是，矩陣 A 由於只是表示直接的影響（貢獻），因此也考慮表現各要素間的間接影響（貢獻）。因此，首先從矩陣 $A = [a_{ij}]$ 利用下式定義「直接影響矩陣 D」（其中 s 稱爲尺度因子，後面會詳細說明）。

$$D = s \cdot A \qquad (s > 0) \tag{5}$$

或者

$$d_{ij} = s \cdot a_j \qquad (s > 0) \tag{6}$$
$$i, j = 1, 2, \cdots, n$$

　　亦即，此矩陣是相對性地表示各要素間之直接影響的強度。其次，此矩陣 D 的列和

$$d_{is} = \sum_{j=1}^{n} d_{ij} \tag{7}$$

是表示要素 i 給予其他所有要素在附上尺度後之直接影響的總計。另一方面，矩陣 D 的行和

$$d_{sj} = \sum_{i=1}^{n} d_{ij} \tag{8}$$

是表示要素 j 接受其他所有要素在附上尺度後之直接影響的總計。又，(7) 式與 (8) 式的和，亦即：

$$d_i = d_{is} + d_{sj} \tag{9}$$

稱爲要素 i 在附上尺度後的直接影響之強度。另外，下式所定義的 $W_i(d)$ 即

$$W_i(d) = \frac{d_{is}}{\sum\limits_{i=1}^{n} d_{is}} \tag{10}$$

是從要素 i 給予直接影響之觀點而被標準化之比重。接著，

$$V_j(d) = \frac{d_{sj}}{\sum\limits_{j=1}^{n} d_{sj}} \tag{11}$$

是從要素 j 接受直接影響之觀點而被標準化之比重。

其次，D^2 的 (i, j) 要素如寫成 $d_{ij}^{(2)}$ 時，得出：

$$d_{ij}^{(2)} = \sum_{k=1}^{n} d_{ik} \cdot d_{kj} \tag{12}$$

在交叉支援矩陣 A 的各要素之間，由於推移矩陣是成立的，因此 2 階段的間接性影響可以利用 2 個直接影響之乘積，亦即 $d_{ik} \cdot d_{kj}$ 來表示。

因此，D^2 的要素 $d_{ij}^{(2)}$ 是表示在 2 階段下要素 i 到要素 j 通過其他所有的要素（$k = 1, 2, \cdots, n$）的間接影響之程度。同樣，D^m 的 (i, j) 要素是表示在 m 階段下的要素 i 到要素 j 的間接性影響之程度。因此，

$$D + D^2 + \cdots + D^m = \sum_{i=1}^{m} D^i \tag{13}$$

是表示至 m 階段為止的直接與間接影響的總和。因此，測量各要素間之直接與間接之影響的「總影響矩陣」設為 F 時，當 $m \rightarrow \infty$ 時，如果 $D^m \rightarrow 0$ 的話，F 即為：

$$F = \sum_{i=1}^{\infty} D^i = D(I - D)^{-1} \tag{14}$$

此處 I 是單位矩陣。亦即，「總影響矩陣」 F 是表示由要素 i 到要素 j 通過其他所有要素的直接與間接之所有影響的強度。

下面所表示的矩陣 H 即：

$$H = \sum_{j=2}^{\infty} D^i = D^2 (I-D)^{-1} \tag{15}$$

由上式似乎可知，它是表示從總影響矩陣 F 除去直接影響矩陣 D 所得出的只表示要素間之間接影響之強度。此矩陣 H 稱為「間接影響矩陣」。矩陣 $F = [f_{ij}]$ 與 $H = [h_{ij}]$ 的第 i 列之和

$$f_{is} = \sum_{j=1}^{n} f_{ij} , \qquad h_{is} = \sum_{j=1}^{n} h_{ij} \tag{16}$$

是表示要素 i 給予其他要素之直接及間接影響之總計（f_{is}）與間接影響之總計（h_{is}）。另一方面，矩陣 $F = [f_{ij}]$ 與 $H = [h_{ij}]$ 的第 j 行之和

$$f_{sj} = \sum_{i=1}^{n} f_{ij} , \qquad h_{sj} = \sum_{j=1}^{n} h_{ij} \tag{17}$$

是表示要素 j 接受其他要素之直接及間接影響的總計（f_{sj}）與間接影響之總計（h_{sj}）。又，(16) 式與 (17) 式之和，亦即：

$$f_i = f_{is} + f_i, \qquad h_i = h_{is} + h_i \tag{18}$$

稱為要素 i 的總影響強度（f_i）與間接影響強度（h_i）。並且，以下所定義的兩式，亦即：

$$W_i(f) = \frac{f_{is}}{\sum_{i=1}^{n} f_{is}} \tag{19}$$

$$W_i(h) = \frac{h_{is}}{\sum_{i=1}^{n} h_{is}} \tag{20}$$

分別是從要素 i 給予直接及間接影響（總影響）之觀點而被標準化之比重 $W_i(f)$，以及從要素 i 給予間接影響之觀點而被標準化之比重 $W_i(h)$。此外

$$V_j(f) = \frac{f_{sj}}{\displaystyle\sum_{j=1}^{n} f_{sj}} \qquad (21)$$

$$V_j(h) = \frac{h_{sj}}{\displaystyle\sum_{j=1}^{n} h_{sj}} \qquad (22)$$

分別是從要素 j 接受直接及間接影響（總影響）之觀點而被標準化之比重 $V_j(f)$，以及從要素 j 接受間接影響之觀點而被標準化之比重 $V_j(h)$。

其次，就尺度因子 s 進行考察。前述當 $m \rightarrow \infty$ 時，$D^m \rightarrow 0$ 的假定是依據如下經驗的事實，即「間接的影響隨著因果鏈的增長而減少」。此假定是提供有關應該如何選擇矩陣 D 的尺度因子 s 之資訊。

然而，依據矩陣理論的定理，當矩陣 D 的 Spectral 半徑 $\rho(D)$ 小於 1 時，(14) 式所表示的級數 $F = \displaystyle\sum_{i=1}^{\infty} D^i$ 即向 $D(I - D)^{-1}$ 收斂。而且，$\rho(D)$ 的上限利用下式即可簡單得出。

$$\rho(D) \leq \max_{1 \leq i \leq n} \sum_{j=1}^{n} |d_{ij}| = s \cdot \max_{1 \leq i \leq n} \sum_{j=1}^{n} |a_{ij}| \qquad (23)$$

或者

$$\rho(D) \leq \max_{1 \leq j \leq n} \sum_{i=1}^{n} |d_{ij}| = s \max_{1 \leq j \leq n} \sum_{i=1}^{n} |a_{ij}| \qquad (24)$$

級數 F 為了收斂，條件是尺度因子 s 要在如下之區間中。

$$0 \leq s \leq \text{Sup} \qquad (25)$$

但 Sup 是

$$\text{Sup} = \frac{1}{\displaystyle\max_{1 \leq i \leq n} \sum_{j=1}^{n} |a_{ij}|} \qquad (26)$$

或者

$$\text{Sup} = \frac{1}{\displaystyle\max_{1 \le j \le n} \sum_{i=1}^{n} |a_{ij}|} \tag{27}$$

此處讓 s 之值改變，可以控制推移性的程度與間接影響的程度。如果將 s 選小時，間接影響比直接影響相對性會變低。通常尺度因子 s 是以 (27) 式的上限 Sup 或它的 1/2、3/4 來設定。

Dematel 的計算步驟如圖示時，即為圖 17.4。

以輸出來說，利用直接影響矩陣 D、總影響矩陣 F、間接影響矩陣 H，以某門檻值（thresfold）切斷由要素 i 到 j 的影響度，只將比它強的影響者當作有關係，做出 3 種構造化圖形（直接影響、總影響、間接影響）。並且，譬如製作標準化之比重 $W_i(f)$ 與 $V_j(f)$ 的相關圖形。此時，此圖形的縱軸當作 W_i（影響度），橫軸當作 V_j（被影響度）來表示。

17.4 Demetel 法的應用例

某個專案的小組是由 12 人所構成。不管哪裡的小組也都是一樣，此小組的人際關係也是相當複雜，不斷有紛爭，並且工作無法順利運作的情形也很多。因此，掌管此專案小組 12 名成員的經理，調查 12 位的人際關係，決定製作出它的構造化圖形。而且，決定使用 Demetel 法來分析。要如何進行才好呢？

此時的要素是 12 名成員。記上由第 1 至第 12 的號碼。然後調查第 i 位成員對第 j 位成員給予多少的直接影響。結果，得出如表 17.11 所示的交叉支援矩陣 A。利用此交叉支援矩陣 A 所計算之上限 Sup 是 0.042。在本例中尺度因子 s 採用此處的 0.042。

此結果直接影響矩陣 D、總影響矩陣 F、間接影響矩陣 H，分別如表 17.12、表 17.13、表 17.14 所示。接著，利用此等 3 個矩陣，製作 3 種構造化圖形。此時，門檻值在直接影響矩陣中當作 $p = 0.1$，在總影響矩陣中當作 $p = 0.15$，在間接影響矩陣中當作 $p = 0.05$。亦即，只將門檻值以上有影響度的 (i, j) 要素當作有關係來製作構造化圖形。這些分別如圖 17.5（直接影響矩陣）、圖

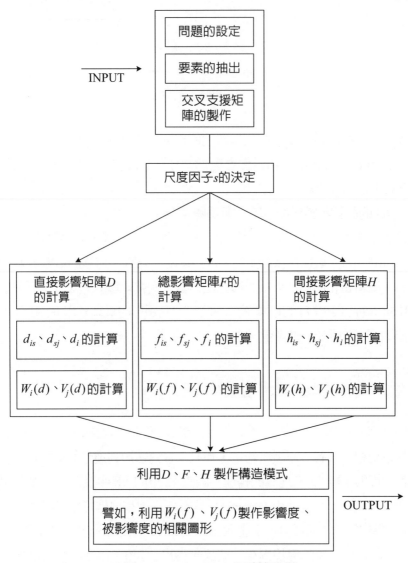

圖 17.4　Dematel 的計算步驟

17.6（總影響矩陣）、圖 17.7（間接影響矩陣）所示，但是，在此情形中，圖 17.5 與圖 17.6 是一致的。

　　其次，從要素 i 給予直接及間接影響（總影響）之觀點，而被標準化之比重 W_i 之值，以及從要素 j 接受直接及間接影響（總影響）之觀點，而被標準化之比重 V_j 之值，如表 17.15 所示。並且，製作了此等相關圖形。其結果如圖 17.8 所示。依據此圖形可知，第 7 位成員儘管強烈受到其他成員的影響，卻對其他成員

表 17.11 交叉支援矩陣 (A)

	1	2	3	4	5	6	7	8	9	10	11	12
1	0	0	2	0	0	0	4	0	8	0	0	0
2	8	0	0	0	2	0	0	0	0	0	0	0
3	0	2	0	0	0	0	2	0	0	0	0	0
4	0	0	4	0	0	0	4	0	0	0	0	0
5	0	0	0	2	0	0	0	0	0	0	0	0
6	4	0	0	4	4	0	0	0	0	0	2	0
7	0	0	0	0	0	0	0	0	0	0	0	0
8	4	0	2	2	0	0	0	0	0	4	0	0
9	4	0	2	2	0	0	0	0	0	0	0	0
10	4	4	0	0	0	0	2	0	0	0	0	2
11	0	2	0	8	0	0	0	0	0	0	0	0
12	0	4	0	0	0	0	0	0	0	0	4	0

表 17.12 直接影響矩陣 (*D*)

	1	2	3	4	5	6	7	8	9	10	11	12	計
1	0	0	0.083	0	0	0	0.167	0	0.333	0	0	0	0.583
2	0.333	0	0	0	0.083	0	0	0	0	0	0	0	0.416
3	0	0.083	0	0	0	0	0.083	0	0	0	0	0	0.66
4	0	0	0.167	0	0	0	0.167	0	0	0	0	0	0.334
5	0	0	0	0.083	0	0	0	0	0	0	0	0	0.083
6	0.167	0	0	0.167	0.167	0	0	0	0	0	0.083	0	0.584
7	0	0	0	0	0	0	0	0	0	0	0	0	0
8	0.167	0	0.083	0.083	0	0	0	0	0	0.167	0	0	0.5
9	0.167	0	0.083	0.083	0	0	0	0	0	0	0	0	0.333
10	0.167	0.167	0	0	0	0	0.083	0	0	0	0	0.083	0.5
11	0	0.083	0	0.333	0	0	0	0	0	0	0	0	0.416
12	0	0.167	0	0	0	0	0	0	0	0	0.167	0	0.34
計	1	0.5	0.416	0.749	0.25	0	0.5	0	0.333	0.167	0.25	0.083	4.248

表 17.13　總影響矩陣 (F)

	1	2	3	4	5	6	7	8	9	10	11	12	計
1	0.062	0.01	0.123	0.03	0.001	0	0.192	0	0.354	0	0	0	0.772
2	0.354	0.004	0.042	0.017	0.084	0	0.065	0	0.118	0	0	0	0.684
3	0.03	0.084	0.004	0.001	0.007	0	0.089	0	0.01	0	0	0	0.225
4	0.005	0.014	0.167	0	0.001	0	0.181	0	0.002	0	0	0	0.37
5	0	0.001	0.014	0.083	0	0	0.015	0	0	0	0	0	0.13
6	0.181	0.012	0.054	0.213	0.168	0	0.07	0	0.06	0	0.083	0	0.841
7	0	0	0	0	0	0	0	0	0	0	0	0	0
8	0.22	0.041	0.123	0.091	0.003	0	0.076	0	0.073	0.167	0.002	0.014	0.81
9	0.18	0.01	0.118	0.088	0.001	0	0.055	0	0.06	0	0	0	0.51
10	0.241	0.184	0.029	0.013	0.015	0	0.128	0	0.08	0	0.014	0.083	0.787
11	0.031	0.088	0.059	0.335	0.007	0	0.066	0	0.01	0	0	0	0.596
12	0.064	0.182	0.017	0.059	0.015	0	0.022	0	0.021	0	0.167	0	0.547
計	1.368	0.63	0.75	0.93	0.302	0	0.969	0	0.788	0.167	0.266	0.097	6.257

表 17.14　間接影響矩陣 (H)

	1	2	3	4	5	6	7	8	9	10	11	12
1	0.062	0.01	0.04	0.03	0.001	0	0.026	0	0.021	0	0	0
2	0.021	0.004	0.042	0.017	0	0	0.065	0	0.118	0	0	0
3	0.03	0	0.004	0.001	0.007	0	0.005	0	0.01	0	0	0
4	0.005	0.014	0.001	0	0.001	0	0.015	0	0.002	0	0	0
5	0	0.001	0.014	0	0	0	0.015	0	0	0	0	0
6	0.014	0.012	0.056	0.047	0.001	0	0.07	0	0.06	0	0	0
7	0	0	0	0	0	0	0	0	0	0	0	0
8	0.054	0.041	0.04	0.007	0.003	0	0.076	0	0.073	0	0.002	0.014
9	0.013	0.01	0.035	0.005	0.001	0	0.055	0	0.06	0	0	0
10	0.075	0.017	0.029	0.013	0.015	0	0.045	0	0.08	0	0.014	0
11	0.031	0.005	0.059	0.001	0.007	0	0.066	0	0.01	0	0	0
12	0.064	0.015	0.017	0.059	0.015	0	0.022	0	0.021	0	0	0

表 17.15　影響度與被影響度

	影響度 W_i	被影響度 V_j
1	0.123	0.219
2	0.109	0.1
3	0.036	0.12
4	0.059	0.149
5	0.018	0.048
6	0.135	0.0
7	0.0	0.153
8	0.129	0.0
9	0.082	0.126
10	0.126	0.027
11	0.095	0.043
12	0.087	0.016

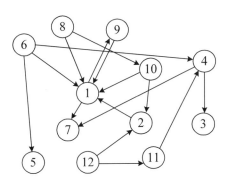

圖 17.5　直接影響矩陣 D 的構造化圖形 $(p = 0.100)$

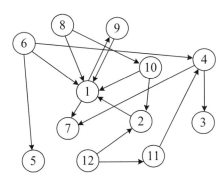

圖 17.6　總影響矩陣 F 的構造化圖形 $(p = 0.150)$

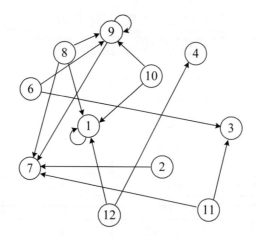

圖 17.7 間接影響矩陣 *H* 的構造化圖形 ($p = 0.050$)

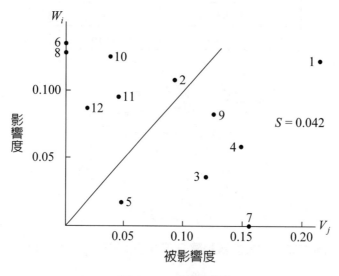

圖 17.8 相關圖形

並不太給予影響。與此相對的,第 6 位、第 8 位的成員雖然給予其他成員甚大影響,卻不太受到其他成員的影響。另一方面,第 5 位成員不太受到其他成員的影響,而且對其他成員也不太給予影響。

註一

定義

$\rho(A) = \max\{|\lambda_j|\}$，稱為矩陣 A 的 spectral radius（譜半徑），其中 λ_j 是 A 的特徵值。

例

$$A = \begin{bmatrix} 9 & -1 & 2 \\ -2 & 8 & 4 \\ 1 & 1 & 8 \end{bmatrix}$$

$\lambda_j = 5, 10, 10$

$\rho(A) = 0$

定義

$$\|A\|_\infty = \mathrm{Max}\left\{\sum_{j=}^{\infty} |a_{ij}|\right\} \text{ 稱為 Max Norm（範數）。}$$

例

$$A = \begin{bmatrix} 1 & 2 & -1 \\ 0 & 3 & -1 \\ 5 & -1 & 1 \end{bmatrix}, \text{ 求 } \|A\|_\infty \text{。}$$

解 $\quad \sum_{j=1}^{3} |a_{ij}| = 4 \, , \; \sum_{j=1}^{3} |a_{ij}| = 4 \, , \; \sum_{j=1}^{3} |a_{ij}| = 7$

$\therefore \|A\|_\infty = \max\{4, 4, 7\} = 7$

定義

$\rho(A) < 1$，A：convergent；$\rho(A) > 1$，A：divergent（發散）

Lemma：$\rho(A) < 1 \Leftrightarrow \lim_{k \to \infty} A^k = 0 \Leftrightarrow \sum_{k=1}^{\infty} A^k = A(I - A)^{-1}$

例

$A = \begin{bmatrix} 0.5 & 10 \\ 0 & -0.5 \end{bmatrix}$，$\rho(A) = 0.5 < 1$，convergent（收斂）

例

$A = \begin{bmatrix} 1 & -2 \\ 0 & 2 \end{bmatrix}$，$\rho(A) = 2 > 1$，divergent（收斂）

Lemma：$\rho(A) \leq \| A^k \|^{\frac{1}{k}} \Leftrightarrow \rho(A) = \lim_{k \to \infty} \| A^k \|^{\frac{1}{k}}$（參上）（$\| A \|$ 可設為 $\| A \|_\infty$）

例

$A = \begin{bmatrix} 9 & -1 & 2 \\ -2 & 8 & 4 \\ 1 & 1 & 3 \end{bmatrix}$

k	1	2	3	⋯⋯	100000	⋯⋯
$\| \cdot \|_\infty$	14	12.6491	11.93483	⋯⋯	10.000058779	⋯⋯

第18章 模糊狀態下的數理模式

本章是以模糊狀況中的數理模式，就模糊集合、模糊數與擴張原理、模糊矩陣、模糊積分進行說明。模糊手法從 1965 年 L. A. Zadeh 提出它的基本概念以來，已歷經數十年。而且目前也設立了有關模糊理論的國際學會（IFSA），也就其研究範圍整理成果，正嘗試向新的現實問題去著手實用面的展開。

18.1 模糊集合與擴張原理

F 先生從住家到上班的公司是以自用車通勤。但是，通勤路線有 2 條。為選擇哪一條路線較好而感到迷惑，此 2 條路線如圖 18.1 所示。亦即，有路線 I(A → B → C → D) 與路線 II(A → B → D)。而且在各個區間的大約所需時間如圖 18.1 所示。因此，路線 I 所需時間大約 35 分（10 分 + 15 分 + 10 分）左右，路線 II 所需時間大約 40 分（10 分 + 30 分）左右。結果，F 先生認為選擇路線 I 較好。但真是如此嗎？

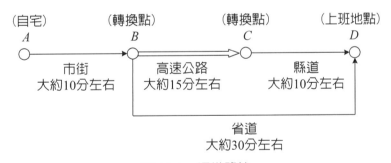

圖 18.1　通勤路線

某個要素屬於某集合的程度，有以 0 與 1 之間的 1 個數據來表示的想法。譬如，完全屬於時給予 1，完全不屬於時給予 0，依其所屬的程度給予其間之值。亦即，所屬的程度當作 0 與 1 之間的任意數值來認定之集合，即為模糊集合。另一方面，以往的集合（crisp 集合即確定集合），是某要素如果屬於某集合即為 1，不屬於某集合即為 0。

譬如，將 U 當作全體集合，x 當作 U 的要素。此時 U 上的模糊集合 A，即可利用歸屬度函數 $\mu_A(x)$ 來表現。

$$\mu_A(x) : U \rightarrow [0, 1]$$

此函數 $\mu_A(x)$ 是表示 x 屬於集合 A 的程度。譬如，$\mu_A(x)$ 之值為 0 時，x 是完全不屬於 A，相反的，$\mu_A(x)$ 之值為 1 時，x 即完全屬於 A。又譬如 $\mu_A(x)$ 之值為 0.5 時，表示要素 x 是相當程度地屬於集合 A。此模糊集合一般使用如下記法來表現的居多。

$$A = \int_x \mu_A(x)/x \ (x \text{ 為連續量})$$

或是

$$A = \sum_{i=1}^n \mu_A(x_i)/x_i \ (x \text{ 為離散量})$$

如使用此種表現方法時，以往的集合（crisp 集合）也可以利用完全相同的方法來記述。

其次，定義這些模糊集合的集合演算。為此，擬說明幾個符號。今有某數 α、β，任一者均當作 0 與 1 之間的任意數。此時，取 α、β 中較大的數以如下表示，即：

$$\max(\alpha, \beta) \qquad \text{或} \qquad \alpha \vee \beta$$

譬如：

$$0.6 \vee 0.4 = \max(0.6, 0.4) = 0.6$$

另一方面，取 α 與 β 之中較小者以如下表示，即：

$$\min(\alpha, \beta) \quad \text{或} \quad \alpha \wedge \beta$$

譬如：

$$0.6 \wedge 0.4 = \min(0.6, 0.4) = 0.4$$

因此，使用這些記號，定義集合的和集合、積集合、餘集合。首先，就和集合來說，決定選取歸屬度較大的一方。亦即，設 2 個模糊集合為：

$$A = \sum_{i=1}^{n} \mu_A(x_i) / x_i$$

$$B = \sum_{i=1}^{n} \mu_B(x_i) / x_i$$

時，則 A 與 B 的和集合 I 為：

$$I = A \bigcup B = \sum_{i=1}^{n} \left(\mu_A(x_i) \vee \mu_B(x_i) \right) / x_i$$

另一方面，就積集合來說，決定選取歸屬度較小的一方。亦即，A 與 B 的積集合 J 為：

$$J = A \bigcap B = \sum_{i=1}^{n} \left(\mu_A(x_i) \wedge \mu_B(x_i) \right) / x_i$$

最後，餘集合是利用完全歸屬的 1 減去各要素的歸屬度來定義。如 α 當作是 0 與 1 之間的任意數時，將由 1 減去 α 之值的演算當作

$$\overline{\alpha} = 1 - \alpha$$

譬如，$\alpha = 0.6$ 時，則

$$\overline{0.6} = 0.4$$

因此，集合 A 的餘集合 K 爲：

$$K = \overline{A} = \sum_{i=1}^{n} \overline{\mu_A(x_i)} / x_i$$

模糊集合的定義，對一般的數也能應用，可以依照模糊表現那樣來定義數。譬如，「大約 6」的數，如利用模糊集合的表列記法時，即爲如下：

[大約 6 左右] = 0.3/4 + 0.7/5 + 1.0/6 + 0.7/7 + 0.3/8

上式所表示的歸屬度函數（membership function）之值，是利用主觀適當地決定（參照圖 18.2）。但歸屬度之值爲 0 之要素，可以省略。利用此種表列記法時，以往的數也可以同樣表示，像以下那樣：

[6] = ⋯0.0/4 + 0.0/5 + 1.0/6 + 0.0/7 + 0.0/8 + ⋯

　　 = 1.0/6　 (= 6)

此即說明模糊集合可以用包含以往的集合之方式來加以定義。又，像以上述的表現法所表示的「大約 6 左右」$\left(\sum_i \mu_A(x_i) / x_i \right)$ 之方式所表現的數，稱爲「模糊數」。

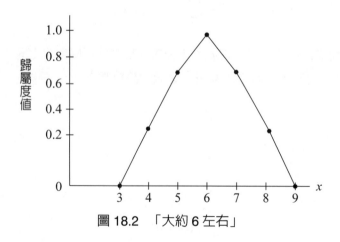

圖 18.2 「大約 6 左右」

　　其次，介紹模糊集合的函數，或者爲了進行模糊集合之間的任意計算所定義的擴張原理。因此如使用上述的表現法時，即定義成：

$$f(A) = \sum_{i=1}^{n} \mu(x_i) / f(x_i)$$

　　其中，A 表模糊集合，$f(A)$ 表示任意的函數。依此原理模糊數的演算即有可能。譬如，某模糊數 A 當作

$$A = \sum_{i} \mu(x_i) / (x_i)$$

$f(A)$ 當作「A 的 3 乘」，模糊數 A 的 3 乘 A^3 即可以如下表現：

$$f(A) = A^3 = \sum_{i} \mu(x_i) / (x_i)^3$$

　　亦即，說明模糊數的演算是針對各個數進行所定義的演算，此時各計算結果的歸屬度值是利用原來的歸屬度值加以規定。而且，複數的模糊數的演算也可以利用此原理來進行。亦即，對於 2 個模糊集合 A、B，可以如下加以定義：

$$f(A, B) = \sum_{i,\,j} (\mu_A \wedge \mu_B) / f(x_i, x_j)$$

　　如應用以上所表示的擴張原理時，譬如，「大約 6 左右」與「大約 3 左右」之和，即成爲如下。但「大約 3 左右」則如下加以規定。亦即，視爲

$$\text{「大約 3 左右」} = 0.5/2 + 1.0/3 + 0.5/4$$

那麼

$$\text{「大約 9 左右」} = \text{「大約 6 左右」} + \text{「大約 3 左右」}$$
$$= (0.3/4 + 0.7/5 + 1.0/6 + 0.7/7 + 0.3/8)$$
$$+ (0.5/2 + 1.0/3 + 0.5/4)$$

其次，依據擴張原理就各個要素進行演算（和）時，可得出：

$$= (0.3/6 + 0.3/7 + 0.3/8) + (0.5/7 + 0.7/8 + 0.5/9)$$
$$+ (0.5/8 + 1.0/9 + 0.5/10) + (0.5/9 + 0.7/10 + 0.5/11)$$
$$+ (0.3/10 + 0.3/11 + 0.3/12)$$
$$= 0.3/6 + 0.5/7 + 0.7/8 + 1.0/9 + 0.7/10 + 0.5/11 + 0.3/12$$
$$(\because \mu_1/x + \mu_2/x) \rightarrow (\mu_1 \vee \mu_2/x)$$

此模糊集合「大約 9 左右」的歸屬度函數如圖 18.3 所示。由此圖似乎清楚得知，模糊數之間的演算結果的歸屬函數，比原來的模糊數的歸屬函數之範圍還寬。亦即，變得更為模糊。

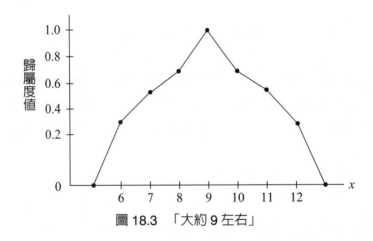

圖 18.3　「大約 9 左右」

同樣，也可進行模糊數之差的演算（乘算與除算也是可能的）。

其次，回到原先的例子。圖 18.1 所表示的各區間所需時間，以如下所示的模糊集合 T_1、T_2、T_3、T_4 來表示。

$$T_1(A \rightarrow B)：大約 10 分左右$$
$$T_1 = 0.2/8 + 1.0/10 + 0.8/12$$
$$T_2(B \rightarrow C)：大約 15 分左右$$
$$T_2 = 0.5/13 + 1.0/15 + 0.4/22$$

$$T_3(C \to D)：大約 10 分左右$$
$$T_3 = 0.8/8 + 1.0/10 + 0.2/12$$
$$T_4(B \to D)：大約 30 分左右$$
$$T_4 = 0.5/28 + 1.0/30 + 0.5/32$$

因此，使用擴張原理，計算路線 I 與路線 II 的所需時間時，即為如下。

$$路線 \, I \, 的所需時間 = T_1 + T_2 + T_3$$
$$= T_{12} + T_3$$
$$= T_{123}$$

$$T_{12} = T_1 + T_2$$
$$= (0.2/21 + 0.2/23 + 0.2/30) + (0.5/23 + 1.0/25 + 0.4/32)$$
$$+ (0.5/25 + 0.8/27 + 0.4/34)$$
$$= 0.2/21 + 0.5/23 + 1.0/25 + 0.8/27 + 0.2/30 + 0.4/32 + 0.4/34$$

$$T_{123} = T_{12} + T_3$$
$$= (0.2/29 + 0.5/31 + 0.8/33 + 0.8/35 + 0.2/38 + 0.4/40 + 0.4/42)$$
$$+ (0.2/31 + 0.5/33 + 1.0/35 + 0.8/37 + 0.2/40 + 0.4/42 + 0.4/44)$$
$$+ (0.2/33 + 0.2/35 + 0.2/37 + 0.2/39 + 0.2/42 + 0.2/44 + 0.2/46)$$
$$= 0.2/29 + 0.5/31 + 0.8/33 + 1.0/35 + 0.8/37 + 0.2/38 + 0.2/39$$
$$+ 0.4/40 + 0.4/42 + 0.4/44 + 0.2/46$$

$$路線 \, II \, 的所需時間 = T_1 + T_4 = T_{14}$$
$$T_{14} = T_1 + T_4$$
$$= (0.5/36 + 0.8/38 + 0.5/40) + (0.5/38 + 1.0/40 + 0.5/42)$$
$$+ (0.2/40 + 0.2/42 + 0.2/44)$$
$$= 0.5/36 + 0.8/38 + 1.0/40 + 0.5/42 + 0.2/44$$

將以上的計算結果整理成圖形時，即如圖 18.4 所示。

亦即：

$$路線 \, I = 「大約 35 分左右」（從 29 分到 46 分）$$

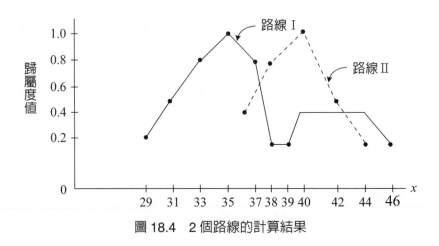

圖 18.4　2 個路線的計算結果

路線 II =「大約 40 分左右」（從 36 分到 44 分）

　　因此，路線 I 雖然相對地較快，但是比較不可靠（有可能高速公路塞車），路線 II 雖然相對地較慢，但是比較可靠。因此，得知平常時選擇路線 I，擁擠時選擇路線 II 為宜。

18.2　模糊矩陣

　　關於以下的 2 個模糊矩陣 A、B，以下的演算要如何進行才好？

$$A = \begin{bmatrix} 0.2 & 0.5 & 0.8 \\ 0.3 & 0.1 & 0.9 \\ 0.4 & 0.2 & 0.5 \end{bmatrix} \qquad B = \begin{bmatrix} 0.8 & 0.6 & 0.2 \\ 0.4 & 0.3 & 0.6 \\ 0.5 & 0.4 & 0.3 \end{bmatrix}$$

1. $C = A \oplus B$ 的演算是如何？
2. $C = A \otimes B$ 的演算是如何？
3. $\overline{A}$ 的演算又是如何？

　　雖然模糊矩陣是將模糊關係表現成矩陣，而此處是介紹有關此種模糊矩陣的和、積與餘模糊矩陣的演算內容。

　　就之前的模糊關係進行說明。新加入某小組的會員 U、V、W 君，對前輩的

會員 X、Y、Z 氏維繫著某種信賴關係。新進會員的集合設為 $P = \{U, V, W\}$，前輩之會員的集合設為 $Q = \{X, Y, Z\}$。此時，新進之會員與前輩之會員的信賴關係設為 S，則 S 可以用矩陣表現。譬如：

$$S = \begin{array}{c} U \\ V \\ W \end{array} \begin{array}{ccc} X & Y & Z \\ \left[\begin{array}{ccc} 0 & 1 & 0 \\ 0 & 0 & 1 \\ 1 & 1 & 0 \end{array}\right] \end{array}$$

當如此表示時，知 U 君是對 Y 氏，V 君是對 Z 氏，W 君是對 X 氏與 Y 氏寄予信賴。可是，在這些關係中，並非只是寄予信賴 (1)、不寄予信賴 (0) 而已，如承認它的程度時，關係 S 即為模糊關係。亦即，對前輩寄予信賴之主觀感情，似乎有很多不能只是以 1 或 0 來表現。此種時候，應用模糊集合的想法，如使用 0 與 1 之間的任意數時，即變得容易反映現實的狀態。譬如，表現成如下：

$$S = \begin{array}{c} U \\ V \\ W \end{array} \begin{array}{ccc} X & Y & Z \\ \left[\begin{array}{ccc} 0.2 & 0.5 & 0.3 \\ 0.5 & 0 & 1 \\ 0.7 & 0.8 & 0.1 \end{array}\right] \end{array}$$

將此稱為模糊矩陣。此情形 U 君對 X 氏寄予信賴的程度，可知是 0.2。

其次，就此種模糊矩陣的演算進行說明。因此，某 $m \times n$ 型模糊矩陣 A 的成分 a_{ij} 如下表示：

$$A = \left[\begin{array}{cccc} a_{11} & a_{12} & \cdots & a_{1n} \\ a_{21} & a_{22} & \cdots & a_{2n} \\ \cdots & \cdots & \cdots & \cdots \\ a_{m1} & a_{m2} & \cdots & a_{mn} \end{array}\right]$$

此外，為了簡單起見，也有將此矩陣以如下來表現，即：

$$A = [a_{ij}]$$

此處，$0 \le a_{ij} \le 1$, $1 \le i \le m$, $1 \le j \le n$。

一、和

當有 2 個模糊矩陣 $A = [a_{ij}]$, $B = [b_{ij}]$ 時，令

$$c_{ij} = a_j \vee b_j$$

則以 c_{ij} 為成分的模糊矩陣 C 稱為模糊矩陣 A、B 之「和」。以如下表示：

$$C = A \oplus B$$

以例題而言，即為如下：

$$A \oplus B = \begin{bmatrix} 0.2 & 0.5 & 0.8 \\ 0.3 & 0.1 & 0.9 \\ 0.4 & 0.2 & 0.5 \end{bmatrix} \oplus \begin{bmatrix} 0.8 & 0.6 & 0.2 \\ 0.4 & 0.3 & 0.6 \\ 0.5 & 0.4 & 0.3 \end{bmatrix}$$

$$= \begin{bmatrix} 0.2 \vee 0.8 & 0.5 \vee 0.6 & 0.8 \vee 0.2 \\ 0.3 \vee 0.4 & 0.1 \vee 0.3 & 0.9 \vee 0.6 \\ 0.4 \vee 0.5 & 0.2 \vee 0.4 & 0.5 \vee 0.3 \end{bmatrix}$$

$$= \begin{bmatrix} 0.8 & 0.6 & 0.8 \\ 0.4 & 0.3 & 0.9 \\ 0.5 & 0.4 & 0.5 \end{bmatrix}$$

二、積

設有 2 個模糊陣 $A = [a_{ij}]$, $B = [b_{ij}]$ 時，令

$$c_{ij} = a_{ij} \wedge b_{ij}$$

則以 c_{ij} 為成分的模糊矩陣 C，稱為模糊矩陣 A、B 之「積」，以如下表示：

$$C = A \otimes B$$

以例題來說，即為如下：

$$A \otimes B = \begin{bmatrix} 0.2 & 0.5 & 0.8 \\ 0.3 & 0.1 & 0.9 \\ 0.4 & 0.2 & 0.5 \end{bmatrix} \otimes \begin{bmatrix} 0.8 & 0.6 & 0.2 \\ 0.4 & 0.3 & 0.6 \\ 0.5 & 0.4 & 0.3 \end{bmatrix}$$

$$= \begin{bmatrix} 0.2 \wedge 0.8 & 0.5 \wedge 0.6 & 0.8 \wedge 0.2 \\ 0.3 \wedge 0.4 & 0.1 \wedge 0.3 & 0.9 \wedge 0.6 \\ 0.4 \wedge 0.5 & 0.2 \wedge 0.4 & 0.5 \wedge 0.3 \end{bmatrix}$$

$$= \begin{bmatrix} 0.2 & 0.5 & 0.2 \\ 0.3 & 0.1 & 0.6 \\ 0.4 & 0.2 & 0.5 \end{bmatrix}$$

三、餘模糊矩陣

設有模糊矩陣 $A = [a_{ij}]$ 時，以

$$(1 - a_{ij})$$

為成分的模糊矩陣，稱為 A 的「餘模糊矩陣」，以如下表示：

$$\overline{A} = [1 - a_{ij}]$$

以例題而言，即為如下：

$$\overline{A} = \begin{bmatrix} 1-0.2 & 1-0.5 & 1-0.8 \\ 1-0.3 & 1-0.1 & 1-0.9 \\ 1-0.4 & 1-0.2 & 1-0.5 \end{bmatrix}$$

$$= \begin{bmatrix} 0.8 & 0.5 & 0.2 \\ 0.7 & 0.9 & 0.1 \\ 0.6 & 0.8 & 0.5 \end{bmatrix}$$

18.3　模糊矩陣積

假定 $P = \{U, V, W\}$ 對 $Q = \{X, Y, Z\}$ 的信賴關係如前節所示。另一方面，X、Y、Z 氏他們的興趣對 $R = \{$ 麻將 , 高爾夫 $\}$ 的喜好程度，假定如下所示：

$$T = \begin{array}{c} X \\ Y \\ Z \end{array} \begin{bmatrix} \overset{\text{麻將}}{0.6} & \overset{\text{高爾夫}}{0.9} \\ 0.8 & 0.2 \\ 0.4 & 0.6 \end{bmatrix}$$

另一方面，新進會員的 U、V、W 君，任一位均是入會以前的本來面目，好像不太愛玩的樣子。但是，此 3 名新進人員在前輩 X、Y、Z 氏的影響下，會產生何種興趣呢？假定在信賴度強的前輩影響下，它的程度可視為強。

設有 2 個模糊矩陣 $A = [a_{ik}], B = [b_{kj}]$，令

$$c_{ij} = \bigvee_k (a_{ik} \wedge b_{ki})$$

則以 c_{ij} 為成分的模糊矩陣 C，稱為模糊矩陣 A、B 的「矩陣積」。以如下表示：

$$C = A \circ B$$

但是，模糊矩陣的矩陣積是表示模糊關係的合成。

然而，本例題是表示 $S(P \times Q)$ 與 $T(Q \times R)$ 的 2 個模糊關係的合成。結果，導出 $T(P \times R)$ 的模糊關係。因此，變成求此 2 個模糊矩陣 S、T 的矩陣積。

$$S \circ T = \begin{bmatrix} 0.2 & 0.9 & 0.3 \\ 0.5 & 0 & 1 \\ 0.7 & 0.8 & 0.1 \end{bmatrix} \circ \begin{bmatrix} 0.6 & 0.9 \\ 0.8 & 0.2 \\ 0.4 & 0.6 \end{bmatrix}$$

$$= \begin{bmatrix} (0.2 \wedge 0.6) \vee (0.9 \wedge 0.8) \vee (0.3 \wedge 0.4) & (0.2 \wedge 0.9) \vee (0.9 \wedge 0.2) \vee (0.3 \wedge 0.6) \\ (0.5 \wedge 0.6) \vee (0 \wedge 0.8) \vee (1 \wedge 0.4) & (0.5 \wedge 0.9) \vee (0 \wedge 0.2) \vee (1 \wedge 0.6) \\ (0.7 \wedge 0.6) \vee (0.8 \wedge 0.8) \vee (0.1 \wedge 0.4) & (0.7 \wedge 0.9) \vee (0.8 \wedge 0.2) \vee (0.1 \wedge 0.6) \end{bmatrix}$$

$$= \begin{bmatrix} 0.8 & 0.3 \\ 0.5 & 0.6 \\ 0.8 & 0.7 \end{bmatrix}$$

由以上的結果知，U 君玩麻將的程度是 0.8，打高爾夫的程度是超過 0.3。

18.4 模糊積分

臺灣的某球隊「A」近年來連續排名最後。雖然聘請名教練，但球隊的體質卻未改變，教練的指示──「思考的棒球」並未滲透至球隊中。因此，球隊老闆決定對球隊 A 進行綜合評價。像進行現況分析、球隊的補強等，想作為下季重建計畫的參考。

因此，評價基準列舉出：(I) 教練的指揮、(II) 投手能力、(III) 打擊能力、(IV) 人緣、(V) 團隊合作。其次，對此 5 個評價基準擬以 10 分法對「A 球隊」進行評價。但是，此評價是採取「給多少分」的尺度，而 10 分是表示最好，0 分是完全不佳。此結果如表 18.1 所示。因此，依據這些數據，「A 球隊」的綜合評價會是如何呢？

表 18.1 評價基準與評分

構成棒球之綜合評價的評價基準	評分
(I) 教練的指揮	10 分
(II) 投手能力	7 分
(III) 打擊能力	4 分
(IV) 人緣	8 分
(V) 團隊合作	2 分

一、單純平均

最簡單的綜合評價，係是各評價基準中之評分的單純平均。以本例來說，評價基準有 5 個，各評價基準的評價值 $h(j)(j = 1, \cdots, 5)$。因此，此時綜合評價值 E_1 是

$$E_1 = \sum_{j=1}^{n} h(j)/5 = \frac{10 + 7 + 4 + 8 + 2}{5} = 6.2$$

利用此方法的綜合評價值（6.2 分），知即為圖 18.5 所示之圖形的面積。

可是，實際上各評價基準的比重並非均一，有貢獻率大的評價基準與貢獻率小的評價基準。因此，以下的綜合評價是以考慮了這些的手法來進行。

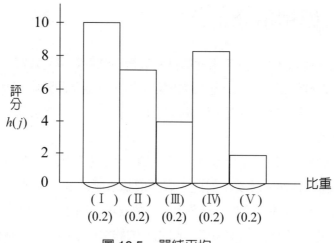

圖 18.5　單純平均

二、加權平均

此方法是對各評價基準的評價值乘上該評價基準的貢獻率之比重進行加權平均。各評價基準的評分設為 $h(j)(j = 1, \cdots, 5)$，各評價基準的貢獻率的比重當作 $g(j)(j = 1, \cdots, 5)$ 時，綜合評價值 E_2 即為：

$$E_2 = \sum_{j=1}^{n} h(j) \cdot g(j)$$

但是，上述的 $g(j)$ 是要利用 AHP 手法求出。因此，進行各評價基準的一對比較。

結果，如表 18.2 所示。

表 18.2　一對比較矩陣

	(I)	(II)	(III)	(IV)	(V)
(I)	1	1	4	2	3
(II)	1	1	3	1	4
(III)	1/4	1/3	1	1/2	1/3
(IV)	1/2	1	2	1	2
(V)	1/3	1/4	3	1/2	1

此結果，各評價基準的比重 (W) 得出如下：

$$W^T = (0.319, 0.289, 0.075, 0.198, 0.119)$$

因此，對棒球的綜合評分最具影響的評價基準，在 5 個基準之中，得知是 (I) 教練指揮之基準，具有 32% 的影響力。以下依序是 (II) 投手能力、(IV) 人緣等之基準。亦即，各評價基準之貢獻率的比重 $g(j)$ 如下決定：

$$g(\text{I}) = 0.319, \quad g(\text{I}) = 0.289, g(\text{III}) = 0.075$$
$$g(\text{IV}) = 0.198, g(\text{V}) = 0.119$$

利用這些 $g(j)$ 之值求綜合評價值 E_2 時，得出

$$E_2 = 10 \times 0.319 + 7 \times 0.289 + 4 \times 0.075 + 8 \times 0.198 + 2 \times 0.119$$
$$= 7.335$$

但是，此時 $g(j)$ 與 W 是相同的。利用此方法求出的綜合評價值（7.335 分），可知即為圖 18.6 所示的圖形面積。

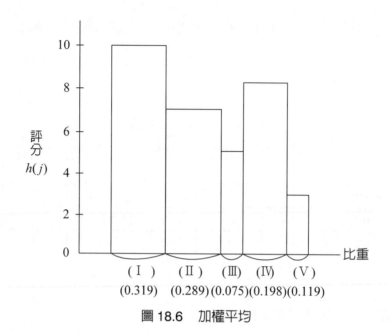

圖 18.6　加權平均

　　可是此手法是關於「分析與綜合」，採取極為型式的立場。亦即，將各評價基準的評價值總計之後，即為全體的評價，如將全體的評價分解時，即為各評價基準的評價值。但是，實際上常常遇到將各評價基準取成綜合，不一定是全體的評價。也就是說，各評價基準之間會發生相乘效果或相抵效果之緣故。

　　亦即，各評價基準雖被正確評價，可是將各評價基準的評價值加權平均之後的值，有時與全體的綜合評價不相一致。因此，以下有關此問題的綜合評價，決定以適切考慮綜合方法的手法（模糊積分）來決定。

三、模糊積分

　　將利用模糊積分的解析，依照模糊測度的概念、模糊測度的決定、利用模糊積分的綜合評價等之順序來說明。

（一）模糊測度的概念

　　利用加權平均進行綜合評價（利用 AHP 之解析）時，已決定出各評價基準之貢獻率的比重。譬如，評價基準 (I) 教練指揮的比重是 31.9%，評價基準 (II) 投手能力之比重是 28.9%。可是，將此 2 個評價基準合在一起的貢獻率之比重，

並不是 31.9% + 28.9% = 60.8%，而是有時看成更大（相乘效果）或有時看成更小（相抵效果）。因此，爲了進行棒球的綜合評價，必須決定出對各評價基準的所有組合的貢獻率比重（稱此爲模糊測度）。

可是，例子中的各評價基準是考慮了由 (I) 到 (V)。而且，利用 AHP 求出這些評價基準各自單獨的貢獻率。其次，針對從此等 5 個評價基準之中組合任意 2 組、3 組、4 組、全部（5 個評價基準的集合）之後所得者，必須給予貢獻率才行。實際的評價基準之組合，即爲以下所示的 2^5 個。

評價基準 1 個也沒有之集合：1 個

評價基準只有 1 個之集合 (I)、(II)、(III)、(IV)、(V)：5 個

評價基準 2 個之集合 (I+II)、(I+III)、(I+IV)、(I+V)、(II+III)、(II+IV)、(II+V)、(III+IV)、(III+V)、(IV+V)：10 個

評價基準 3 個之集合的內容省略：$_5C_3 = 10$ 個

評價基準 4 個之集合的內容省略：$_5C_4 = 5$ 個

5 個評價基準全部之集合：1 個

以上，組合數共有 $2^5 = 32$ 個。一般評價基準有 n 個時，它的部分集合即有 2^n 個，必須給予此數目的貢獻率才行。可是，爲了實際的計算，將各評價基準的評分 $h(j)(j = 1, \cdots, 5)$ 按大小順序排列時，被證明出只要給予 n 個貢獻率（模糊測度）即可。

以此例情形來說，即爲（表 1 參照）：

$$h(\text{I}) > h(\text{IV}) > h(\text{II}) > h(\text{III}) > h(\text{V})$$

因此，以下 5 個貢獻率（模糊測度）是需要的。

$$g(\text{I}), \quad g(\text{I} + \text{IV}), \quad g(\text{I} + \text{IV} + \text{II}),$$
$$g(\text{I} + \text{IV} + \text{II} + \text{III}), g(\text{I} + \text{IV} + \text{II} + \text{III} + \text{V})$$

（二）模糊測度的決定

特別是對評價基準 X 的測度稱爲模糊密度（利用 AHP 求出的貢獻率）。然

後，由此模糊測度計算其他模糊密度的形成規則，此處是採用下式：

$$g(x_1 \bigcup x_2) = g(x_1) + g(x_2) + \lambda \cdot P_{\mathrm{I,II}} \cdot g(x_1) \cdot g(x_2)$$

此處 $0 \le \lambda \le 1.0$。

$P_{\mathrm{I,II}}$：相乘、相抵效果的程度（依據評價項目 x_1, x_2）
$P_{\mathrm{I,II}} > 0$　（相乘效果）
$P_{\mathrm{I,II}} < 0$　（相抵效果）

此方法可知，相乘、相抵效果的程度 $P_{\mathrm{I,II}}$ 是由意見調查等所導出的。但是，此處各個模糊測度當作如下所示（λ、$P_{i,j}$ 的具體數值省略，參註三）。

$$g(\mathrm{I}) = 0.319$$
$$g(\mathrm{I+IV}) = g(\mathrm{I}) + g(\mathrm{IV}) + \lambda \cdot P_{\mathrm{I,IV}} \cdot g(\mathrm{I}) \cdot g(\mathrm{IV}) = 0.530$$
$$g(\mathrm{I+IV+II}) = g(\mathrm{I+IV}) + g(\mathrm{II}) + \lambda[P_{\mathrm{I,II}} \cdot g(\mathrm{I}) \cdot g(\mathrm{II})$$
$$+ P_{\mathrm{IV,II}} \cdot g(\mathrm{IV}) \cdot g(\mathrm{II})] = 0.825$$
$$g(\mathrm{I+IV+II+III}) = g(\mathrm{I+IV+II}) + g(\mathrm{III}) + \lambda[P_{\mathrm{I,III}} \cdot g(\mathrm{I}) \cdot g(\mathrm{III})$$
$$+ P_{\mathrm{IV,III}} \cdot g(\mathrm{IV}) \cdot g(\mathrm{III}) + P_{\mathrm{II,III}} \cdot g(\mathrm{II}) \cdot g(\mathrm{III})] = 0.925$$
$$g(\mathrm{I+IV+II+III+I}) = 1.0$$

（三）利用模糊積分的綜合評價

其次，從評價基準 (I) 到 (V) 的評分之中，最低分是評價基準 (V) 的 2 分。
因此如鎖定此 2 分時，其他評價基準的評分均比 2 分高。亦即，在 0～2 分之間，包含所有的評價基準。因此，此間的評分即為 2 分乘上（I+IV+II+III+V）的模糊測度 1.0 後所得之值。結果，可以表現為：

$$E(1) = 2 \times g(\mathrm{I+IV+II+III+V})$$
$$= 2 \times 1.0$$
$$= 2.0$$

次低的評分是評價基準的 4 分。亦即，2 分以上至 4 分為止，包含評價基準（I + IV + II + III）。因此，此間的評分 $E(2)$ 為：

$$E(2) = (4-2) \times g(\text{I} + \text{IV} + \text{II} + \text{III})$$
$$= 2 \times 0.925$$
$$= 1.85$$

同樣的做法，4 分以上至 7 分為止的部分評分 $E(3)$ 是：

$$E(3) = (7-4) \times g(\text{I} + \text{IV} + \text{II})$$
$$= 3 \times 0.825$$
$$= 2.475$$

以下，7 分以上 8 分為止，8 分以上 10 分為止的各個部分評分 $E(4)$、$E(5)$ 分別為：

$$E(4) = (8-7) \times g(\text{I} + \text{IV}) = 1 \times 0.530 = 0.530$$
$$E(5) = (10-8) \times g(\text{I}) = 2 \times 0.319 = 0.638$$

結果，利用模糊積分，球隊 A 的綜合評價值 E_3 是：

$$E_3 = E(1) + E(2) + E(3) + E(4) + E(5) = 7.493$$

利用此方法的綜合評價值（7.493 分），知即為圖 18.7 所示之圖形面積。並且，此圖說明了模糊積分的計算過程。

18.5 應用例

以下介紹其應用例。

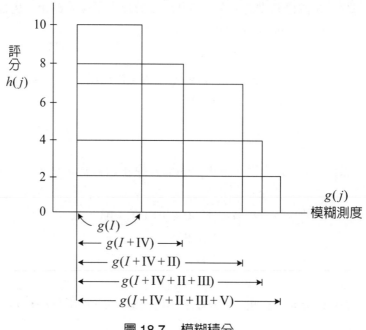

圖 18.7　模糊積分

一、汽車購買例

當我們想購買車子時,是從哪種觀點來購買車子呢?此處假定從室內裝潢(x_1);燃料費(x_2);設計(x_3)的 3 個評價要素之觀點來評價 2 臺汽車:A(Corolla)、B(Mark II)。

從室內裝潢、燃料費、設計的各評價基準來看,汽車分別有多少能符合評價者的期望,用 0~1 的數值表示。

0　　　　　　　　0.5　　　　　　　　1
完全不期望　　　　尚可　　　　　　非常期望
(無法評價)　　　　　　　　　　　(可以評價)

另外,將重視評價要素的程度也以 0~1 來設定。今假定期望度與重視度得出如下表。

評價要素 評價 A、B	室內裝潢	燃料費	設計	
A 的期望度（評價）	0.6	0.9	0.7	← h_A
B 的期望度（評價）	0.9	0.6	0.8	← h_B
重視度（模糊測度）	0.5	0.8	0.6	← h_C

關於汽車 A 而言，

$$h_1 = 0.6, \quad h_2 = 0.9, \quad h_3 = 0.7$$
$$g(x_1) = 0.5, \quad g(x_2) = 0.8, \quad g(x_3) = 0.6$$

關於汽車 B 而言，

$$h_1 = 0.9, \quad h_2 = 0.6, \quad h_3 = 0.8$$
$$g(x_1) = 0.5, \quad g(x_2) = 0.8, \quad g(x_3) = 0.6$$

利用 Choquet 積分對汽車 A、B 求出評價值。
關於模糊測度有 λ 模糊測度，可以如下定義：

$$g(x_i \bigcup x_{i-1}) = g(x_{i-1}) + g(x_i) + \lambda \cdot g(x_{i-1}) \cdot g(x_i)$$

此處為了簡單化起見，設 $\lambda = 0$
首先，評價 A：

步驟 1：將 $h_i(i = 1, 2, 3)$ 按大小順序排列
將 $0.9 > 0.7 > 0.6$，將此重新設定為
$h_1 = 0.9, \quad h_2 = 0.7, \quad h_3 = 0.6$

步驟 2：對應步驟 1，將 $g(x_1)$，$i = 1, 2, 3$ 重新排列
$g(x_1) = 0.8, \quad g(x_2) = 0.6, \quad g(x_3) = 0.5$

步驟 3：求模糊分配函數
$H(x_1) = g(x_1) = 0.8$

$$H(x_2) = H(x_1) + g(x_2) + \lambda H(x_1) \cdot g(x_2) = 0.8 + 0.6 + 0 \cdot 0.8 \cdot 0.6 = 1.4$$

$$H(x_3) = H(x_2) + g(x_2) + \lambda H(x_2) \cdot g(x_3) = 1.4 + 0.5 + 0 \cdot 1.4 \cdot 0.5 = 1.9$$

此處以 $H(x_3)$ 除 $H(x_1)$ $(i = 1, 2, 3)$，將 $H(x_i)$ 的標準化，成為如下：

$$H(x_1) = 0.8 / 1.9 = 0.421$$

$$H(x_2) = 1.4 / 1.9 = 0.937$$

$$H(x_3) = 1.9 / 1.9 = 1$$

步驟 4：求汽車 A 的評價值

設 $H(x_0) = 0$

$$
\begin{aligned}
E_A &= h_i[H(x_i) - H(x_{i-1})] \\
&= 0.9(0.421 - 0) + 0.7(0.735 - 0.421) + 0.6(1 - 0.735) \\
&= 0.7565 \rightarrow 0.767
\end{aligned}
$$

因此，在模糊測度中以 $\lambda = 0$ 時，A 的評價值可以得出 $E_A = 0.757$

同樣，對 B 求評價值時，得出 $E_B = 0.7421 \rightarrow 0.742$

因此，從室內裝潢、燃料費、設計 3 個側面來評價汽車 A,、B 時，強調燃料費效率值的 Corolla 受到較好的評價。

二、人事評價例

以下介紹另一應用例。

對於某個人從幾個評價要素的觀點來進行評價，求出人事評價值。

此處的評價要素決定取 x_1（企劃力）、x_2（創意巧思力）、x_3（決斷力）。

假定從這些要素所求出之評價值，設為 $h_1 = 0.59$，$h_2 = 0.11$，$h_3 = 0.30$，另外，對 x_1, x_2, x_3 的重視度設為 $g(x_1) = 0.447$，$g(x_2) = 0.269$，$g(x_3) = 0.284$，此時，評價對象者的評價值使用 Choquet 積分可以如下求出，另外，關於模糊測度有 λ 模糊測度，可以如下定義：

$$g(x_1 \bigcup x_2) = g(x_1) + g(x_2) + \lambda g(x_1) \cdot g(x_2)$$

此處將 λ 當作模糊測度來使用。

步驟 1：將 $h_i(i = 1, 2, 3)$ 按大小順序排列

$$h_1 = 0.59, \quad h_2 = 0.30, \quad h_3 = 0.11$$

步驟 2： 對應步驟 1，將 $g(x_i)(i = 1, 2, 3)$ 重排

$$g(x_1) = 0.447, \quad g(x_2) = 0.284, \quad g(x_3) = 0.269$$

步驟 3： 求模糊分配函數

假定要素間並無相乘及相抵關係，設 $\lambda_1 = 0$，$\lambda_2 = 0$ 時，模糊分配函數 $H(x_i)$ $(i = 1, 2, 3)$ 成為如下：

$$H(x_1) = g(x_1) = 0.447$$

$$H(x_2) = H(x_1) + g(x_2) + \lambda_1 H(x_1) g(x_2)$$

$$= 0.447 + 0.284 + 0 \cdot 0.447 \cdot 0.284 = 0.731$$

$$H(x_3) = H(x_2) + g(x_3) + \lambda_2 H(x_3) \cdot g(x_2)$$

$$= 0.731 + 0.269 + 0 \cdot 0.731 \cdot 0.269 = 1.00$$

步驟 4： 求人事評價值

設 $H(x_0) = 0$，x_0 為臨時的評價要素，此處並不存在。

$$E = h_i [H(x_i) - H(x_{i-1})]$$

$$= h_i^* \{H(x_1) - H(x_0)\} + h_2 \{H(x_2) - H(x_1)\} + h_3 \{H(x_3) - H(x_2)\}$$

$$= 0.59\{0.447 - 0\} + 0.30\{0.731 - 0.269\} + 0.11\{1 - 0.739\} = 0.379$$

從企劃力、創意巧思力、決斷力的各個觀點所看的某人事評價值為 0.379，在此問題中，模糊測度 $g(x)$ 是以 $\lambda_1 = 0$，$\lambda_2 = 0$，亦即加法性成立之下來設定。可是，在社會科學的問題中，像此情形不一定加法性會成立，關於此 λ 的設定法，在考慮經驗、主觀法後，要以更科學的方式來決定。

註一：模糊測度

模糊測度是針對某一個事物集合設定一個數值的函數。對空集合設定 0 值，對全集合設定 1 值，對 X 的部分集合別讓它對應 0 到 1 的實數值。

設 X 為某個集合，集合函數 g 具如下特性時，g 稱為 X 上的模糊測度。

$$(1)\ g(\phi) = 0$$
$$(2)\ g(X) = 1$$
$$(3)\ A \subseteq B \subseteq X \qquad g(A) \leqq g(B)$$

(3) 即為所稱呼之單調性。

一般來說，模糊測度不一定滿足加法性，

6 小時的睡眠 = 3 小時的睡眠 + 3 小時的睡眠

是不成立的。

機率測度的性質如下：

(1) $P(\phi) = 1$

(2) $P(X) = 1$

(3) 若 $A \cap B = \phi$，則 $P(A \cup B) = P(A) + P(B)$

性質 (3) 說明加法性。

機率測度可以想成是模糊測度。解釋如下：

今設 $A \subseteq B$

$B = A \cup (B - A)$，$A \cap (B - A) = \phi$

$P(B) = P(A \cup (B - A)) = P(A) + P(B - A)$

因 $P(B - A) > 0$，所以

$P(A) \leqq P(B)$

亦即，P 具有單調性。

註二

一、Lubeig 積分

所謂積分是測量面積的方法，測量的尺度是加法性的。將此尺度當作 Lubeig 測度，以 Lubeig 測度測量所得到的積分，稱爲 Lubeig 積分。

亦即：

$$\int h d\mu = \sum_{i=1}^{n} a_i \mu(A_i)$$

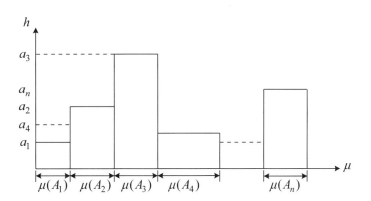

二、Choquet 積分

以 Choquet 測度量所得到的積分，稱為 Choquet 積分。亦即：

$$(C)\int hd\mu = \sum_{i=1}^{n} (a_i - a_{i-1})\mu(A_i)$$

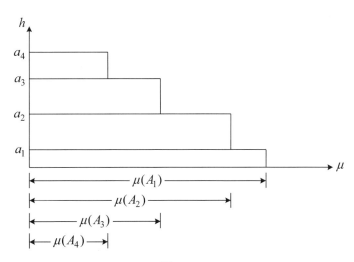

圖 18.8

為了說明 Lubeig 積分與 Choquet 積分之差異，試參考下例。

今為執行專案假定選出 4 位成員，當然假定 4 人協力達成專案，4 位成員之集合設為

311

$$X = \{x_1, x_2, x_3, x_3\}$$

另外，專案達成度假定取決於這 4 位成員的能力與參與時間而定，從研究專案開始到完成並非全員參加，成員是以 $f(x_1)$ 時間參與，假定

$$f(x_1) > f(x_2) > f(x_3) > f(x_4)$$

亦即，專案開始時 4 人參加，但專案完成時，即由 1 人參加。另一方面，成員的能力或對專案執行的貢獻度，4 人的共同研究設為 $g\{x_1, x_2, x_3, x_4\}$，x_1, x_2, x_3 3 人的貢獻度是 $g\{x_1, x_2, x_3\}$，x_1, x_2 2 人的貢獻度是 $g\{x_1, x_2\}$，x_1 1 人的貢獻度是 $g\{x_1\}$。

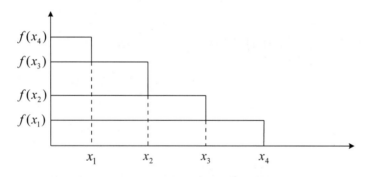

圖 18.9　利用共同研究之專案達成度

利用 Choquet 積分表示時，即為：

$$\text{專案達成度}T = f(x_4) \cdot g\{x_1, x_2, x_3, x_4\} + [f(x_3) - f(x_4)]g\{x_1, x_2, x_3\}$$
$$+ [f(x_2) - f(x_3)] \cdot g\{x_1, x_2\} + [f(x_1) - f(x_2)] \cdot g\{x_1\}$$

改成如下型式時，

$$T = f(x_1) \cdot g\{x_1\} + f(x_2)[g\{x_1, x_2\} - g[x_1]]$$
$$+ f(x_3) \cdot [g\{x_1, x_2, x_3\} - g\{x_1, x_2\}]$$
$$+ f(x_4) \cdot [g\{x_1, x_2, x_3, x_4\} - g\{x_1, x_2, x_3\}]$$

那麼將此面積以如下的型式表示可以嗎？（Lubeig 積分）

$$T^* = f(x_1)g(x_1) + f(x_2)g(x_2) + f(x_3)g(x_3) + f(x_4)g(x_4)$$

比較 T 與 T^* 的右邊第二項，

$$g\{x_1, x_2\} - g(x_1) \qquad\qquad\qquad\qquad : g\{x_2\}$$
$$g\{x_1, x_2, x_3\} - g\{x_1, x_2\} \qquad\qquad\qquad : g(x_3)$$
$$g\{x_1, x_2, x_3, x_4\} - g\{x_1, x_2, x_3\} \qquad\qquad : g\{x_4\}$$

這些對應項是不相等的，亦即 $g\{x_1, x_2\}$ 是表示 x_1、x_2 的共同研究之貢獻度，與 x_1、x_2 分別單獨研究所得到之貢獻度之和 $g(x_1) + g(x_2)$ 是不同的，通常可以預料共同研究之達成度比 x_1、x_2 單獨研究時還大。

$$當 g\{x_1, x_2\} = g\{x_1\} + g\{x_2\}$$
$$g\{x_1, x_2, x_3\} = g\{x_1, x_2\} + g\{x_3\} = g\{x_1\} + g\{x_2\} + g\{x_3\}$$
$$g\{x_1, x_2, x_3, x_4\} = g\{x_1, x_2, x_3\} + g\{x_4\}$$
$$= g\{x_1\} + g\{x_2\} + g\{x_3\} + g\{x_4\}$$

那麼 T 與 T^* 即相同，此時 Lubeig 積分與 Choquet 積分一致。

註三：評價項目間的交互關係的檢出

模糊測度 $g(\cdot)$ 的定義有需要滿足如下條件，即：

(1) 有界性：$g(\phi) = 0, g(X) = 1$ (1)
(2) 單調性：$A \subset B$，則 $g(A) \leq g(B)$ (2)

其中 ϕ 表空集合，X 表全集。

此處假定有 n 個評價項目 $X = \{x_1, x_2, \cdots, x_n\}$，它的重視度的部分集合 $A_p(p \leq n)$ 的模糊測度當作 $g(A_p) = g(x_1, x_2, \cdots, x_p)$ 時，日人菅野道夫（sugeno）提出具

有以下性質的 λ—模糊測度（也稱爲 sugeno 測度）。

當 $A_i \bigcap A_j = \phi$ 時，

$$g(A_i \bigcup A_j) = g(A_i) + g(A_j) + \lambda g(A_i)g(A_j) \tag{3}$$

λ 是在 $-1 < \lambda < \infty$ 之中的參數。

當 $\lambda = 0$ 時，(1) 式的 λ—模糊測度 $g(\cdot)$ 即成爲：

$$g(A_i \bigcup A_j) = g(A_i) + g(A_j)$$

顯然是具有加法性測度，但是由 (3) 式可知，$g(\cdot)$ 是當 $\lambda < 0$ 時具有劣加法性，$\lambda > 0$ 時具有優加法性的特徵。換言之，所有的評價項目間，是在優加法性或相反地在劣加法性下成立的。

但現實問題中一般的感覺是，優加法性與劣加法性是混合存在著，因此日人井上勝雄等人提出如下方法。下式是根據 (1) 式的想法所發展而來。

$$g(A_p) = \mu \sum_{i=1}^{p} g(x_i) + \lambda \sum_{\substack{i=1,\ j=2 \\ i<j}}^{p} K_{ij}\{g(x_i) \wedge g(x_j)\} \tag{4}$$

（其中，$0 < \mu \leq 1$，$-1 \leq K_{ij} \leq +1$，$a > b$ 時，$a \wedge b = b$）

(4) 式的 λ 係數部分是反映著劣加法性與優加法性的內容（交互作用）。並且，(4) 式採用了近乎人類思考的邏輯積（$\wedge$）。

並且，評價項目間之重視度的交互關係的係數 K_{ij} 之值，當 $0 < K_{ij} \leq +1$ 時，即成爲優加法性，$-1 \leq K_{ij} < 0$ 時，即成爲劣加法性，以及 $K_{ij} = 0$ 即爲加法性。

首先，當部分集合 A_p 爲全集 X 時，亦即 $p = n$，(4) 式而成爲：

$$g(x) = \mu \sum_{i=1}^{n} g(x_i) + \lambda \sum_{\substack{i=1,\ j=2 \\ i<j}}^{n} K_{ij}\{g(x_i) \wedge g(x_j)\} \tag{5}$$

由模糊測度定義 (2) 式的有界性之條件可知，$g(X) = 1$，因此將 (5) 式移項整理，即可如下求出 λ 之值。

$$\lambda = \frac{1 - \mu \sum_{i=1}^{n} g(x_i)}{\sum_{\substack{i=1,\, j=2 \\ i<j}}^{n} K_{ij}\{g(x_i) \wedge g(x_j)\}} \tag{6}$$

另外，分子的 $\sum g(x_i)$，因使用標準化後之值，此值即為 1，此 (6) 式即可如下簡化：

$$\lambda = \frac{1 - \mu}{\sum_{\substack{i=1,\, j=2 \\ i<j}}^{n} K_{ij}\{g(x_i) \wedge g(x_j)\}} \tag{7}$$

因此，使用此 λ 之值，即可將任意的重視度部分集合之模糊測度 $g(\cdot)$ 當作 μ 的函數求出。譬如，n 個評價項目 $(n > 3)$ 的 $g(x_1, x_2, x_3)$，由 (4) 即成為

$$g(x_1, x_2, x_3) = \mu\{g(x_1) + g(x_2) + g(x_3)\} + \lambda[K_{12}\{g(x_1) \wedge g(x_2)\}\}$$
$$+ K_{13}\{g(x_1) \wedge g(x_3) + K_{23}\{g(x_2) \wedge g(x_3)\}] \tag{8}$$

為了以具體的數值計算以上的說明，此處假定 $g(x_1) = 0.3$, $g(x_2) = 0.5$, $g(x_3) = 0.2$，並設 $K_{12} = 0.1$, $K_{13} = -0.2$, $K_{23} = 0.3$。使用此值，(7) 式的分母即可如下計算。

$$\sum_{\substack{i=1,\, j=2 \\ i<j}}^{3} K_{ij}\{g(x_1) \wedge g(x_j)\}$$

$$= K_{12}\{g(x_1) \wedge g(x_2)\} + K_{13}\{g(x_1) \wedge g(x_3)\} + K_{23}\{g(x_2) \wedge g(x_3)\}$$

$$= 0.1 \times \{0.3 \wedge 0.5\} + (-0.2) \times \{0.3 \wedge 0.2\} + 0.3 \times \{0.5 \wedge 0.2\}$$

$$= 0.1 \times 0.3 + (-0.2) \times 0.2 + 0.3 \times 0.2 = 0.05$$

因此，就任一部分集合的模糊測度 $g(\cdot)$ 來說，如以 $g(x_1, x_2,)$ 來看，參考 (8) 式即成為：

$$g(x_1, x_2) = \mu\{g(x_1) + g(x_2)\} + \lambda[K_{12}\{g(x_1) \wedge g(x_2)\}]$$

$$= \mu\{0.3 + 0.5\} + \frac{1-\mu}{0.05}[0.1 \times \{0.3 \wedge 0.5\}]$$

$$= 0.8\mu + \frac{0.03(1-\mu)}{0.05} = 0.8\mu + 0.6(1-\mu)$$

將以上整理時，(4) 式可以如下表示。

$$g(A_p) = \mu\sum_{i=1}^{p} g(x_i) + (1-\mu)\frac{\sum_{\substack{i=1,\ j=2 \\ i<j}}^{p} K_{ij}\{g(x_i) \wedge g(x_j)\}}{\sum_{\substack{i=1,\ j=2 \\ i<j}}^{n} K_{ij}\{g(x_i) \wedge g(x_j)\}} \qquad (9)$$

像這樣，λ 之值利用 (7) 式即可導出，上述部分集合的模糊測度 $g(\cdot)$ 如 (7) 式所示，全部可用 μ 的函數來表示。

(9) 式的右邊，是由 μ 的係數部分即主效果部分，與 $(1-\mu)$ 的係數部分即交互作用部分，此 2 部分所構成，在變異數分析中，當項目 A 與 B 的主效果設為 U_A 與 U_B 時，交互作用 U_{A+B} 一般是比 U_A 與 U_B 的任一方小。因此，此處所提出的模糊測度也依據此想法，(9) 式之 μ 值，乃如下加以定義。

$$(1-\mu) < \mu \qquad \therefore 0.5 < \mu$$

因此，斟酌 (4) 式後，μ 的範圍即為：

$$0.5 < \mu \leq 1 \qquad (10)$$

同樣地，重視度的交互關係係數 K_{ij} 也使用上述變異數分析的想法，重視度 $g(x_i)$ 與 $g(x_j)$ 的交互關係的係數 K_{ij} 如下定義，

$$當 g(x_i) \leq g(x_j) 時，|K_{ij}| < g(x_i) \qquad (11)$$

另外，此處所使用之重視度與各評價項目是以標準化後的數字為前提。

在錄影帶電影產品的評價中，譬如評價項目 { 袖珍感，輕巧感，新奇性，攜帶性，液晶顯示，旋轉鈕之使用性 } = $\{x_1, x_2, x_3, x_4, x_5, x_6\}$。

重視度如當作 $W = \{g(x_1), g(x_2), g(x_3), g(x_4), g(x_5), g(x_6)\} = \{0.22, 0.11, 0.29, 0.09, 0.16, 0.07\}$。首先，由設計者以合議的方式就 6 個評價項目進行評價。其次，製作評價項目間的重視度之交互關係表。首先，在製作此表之前，就評價項目間的優加法性與劣加法性考察其間關聯，並做成圖示化者，即為圖 18.10。根據此圖製作重視度的交互作用關係表即為表 18.3。

表 18.3　數值內容

	X_1	X_2	X_3	X_4	X_5	X_6
x_1		S	M	B	--	-M
x_2			S	M	--	-S
x_3				--	--	--
x_4	Small:1/4				--	
x_5	Mediam:2/4					--
x_6	Big:3/4					
重視度	0.22	0.11	0.29	0.09	0.16	0.07

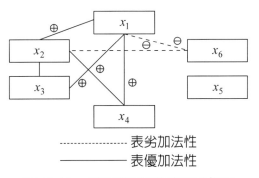

-------------------- 表劣加法性
———————— 表優加法性

圖 18.10　評價項目間的交互關係圖

如想像在實際設計現場中的運用時，任意的重視度間之交互關係以語言上的表現來處理時較具實用，因此，乃將各交互關係使用如下的 3 個評價用語之意義尺度。「評價項目 i 與評價項目 j 的交互關係是」：

(1) 略有（S : Small）

(2) 有（M : Median）

(3) 相當有（B : Big）

從此語言上的 3 級尺度變換成數值的方法來看，為了使重視度 $g(x_i)$ 與 $g(x_j)$ 之交互關係的係數 K_{ij} 滿足 (11) 式，提出如下變換式：

(1) 略有：$g(x_i) \times (1/4)$

(2) 有：$g(x_i) \times (2/4)$

(3) 相當有：$g(x_i) \times (3/4)$

譬如，在表 18.3 的上段交互關係中，評價項目 1 與評價項目 2 的重視度是 $\{g(x_1), g(x_2)\} = \{0.22, 0.11\}$，它的交互關係是 { 略有：small }，因此 K_{12} 即可如下計算。

$$K_{12} = 0.11 \times 1/4$$

並且，在劣加法性時，即為負值。

根據以上方法，製作表 18.3 之上段的交互作用表。首先，重視袖珍感的人可以認為也略有重視輕巧感，它的關聯程度認為是「Small」，乃記入 (S)。並且，向來重視袖珍感的人，也被認為是重視新奇性的，因此記入「Median」（M: $K_{13} = 0.22 \times 2/4 = 0.11$）。接著，重視袖珍感的人也被認為重視攜帶性，因此記入「Big」(B: $K_{14} = 0.09 \times 3/4 = 0.0675$)。

另一方面，重視袖珍感的人，被認為重視產品的容積小不如重視使用性，因此記入「-Median」（-M: $K_{12} = -0.07 \times 2/4 = -0.035$）。像這樣，評價項目 2 的輕巧感的情形也同樣考量，透過設計者之間的合議來記入時，即完成表 18.3 的上段交互關係表。

參考文獻

1. 井上勝雄，森典彥，廣川美津雄，評價新測度提案，學研究，BULLETIN of JSSD, VOL. 46, NO.2, 199

第19章　約略集合理論

19.1　約略集合理論的發展及應用

　　約略集合理論是在 1982 年時，由波蘭 Zdzislaw Pawlak 所提出。由於在應用約略集合理論進行分析時，不需服從任何假設，這使得約略集合理論的應用彈性更大。而且因為約略集合理論可以挖掘出資料屬性彼此之間的關係，這也使得約略集合理論被應用在許多領域，例如決策分析（decision analysis）、資料庫知識發掘（knowledge discovery from databases）、專家系統（expert systems）、決策支援系統（decision support systems）中的模式識別（pattern recognition）等。

一、約略集合理論的操作流程及概念

　　在介紹了約略集合理論的發展之後，接下來說明約略集合理論的操作流程及概念。開始執行約略集合理論的第一個步驟就是資訊表的建立，資訊表是由所要分析的資料所組成；接著找出屬性之間的不可區分關係，接著以屬性縮減及尋找核心找出所有可能的最小屬性集；然後再以上、下限近似集作為資料分類的依據；最後就是找出最有分類效率的決策規則。以下說明約略集合理論的各個分析步驟。

二、資訊表

　　對於取得的資料，在約略集合理論中是以資訊表的方式呈現，而在約略集合理論的分析過程中，均是以資訊表為基礎來發展的。以下說明資訊表（information table）的內容及組成。

　　資訊表將所要分析的資料以表格方式呈現，表格中的每一列，即表示一件事件（event）、一位患者或是一個個體（object）等等；而每一行則是放置用來描述或測量各事件或是個體的特徵、觀測結果等屬性（attribute）。而資訊表一般以 (1) 式表示：

$$T = (U, A) \tag{1}$$

$U = \{x_1, x_2, \cdots, x_n\}$，為從第 1 到第 n 個的個體的非空、有限集合，也就是所有個體的全域集合。

$A = \{a_1, a_2, \cdots, a_q\}$，為屬性 a_1 到 a_q 的非空、有限集合。

另外由於每一個屬於 A 的屬性 a_q 皆會有幾項屬性值，所以令 V_q 為屬性 a_q 的屬性值的集合。接著以表 19.1 咳嗽病歷資訊表對上述定義做說明，從表中可看出共有 8 位患者及三項屬性，其中屬性則是分別為 a1：性別、a2：咳嗽、a3：肺癌這三項。

表 19.1　咳嗽病歷資訊表

患者編號	性別	咳嗽	肺癌
$x1$	女	有	7
$x2$	女	沒有	7
$x3$	男	沒有	5
$x4$	女	有	7
$x5$	男	沒有	5
$x6$	女	有	6
$x7$	女	有	9
$x8$	男	沒有	5

從表 19.1 可得到如下之定義：

$U = \{x1, x2, x3, x4, x5, x6, x7, x8\}$，為表 19.1 中所有患者的集合；

$A = \{$ 性別，咳嗽，肺癌 $\}$，為表 19.1 中所有用來描述患者的屬性集合；

$V_1 = \{$ 男，女 $\}$：為性別這一項屬性裡面所包含的屬性值，計有男、女 2 種。

$V_2 = \{$ 有，沒有 $\}$：為咳嗽包含的屬性值，分為：「有」及「沒有」這 2 種類別。

$V_3 = \{0, 1, 2, 3, 4, 5, 6, 7, 8, 9\}$：為肺癌的嚴重程度，分為從 0 到 9 共 10 種類別（期）。

而從表 19.1 中可以注意到患者 $x1$ 與 $x4$ 的屬性值皆為 $\{$ 女，有，7$\}$，而患者 $x3$、$x5$ 及 $x8$ 的屬性值則皆為 $\{$ 男，沒有，5$\}$。因此當屬性值為 $\{$ 女，有，7$\}$ 時，將無法分類、區分出患者 $x1$ 與 $x4$ 有何不同，此時就稱 $x1$ 與 $x4$ 是不可區分的

（indiscernible）；另外當屬性值為 { 男，沒有，5} 時，患者 x3、x5 及 x8 也是不可區分的。當個體之間為不可區分時，則稱具有不可區分關係（indiscernibility relation）。例如上述中的 x1 與 x4 即具有不可區分關係，同理可說明 x3、x5 及 x8 也是具有不可區分關係，以下對不可區分關係做進一步的說明。

三、不可區分關係

從上一節中得知，不可區分關係（indiscernibility relation）是指不同的個體但卻有相同的屬性值，換句話說，當個體 x_i 與 x_j 為不可區分關係時，即可把這二個個體看成是相等的（equivalence）。同時由於不可區分關係可用來描述、定義樣本的特性，因此不可區分關係又稱為可定義集合（definable set）。當對資訊表 $T = (U, A)$，要進行探討的為屬性子集合 $B(B \subset A)$ 時，一般我們定義不可區分關係如下所示：

$$IND(B) = \{(x_i, x_j) \in U^2 \mid \forall a \in B, a_q(x_i) = a_q(x_j)\} \tag{2}$$

$IND(B)$：稱為 B 不可區分關係

B：為屬性子集合，$B \subseteq A$

$a_q(x_i)$：x_i 於屬性 a_q 的屬性值

$a_q(x_j)$：x_j 於條件屬性 a_q 的屬性值

由上式可知，當 x_i 與 x_j 於屬性 a_q 的屬性值為相同時，此時即稱 x_i 與 x_j 在屬性 a_q 時具有不可區分關係，因此即將 x_i 與 x_j 歸為同一組，也就是透過不可區分關係所分類出的組別，稱為相等組別（Equivalence Classes: E）。以下以表 19.1 咳嗽病症資訊表為例，說明何謂不可區分關係。

假設令 B = { 性別 } 時，則從表 19.1 可看出患者 x1、x2、x4、x6 及 x7 於性別這一項屬性下，皆為相同的屬性值 { 女 }，因此這五位患者即被分為相同的組別，也就是不可區分的；另外同樣於 { 性別 } 有另一組不可區分的組別，就是屬性值皆為 { 男 } 的患者 x3、x5 及 x8。因此依性別不可區分關係可以將所有患者劃分為二個組別，如 (3) 式表示：

$$U/Ind\{ 性別 \} = \{\{x1, x2, x4, x6, x7\}, \{x3, x5, x8\}\} \tag{3}$$

同理可知，當令 B = { 性別、咳嗽、肺癌 } 時，則不可區分關係可以 (4) 式表示：

$$U/Ind\{ 性別，咳嗽，肺癌 \} = \{\{x1, x4\}, \{x2\}, \{x3, x5, x8\}, \{x6\}, \{x7\}\} \quad (4)$$

從 (4) 式這一組不可區分關係可得到五組組別，以下依表 19.2 性別、咳嗽及肺癌的不可區分關係表來描述由 (4) 式所得到的五組組別情形：

表 19.2　性別、咳嗽及肺癌的不可區分關係表

U/B	性別	咳嗽	肺癌
{x1, x4}	女	有	7
{x2}	女	沒有	7
{x3, x5, x8}	男	沒有	5
{x6}	女	有	6
{x7}	女	有	9

從表 19.2 可看出，由不可區分關係可將患者分為五組，分別為：{ 女，有咳嗽，肺癌為 7}、{ 女，沒有咳嗽，肺癌為 7}、{ 男，沒有咳嗽，肺癌為 5}、{ 女，有咳嗽，肺癌為 6} 及 { 女，有咳嗽，肺癌為 9} 共五組。也就可以用從不可區分關係所得到的這五組組別來描述資訊中所有的患者。

然而在一般實際的情況中，對於資料中個體的分類結果會是已知的，也就是通常在原始資料中會有一項用來區分結果的屬性，此屬性即稱決策屬性（decision attribute）。例如，在本例中就是以咳嗽患者的狀態為決策屬性，透過決策屬性將患者分為存活或死亡二大類。而當將 19.3.1 小節所介紹的資訊表中，再加入決策屬性後，所得的表格就改稱為決策表（decision table），原本資訊表中的 A，就改稱為條件屬性（Conditional Attributes: C）。如此決策表可如 (5) 式所示：

$$\tau = (U, C \cup \{d\}), \{d\} \cap C = \phi \quad (5)$$

以咳嗽患者死亡或存活狀態為決策屬性，分為患者死亡及存活，如此將表 19.1 咳嗽病歷資訊表轉換為表 19.3 咳嗽病歷決策表：

表 19.3　咳嗽病歷決策表

患者編號	性別	咳嗽	肺癌	狀態
$x1$	女	有	7	存活 (1)
$x2$	女	沒有	7	死亡 (0)
$x3$	男	沒有	5	存活 (1)
$x4$	女	有	7	存活 (1)
$x5$	男	沒有	5	死亡 (0)
$x6$	女	有	6	死亡 (0)
$x7$	女	有	9	死亡 (0)
$x8$	男	沒有	5	存活 (1)

然而在不可區分關係的分類過程中，卻可能發生前後不一致（inconsistent）的情況。所謂不一致的情況，是指雖然由不可區分關係將個體 x_i 與 x_j 分為同一組，但因為最後決定分類組別的是由決策屬性來決定，所以假如 x_i 與 x_j 分別屬於不同的決策屬性，此情況就是不一致。以表 19.3 燒燙傷病歷決策表說明，首先從表之不可區分關係表中可得知，患者 $x3$、$x5$ 及 $x8$ 依不可區分關係是被分為同一組的，但對照表 19.3 燒燙傷病歷決策表來看，$x3$ 及 $x8$ 的決策屬性為 1，但 $x5$ 的決策屬性卻是為 0，此時表示如果只依不可區分關係來直接做分類的動作，則可能會發生分類不一致的問題。

而當發生分類不一致的問題時，約略集合理論則是以求算近似解的方法來解決，也就是透過上、下限近似集來處理分類不一致的問題。接下來對上、下限近似集做說明。

四、近似集

在約略集合理論分析過程中發生分類不一致的情形時，即可藉由下限近似集（lower approximation of sets）及上限近似集（upper approximation of sets）來處理、解決此問題。首先下限近似集是指個體可以肯定（doubtlessly）完全地被包

含於下限近似集之中；而上限近似集則是指個體只要有可能（possible），也就是只要有部分被包含到，就被歸類至此上限近似集之中。以下進一步說明。

令 B 為條件屬性子集合（$B \subset C$），W 為 U 內的元素子集合（$W \subset U$）。因此在條件屬性子集合 B 的知識之下，元素子集合 W 的下限近似集，表示為 $\underline{B}W$，定義如下所示：

$$\underline{B}W = \{x_1 \in U \mid Ind_T(B) \subseteq W\} \tag{6}$$

所以下限近似集的定義為在屬性集 B 之下，x_i 肯定被包含在元素子集合 W 裡面，也就是說，在屬性集 B 的知識之下，一定可以用 x_i 來定義及解釋元素子集合 W。另外在屬性素 B 的知識之下，元素子集合 W 的上限近似集，即表示為 $\overline{B}W$，定義如下：

$$\overline{B}W = \{x_i \in U \mid Ind_T(B) \cap W \neq \phi\} \tag{7}$$

而上限近似集則是指在屬性集 B 的知識之下，x_i 可能被包含在元素子集合 W 裡面，也就是說，在屬性集 B 的知識之下，可能可以用 x_i 來定義及解釋元素子集合 W。

當中無法依據屬性集 B 所揭露出的知識，以 x_i 來對元素子集合 W 加以定義、解釋，以進一步對 W 做分類動作的部分，也就是無法透過上、下限近似集來加以定義的區域，稱為疆界〔Boundary: $BN_B(W)$〕。簡單來說就是上、下限近似集的差，即如 (8) 式所示：

$$BN_B(W) = \overline{B}W - \underline{B}W \tag{8}$$

接著同樣以表 19.3 燒燙傷病歷決策表來對近似集做進一步的說明。假設要解釋的元素集 W 令為如下二組：

$$W_1 = 患者存活 = \{x1, x3, x4, x8\}$$
$$W_2 = 患者死亡 = \{x2, x5, x6, x7\}$$

接著令 $B = \{a1, a2, a3\}$，則 $Ind(B) = \{\{x1, x4\}, \{x2\}, \{x3, x5, x8\}, \{x6\}, \{x7\}\}$，可得五組組別：$e1 = \{x1, x4\}$、$e2 = \{x2\}$、$e3 = \{x3, x5, x8\}$、$e4 = \{x6\}$、$e5 = \{x7\}$。接著 W_1 及 W_2 的上、下限近似集及疆界如下所示：

$\underline{B}W_1 = e1 = \{x1, x4\}$，因為在屬性集 B 的不可區分關係中，W_1 完全包含的是 x_1 及 x_4。

$\overline{B}W_1 = e1 \cup e3 = \{x1, x3, x4, x5, x8\}$，也就是在屬性集 B 的不可區分關係中，只要有被 W_1 包含到的，即歸為 W_1 的上限近似集。

$BN_B(W_1) = \overline{B}W_1 - \underline{B}W_1 = \{x3, x5, x8\}$，由疆界的計算可知，$x3$、$x5$ 及 $x8$ 是無法經由屬性集 B 來定義，以進行分類的個體

$\underline{B}W_2 = e2 \cup e4 \cup e5 = \{x2, x6, x7\}$，同理可證。

$\overline{B}W_2 = e2 \cup e3 \cup e4 \cup e5 = \{x2, x3, x5, x6, x7, x8\}$，同理可證。

$BN_B(W_2) = \overline{B}W_2 - \underline{B}W_2 = \{x3, x5, x8\}$，同理可證。

當上限近似集及下限近似集所包含的樣本為相同時，也就是 $\overline{B}W = \underline{B}W$，則此時 $BN_B(W) = \phi$，表示屬性集 B 與元素子集合 W 是絕對（exact）相關的，也就是 U 對 W 是可定義的（definable）；反之假如 $\overline{B}W \neq \underline{B}W$，則此時因為 $BN(W) \neq \phi$，所以表示 B 對 W 是約略、不嚴格（inexact）相關的，則可知 U 對 W 是無法定義的（undefinable）。以下舉出四種依上、下限近似集所得到的分類定義：

1. 假如 $\underline{B}W \neq \phi$ 且 $\overline{B}W \neq U$，則稱 B 可約略對 W 定義（W is roughly B-definable）。此情況表示透過屬性集 B 知識的幫助，可以從 U 之中定義出屬於 W 的個體，也可依據屬性集 B 知識從 U 定義出不屬於 W 的個體。

2. 假如 $\underline{B}W \neq \phi$ 且 $\overline{B}W = U$，表示無法以 B 定義 W 的外部（W is externally B-undefinable），指透過屬性集 B 知識的幫助，無法從 U 之中定義出屬於 W 的個體，但卻可以依據屬性集 B 知識從 U 定義出不屬於 W 的個體。

3. 假如 $\underline{B}W = \phi$ 且 $\overline{B}W \neq U$，表示無法以 B 定義 W 的內部（W is internally B-undefinable）。也就是指透過屬性集 B 知識的幫助，可以從 U 之中定義出屬於 W 的個體，但卻無法依據屬性集 B 知識從 U 定義出不屬於 W 的個體。

4. 假如 $\underline{B}W = \phi$ 且 $\overline{B}W = U$，則稱 B 為完全無法對 W 定義（W is totally B-undefinable）。此情形即是指透過屬性集 B 知識的幫忙，還是完全無法定義出屬於及不屬於的個體。

在了解上、下限近似集及疆界的概念之後，接著即想知道經由近似集所得到的分類知識的準確率如何，這是因為有疆域的存在，所以才會導致分類產生不精確的情況，而在約略集合理論中是透過近似準確性〔Accuracy of Approximation: $\alpha_B(W)$〕的計算來了解各分類的準確率，如下所示：

$$\alpha_B(W) = \frac{card(\underline{B}W)}{card(\overline{B}W)} \tag{9}$$

在上式 (9) 中，$card(\underline{B}W)$ 表示在 $\underline{B}W$ 裡的樣本數量，而 $card(\overline{B}W)$ 則表示在 $\overline{B}W$ 裡的樣本數量。同時近似準確率的範圍為：$0 \le \alpha_B(W) \le 1$，也就是假如 B 可以完全正確地對 W 下定義、做描述的話，則其分類的近似準確率會等於 1；反之，假如 B 只能概略地對 W 下定義、做描述的話，則近似準確率會小於 1。以下由本節咳嗽例子中的 W_1 為例說明：

$$\underline{B}W_1 = \{x1, x4\} \implies card(\underline{B}W_1) = 2$$
$$\overline{B}W_1 = \{x1, x3, x4, x5, x8\} \implies card(\overline{B}W_1) = 5$$

如此可得 W_1 的近似準確率為：

$$\alpha_B(W) = \frac{card(\underline{B}W)}{card(\overline{B}W)} = \frac{2}{5} = 0.4 \tag{10}$$

因為 $\alpha_B(W_1) \le 1$，表示 B 知識只能概略定義、解釋 W_1 元素集。

以上說明了當決策表在條件屬性及決策屬性之間存在不一致問題時的處理方式。然而假如決策表中不存在不一致問題時，此時則稱決策表中的資料具有一致性，如表 19.4 所示：

表 19.4　具一致性的咳嗽病歷決策表

患者編號	性別	咳嗽	肺癌	狀態
$x1$	女	有	7	存活 (1)
$x2$	女	沒有	2	死亡 (0)
$x3$	男	沒有	5	存活 (1)
$x4$	女	有	7	存活 (1)
$x5$	男	沒有	5	存活 (1)
$x6$	女	有	6	死亡 (0)
$x7$	女	有	9	死亡 (0)
$x8$	男	沒有	5	存活 (1)

從表 19.4 中可看出，每組條件屬性集都只會對應到一個決策屬性，也就是沒有不一致的情形發生。接下來從表 19.4 中找出性別、咳嗽、肺癌及狀態的不可區分關係：

表 19.5　性別、咳嗽、肺癌及狀態的不可區分關係表

組別	U/B	性別	咳嗽	肺癌	狀態
$e1$	{$x1, x4$}	女	有	7	存活 (1)
$e2$	{$x2$}	女	沒有	2	死亡 (0)
$e3$	{$x3, x5, x8$}	男	沒有	5	存活 (1)
$e4$	{$x6$}	女	有	6	死亡 (0)
$e5$	{$x7$}	女	有	9	死亡 (0)

接著從表 19.5 的各組不可區分關係中，分別挑出一個個體以另外組成決策表，如下所示：

表 19.6　咳嗽病歷的不可區分關係決策表

組別	性別	咳嗽	肺癌	狀態
$e1$	女	有	7	存活 (1)
$e2$	女	沒有	2	死亡 (0)
$e3$	男	沒有	5	存活 (1)
$e4$	女	有	6	死亡 (0)
$e5$	女	有	9	死亡 (0)

　　從表 19.6 中可看出，原先是 8 個具一致性的個體的資料，在經由下可區分關係的分類之後，可以改成從中挑出五個個體，即可代表原先的 8 個個體。接著即考慮到是否有必要，一定得使用全部的條件屬性來擷取分類知識？這個問題在許多實證應用上被探討，也就是所謂的知識縮減（knowledge reduction）。針對這個問題，約略集合理論是以縮減（最小屬性集）（reduct）及核心（core）來進行知識縮減的動作，以下進一步說明。

五、屬性刪減與核心

　　在進行知識刪減之前，要先找出決策表中條件屬性與決策屬性之間的相依程度，而找出此相依程度的方法，即是透過一致性來決定，之後再從這些具一致性的資料中，找出其中不可區分的關係，接著經由這些不可區分關係的資料所形成的區域，即稱為確定區域（positive region）。而屬性的縮減與核心的推導，也就是在維持確定區域不變的情況下才可進行。

　　屬性的縮減是指在決策表的條件屬性集：C 都不變的情況下，與將 C 之中的第 q 項條件屬性：c_q 移除後，當縮減前與縮減後兩者所得到的確定區域 $[POS(S), S \subset U]$ 仍相同：

$$POS_C(S) = POS_{C-C_q}(S) \tag{11}$$

S：具不可區分關係的個體所形成的組別

C：全部條件屬性的集合

c_q：第 q 項的條件屬性

如此在確定區域不變的情況下，則稱 c_q 為 C 之中多餘的（superfluous）條件屬性，表示可將 c_q 從 C 中刪除，而不會影響到分類知識。

反之，假如將 c_q 從 C 之中縮減後，當縮減前與縮減後兩者卻得到不一樣的確定區域，也就是 $POS_C(S) \neq POS_{C-c_q}(s)$，如此則稱 c_q 為 C 之中必需的（indispensable）屬性，表示不可將 c_q 從 C 中縮減。

在對決策表進行屬性縮減的動作後，當剩下的條件屬性 $c \in C$ 都為必需的條件屬性時，則此時的屬性集 C 為獨立（independent）。當屬性集為獨立且具一致性時，則此時這些屬性所組成的屬性集：$H(c_q \in H)$，即為 C 的屬性的縮減，表示為 $RED(H)$。

另外，因為屬性的縮減可以不只一個，所以當將這些屬性的縮減之中，所共同具有的屬性集設為 $F(F \subseteq C)$，這些共同的屬性即為核心，表示為：$CORE(F)$。如此屬性的縮減與核心之間的關係如下所示：

$$CORE(F) = \cap RED(H) \tag{12}$$

接著以表 19.6 咳嗽病歷的不可區分關係決策表，說明何謂屬性的縮減及核心。

從表 19.6 中可知，條件屬性：$C = \{$ 性別，咳嗽，肺癌 $\}$ 及決策屬性：$D =$ 狀態，接著從 C 的不可區分關係，可將表 19.6 中的患者分成以下組別：

$$Ind(C) = U/Ind（性別，咳嗽，肺癌）$$
$$= \{(e1), \{e2\}, \{e2\}, \{e4\}, \{e5\}\} \tag{13}$$

從 C 的不可區分關係中，可得到五個組別，分別為 $e1$、$e2$、$e3$、$e4$ 及 $e5$。接著從 D 的不可區分關係，可將表 19.6 中的患者分成以下 2 個組別：

$$Ind(D) = U/Ind（狀態）= \{\{e1, e3\}, \{e2, e4, e5\}\} \tag{14}$$

而從 D 的不可區分關係中，可得到二組組別，分別為 $W_0 = \{e2, e4, e5\}$ 及 $W_1 = \{e1, e3\}$。因為 $\underline{C}W_0 = \{e2,e4,e5\}$、$\underline{C}W_1 = \{e1,e3\}$，所以可得 $POS_C(S) = e1 \cup e2 \cup e3 \cup e4 \cup e5$。在求算出 $POS_C(S)$ 之後，接著即個別刪除屬

性，集 C 中的屬性以判斷是否有多餘的屬性可刪除。首先刪除 { 性別 }，可得：

$$U/Ind\,(C-\text{性別}) = U/Ind\,(\text{咳嗽，肺癌}) = \{(e1), \{e2\}, \{e3\}, \{e4\}, \{e5\}\}\quad(15)$$

然後按照上述步驟，求算出 $C-$ { 性別 } 的 POS，如下所示：

$$POS_{C-\{\text{性別}\}}(S) = \{e1, e2, e3, e4, e5\} = POS_C(S)\tag{16}$$

因為刪除 { 性別 } 前和刪除 { 性別 } 後的 $POS(S)$ 皆相同，表示 { 性別 } 是 C 之中多餘的屬性，也就可將 { 性別 } 從 C 中刪除。接下來改換刪除 { 咳嗽 }，可得：

$$U/Ind\,(C-\text{咳嗽}) = U/Ind\,(\text{性別，肺癌}) = \{\{e1\}, \{e2\}, \{e3\}, \{e4\}, \{e5\}\}\quad(17)$$

接著同樣求算 $C-$ { 咳嗽 } 的 POS，可得：

$$POS_{C-\{\text{咳嗽}\}}(S) = \{e1, e2e3, e4, e5\} = POS_C(S)\tag{18}$$

因為刪除 { 咳嗽 } 前和刪除 { 咳嗽 } 後的 $POS(S)$ 相同，表示 { 咳嗽 } 是 C 之中多餘的屬性，也就是可將 { 咳嗽 } 從 C 中刪除。接下來改成刪除 { 肺癌 }，可得：

$$U/Ind\,(C-\text{肺癌}) = U/Ind\,(\text{性別，咳嗽}) = \{\{e1, e4, e5\}, \{e2\}, \{e3\}\}\quad(19)$$

接著求算 $C-$ {$TBSA$} 的 POS，可得：

$$POS_{C-\{\text{肺癌}\}}(S) = \{e2, e3\} \neq POS_C(S)\tag{20}$$

因為刪除 { 肺癌 } 前和刪除 { 肺癌 } 後的 $POS(S)$ 不相同，表示 { 肺癌 } 是 C 之中必須的屬性，也就是不可將 { 肺癌 } 從 C 中移除。

從上述的說明中，可得到二個經屬性刪除後，仍具有與使用全部的條件屬性相同的確定區域的屬性縮減，分別為：RED（咳嗽，肺癌）及 RED（性別，肺

癌）。接著可看出在這二組屬性的縮減之中所共同擁有的屬性為 { 肺癌 }，因此
{ 肺癌 } 即為分類知識中的核心，如下所示：

$$RED（咳嗽，肺癌）\cap RED（性別，肺癌）= CORE（肺癌） \tag{21}$$

因此從上述中可知，當原先以 { 性別 }、{ 咳嗽 } 及 { 肺癌 } 這三項條件屬
性來預測患者的狀況時，在經過屬性縮減之後，可得到二組屬性的縮減 {{ 咳
嗽 }，{ 肺癌 }} 及 {{ 性別 }，{ 肺癌 }}，也就是不管從這二組中的任何一組屬性
的縮減進行分析，都可以得到與原先以三項條件屬性進行分析所得到的分類知識
相同。同時從這二組屬性的縮減中，可得到核心屬性：{ 肺癌 }，也就是說明 { 肺
癌 } 為必需屬性。在經過屬性縮減，將多餘的屬性縮減後，接著就是經由決策規
則（decision rules）找出分類的知識，以下進一步說明。

六、決策規則

決策規則就是指以一種有條理的方式來描述經屬性縮減過後，由屬性的縮減
所另外形成的新的決策表：$T = (E, C, D)$，而決策表的決策規則，即是定義如下：

$$If \Phi then \Psi \tag{22}$$

Φ：代表條件屬性
Ψ：代表決策屬性

因此假如 (22) 式成立，也就表示此決策規則是成立的。接著以表 19.7 屬性
縮減後之燒燙傷病歷決策表為例說明。

表 19.7 屬性縮減後之咳嗽病歷決策表

E	咳嗽	肺癌	狀態
$e1$	有	7	存活 (1)
$e2$	沒有	2	死亡 (0)
$e3$	沒有	5	存活 (1)
$e4$	有	6	死亡 (0)
$e5$	有	9	死亡 (0)

從表 19.8 中可看出本研究是以刪除 { 性別 }，僅取 { 咳嗽 } 及 { 肺癌 } 這二項條件屬性所構成的決策表來說明，接著對表 19.8 定義如下：

$$\tau : (E, C \cup D) \tag{23}$$

τ：經過屬性縮減後的決策表

E：所有患者，就是 $x1$ 到 $x8$ 的集合

C：條件屬性集合，$C = a2 \cup a3$

D：決策屬性集合，而 d_i 為 x_i 的決策屬性值 $d_i \in D$

在得到決策表之後，接著以 (24) 式及 (25) 式來表示，如何從決策表中得到決策規則：

$$f_C(x_i, a_1)：表示第 i 位患者於第 q 個條件屬性的屬性值 \tag{24}$$

$$f_D(x_i)：表示第 i 位患者的決策屬性值 \tag{25}$$

從 (24) 式及 (25) 式中可以得到描述樣本的屬性，這些屬性的組合，即稱為決策規則。首先為 e1 時，可得到決策規則中的條件屬性 $cond_C = \{(f_c(e_1, a_1) = v1)$ $\wedge (f_c(e_1, a_2) = v2) \wedge \cdots \wedge (f_c(e_1, a_q) = v_q)\}$，表示 e1 從 1 到 q 個屬性下的屬性值中取值；而決策規則中的決策屬性 $dec_D = d_1$，表示 e1 的決策屬性值中取值。當 $[cond_C] \subseteq [dec_D]$ 時，決策規則：if $cond_C$ then dec_D 成立。

接下來以表 19.7 中的 e5 為例，說明可得到：$cond_C = \{\{$ 咳嗽 = 有 $\} \wedge \{$ 肺癌 = 9\}\}$ 及 $dec_D = \{$ 死亡 $\}$，如此依定義可得到一組決策規則：

$$Rule：\{\{a2 = 有 \} \wedge \{a3 = 9\}\} \Rightarrow \{d_5 = 0\} \tag{26}$$

從 (26) 式可知，當患者在有咳嗽及肺癌為 9 的情況下，所得到的患者狀態會為死亡。因此，從表 19.7 屬性縮減後之咳嗽病歷決策表中，共可得到的決策規則如表 19.8 所示：

表 19.8　咳嗽患者狀態決策規則

Rule	咳嗽	肺癌	狀態
e1	有	7	存活 (1)
e2	沒有	2	死亡 (0)
e3	沒有	5	存活 (1)
e4	有	6	死亡 (0)
e5	有	9	死亡 (0)

在推導出決策規則之後，接著同樣想到是否可以如同表 19.6 中的知識縮減一般，也可以對決策規則進行縮減，以使整個分析的過程可以更具效率，這部分即是透過最小決策規則（reduce decision rules）來達成。

最小決策規則也就是利用最少的條件屬性來表示規則。以 Rule 為例，如果僅使用 { 咳嗽 } 來判斷患者狀態的話，將因為 Rule 4 及 Rule 5 的關係而產生不一致的狀況。接著同樣以 Rule 1 為例，如果僅使用 { 肺癌 } 來判斷患者的狀態，則仍會維持一致性，因此對於 Rule 1 而言，係可以利用 { 肺癌 } 為唯一判別，也就是在 Rule 1 當中，可以只使用 { 肺癌 } 來當做判別的依據。接著其他決策規則亦以一樣的方式分析，如此最後可整理出如表 19.9 所示的所有最小決策規則：

表 19.9　最小決策規則表

Rule	咳嗽	肺癌	狀態
1	—	7	1
2	—	2	0
3	—	5	1
4	—	6	0
5	—	9	0

—：表示該項決策規則所對應的屬性可忽略不考慮

最後由於在本章的說明中，所探討的是具一致性的資訊表，也就是只要條件屬性值相同，就會得到相同的決策屬性，不會有條件屬性與決策屬性發生矛盾的情形出現。然而假如面對的為矛盾的，也就是在相同條件屬性值之下，卻得到不

同的決策屬性值，此時即取決於各決策規則本身的強度（strength）來判斷。所謂強度是指當有樣本群的條件屬性相同，但卻得到不同的決策屬性時，例如有一組樣本群得到的決策屬性為 1，而另一組卻是得到 0，此時以發生機率來取決到底在此組條件屬性下的決策規則為何，也就是當決策屬性得到 1 的那一組樣本數量多於得到 0 的那一組樣本數量時，則表示在相同的條件屬性之下，決策屬性得到 1 的機率大於得到 0 的機率，也就是得到 1 的強度大於得到 0 的強度，因此即令這個決策規則的決策屬性為 1。

第 20 章　決策樹

尋找再度購買之理由所在

　　資訊技術的發達，每日被儲存在企業的資料量變得非常龐大。從可以說是廣大礦脈的資訊之中，導引出經營所需判斷材料的分析手法，其中有稱之為決策樹（decision tree）的方法。決策樹是綜合統計學與人工智慧領域所誕生的手法，電腦從龐大的資料中，會自動地發現所需的邏輯命題，結果能以視覺的方式顯示，此點為其特徵。

　　圖 20.1 是使用決策樹分析顧客是持續來店或是離開。以作為基準的 3 個月之間曾來店購買物品，之後半年間完全不來的顧客當作「離開」，即使 1 次但仍會再前來的顧客當作「持續」，將基準月的「優待券利用」、「利用日」、「感謝日」作為分類的要因。

　　所謂「優待券利用」是有關是否利用店鋪每月所分送的折扣券之資訊，所謂「利用日」，是有關「特賣日」、「週末」、「其他」之中，利用次數最高的來店日之資料。「感謝日」是觀察每月店鋪所舉辦的活動是否曾來過。

　　圖20.1如上下顛倒看時，看起來有如枝葉繁茂的樹林，此種圖稱為決策樹。如圖 20.1 各個四角形部分稱為節點（node），記成節點 0 的分歧開始部分稱為根（root）。同樣的，節點 2 到節點 9 為止的部分稱為枝（branch）。像節點 1、5 或 6、7、8、9 那樣，成為最終到達點的結果稱為末端點（terminal）。決策樹是從根向著末端點（圖 20.1 中由上向下）依序判讀。

　　如觀察圖 20.1 的節點 0 時，最初的狀態是分析對象顧客之中離開的有46%，持續購買的有 54%。此處如引進「優待券之利用」之要素時，顧客是以 4 比 6 的比例分歧。利用優待券的顧客與未利用的顧客是 4 比 6。占 4 成的「優待券利用客」之中，有82% 是持續來店。亦即，在基準月利用折扣券購物的顧客，可以認為幾乎是持續顧客。由此事來看，相反地，對於未利用優待券的顧客要設法推動折扣，也許可以大幅提高顧客來店的可能性。

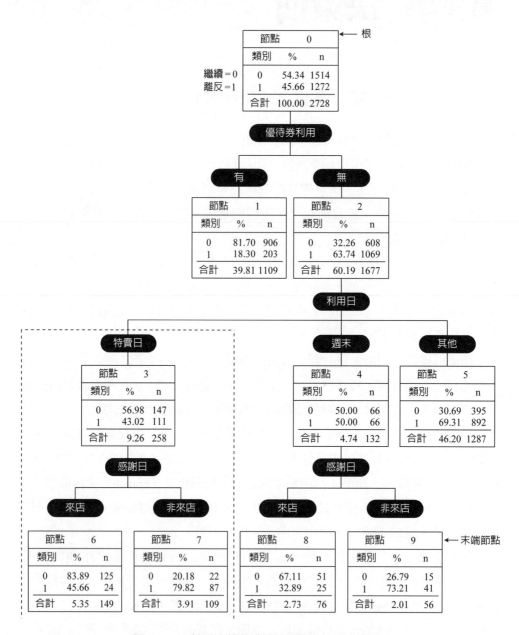

圖 20.1　利用決策樹對離返顧客的分析結果

　　另外，未利用優待券的顧客有 64% 會離開。接著，電腦可以在此樹之下產生分歧，這些顧客在「利用日」的差異上，可以再次加以分類。

　　如觀察以「特賣日」為主要利用顧客時，離開率下降到 43%。換言之，即

使未利用優待券仍於特賣日前來的顧客，可以掌握有 57% 會持續前來。此處仍有再向下一層的分歧，於「感謝日」來店中，可以看出離開率有甚大不同。如觀察節點 7 時，基準的 3 個月間，「未使用優待券」主要利用「特賣日」，而「感謝日」並不來店的顧客，可以預估今後幾乎不再來店約占 80%。今後具有此種特徵的顧客一旦在資料上發現時，以 DM 寄送通知有特賣的優待券，採取抑制離開的對策。

　　決策樹的分歧，是根據離開或持續的各個狀態中的機率（比率）指標，估計要整理資訊的程度。對於「優待券利用」等成為考慮對象的數個要因，分別計算指標值，為了可以最有效率地整理重要資訊而去分類。

　　圖 20.1 的最初階段，對象顧客不管是離開或是持續，幾乎是各半，這以資訊來說並未加以整理，可以說是不明確的狀態。譬如，出門前的天氣預報得知是 50% 的下雨機率，對是否要帶雨傘而感到迷惑；但如說下雨機率是 100% 時，幾乎可以設想一定會下雨，任誰都會採取行動。

20.2　在通常的交叉累計無法判別的情形下決策樹是有效的

　　以下的資料是調查 DVD 播放機的購買狀況。調查 3 個項目，目的是想由這些項目判別是否購買。調查的項目有以下 3 者：

・本國片迷呢？或外國片迷呢？　　　　本國片　　　外國片
・擁有個人電腦嗎？　　　　　　　　　有　　　　　無
・性別　　　　　　　　　　　　　　　男　　　　　女

　　表中的「實績」項目是以○表示購買，× 表示未購買。使用電影的喜好、個人電腦擁有狀況、性別，從此資料去判別何種人購買播放器，何種人不購買。

偏好	個人電腦	性別	實績
外國片	無	女	×
外國片	無	女	×
外國片	無	女	×
本國片	有	女	×

偏好	個人電腦	性別	實績
本國片	有	女	×
本國片	無	男	○
外國片	有	男	○
本國片	無	女	○
外國片	無	男	×
本國片	無	男	○
本國片	有	男	×
本國片	有	男	×
外國片	有	女	○
外國片	有	女	○
外國片	有	男	○
外國片	無	男	×
本國片	無	男	○
外國片	有	女	○
本國片	無	女	○
本國片	有	男	×

說明變數均為質變數，因此，試製作交叉累計表與圖形。

偏好 * 實績交叉表

個數

		實績		
		購買	未購買	總和
偏好	西洋片	5	5	10
	本國片	5	5	10
總和		10	10	20

偏好 * 個人電腦交叉表

個數

		個人電腦		
		有	無	總和
偏好	西洋片	5	5	10
	本國片	5	5	10
總和		10	10	20

偏好 * 性別交叉表

個數

		性別		
		男	女	總和
偏好	西洋片	4	6	10
	本國片	6	4	10
總和		10	10	20

不管觀察哪一種交叉累計表，購買與未購買完全沒有關係。也就是說，不管使用哪一變數均無法判別。因此，決定從別的角度來觀察資料。

將資料以結果（實績）重排。於是，購買與未購買如下持續出現。因此，容易觀看何種人是否購買。可是，能從中知道其傾向嗎？

偏好	個人電腦	性別	實績
外國片	有	男	○
外國片	有	女	○
外國片	有	女	○
外國片	有	男	○
外國片	有	女	○
本國片	無	男	○
本國片	無	女	○
本國片	無	男	○

偏好	個人電腦	性別	實績
本國片	無	男	○
本國片	無	有	○
外國片	無	女	×
外國片	無	女	×
外國片	無	女	×
外國片	無	男	×
外國片	無	男	×
本國片	有	女	×
本國片	有	女	×
本國片	有	男	×
本國片	有	男	×
本國片	有	男	×

　　試將電影的喜好與個人電腦的擁有狀況加以組合看看。亦即，購買的人是喜好西洋片且擁有電腦呢？或是喜歡本國片且未擁有電腦呢？形成如此的組合。從交叉累計表雖得出了任一變數對判別均無幫助的結果，但那是單獨才沒有幫助，如果組合時，即可判別。像這樣組合時，發生的效果稱為交互作用。

　　有交互作用時，想必已理解了以通常的交叉累計表是無法發現判別規則的。那麼，交互作用存在時，如製作決策樹時，可以得出何種結果呢？讓我們繼續看下去吧。

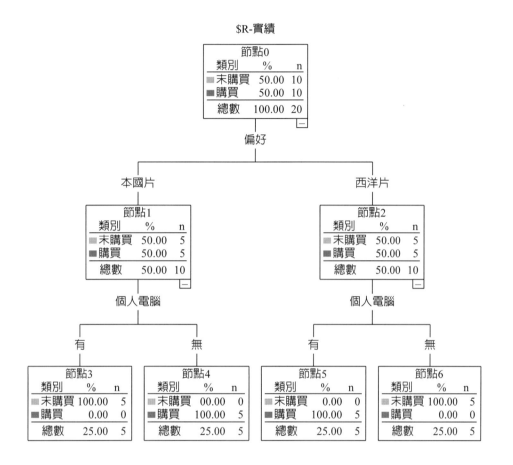

$R-實績

觀察決策樹時，

‧喜歡西洋片未擁有個人電腦的人　→　未購買

‧喜歡西洋片擁有個人電腦的人　→　購買

‧喜歡國片未擁有個人電腦的人　→　購買

‧喜歡國片擁有個人電腦的人　→　未購買

以如此的規則，可以完全判別購買與否。

事實上，決策樹是從被稱為自動交互作用檢出法（Acito Interaction Detector; AID）之手法所發展出來的，因此欲檢出此種交互作用是非常適合的。

註：本例題，最初決定要分歧的變數時，如交叉累計表所見，可能會發生無法發現有效變數之現象，因此製作決策樹時，利用軟體有需要若干的考量。

20.3　「最好」的決策樹不只 1 個

以下資料是將前例題加以若干修正。從此資料使用電影的喜好、個人電腦的擁有、性別，判別有無購買播放機。

偏好	個人電腦	性別	實績
外國片	有	女	○
外國片	有	女	○
本國片	無	男	×
本國片	無	女	×
外國片	有	女	○
外國片	有	女	○
本國片	無	男	×
外國片	有	男	○
外國片	有	男	○
外國片	有	男	○
本國片	無	女	○
本國片	無	女	×
外國片	有	男	×
外國片	有	男	○
本國片	無	女	×
本國片	無	男	×
本國片	無	女	×
外國片	有	男	○
本國片	無	男	×
本國片	無	女	×

首先，製作交叉累計表。

實績 * 偏好交叉表

個數

		偏好		總和
		西洋片	本國片	
實績	購買	9	1	10
	未購買	1	9	10
總和		10	10	20

實績 * 個人電腦交叉表

個數

		個人電腦		總和
		有	無	
實績	購買	9	1	10
	未購買	1	9	10
總和		10	10	20

實績 * 性別交叉表

個數

		性別		總和
		男	女	
實績	購買	5	5	10
	未購買	5	5	10
總和		10	10	20

　　觀察交叉累計表時，似乎可以判別電影的喜好與個人電腦的擁有狀況。此處，如製作決策樹時，變成如下：

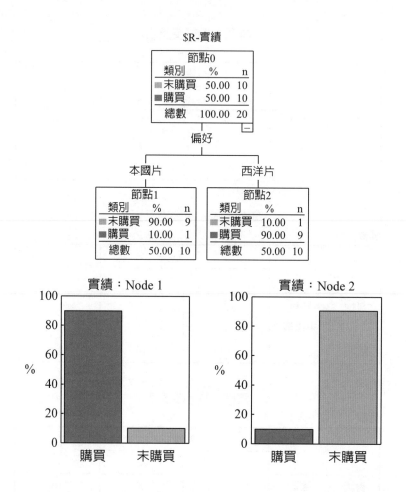

電影的喜好雖然在決策樹中出現，但個人電腦的擁有狀況並未出現。只要看交叉累計表，性別之未出現雖然可以理解，但個人電腦的擁有狀況與電影的喜好一樣應該有助於判別，因此令人費解。

此意謂著是否擁有個人電腦，並非與購買與否無關，如果在西洋片或本國片中分歧時，對此資訊而言，即使加上是否擁有個人電腦，也並未提高判別的精確度。

試從別的角度來觀察此事吧。實際上，將電影喜好與個人電腦的擁有狀況之回答結果加以比較，即可明白。回答的類型是一致的。西洋片迷擁有個人電腦，本國片迷未擁有個人電腦。西洋片迷與本國片迷之資訊，與擁有個人電腦與否之資訊，變成了相同的資訊。此事如果製作電影的喜好與個人電腦的擁有狀況的交叉累計表，就可清楚明白。

實績 * 偏好交叉表

個數

		偏好		總和
		西洋片	本國片	
個人電腦	有	10		10
	無		10	10
	總和	10	10	20

　　將此種狀況稱為電影的喜好與個人電腦的擁有狀況相交。從以上的事項來看,即使使用個人電腦的擁有狀況,想必也可以同樣地判別。因此,只以個人電腦的擁有狀況製作決策樹看看。

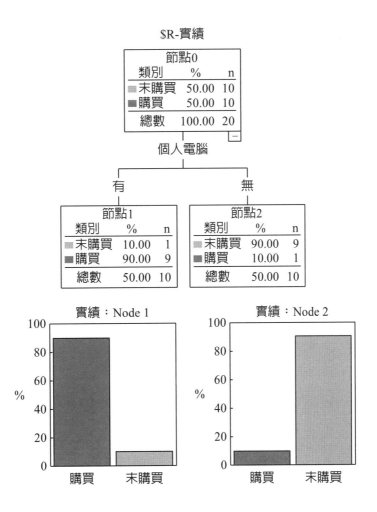

　　以電腦的喜好來判別，以及以擁有個人電腦來判別，可知具有相同的判別精確度。此事說明什麼呢？這是說「最好」的決策樹並非只有 1 個。本例是電影的喜好與個人電腦的擁有狀況「完全一致」的極端例子，但在實際情況中，也常有「幾乎一致」的狀況。即使是幾乎一致的狀況，也會出現相同的現象，所以決策樹不要想成這是最好的，嘗試幾個模式的態度是需要的。

20.4　以決策樹尋找不良品發生的要因

　　此處介紹並非將決策樹用於判別，而是用於探索原因此例子。

　　以下的資料是有關某產品的製造條件與品質的紀錄。

	原料	機械	硬化劑	乾燥時間	品質
1	1	2	27	96	1
2	3	1	25	81	1
3	1	2	26	102	1
4	2	2	38	106	1
5	2	2	25	78	1
6	3	2	37	99	2
7	1	2	27	96	1
8	2	2	36	103	1
9	1	2	26	74	1
10	2	2	37	92	2
11	2	1	34	80	1
12	3	1	30	96	2
13	2	1	27	98	1
14	2	2	24	85	1
15	3	1	36	81	1
16	2	2	29	91	2
17	1	2	24	88	1
18	1	2	39	94	1

	原料	機械	硬化劑	乾燥時間	品質
19	3	2	37	82	1
20	1	2	23	94	1
21	3	2	39	101	2
22	3	2	35	92	2
23	2	2	30	103	1
24	3	1	38	93	1
25	3	2	31	78	2
26	1	2	29	84	1
27	1	1	20	78	1
28	2	1	28	80	2
29	1	1	25	96	1
30	2	2	22	108	2
31	2	2	24	94	1
32	2	2	29	93	1
33	3	1	34	88	1
34	2	1	29	88	1
35	1	2	31	86	1
36	2	2	41	90	1
37	3	2	26	86	1
38	1	2	28	93	1
39	3	1	29	79	1
40	3	2	28	87	2

原料：表示原料的種類，有 A、B、C 3 種
機械：表示粉碎原料的機械，有一號機與二號機
硬化劑：在製造工程投入的硬化劑量（g）
乾燥時間：熱處理後乾燥所花費的時間（秒）

試從這些資料考察品質不良的要因。

在品質管理的領域裡，尋找產品的不良原因，此種分析是經常採行的。決策樹在此種場合也是有效的手法。

　　那麼，試使用這些資料，製作決策樹看看。本例題與以前的決策樹話題是有所不同的。那是用於判別的變數有量變數（硬化劑量、乾燥時間）與質變數（原料的種類、機械的種類）混在一起。決策樹中量變數與質變數混合存在也沒關係。

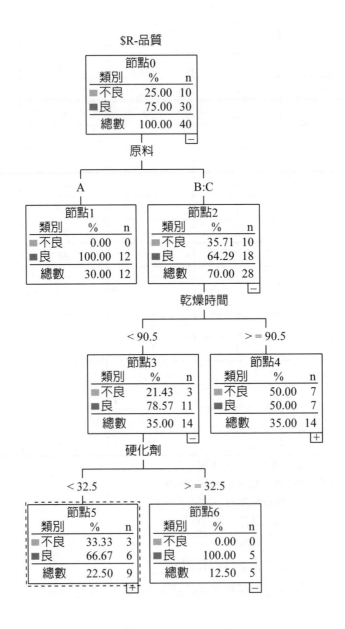

觀察決策樹時，可以讀取如下傾向：

1. 全體的不良率是 25%

2. 最終可分成 4 個群

　　節點 1：以原料 A 製造的產品群

　　節點 4：以原料 B 或 C 製造，乾燥時間在 91 秒以上的產品群

　　節點 5：以原料 B 或 C 製造，乾燥時間在 90 秒以下，硬化劑的量在 32g
　　　　　　以下的產品群

　　節點 6：以原料 B 和 C 製造，乾燥時間在 90 秒以下，硬化劑的量在 32g
　　　　　　以上的產品群

3. 節點 1 之中，不存在不良品

4. 節點 4 之中，存在良品與不良品

5. 節點 5 之中，存在良品與不良品

6. 節點 6 之中，不存在不良品

7. 機械未出現在決策樹中

　　決策樹是不論多少均可細分，所以分枝出來的最終群的傾向，不一定如實地可以信賴。因此，如果目的是判別良品與不良品時，或許在上方的枝中即應停止。可是，如本例用於要因解析時，是否有意義姑且不談，但細分來看是有必要的。那是因為不想忽略品質不良的重要原因。

　　從上述傾向來看，以品質不良的要因來說，可以想像是原料的種類、硬化劑量、乾燥的時間。

　　根據由決策樹所得到的資訊製作圖形，再去觀察結論。

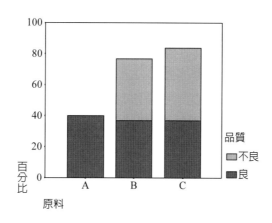

很明顯可以知道原料 A 是不會發生不良的。

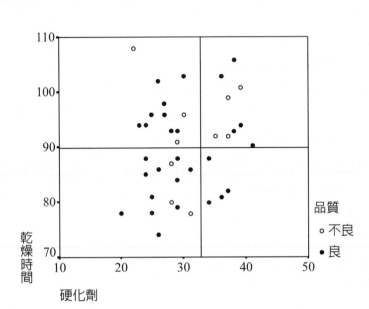

由散佈圖可以確認出，在原料 B 或 C 中，乾燥時間在 90 秒以下，硬化劑的量在 33g 以上時，不發生不良品之規則。

20.5　發現原因進行確認實驗

使用決策樹，雖然浮現出品質不良的要因，但這並未能特別指出要因。畢竟不過是假設罷了。要特定真正的要因，為了確認此次所得到的規則進行實驗是有需要的。對實驗來說，實驗計畫法是有幫助的。只要利用實驗計畫法收集資料，即可特定要因，如此說也不過言。

實驗計畫法是有體系地為我們提供有效率的實驗計畫以及實驗數據的解析方法，這是能以少數實驗來驗證假設的方法。剛好與利用盡可能多收集的資料發現假設的資料採礦法相反的方法論。實驗計畫法雖然是站在實施實驗立場的研究人員、技術人員所必備的學問，但若在不進行驗證的職場中，並不熟悉它，不用說學過，就是沒有聽過名稱的人也是很多，不是嗎？可是，收集資料時的想法，可供參考之處甚多，最好可以學學它。

話說，本例在實驗中會改變的要因，舉出有原料的種類、硬化劑的量、乾燥

時間。接著以下記的實驗計畫表中所記載的條件進行製造，再調查品質（並不是說以下記的條件進行實驗是唯一正確的方法，這畢竟也是一個例子）。

實驗號碼	原料種類	硬化劑量	乾燥時間
1	A	30	85
2	A	30	90
3	A	30	95
4	A	33	85
5	A	33	90
6	A	33	95
7	A	36	85
8	A	36	90
9	A	36	95
10	B	30	85
11	B	30	90
12	B	30	95
13	B	33	85
14	B	33	90
15	B	33	95
16	C	36	85
17	C	36	90
18	C	36	95
19	C	30	85
20	C	30	90
21	C	30	95
22	C	33	85
23	C	33	90
24	C	33	95
25	C	36	85
26	C	36	90
27	C	36	95

實驗條件是為了確認「原料 A 未發生不良品，B 與 C 發生不良品」的假設，以及「乾燥時間在 90 秒以下，硬化劑的量在 33g 以下時，不發生不良品」的假設。首先，將原料設定在 A，乾燥時間設定在 90 秒，硬化劑的量設定在 33g 進行實驗。接著，為了調查有多少的變異時，不良品會發生，讓原料的種類、硬化劑的量、乾燥時間分別改變。硬化劑的量，除 33g 外，再設定 30g 與 36g。乾燥時間除 90 秒外，也設定在 85 秒與 95 秒。像這樣，包含著最想確認的條件，再加減多少以內使其改變是任意的。實驗者利用有關製造的專門知識來決定。不含 33g，只以 30g 與 36g 進行實驗也是可能的，因此也可以減少 27 次的實驗次數。

假設如果正確時，以實驗號碼的 1、2、3、4、5、6、7、8、9 的條件加以製造的產品，全部均為良品。因為所有的原料均使用 A 在製造的緣故。以及，以實驗號碼 13、14、16、17、22、23、25、26 所製造的產品，全部也應該是良品。如果可以得出如此預料的結果時，以決策樹所發現的要因，可以確認是真正的要因。

假定已確認了是否真正的要因，接著是對策。發現要因的作業，是為了採取對策減少不良品而進行的，因此於此結束是毫無意義的。問題如果不解決，不管是資料採礦或是統計解析，毫無價值可言。可以考慮到何種對策呢？

1. 中止原料 B 與 C 的使用，只以 A 製造。

2. 原料如以往使用 A、B、C 3 種，但使用 B 與 C 時，強化硬化劑的量與乾燥。時間的管理，監視硬化劑的量要在 33g 以上，乾燥時間在 90 秒以下。

此兩個方案是否可以考量呢？簡單的方法是 1。可是，實際上如採取此種對策，不是很難嗎？原本是使用 3 種原料，應有相當的理由才行（譬如，與原料公司的往來）。像原料 A 的價格高，如使用 B 與 C 可以降低成本，如有此類話題時，1 的決策是不易採取的。因此，如果可能的話，採 1，如果不可能的話，就會採取 2 的對策吧。

20.6　追究看不見的原因

此次，再一次回到決策樹，想從其他的角度觀察。利用決策樹最終出現 4 個群。

節點 1：以原料 A 製造的產品群。

節點 4：以原料 B 或 C 製造，乾燥時間在 91 秒以上的產品群。

節點 5：以原料 B 或 C 製造，乾燥時間在 90 秒以下，硬化劑的量在 32g 以下的產品群。

節點 6：以原料 B 或 C 製造，乾燥時間在 90 秒以下，硬化劑的量在 32g 以上的產品群。

　　至目前為止，一直注視著節點 1 與節點 6 之中不存在不良品，但在節點 4 與 5 之中，想著眼於良品與不良品之存在。良品與不良品之混合存在，並非全部均為不良品。也是有製造良品。聽起來似乎是說些理所當然的事情，但此處卻是重點。即使乾燥時間在 91 秒以上，也有一半出現良品。正是散佈圖上半部的領域，原料 B、C 中硬化劑的量與乾燥時間

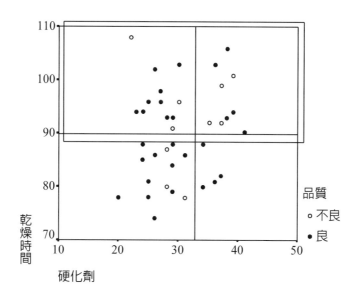

　　在此領域中，不管硬化劑的量是多少，良品與不良品因為以相同的程度發生，所以硬化劑的量是沒有關係的，那麼，為何良品與不良品會出現呢？答案從此次的資料是無法知道。可是，只要不解開原因，就無法控制不良品發生的原因。從此處起並非取決於資料採礦，而是取決於觀察力的勝負。良品與不良品何處是不同的呢？在何種時候出現不良品，何種時候出現良品呢？只有從變異性去解開問題。

　　結果（良品或不良品）有變異，是因為產生結果的過程出現變異。從過程中

找出變異的原因後，如果不去進行確認要因的作業，問題是無法解決的。雖然是假想的例子，但具體來說，可製作如下的表去發現。

要因備選 1	要因備選 2	要因備選 3	要因備選 4	結果
○	○	○	○	○
×	○	○	○	○
○	○	○	○	○
×	○	○	○	○
○	○	○	×	○
×	○	○	○	○
○	○	○	○	○
×	○	×	×	×
○	○	×	○	×
×	○	×	○	×
○	○	×	×	×
×	○	×	○	×
○	○	×	×	×
×	○	×	○	×

如能做出此種表，即可發現可能原因 3 是讓結果出現變異的原因。最後，有需要從變異去控制原因。

20.7 決策樹 CHAID 與 CART 的判別結果的不同

以下提示針對相同資料改變決策樹的種類後所判別的數值例。請比較看看。

【數值例 1】

考察以 X1 與 X2 兩個變數判別群。先顯示散佈圖如下。資料表揭載於下頁。

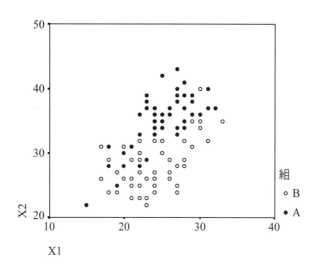

以 A 與 B 所層別的散佈圖

　　將此資料利用以下的兩種決策樹分析的結果，表示於後頁。

（一）CHAID

（二）CART

no	x1	x2	組	no	x1	x2	組
1	15	22	1	31	26	37	1
2	20	28	1	32	25	35	1
3	20	30	1	33	25	34	1
4	19	25	1	34	31	37	1
5	18	28	1	35	25	35	1
6	21	31	1	36	28	35	1
7	18	31	1	37	25	42	1
8	22	33	1	38	28	41	1
9	24	34	1	39	27	43	1
10	25	34	1	40	23	38	1
11	27	33	1	41	24	37	1
12	24	33	1	42	29	38	1
13	23	37	1	43	30	36	1

no	x1	x2	組	no	x1	x2	組
14	22	28	1	44	28	37	1
15	22	36	1	45	31	40	1
16	24	34	1	46	27	38	1
17	25	36	1	47	27	39	1
18	23	29	1	48	28	34	1
19	29	36	1	49	32	37	1
20	24	35	1	50	28	39	1
21	29	38	1	51	19	24	2
22	26	36	1	52	17	26	2
23	27	34	1	53	23	23	2
24	28	34	1	54	23	26	2
25	23	39	1	55	21	25	2
26	28	39	1	56	20	26	2
27	24	36	1	57	24	26	2
28	29	39	1	58	27	25	2
29	27	40	1	59	24	27	2
30	25	34	1	60	23	22	2

no	x1	x2	組	no	x1	x2	組
61	21	26	2	91	25	32	2
62	21	23	2	92	27	33	2
63	23	26	2	93	30	34	2
64	20	31	2	94	31	32	2
65	22	29	2	95	29	35	2
66	21	29	2	96	28	28	2
67	19	27	2	97	30	35	2
68	24	25	2	98	28	32	2
69	22	23	2	99	30	40	2
70	27	28	2	100	33	35	2
71	18	29	2				

no	x1	x2	組	no	x1	x2	組
72	23	26	2				
73	22	25	2				
74	29	31	2				
75	18	24	2				
76	22	27	2				
77	27	24	2				
78	17	31	2				
79	23	29	2				
80	26	26	2				
81	25	30	2				
82	22	30	2				
83	28	29	2				
84	22	32	2				
85	24	32	2				
86	29	35	2				
87	26	27	2				
88	26	29	2				
89	27	33	2				
90	24	24	2				

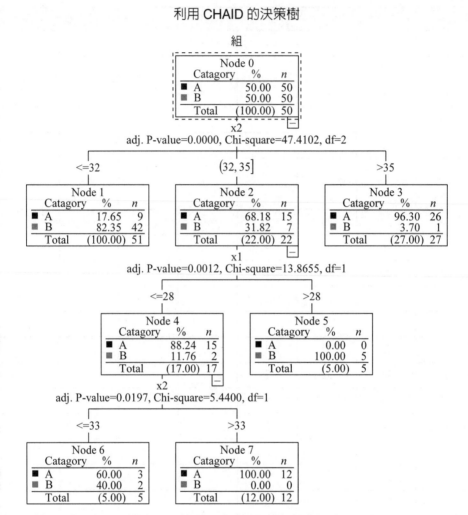

利用 CHAID 的決策樹

組

Node 0		
Catagory	%	n
■ A	50.00	50
■ B	50.00	50
Total	(100.00)	50

x2
adj. P-value=0.0000, Chi-square=47.4102, df=2

<=32 　　　 (32, 35] 　　　 >35

Node 1		
Catagory	%	n
■ A	17.65	9
■ B	82.35	42
Total	(100.00)	51

Node 2		
Catagory	%	n
■ A	68.18	15
■ B	31.82	7
Total	(22.00)	22

Node 3		
Catagory	%	n
■ A	96.30	26
■ B	3.70	1
Total	(27.00)	27

x1
adj. P-value=0.0012, Chi-square=13.8655, df=1

<=28 　　　 >28

Node 4		
Catagory	%	n
■ A	88.24	15
■ B	11.76	2
Total	(17.00)	17

Node 5		
Catagory	%	n
■ A	0.00	0
■ B	100.00	5
Total	(5.00)	5

x2
adj. P-value=0.0197, Chi-square=5.4400, df=1

<=33 　　　 >33

Node 6		
Catagory	%	n
■ A	60.00	3
■ B	40.00	2
Total	(5.00)	5

Node 7		
Catagory	%	n
■ A	100.00	12
■ B	0.00	0
Total	(12.00)	12

實際的類別

	A	B
被判別 A	41	8
的類別 B	9	42

正解率　83%
誤判別率 17%

利用 CART 的決策樹

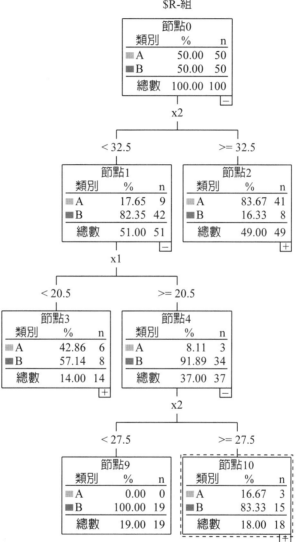

$R-組

節點0		
類別	%	n
■ A	50.00	50
■ B	50.00	50
總數	100.00	100

x2

< 32.5 　　 >= 32.5

節點1		
類別	%	n
■ A	17.65	9
■ B	82.35	42
總數	51.00	51

節點2		
類別	%	n
■ A	83.67	41
■ B	16.33	8
總數	49.00	49

x1

< 20.5 　　 >= 20.5

節點3		
類別	%	n
■ A	42.86	6
■ B	57.14	8
總數	14.00	14

節點4		
類別	%	n
■ A	8.11	3
■ B	91.89	34
總數	37.00	37

x2

< 27.5 　　 >= 27.5

節點9		
類別	%	n
■ A	0.00	0
■ B	100.00	19
總數	19.00	19

節點10		
類別	%	n
■ A	16.67	3
■ B	83.33	15
總數	18.00	18

	實際的類別	
	A	B
被判別 的類別　A	41	8
B	9	42

正解率　83%

誤判別率 17%

兩個決策樹的判別角度雖然偶爾會一致，但不一定經常會一致。

【數值例2】

no	x1	x2	組	no	x1	x2	組
1	1	156	1	32	6	148	2
2	1	153	1	33	7	145	2
3	2	176	1	34	3	148	2
4	2	174	1	35	4	137	2
5	3	190	1	36	5	146	2
6	4	205	1	37	6	145	2
7	4	202	1	38	7	146	2
8	5	202	1	39	3	142	2
9	5	205	1	40	4	127	2
10	6	197	1	41	5	164	2
11	6	206	1	42	6	131	2
12	7	195	1	43	7	124	2
13	7	196	1	44	3	137	2
14	8	176	1	45	4	156	2
15	8	174	1	46	5	151	2
16	9	154	1				
17	9	154	1				
18	10	132	1				
19	10	132	1				
20	11	95	1				
21	11	100	1				
22	12	54	1				
23	12	60	1				
24	3	140	2				
25	4	145	2				
26	5	132	2				

no	x1	x2	組	no	x1	x2	組
27	6	160	2				
28	7	152	2				
29	3	148	2				
30	4	133	2				
31	5	129	2				

以 A 與 B 所層別的散佈圖

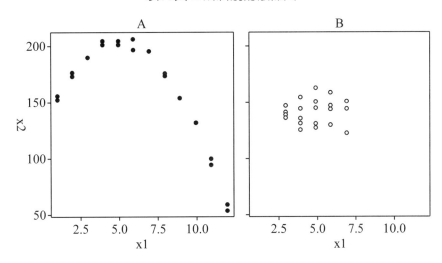

以往的統計手法是不易判別的類型。請看以決策樹是如何被判別的呢？

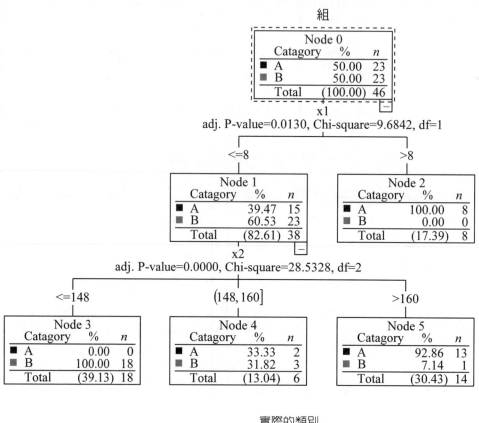

利用 CHAID 的決策樹

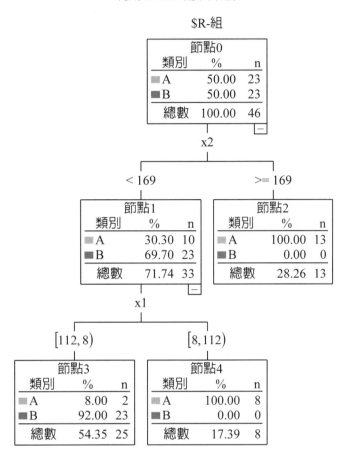

利用 CART 的決策樹

$R-組

節點0
類別	%	n
A	50.00	23
B	50.00	23
總數	100.00	46

x2

< 169 / >= 169

節點1
類別	%	n
A	30.30	10
B	69.70	23
總數	71.74	33

節點2
類別	%	n
A	100.00	13
B	0.00	0
總數	28.26	13

x1

[112,8) / [8,112)

節點3
類別	%	n
A	8.00	2
B	92.00	23
總數	54.35	25

節點4
類別	%	n
A	100.00	8
B	0.00	0
總數	17.39	8

實際的類別

		A	B
被判別	A	21	0
的類別	B	2	23

正解率 98%
誤判別率 2%

可以判斷出最初的分歧變數在 CHAID 與 CART 是不同的。

20.8　多數決與誤判別

最後想談一談誤判別。今假定判別群 A 與 B 是使用決策樹。此時，最終結點之中。假定有「A 有 8 個，B 有 10 個」的節點。屬於此節點的 18 個對象，利用多數決的邏輯，判別全部是 B。

此判別方法以直覺來看或許覺得粗劣。可是，這是沒辦法的。的確，屬於此節點的 18 個中，有 8 個是誤判。即使覺悟有如此的誤判，是否仍當作判別規則使用呢？或以超過容許範圍而不使用判別規則呢？即為選擇的問題。如只注視此節點時，儘管誤判多，但以整體來說如果少時，此處的誤判當作不得已，仍使用判別規則，另外，以整體來說，如果多時，就不能使用判別規則，提出如此的結論。

以實務上的一個方法來說，當某個節點的 A 與 B 之比率大約 50% 左右時，不提出 A 或 B 的結論，也可考慮採取保留的態度。

第 21 章　TOPSIS

21.1　TOPSIS 法概述

　　TOPSIS（Technique for Order Preference by Similarity to an Ideal Solution）法是 C. L. Hwang 和 K.Yoon 於 1981 年首次提出，中文稱爲「理想解類似度順序偏好法」，在 1992 年由 Chen 和 Hwang 做了進一步的發展。TOPSIS 法是根據有限個評價物件與理想化目標的接近程度進行排序的方法，是在現有的物件中進行相對優劣的評價。理想化目標（ideal solution）有兩個，一個是肯定的理想目標（positive ideal solution）或稱最優目標，一個是否定的理想目標（negative ideal solution）或稱最劣目標，評價最好的物件應該是與最優目標的距離最近，而與最劣目標最遠，距離的計算可採用明考斯基距離（Minkowski Distance），常用的歐幾里德幾何距離（Euclidean Distance）是明考斯基距離的特殊情況。

　　TOPSIS 法是一種理想目標相似性的順序選優技術，在多目標決策分析中，是一種非常有效的方法。它透過標準化後的資料標準矩陣，找出多個目標中最優目標和最劣目標（分別用理想解和反理想解表示），分別計算各評價目標與理想解和反理想解的距離，獲得各目標與理想解的近似度，按理想解近似度的大小排序，以此作爲評價目標優劣的依據。近似度取值在 0～1 之間，該值愈接近 1，表示相應的評價目標愈接近最優水準；反之，該值愈接近 0，表示評價目標愈接近最劣水準。該方法已經在土地利用規劃、物料選擇評估、項目投資、醫療衛生等眾多領域得到成功的應用，明顯提高了多目標決策分析的科學性、準確性和可操作性。

21.2　TOPSIS 法的基本原理

　　其基本原理是透過檢測評價對象與最優解、最劣解的距離來進行排序，若評價物件最靠近最優解，同時又最遠離最劣解，則爲最好；否則爲最差。其中最優解的各指標值都達到各評價指標的最優值。最劣解的各指標值都達到各評價指標的最差值。

TOPSIS 法中「理想解」和「負理想解」是 TOPSIS 法的兩個基本概念。所謂理想解是所設想的最優的解（方案），它的各個屬性值都達到各備選方案中的最好的值；而負理想解是所設想的最劣的解（方案），它的各個屬性值都達到各備選方案中的最壞的值。方案排序的規則是把各備選方案與理想解和負理想解做比較，若其中有一個方案最接近理想解，而同時又遠離負理想解，則該方案是備選方案中最好的方案。

21.3　TOPSIS 法的數學模型

遇到多目標最優化問題時，通常有 m 個評價目標 $D_1, D_2, \cdots, D_m$，每個目標有 n 評價指標 $X_1, X_2, \cdots, X_n$。首先邀請相關專家對評價指標（包括定性指標和定量指標）進行評分，然後將評分結果表示成數學矩陣型式，建立下列特徵矩陣：

$$D = \begin{vmatrix} x_{11} & \cdots & x_{1j} & \cdots & x_{1jn} \\ \vdots & \cdots & \vdots & \cdots & \vdots \\ x_{i1} & \cdots & x_{ij} & \cdots & x_{in} \\ \vdots & \cdots & \vdots & \cdots & \vdots \\ x_{m1} & \cdots & x_{mj} & \cdots & x_{mn} \end{vmatrix} = \begin{vmatrix} D_1(x_1) \\ \vdots \\ D_i(x_j) \\ \vdots \\ D_m(x_n) \end{vmatrix}$$

$$= [X_1(x_1), \cdots, X_j(x_i), \cdots, X_n(x_m)] \circ$$

步驟 1. 計算標準化決策矩陣

對特徵矩陣進行標準化處理，得到標準化向量 r_{ij}，建立關於標準化向量 r_{ij} 的標準化決策矩陣：

$$r_{ij} = \frac{x_{ij}}{\sqrt{\sum_{i=1}^{m} x_{ij}^2}}$$

$$i = 1, 2, \cdots, m, j = 1, 2, \cdots, n \circ$$

步驟 2. 建構加權標準化決策矩陣

透過計算加權標準化值 v_{ij}，建立關於加權標準化值 v_{ij} 的加權標準化決策矩陣：

$$v_{ij} = w_j r_{ij}, i = 1, 2, \cdots, m, j = 1, 2, \cdots, n \, \circ$$

其中，w_j 是第 j 個指標的權重。採用的加權方法有 Delphi 法、對數最小平方法、階層分析法、熵（entropy）等。

步驟 3. 確定理想解和反理想解

根據加權標準化值 v_{ij} 來確定理想解 A^* 和反理想解 A^-：

$$A^* = \left\{ v_1^*, v_2^*, \cdots, v_j^*, \cdots, v_n^* \right\}$$
$$= \left\{ \left(\max_i v_{ij} \middle| j \in J_1 \right), \left(\min_i v_{ij} \middle| j \in J_2 \right) \middle| i = 1, \cdots, m \right\}$$
$$A^- = \left\{ v_1^-, v_2^-, \cdots, v_j^-, \cdots, v_n^- \right\}$$
$$= \left\{ \left(\min_i v_{ij} \middle| j \in J_1 \right), \left(\max_i v_{ij} \middle| j \in J_2 \right) \middle| i = 1, \cdots, m \right\}$$

其中，J_1 是收益性指標集，表示在第 i 個指標上的最優值；J_2 是損耗性指標集，表示在第 i 個指標上的最劣值。收益性指標越大，對評估結果越有利，損耗性指標越小，對評估結果越有利。反之，則對評估結果不利。

步驟 4. 計算距離尺度

計算距離尺度，即計算每個目標到理想解和反理想解的距離，距離尺度可以透過 n 維歐幾里得距離來計算。目標到理想解 A^* 的距離為 S^*，到反理想解 A^- 的距離為 S^-：

$$S^* = \sqrt{\sum_{j=1}^{n} (V_{ij} - v_j^*)^2}$$
$$S^- = \sqrt{\sum_{j=1}^{n} (V_{ij} - v_j^-)^2}$$
$$i = 1, 2, \cdots, m \, \circ$$

其中，v_j^* 與分別為第 j 個目標到最優目標及最劣目標的距離，v_{ij} 是第 i 個目標第 j 個評價指標的加權標準化值。S^* 為各評價目標與最優目標的接近程度，S^* 值越小，評價目標距離理想目標越近，方案越優。

步驟 5. 計算理想解的近似度 C^*

$$C_i^* = \frac{S_i^-}{S_i^* + S_i^-} \text{，} i = 1, 2, \cdots, m \text{。}$$

式中，$0 \leq C_i^* \leq 1$。當 $C_i^* = 0$ 時，$A_i = A^-$，表示該目標為最劣目標，當 $C_i^* = 1$ 時，$A_i = A^*$，表示該目標為最優目標。在實際的多目標決策中，最優目標和最劣目標存在的可能性很小。

步驟 6. 根據理想解的近似度 C^* 大小進行排序

根據 C^* 的值按從小到大的順序對各評價目標進行排列。排序結果近似度 C^* 值越大，該目標越優，C^* 值最大的為最優評標目標。

21.4 \ 應用範例

為說明結合 AHP 與 TOPSIS 法於供應商績效評估上之應用，本文以最常被用來評估與選擇供應商之四個準則要素為例，以供應商之交貨品質、交貨準確度、零件價格及服務滿意度作為評估準則。

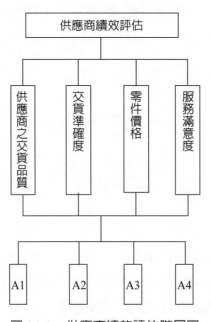

圖 21.1　供應商績效評估階層圖

在品質方面，零不良率為理想之目標值，而 2% 不良率為可容忍之供應商品質極限；交貨準確度方面，假設供應商延遲交貨可容忍之極限為 2 個工作天，每天工作時間 8 小時被分割為 4 個時間單位，亦即每時間單位為 2 小時；在物料價格方面，價格愈低愈好，供應商間採取相對價格比較，假設各廠家之間，若高於最低廠家價格之 20% 為可容忍之極限值；服務滿意度方面，採用 Monczka 和 Trecha 所發展之服務因子評比法（簡稱 SFR）來量測供應商服務績效。今某零件有供應商四家，編號分別為 A1、A2、A3 及 A4。若編號 A2 者，其進料品質平均不良率為 1.5%，交貨準時情形為平均遲延 6 個時間單位（一天又四小時），價格在四家中，比最低成本者高 10%，服務滿意度評分為 72 分，同時彙整其他三家資料如表 1 所示。

鑑於各評估因子之評估滿分尺度不一，表 1 之得分表經轉換後如表 2 所示。

表 21.1　廠家績效現況表

	品質	交期	價格	服務
A1	1.8	1	0	90
A2	1.5	6	10	72
A3	1.0	2	18	65
A4	1.4	6	8	95

表 2　廠家績效現況表（轉換後）

	品質	交期	價格	服務
A1	0.90	0.125	0.00	90
A2	0.75	0.750	0.10	72
A3	0.50	0.250	0.18	65
A4	0.70	0.750	0.08	95

表 3　決策因子成對比較矩陣

	品質	交期	價格	服務
品質	1.00	3.00	2.00	4.00
交期	0.33	1.00	0.33	0.50
價格	0.50	3.00	1.00	3.00
服務	0.25	2.00	0.33	1.00

表 4 廠家績效標準化及加權彙總表

	品質	交期	價格	服務
A1	0.61922	0.11396	0.00000	0.55251
A2	0.51602	0.68376	0.45268	0.44201
A3	0.34401	0.22792	0.81482	0.39904
A4	0.48161	0.68376	0.36214	0.58321
Wi	0.46200	0.10100	0.30400	0.13300

表 5 加權後之標準化決策矩陣

	品質	交期	價格	服務
A1	0.28608	0.01151	0.00000	0.07348
A2	0.23840	0.06906	0.13761	0.05879
A3	0.15893	0.02302	0.24771	0.05307
A4	0.22251	0.06906	0.11009	0.07757

　　階層分析法在賦予適當加權之前，必須針對各項決策因子相對重要性，先行建立成對比較矩陣。而比較矩陣之建立，問卷調查法蒐集專家或有關人員意見，為常用之方法。範例中，係以公司或企業為對象，執行供應商之評估，因而供應商各項績效之相對重要性，可以由公司內部相關單位權責人員腦力激盪，充分討論後予以決定。設四項評估準則相對重要性之比較矩陣，經相關人員比較討論後，如表 3 所示。依階層分析法之計算，可得比較矩陣之最大特徵向量值 λ_{max} = 4.132，品質、交期、價格及服務四個決策因子之加權值分別為：0.462、0.101、0.304、0.133。而一致性比率 C.R.=0.049，符合一致性比率 C.R. 應該小於 0.1 之要求目標。

　　表 2 之廠家績效原始值經標準化後，結合上述所得之加權值，並彙整如表 4 所示。設矩陣 V 為加權後之標準化決策矩陣，則 V 可表示如表 5 所示。

　　由公式可得四家供應商之正理想解 (A^+) 與負理想解 (A^-) 分別為：

$$A^+ = (0.1589, 0.0115, \quad 0, \quad 0.0776)$$
$$A^- = (0.2861, 0.0691, 0.2477, 0.0531)$$

由公式可得四個方案與正理想解的距離 (S^+) 及負理想解的距離 (S_) 分別為：

$$S^{+i} = (0.1272, 0.1701, 0.2492, 0.1395)$$
$$S_{-i} = (0.2551, 0.1201, 0.1352, 0.1536)$$

由公式可得各方案對理想解的相對接近程度 (C^+) 分別為：

$$C^{+i} = (0.6673, 0.4139, 0.3518, 0.5239)$$

由上述各方案對理想解的相對接近程度，可知廠家間之優勢排序為：A1 > A4 > A2 > A3，因而 A1 在四家廠家中為較佳之選擇。經由此初步評估所提供之數據，再由決策者進行後續之選擇，以便選取較佳之供應商，作為後續之合作夥伴。

21.6 FTOPSIS

FTOPSIS 是 TOPSIS 引進模糊理論其應用性更加寬廣，其演算步驟整理如下（Chen, 2000）：

步驟 1. 建立標準化模糊決策矩陣，其結構如下所示：

$$D = \begin{array}{c} \\ A_1 \\ A_2 \\ A_3 \\ \vdots \\ A_m \end{array} \begin{array}{cccccc} C_1 & C_2 & C_3 & & C_n \\ \begin{bmatrix} r_{11} & r_{12} & r_{13} & \cdots & r_{1n} \\ r_{21} & r_{22} & r_{23} & \cdots & r_{2n} \\ r_{31} & r_{32} & r_{33} & \cdots & r_{3n} \\ \vdots & \vdots & \vdots & \ddots & \vdots \\ r_{m1} & r_{m2} & r_{m3} & \cdots & r_{mn} \end{bmatrix} \end{array} \quad (1)$$

其中 A_i 表示第 i 個方案，C_j 示第 j 評估準則，r_{ij} 示第 i 個方案對第 j 個評估準則的決策矩陣值。$i = 1, 2, ..., m$，$j = 1, 2, ..., n$。

步驟 2. 依照語意變數轉成三角形歸屬度函數

將原本的決策矩陣資料換成語意變數（如表 21.2）來表示，並建立其隸屬度

函數圖（如圖 21.2），所以在填表時僅需填入評估值尺度，而後則依語意變數轉換為三角形歸屬度函數進行運算，其中 $\tilde{r}_{ij}$ 表示第 i 個方案對 j 個評估準則三角形歸屬度函數的評估值，三角模糊數符號表示為 $\tilde{r}_{ij} = (a_{ij}, b_{ij}, c_{ij})$。

表 21.2　評估值矩陣語意尺度

語意	尺度	三角模糊數
非常不滿意	1	(0,0.1,0.2)
不滿意	2	(0.1,0.3,5)
普通	3	(0.4,0.5,0.6)
滿意	4	(0.5,0.7,0.9)
非常滿意	5	(0.8,0.9,1)

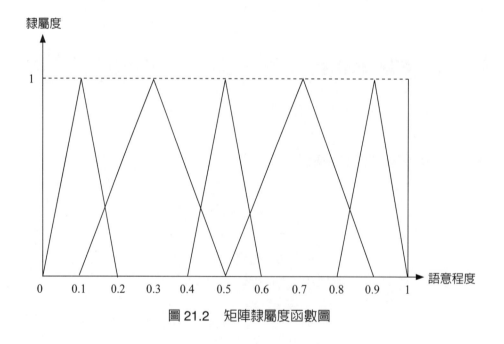

圖 21.2　矩陣隸屬度函數圖

步驟 3. 將三角模糊決策矩陣乘上各準則之模糊權重

w_j 表示第 j 個評估準則的模糊權重，此部分由模糊 AHP 法求得，$\tilde{v}_{ij}$ 則表示加權後的三角模糊評估值。

$$\widetilde{V} = \begin{bmatrix} \tilde{v}_{11} & \tilde{v}_{12} & \cdots & \tilde{v}_{1j} & \cdots & \tilde{v}_{1n} \\ \tilde{v}_{21} & \tilde{v}_{22} & \cdots & \tilde{v}_{2j} & \cdots & \tilde{v}_{2n} \\ \vdots & \vdots & \ddots & \vdots & \ddots & \vdots \\ \tilde{v}_{i1} & \tilde{v}_{i2} & \cdots & \tilde{v}_{ij} & \cdots & \tilde{v}_{in} \\ \vdots & \vdots & \ddots & \vdots & \ddots & \vdots \\ \tilde{v}_{m1} & \tilde{v}_{m2} & \cdots & \tilde{v}_{mj} & \cdots & \tilde{v}_{mn} \end{bmatrix} = \begin{bmatrix} \widetilde{w}_1\tilde{r}_{11} & \widetilde{w}_2\tilde{r}_{12} & \cdots & \widetilde{w}_j\tilde{r}_{1j} & \cdots & \widetilde{w}_n\tilde{r}_{1n} \\ \widetilde{w}_1\tilde{r}_{21} & \widetilde{w}_2\tilde{r}_{22} & \cdots & \widetilde{w}_j\tilde{r}_{2j} & \cdots & \widetilde{w}_n\tilde{r}_{2n} \\ \vdots & \vdots & \ddots & \vdots & \ddots & \vdots \\ \widetilde{w}_1\tilde{r}_{i1} & \widetilde{w}_2\tilde{r}_{i2} & \cdots & \widetilde{w}_j\tilde{r}_{ij} & \cdots & \widetilde{w}_n\tilde{r}_{in} \\ \vdots & \vdots & \ddots & \vdots & \ddots & \vdots \\ \widetilde{w}_1\tilde{r}_{m1} & \widetilde{w}_2\tilde{r}_{m2} & \cdots & \widetilde{w}_j\tilde{r}_{mj} & \cdots & \widetilde{w}_n\tilde{r}_{mn} \end{bmatrix}$$

$$\tilde{v}_{ij} = \widetilde{w}_j \tilde{r}_{ij} \tag{2}$$

其中，$i = 1, 2, ..., m,$，$j = 1, 2, ..., n$。

步驟 4. 計算各方案的理想解與負理想解間的距離

模糊正理想解（Fuzzy Positive Ideal Solution; FPIS, A^*）與模糊負理想解（Fuzzy Negative Ideal Solution; FNIS, A^-）假設為：

$$A^* = (\tilde{v}_1^*, \tilde{v}_2^*, \cdots, \tilde{v}_j^*, \cdots, \tilde{v}_n^*) \qquad \tilde{v}_j^* = \max_i \tilde{v}_{ij} \qquad j = 1, 2, ..., n \tag{4}$$

$$A^- = (\tilde{v}_1^-, \tilde{v}_2^-, \cdots, \tilde{v}_j^-, \cdots, \tilde{v}_n^-) \qquad \tilde{v}_j^- = \min_i \tilde{v}_{ij} \qquad j = 1, 2, ..., n \tag{5}$$

在求正負理想解的過程中，有別於一般所提出的假設，其假設三角模糊數是 0 到 1 的封閉區間，因此，定義正理想解之三角模糊數為（1, 1, 1），負理想解之三角模糊數為（0, 0, 0），但這部分不符合本研究所採用的評估值，因此本文定義正理想解為該評估項目中最大值，而負理想解則為該評估項目最小值進行計算。

在各評估準則下，第 i 個方案對理想解的 d_i^+ 與負理想解的 d_i^- 分別為

$$d_i^+ = \sum_{j=1}^n d(\tilde{v}_{ij}, \tilde{v}_j^*) \qquad i = 1, 2, ..., m \tag{6}$$

$$d_i^- = \sum_{j=1}^n d(\tilde{v}_{ij}, \tilde{v}_j^-) \qquad i = 1, 2, ..., m \tag{7}$$

d(• , •) 為兩個模糊數間距離的衡量，模糊距離計算方式

$$d(m, n) = \sqrt{\frac{1}{3}[(m_1 - n_1)^2 + (m_2 - n_2)^2 + (m_3 - n_3)^2]}$$
$$m = (m_1, m_2, m_3) , n = (n_1, n_2, n_3)$$

步驟 5. 排列各方案優先順序

　　求得各方案理想解與負理想解的距離，即可計算各方案對理想解的接近係數 CC_i；其中 CC_i 介於 0 到 1 之間，越接近 1 表示第個方案的優先順序越高，越接近 0 時，則表示該方案的優先順序越低。

$$CC_i = \frac{d_i^-}{d_i^+ + d_i^-} \tag{8}$$

　　以下透過案例示範 AHP 與 FAHP 的方法，以及 FAHP 與 FTOPSIS 結合的算法。

21.7　範例

　　假設今天有消費者要購買汽車，考量的因素有外型、燃料費及價格三個準則：

1. 首先說明 AHP 的算法。
步驟 1：首先是 AHP 部分，根據填答的內容建立成對比較矩陣如表 21.3。

表 21.3　成對比較矩陣

	外型	燃料費	價格
外型	1	2	5
燃料費	1/2	1	4
價格	1/5	1/4	1

步驟 2：首先計算直欄總和如下表 21.4。

表 21.4　計算直欄總和

	外型	燃料費	價格
外型	1	2	5
燃料費	1/2	1	4
價格	1/5	1/4	1
欄總和	1.7	3.25	10

步驟 3：接著將矩陣的每個值，除以每個欄的總和以求得標準化之值，如表
21.5。

表 21.5　標準化成對比較矩陣

	外型	燃料費	價格
外型	0.588	0.615	0.500
燃料費	0.294	0.308	0.400
價格	0.118	0.077	0.100

步驟 4：依照行向量平均值標準化方法，將列加總求平均，即可得各因素之權重
值（表 21.6）。

表 21.6　因素權重值

	權重	列平均
外型	0.568 0.334	$(0.588 + 0.615 + 0.5)/3$
燃料費	0.098	$(0.294 + 0.308 + 0.4)/3$
價格		$(0.118 + 0.077 + 0.1)/3$

步驟 5：當計算出權重後，因必須考慮一致性，必須計算 CI 值，求解過程如下：

$$\begin{bmatrix} 1 \times 0.568 & + & 2 \times 0.334 & + & 5 \times 0.098 \\ 0.5 \times 0.568 & + & 1 \times 0.334 & + & 4 \times 0.098 \\ 0.2 \times 0.568 & + & 0.25 \times 0.334 & + & 1 \times 0.098 \end{bmatrix} = \begin{bmatrix} 1.726 \\ 1.01 \\ 0.295 \end{bmatrix}$$

$$一致性向量 = \begin{bmatrix} 1.726 / 0.568 \\ 1.01 / 0.334 \\ 0.295 / 0.098 \end{bmatrix} = \begin{bmatrix} 3.039 \\ 3.025 \\ 3.005 \end{bmatrix}$$

計算 λ_{max}：

$$\lambda_{max} = \frac{3.039 + 3.025 + 3.005}{3} = 3.023$$

得到 CI 值：

$$C.I. = \frac{3.023 - 3}{3 - 1} = 0.0115$$

2. 接著是 FAHP 的算法。

步驟 1：根據語意變數表（表 21.7）將表 21.7 轉成模糊矩陣（表 21.8）

表 21.7　模糊語意變數表

語意	尺度	三角模糊數
極不重要	1/5	(0,0,0.2)
不重要	1/4	(0,0.1,0.3)
頗不重要	1/3	(0,0.2,0.4)
稍不重要	1/2	(0.2,0.35,0.5)
同等重要	1	(0.5,0.5,0.5)
稍微重要	2	(0.5,0.65,0.8)
頗為重要	3	(0.6,0.8, 1)
重要	4	(0.7,0.9,1)
極度重要	5	(0.8,1,1)

資料來源：參考 Chen & Hwang (1992)

表 21.8　模糊矩陣

	外型	燃料費	價格
外型	(0.5,0.5,0.5)	(0.5,0.65,0.8)	(0.8,1,1)
燃料費	(0.2,0.35,0.5)	(0.5,0.5,0.5)	(0.7,0.9,1)
價格	(0,0,0.2)	(0,0.1,0.3)	(0.5,0.5,0.5)

步驟 2：接著為了方便計算，我們將模糊矩陣之三角模糊數拆成三部分進行計算
（表 21.9～21.11），最後再進行合併。

表 21.9　模糊矩陣（小）

	外型	燃料費	價格
外型	0.5	0.5	0.8
燃料費	0.2	0.5	0.7
價格	0	0	0.5

表 21.10　模糊矩陣（中）

	外型	燃料費	價格
外型	0.5	0.65	1
燃料費	0.35	0.5	0.9
價格	0	0.1	0.5

表 21.11　模糊矩陣（大）

	外型	燃料費	價格
外型	0.5	0.8	1
燃料費	0.5	0.5	1
價格	0.2	0.3	0.5

步驟 3：利用以下公式分別計算模糊矩陣之模糊權重（表 21.12～21.13）。$\tilde{w}_j$：
第 j 項因素之模糊權重。

$$\tilde{w}_j = \frac{1}{n}\left(\sum_{i=1}^{n} \tilde{a}_{ij} + 1 - \frac{n}{2}\right)$$

表 21.12　因素權重值（小）

	權重（小）	計算方式
外型	0.433	$1/3 \times [(0.5 + 0.5 + 0.8) - 0.5]$
燃料費	0.300	$1/3 \times [(0.2 + 0.5 + 0.7) - 0.5]$
價格	0	$1/3 \times [(0 + 0 + 0.5) - 0.5]$

表 11　因素權重值（中）

	權重（中）	計算方式
外型	0.550	$1/3 \times [(0.5 + 0.65 + 0.1) - 0.5]$
燃料費	0.417	$1/3 \times [(0.35 + 0.5 + 0.9) - 0.5]$
價格	0.033	$1/3 \times [(0 + 0.1 + 0.5) - 0.5]$

表 21.13　因素權重值（大）

	權重（大）	計算方式
外型	0.600	$1/3 \times [(0.5 + 0.8 + 0.1) - 0.5]$
燃料費	0.500	$1/3 \times [(0.5 + 0.5 + 1) - 0.5]$
價格	0.167	$1/3 \times [(0.2 + 0.3 + 0.5) - 0.5]$

步驟 4：將三個因素權重矩陣進行合併，並且解模糊化得到權重值（表 21.14）。

表 21.14　各因素權重值

	權重（小）	權重（中）	權重（大）	解模糊化
外型	0.433	0.550	0.600	0.5278
燃料費	0.300	0.417	0.500	0.4056
價格	0	0.033	0.167	0.0667

步驟 5：檢查是否通過一致性，由上表可以看出權重值並無負值或零值，因此判定通過一致性檢定。

表 21.15　FAHP 求得之權重值

	權重值
外型	0.5278
燃料費	0.4056
價格	0.0667

3. 接著示範 FAHP 結合 FTOPSIS 的算法。

　　利用上面 FAHP 求得之權重值（表 13），假設有四輛車子要讓消費者評選，經過評分後得到表 21.16。

表 21.16　車子各因素評分表

	Altis	Lancer	Focus
外型	3	5	4
燃料費	5	4	3
價格	1	2	5

步驟 1：首先將表 21.16 評分表之評分值，轉爲三角模糊數（表 21.17）。

表 21.17　模糊數評分表

	Altis	Lancer	Focus
外型	(0.4,0.5,0.6)	(0.8,0.9,1)	(0.5,0.7,0.9)
燃料費	(0.8,0.9,1)	(0.5,0.7,0.9)	(0.4,0.5,0.6)
價格	(0,0.1,0.2)	(0.1,0.3,5)	(0.8,0.9,1)

步驟 2：接著將各車輛的模糊評分數值進行加權，得到加權後模糊決策矩陣（表 21.18）。

表 21.18　加權模糊決策矩陣

	Altis	**Lancer**	**Focus**
外型	(0.211,0.264,0.317)	(0.422,0.475,0.528)	(0.264,0.369,0.475)
燃料費	(0.324,0.365,0.406)	(0.203,0.284,0.365)	(0.162,0.203,0.243)
價格	(0.000,0.007,0.013)	(0.007,0.020,0.033)	(0.053,0.060,0.067)

步驟 3：當矩陣加權完畢後，即可定義正負理想解，在定義正負理想解之前，需先將加權值暫時解模糊化判斷大小（表 21.19 及表 21.20）。

表 21.19　解模糊決策矩陣

	Altis	**Lancer**	**Focus**
外型	0.264	0.475	0.370
燃料費	0.365	0.284	0.203
價格	0.007	0.020	0.060

表 21.20　正負理想解

	正理想解	負理想解
外型	(0.422,0.475,0.528)	(0.211,0.264,0.317)
燃料費	(0.324,0.365,0.406)	(0.162,0.203,0.243)
價格	(0.053,0.060,0.067)	(0.007,0.020,0.033)

步驟 4：得知正負理想解之後，利用公式計算各方案與正負理想解之間的距離（表 21.21）。以 Altis 距離正理想解計算方式為：

$$\sqrt{\frac{1}{3}[(0.211-0.422)^2+(0.264-0.475)^2+(0.317-0.528)^2]}$$

$$\sqrt{\frac{1}{3}[(0.324-0.324)^2+(0.365-0.365)^2+(0.406-0.406)^2]}$$

$$\sqrt{\frac{1}{3}[(0-0.053)^2+(0.007-0.060)^2+(0.013-0.067)^2]}=0.1527$$

表 21.21　各方案與正負理想解之間距離

	Altis	Lancer	Focus
正理想解	0.1527	0.0699	0.1546
負理想解	0.1546	0.1155	0.0308

步驟 5：最後計算接近係數（表 21.22），越接近 1 表示該方案的優先順序越高，越接近 0 時則優先順序越低。以 Altis 爲例，計算方法爲 $\frac{0.1546}{0.1546+0.1527}=0503$。

表 21.22　接近係數表

	Altis	Lancer	Focus
接近係數	0.503	0.623	0.166
排序	2	1	3

因此，汽車的排名順序分別爲 Lancer > Altis > Focus。

FTOPSIS 普遍被應用於決策領域中，主要包括備選方案的排序及選擇、整體績效的評估等方面，應用案例請參閱參考文獻。

參考文獻

1. Hwang, C.L. and Yoon, K. (1981) Multiple Attribute Decision Making: Methods and Applications. Springer-Verlag, New York.
   http://dx.doi.org/10.1007/978-3-642-48318-9

2. S.J.Chen, C.L.Hwang ,1992,Fuzzy Multiple Attribute Decision Making:Methodes and Applications.

3. 畢威寧，結合 AHP 與 TOPSIS 法於供應商績效評估之研究，科學與工程技術期刊，第一卷，第一期，民國九十四年。

4. 葉燉煙，鄭景俗，黃堃成，應用模糊階層 **TOPSIS** 方法評估入口網站之服務品質，管理與系統，第十五卷第三期，民國九十七年七月，439～466 頁。

5. 鍾仁傑，結合模糊多屬性評估法應用於決策支援系統之研究——以智慧型手

機為例，東海大學機構典藏系統，工業設計系碩士論文，2010。

6. 李柏年（2007），模糊數學及其應用，合肥工業大學出版社。

7. https://en.wikipedia.org/wiki/TOPSIS

8. https://wiki.mbalib.com/zh-tw/TOPSIS%E6%B3%95

第22章 模糊 AHP

22.1 簡介

Van Laarhoven 與 Pedrycz 利用模糊之概念，解決傳統層級分析法中成對比較矩陣值具主觀性、不精確性、模糊性等問題。其做法是以三角模糊函數來表示對兩要素間相對重要度的看法，然後找出各決策準則的模糊權重，接著在各決策準則下，求出各替代方案的模糊權重，最後，經由各層級的串聯，即可獲得各替代方案的模糊分數，以作爲選擇之標準。

結合模糊理論與層級分析法所構建的模糊層級分析法，可對具有模糊性的決策問題進行有效的處理。Ruoning 與 Xiaoyan 認爲，現實環境是屬於一個模糊的環境，所以將層級分析法擴充到模糊環境中，以彌補層級分析法無法解決模糊性問題的缺失。Lasek 認爲企業分析策略方案時，必須同時考慮多個不同目標，由於策略方案的評選是一個複雜的多屬性、多準則問題，所以將層級分析法與模糊理論結合，將是一個相當可行的解決模式。模糊層級分析法的優點，爲結合模糊決策與層級分析法的優點，並與現實企業的決策環境相符。

所謂模糊集合是指該集合元素屬於該集合的程度，由 0 至 1 之間的數值加以表示其隸屬程度，而隸屬函數型式又可分爲三角模糊數、梯形模糊數及其他，其中三角模糊數以 $T = (l, m, u)$ 表示，且 $l \leq m \leq u$。當 $l > 0$ 時，稱 T 爲正三角模糊數 (positive triangular fuzzy number; PTFN)，其隸屬函數 $\mu_T(x)$ 爲：

$$\mu_t(x) = \begin{cases} \dfrac{x-l}{m-l}, & l < x < m \\ \dfrac{u-x}{u-m}, & m < x < u \\ 0, & otherwise \end{cases} \tag{1}$$

α- 截集 (α-cut) 是將模糊數轉爲明確值的方法，T 的 α- 截集可表示爲：

$$T^{\alpha} = [l^{\alpha}, m^{\alpha}] = [(m-l)\alpha + l, u - (u-m)\alpha], 0 \leq \alpha \leq 1$$

三角模糊數與 α- 截集參見下圖說明。

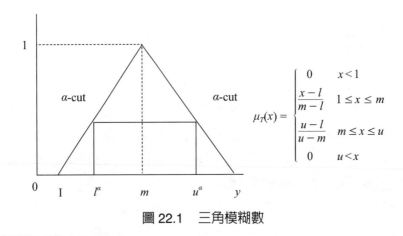

$$\mu_T(x) = \begin{cases} 0 & x < 1 \\ \dfrac{x-l}{m-l} & 1 \leq x \leq m \\ \dfrac{u-l}{u-m} & m \leq x \leq u \\ 0 & u < x \end{cases}$$

圖 22.1　三角模糊數

依據模糊數的性質及擴張原理，假設有兩個正個正三角模糊數 $T_1 = (l_1，m_1，u_1)$ 及 $T_2 = (l_2，m_2，u_2)$，則其模糊代數運算如下：

$$T_1 \oplus T_2 = (l_1 + l_2, m_1 + m_2, u_1 + u_2) \tag{2}$$

$$T_1 \otimes T_2 = (l_1 \times l_2, m_1 \times m_2, u_1 \times u_2) \tag{3}$$

則其兩模糊數間距離 $d(T_1，T_2)$ 的運算如下 [7]：

$$d(T_1，T_2) = \sqrt{\frac{1}{3}[(l_1 - l_2)^2 + (m_1 - m_2)^2 + (u_1 - u_2)^2]} \tag{4}$$

本章是利用模糊數相對距離公式作為轉換函數，以進行語意變數的解模糊化。根據 Chen 的定義，利用距離公式，可將模糊數加以解模糊化為：

$$R = \frac{d^-}{d^- + d^*} \tag{5}$$

R 值代表解模糊化後之數值，當 R 值愈大時，代表該方案之排序愈優先，其中 $d^* = d(T，T^*)$，$d^- = (T，T^-)$，評估值的最佳值設為 $T^* = (1,1,1)$，最差值為 $T^- = (0,0,0)$。

除此之外，依 Teng 及 Tzeng（1993）所提出之重心法（center of gravity method），其原理即求解三角形之重心，亦即求得模糊集合的中心值來代表整個模糊集合。其運算方法如下式：設 $\tilde{T}_{ij} = (l_{ij}, m_{ij}, u_{ij})$ 為一三角模糊數，其解模糊權重值 DF_{ij} 為：

$$DF_{ij} = \frac{(u_{ij} - l_{ij}) + (m_{ij} - l_{ij})}{3} + l_{ij} \qquad (6)$$

22.2 進行步驟

步驟 1. 建立層級結構

假設 K 位評估人員，針對 n 個構面（$A_1, A_2, \cdots, A_n$）的層級結構進行決策分析。

步驟 2. 群體意見整合

每位評估人員利用語意變數表達對於兩個準則間相對重要性的評估值。這些語意變數可利用正三角模糊數來表達，如表 22.1 所示。

表 22.1 相對重要性評估尺度

語意變數	正三角模糊數
絕對同等重要	(1,1,1)
同等重要	(1,1,3)
介於之間	(1,2,3)
稍重要	(1,3,5)
介於之間	(3,4,5)
頗重要	(3,5,7)
介於之間	(5,6,7)
極重要	(5,7,9)
介於之間	(7,8,9)
絕對重要	(7,9,9)

利用算數平均數方法整合多位評估人員的意見如下：

$$\tilde{T}_{ij} = \frac{1}{K}(\tilde{t}^1_{ij} \oplus \tilde{t}^2_{ij} \oplus \cdots \oplus \tilde{t}^K_{ij}) = (t^l_{ij}, t^m_{ij}, t^u_{ij})$$

其中

$\tilde{T}_{ij}$：整合 K 位評估人員意見後，第 i 個準則與第 j 個準則的重要性比較值；

$\tilde{t}^K_{ij}$：第 K 位評估人員對第 i 個準則與第 j 個準則重要性比較值；

K：評估人員總數。

步驟 3. 建立模糊成對比較矩陣

結合所有專家的意見後，即可建立模糊成對比較矩陣（fuzzy positive reciprocal matrix）如下：

$$T = [\tilde{T}_{ij}]_{n \times n}$$

其中，T：模糊成對比較矩陣

$$\tilde{T}_{ij} = 1 \, , \, \forall i = j$$
$$\tilde{T}_{ji} = \frac{1}{\tilde{T}_{ij}} \, , \, \forall i, j = 1, 2, \cdots, n$$

步驟 4. 計算模糊權重

根據模糊成對比較矩陣，運用 Csutora 與 Buckley 所提出的 Lambda-Max 方法，計算模糊層級分析的構面模糊權重值。計算步驟方式如下：

(1) 令 $\alpha = 1$，利用 α- 截集可求得明確值成對比較矩陣 $T_m = [t^m_{ij}]n \times n$。利用層級分析法計算權重的方式，即可求得權重矩陣 W_m，其中 $W_m = [w_{im}]$，$i = 1, 2, \cdots, n$。

(2) 令 $\alpha = 0$，利用 α- 截集可求得下限成對比較矩陣 $T_l = [t^l_{ij}]n \times n$ 與上限成對比較矩陣 $T_u = [t^u_{ij}]n \times n$，利用層級分析法計算權重的方式，即可求得權重矩陣 W_l 及 W_u，其中 $W_l = [w_{il}]$，$W_u = [w_{iu}]$，$i = 1, 2, \cdots, n$。

(3) 確保所計算的權重值，為一模糊數，乃利用下式求取調整係數：

$$Q_l = \min\left\{\frac{w_{im}}{w_{il}} \,\middle|\, 1 \le i \le n\right\}$$
$$Q_u = \max\left\{\frac{w_{im}}{w_{iu}} \,\middle|\, 1 \le i \le n\right\}$$

使用調整係數後，計算每個準則之權重的下限與上限為：

$$W_l^* = [w_{il}^*] = [Q_l \, w_{il}] \, \text{,} \, i = 1, 2, \cdots, n$$
$$W_u^* = [w_{iu}^*] = [Q_u \, w_{iu}] \, \text{,} \, i = 1, 2, \cdots, n$$

(4) 結合 W_l^*、W_m 及 W_u^*，可得出正三角模糊權重矩陣 $W^* = [\widetilde{w}_i^*]$，$i = 1, 2, \cdots,$ n，其中 $\widetilde{w}_i^* = (w_{il}^*, w_{im}, w_{iu}^*)$ 即為每個準則的模糊權重值。

22.3　範例 1

　　為了探討消費者最重視之居家照顧加值服務有哪些，假定行動加值服務之研究模型整理如下。本研究為簡化內容的說明，將居家加值服務分為 A 類、B 類、C 類及 D 類，各類又細分為 5 類，由於模糊層級分析法（fuzzy AHP）同時考量到問題本身的不確定性、多準則性及專家與決策者之意見，當決策準則及替代方案的數目較多時，可避免成對比較值過於主觀、不精確的結果，因此本文以模糊層級分析法作為主要的評估模式。

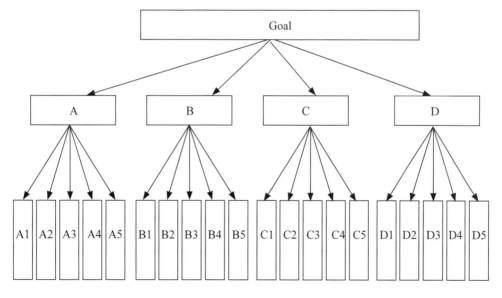

圖 22.2　模型架構圖

根據研究方法，居家加值服務分為 A 類、B 類、C 類及 D 類之成對比較矩陣假定整理如下式所示：

$$T_A = \begin{bmatrix} (1,1,1) & (3,5,7) & (3,5,7) & (1,3,5) \\ \left(\frac{1}{7},\frac{1}{5},\frac{1}{3}\right) & (1,1,1) & (3,5,7) & (1,3,5) \\ \left(\frac{1}{7},\frac{1}{5},\frac{1}{3}\right) & \left(\frac{1}{7},\frac{1}{5},\frac{1}{3}\right) & (1,1,1) & (1,3,5) \\ \left(\frac{1}{5},\frac{1}{3},1\right) & \left(\frac{1}{5},\frac{1}{3},1\right) & \left(\frac{1}{5},\frac{1}{3},1\right) & (1,1,1) \end{bmatrix}$$

利用層級分析法計算權重可得：

$$W_l = [0.54 \quad 0.25 \quad 0.12 \quad 0.09]$$
$$W_m = [0.56 \quad 0.25 \quad 0.11 \quad 0.08]$$
$$W_u = [0.52 \quad 0.24 \quad 0.11 \quad 0.13]$$

求取調整係數為 $Q_l = 0.89$ 及 $Q_u = 1.08$，調整後權重矩陣為：

$$W_l^* = [0.48 \quad 0.22 \quad 0.10 \quad 0.08]$$
$$W_u^* = [0.56 \quad 0.26 \quad 0.12 \quad 0.14]$$

因此，各方案模糊權重值為：

$$W_{A1} = [0.48 \quad 0.56 \quad 0.56]$$
$$W_{A2} = [0.22 \quad 0.25 \quad 0.26]$$
$$W_{A3} = [0.10 \quad 0.11 \quad 0.12]$$
$$W_{A4} = [0.08 \quad 0.08 \quad 0.14]$$

居家照顧服務 A 類所細分的 5 類，其成對比較矩陣假定整理如下式所示：

$$T_{B1} = \begin{bmatrix} (1,1,1) & (3,5,7) & (5,7,9) & (5,7,9) & (5,7,9) \\ \left(\dfrac{1}{7},\dfrac{1}{5},\dfrac{1}{3}\right) & (1,1,1) & (5,7,9) & (3,5,7) & (3,5,7) \\ \left(\dfrac{1}{9},\dfrac{1}{7},\dfrac{1}{5}\right) & \left(\dfrac{1}{9},\dfrac{1}{7},\dfrac{1}{5}\right) & (1,1,1) & (1,3,5) & (1,3,5) \\ \left(\dfrac{1}{9},\dfrac{1}{7},\dfrac{1}{5}\right) & \left(\dfrac{1}{7},\dfrac{1}{5},\dfrac{1}{3}\right) & \left(\dfrac{1}{5},\dfrac{1}{3},1\right) & (1,1,1) & (1,3,5) \\ \left(\dfrac{1}{9},\dfrac{1}{7},\dfrac{1}{5}\right) & \left(\dfrac{1}{7},\dfrac{1}{5},\dfrac{1}{3}\right) & \left(\dfrac{1}{5},\dfrac{1}{3},1\right) & \left(\dfrac{1}{7},\dfrac{1}{5},\dfrac{1}{3}\right) & (1,1,1) \end{bmatrix}$$

利用層級分析法計算權重可得：

$$W_l = [0.58 \quad 0.26 \quad 0.07 \quad 0.06 \quad 0.04]$$
$$W_m = [0.55 \quad 0.25 \quad 0.09 \quad 0.06 \quad 0.04]$$
$$W_u = [0.52 \quad 0.26 \quad 0.09 \quad 0.08 \quad 0.05]$$

求取調整係數為 $Q_l = 0.96$ 及 $Q_u = 1.07$，調整後權重矩陣為：

$$W_l^* = [0.55 \quad 0.25 \quad 0.07 \quad 0.05 \quad 0.04]$$
$$W_u^* = [0.55 \quad 0.27 \quad 0.10 \quad 0.08 \quad 0.06]$$

因此，各方案模糊權重值為：

$$W_{B11} = [0.55 \quad 0.55 \quad 0.55]$$
$$W_{B12} = [0.25 \quad 0.25 \quad 0.27]$$
$$W_{B13} = [0.07 \quad 0.09 \quad 0.10]$$
$$W_{B14} = [0.05 \quad 0.06 \quad 0.08]$$
$$W_{B15} = [0.04 \quad 0.04 \quad 0.06]$$

居家照顧服務 B 類所細分的 5 類，其成對比較矩陣假定整理如下式所示：

$$T_{B2} = \begin{bmatrix} (1,1,1) & (1,3,5) & (1,3,5) & (1,3,5) & (1,3,5) \\ \left(\frac{1}{5},\frac{1}{3},1\right) & (1,1,1) & (3,5,7) & (1,3,5) & (3,5,7) \\ \left(\frac{1}{5},\frac{1}{3},1\right) & \left(\frac{1}{7},\frac{1}{5},\frac{1}{3}\right) & (1,1,1) & (1,1,3) & (1,3,5) \\ \left(\frac{1}{5},\frac{1}{3},1\right) & \left(\frac{1}{5},\frac{1}{3},1\right) & \left(\frac{1}{3},1,1\right) & (1,1,1) & (1,3,5) \\ \left(\frac{1}{5},\frac{1}{3},1\right) & \left(\frac{1}{7},\frac{1}{5},\frac{1}{3}\right) & \left(\frac{1}{5},\frac{1}{3},1\right) & \left(\frac{1}{5},\frac{1}{3},1\right) & (1,1,1) \end{bmatrix}$$

利用層級分析法計算權重可得：

$$W_l = [0.30 \quad 0.34 \quad 0.15 \quad 0.13 \quad 0.08]$$
$$W_m = [0.39 \quad 0.31 \quad 0.12 \quad 0.13 \quad 0.06]$$
$$W_u = [0.36 \quad 0.29 \quad 0.14 \quad 0.14 \quad 0.08]$$

求取調整係數為 $Q_l = 0.77$ 及 $Q_u = 1.09$，調整後權重矩陣為：

$$W_l^* = [0.23 \quad 0.26 \quad 0.11 \quad 0.10 \quad 0.06]$$
$$W_u^* = [0.39 \quad 0.32 \quad 0.15 \quad 0.15 \quad 0.09]$$

因此，各方案模糊權重值為：

$$W_{B21} = [0.23 \quad 0.39 \quad 0.39]$$
$$W_{B22} = [0.26 \quad 0.31 \quad 0.32]$$
$$W_{B23} = [0.11 \quad 0.12 \quad 0.15]$$
$$W_{B24} = [0.10 \quad 0.13 \quad 0.15]$$
$$W_{B25} = [0.06 \quad 0.06 \quad 0.09]$$

居家照顧服務 C 類所細分的 5 類，其成對比較矩陣假定整理如下式所示：

$$T_{B3} = \begin{bmatrix} (1,1,1) & (7,9,9) & (7,9,9) & (5,7,9) & (5,7,9) \\ \left(\dfrac{1}{9},\dfrac{1}{9},\dfrac{1}{7}\right) & (1,1,1) & (1,3,5) & (1,3,5) & (1,3,5) \\ \left(\dfrac{1}{9},\dfrac{1}{9},\dfrac{1}{7}\right) & \left(\dfrac{1}{5},\dfrac{1}{3},1\right) & (1,1,1) & (1,3,5) & (1,3,5) \\ \left(\dfrac{1}{9},\dfrac{1}{7},\dfrac{1}{5}\right) & \left(\dfrac{1}{5},\dfrac{1}{3},1\right) & \left(\dfrac{1}{5},\dfrac{1}{3},1\right) & (1,1,1) & (1,3,5) \\ \left(\dfrac{1}{9},\dfrac{1}{7},\dfrac{1}{5}\right) & \left(\dfrac{1}{5},\dfrac{1}{3},1\right) & \left(\dfrac{1}{5},\dfrac{1}{3},1\right) & \left(\dfrac{1}{5},\dfrac{1}{3},1\right) & (1,1,1) \end{bmatrix}$$

利用層級分析法計算權重可得：

$$W_l = \begin{bmatrix} 0.71 & 0.11 & 0.08 & 0.06 & 0.04 \end{bmatrix}$$
$$W_m = \begin{bmatrix} 0.64 & 0.15 & 0.10 & 0.07 & 0.04 \end{bmatrix}$$
$$W_u = \begin{bmatrix} 0.55 & 0.17 & 0.12 & 0.09 & 0.07 \end{bmatrix}$$

求取調整係數為 $Q_l = 0.90$ 及 $Q_u = 1.17$，調整後權重矩陣為：

$$W_l^* = \begin{bmatrix} 0.64 & 0.10 & 0.07 & 0.05 & 0.04 \end{bmatrix}$$
$$W_u^* = \begin{bmatrix} 0.64 & 0.20 & 0.14 & 0.11 & 0.08 \end{bmatrix}$$

因此，各方案模糊權重值為：

$$W_{B31} = \begin{bmatrix} 0.64 & 0.64 & 0.64 \end{bmatrix}$$
$$W_{B32} = \begin{bmatrix} 0.10 & 0.15 & 0.20 \end{bmatrix}$$
$$W_{B33} = \begin{bmatrix} 0.07 & 0.10 & 0.14 \end{bmatrix}$$
$$W_{B34} = \begin{bmatrix} 0.05 & 0.07 & 0.11 \end{bmatrix}$$
$$W_{B35} = \begin{bmatrix} 0.04 & 0.04 & 0.08 \end{bmatrix}$$

居家照顧服務 D 類所細分的 5 類，其成對比較矩陣假定整理如下式所示：

$$T_{B4} = \begin{bmatrix} (1,1,1) & (3,5,7) & (5,7,9) & (3,5,7) & (3,5,7) \\ \left(\frac{1}{7},\frac{1}{5},\frac{1}{3}\right) & (1,1,1) & (3,5,7) & (3,5,7) & (3,5,7) \\ \left(\frac{1}{9},\frac{1}{7},\frac{1}{5}\right) & \left(\frac{1}{7},\frac{1}{5},\frac{1}{3}\right) & (1,1,1) & (1,3,5) & (1,3,5) \\ \left(\frac{1}{7},\frac{1}{5},\frac{1}{3}\right) & \left(\frac{1}{7},\frac{1}{5},\frac{1}{3}\right) & \left(\frac{1}{5},\frac{1}{3},1\right) & (1,1,1) & (3,5,7) \\ \left(\frac{1}{7},\frac{1}{5},\frac{1}{3}\right) & \left(\frac{1}{7},\frac{1}{5},\frac{1}{3}\right) & \left(\frac{1}{5},\frac{1}{3},1\right) & \left(\frac{1}{7},\frac{1}{5},\frac{1}{3}\right) & (1,1,1) \end{bmatrix}$$

利用層級分析法計算權重可得：

$$W_l = [0.53 \quad 0.26 \quad 0.09 \quad 0.08 \quad 0.04]$$
$$W_m = [0.52 \quad 0.26 \quad 0.10 \quad 0.08 \quad 0.04]$$
$$W_u = [0.49 \quad 0.25 \quad 0.11 \quad 0.09 \quad 0.05]$$

求取調整係數為 $Q_l = 0.92$ 及 $Q_u = 1.06$，調整後權重矩陣為：

$$W_l^* = [0.49 \quad 0.24 \quad 0.08 \quad 0.08 \quad 0.04]$$
$$W_u^* = [0.52 \quad 0.27 \quad 0.12 \quad 0.10 \quad 0.05]$$

因此，各方案模糊權重值為：

$$W_{B41} = [0.49 \quad 0.52 \quad 0.52]$$
$$W_{B42} = [0.24 \quad 0.26 \quad 0.27]$$
$$W_{B43} = [0.08 \quad 0.10 \quad 0.12]$$
$$W_{B44} = [0.08 \quad 0.08 \quad 0.10]$$
$$W_{B45} = [0.04 \quad 0.04 \quad 0.05]$$

接著將各細項之行動加值服務之模糊權重值與四大構面做一相乘運算，得到新的模糊權重值及解模糊化之值，如表 22.2 所示。

表 22.2　模糊權重值及解模糊化之值

排序	行動加值服務細項	模糊權重值	解模糊化（**R** 值）
1	A1（A 類）	(0.267,0.309,0.309)	0.2953
2	A2（A 類）	(0.118,0.142,0.152)	0.1380
3	B1（B 類）	(0.053,0.096,0.101)	0.0858
4	B2（B 類）	(0.059,0.076,0.084)	0.0736
5	C1（C 類）	(0.067,0.071,0.078)	0.0722
6	D1（D 類）	(0.040,0.043,0.073)	0.0543
7	A3（A 類）	(0.034,0.050,0.056)	0.0474
8	A4（A 類）	(0.026,0.034,0.045)	0.0358
9	B4（B 類）	(0.022,0.032,0.038)	0.0316
10	B3（B 類）	(0.026,0.029,0.038)	0.0315
11	D2（D 類）	(0.020,0.021,0.038)	0.0276
12	A5（A 類）	(0.019,0.022,0.033)	0.0251
13	C2（C 類）	(0.010,0.017,0.024)	0.0179
14	B5（B 類）	(0.014,0.015,0.022)	0.0174
15	C3（C 類）	(0.008,0.011,0.017)	0.0126
16	D3（D 類）	(0.007,0.009,0.016)	0.0113
17	D4（D 類）	(0.006,0.006,0.014)	0.0096
18	C4（C 類）	(0.005,0.007,0.013)	0.0094
19	C5（C 類）	(0.004,0.005,0.010)	0.0067
20	D5（D 類）	(0.003,0.003,0.008)	0.0052

　　由表 2 中解模糊化後之數值排序可清楚得知，目前消費者最重視之居家照顧服務之前 5 項分別為：A1、A2、B1、B2 及 C1 等功能；而最不受消費者重視的前 5 項則為：D5、C5、C4、D4 及 D3 等功能；由以上結果可推知，消費者較偏好使用與生活相關的居家照顧服務。

22.4 範例2

本範例是將網路商店成功因素分為 22 項評估指標，如表 22.3 所示。再以這 22 項評估指標為基礎，使用 KJ 法分類成 9 個構面，最後再分為網路因素、商品因素、服務因素為開設網路商店成功因素之三大層面。

表 22.3　網路商店成功因素之評估指標

層面	構面	評估指標
網路因素	前置時間	反應性
		即時性
	使用性	網站設計
		便利性
		無時間限制
	資訊提供	產品說明
		購物資訊
		購物流程
	安全機制	隱私權
		安全性
商品因素	吸引力	訂價
		促銷
		多樣化
	信賴感	知名度
		信譽
	滿意度	品牌形象
		商品品質
服務因素	貨物服務	貨物付款方式
		運送、退貨服務
	客戶服務	諮詢、申訴
		售後服務
		客製化

　　網路商店之成功因素各項評估指標，利用三角模糊數（triangular fuzzy numbers）之擷取，將每位受訪者所表達的意見加以轉換，整合受訪者意見與計算各項評估指標之模糊權重值，接著，進行解模糊化（defuzzication），獲得解模糊權重值，並經正規化（normalization）處理後，得到各項評估指標之正規化權重值，最後進行層級串聯（series of hierarchical），求得層級串聯後各項評估指標之相對權重值（fuzzy weighting value），建立整個成功因素評估指標之權重體系。

　　關於成功因素評估指標權重體系之建立，其進行步驟說明如下：

步驟 1：建立層級架構

　　藉由彙整相關文獻後，利用 KJ 法建立層級架構，如表 1 所示。第 1 層級代表影響最終目標主要因素之「層面」，第 2 層級代表影響主要因素之「構面」，第 3 層級代表各構面所涵蓋的「評估指標」。

步驟 2：設計問卷

　　以 AHP 法的概念，根據步驟 1 所建立之層級架構，將問卷設計成因素間兩兩比較的型式，建立成對比較矩陣。

步驟 3：建立模糊正倒值矩陣

　　以三角模糊數 $\widetilde{M}_{ij}$ 來表達每位受訪者意見的模糊現象，即可進一步建立模糊正倒值矩陣 M。

$$M = [\widetilde{M}_{ij}]\ ;\ \widetilde{M}_{ij} = (L_{ij},\ M_{ij},\ R_{ij})\ ;\ \widetilde{M}_{ij} = 1/\widetilde{M}_{ji}\ ,\ \forall\, i, j = 1, 2, \cdots, n$$

步驟 4：群體整合

　　本研究採用 Buckley（1985）所建議之平均數法來整合受訪者意見，整合公式為：

$$\widetilde{m}_{ij} = (1/N) \otimes (\widetilde{m}_{ij}{}^1 \oplus \widetilde{m}_{ij}{}^2 \oplus \cdots \oplus \widetilde{m}_{ij}{}^N) \tag{1}$$

步驟 5：計算模糊權重

　　可由下列演算式求出模糊權重 $\widetilde{w}_i$：

$$\tilde{Z}_i = (\tilde{a}_{i1} \otimes \tilde{a}_{i2} \otimes \cdots \otimes \tilde{a}_{in})^{\frac{1}{n}} , \ \forall i = 1, 2, ..., n \tag{2}$$

$$\tilde{w}_i = \tilde{Z}_i \otimes (\tilde{Z}_1 \oplus \tilde{Z}_2 \oplus \cdots \tilde{Z}_n)^{-1} \tag{3}$$

步驟 6：解模糊化

本範例採用 Teng 與 Tzeng（1993）所提出之重心法進行解模糊化。其解模糊權 DF_{ij} 重值的計算過程為：

$$DF_{ij} = [(R_{ij} - L_{ij}) + (M_{ij} - L_{ij})]/3 + L_{ij} \tag{4}$$

步驟 7：正規化

正規化權重值 NW_i 計算之過程為：

$$NW_i = DF_{ij} / \sum DF_{ij} \tag{5}$$

步驟 8：層級串聯

經由前述步驟，可求得在最終目標下之第 1 層第 i 個主要因素的權重 NW_i，第 1 層第 i 個主要因素下之第 2 層第 j 個構面的權重 NW_{ij}，以及第 2 層第 j 個構面下之第 3 層第 k 個評估指標的權重 NW_{ijk}。若要進一步求得在最終目標下之第 3 層第 k 個評估指標之權重 NW_K，則必須進行層級串聯，其串聯方法如公式 (6) 所示：

$$NW_K = NW_i \times NW_{ij} \times NW_{ijk} \tag{6}$$

經由以上說明及演算，便可以得到層級串聯後的權重值，以利排序順位選出前十名成功因素，本範例將其定名為關鍵成功因素。

1. 模糊權重之計算

首先以公式 (1) 將 10 位有效問卷加以整合，接著利用公式 (2) 和公式 (3) 計算各因素之模糊權重值，然後利用公式 (4) 對模糊權重值進行解模糊化，以求得解模糊權重值，最後以公式 (5) 進行正規化處理，可得到各因素之正規化權重值

與權重排名。

　　依照上述的步驟，可以計算出網站、商品與服務各主要因素下，各構面之權重值與權重排名，如表 22.4 所示。

表 22.4　各項構面之權重表及其個別權重排名

主要構面名稱	模糊權重值	解模糊權重值	正規化權重值	權重排名
前置時間	(0.094221,0.128083,0.174199)	0.122681	0.128002	4
使用性	(0.163172,0.223176,0.302422)	0.212986	0.222223	3
資訊提供	(0.240333,0.316724,0.418081)	0.303868	0.317047	2
安全機制	(0.254032,0.332017,0.435512)	0.318898	0.332729	1
吸引力	(0.293612,0.380781,0.492082)	0.388825	0.38051	1
信賴感	(0.253601,0.325556,0.41905)	0.332736	0.32562	2
滿意度	(0.227432,0.293663,0.379783)	0.300293	0.29387	3
貨物服務	(0.321078,0.396406,0.489944)	0.443175	0.39776	2
客戶服務	(0.49302,0.603594,0.738410)	0.671002	0.60224	1

　　經由前述幾個步驟，利用公式 (6) 可進行層級間的串聯，計算出層級串聯後各項評估指標之相對權重值，並進行整體排序，如表 22.5 所示。

表 22.5　層級串聯後各項構面之相對權重值及其整體排序

層面	構面—正規化權重值	層級串聯後權重值	整體排序
網站因素 0.2664	前置時間 −0.1280	0.0341	9
	使用性 −0.2222	0.0592	8
	資訊提供 −0.3170	0.0844	7
	安全機制 −0.3327	0.0886	6
商品因素 0.4520	吸引力 −0.3805	0.1720	1
	信賴感 −0.3256	0.1472	3
	滿意度 −0.2939	0.1328	4
服務因素 0.2817	貨物服務 −0.3978	0.1120	5
	客戶服務 −0.6022	0.1696	2

2. 相對權重值之結果分析

  (1) 主要構面分析

  由表 22.4 可知，在本研究層級評估架構的九個構面中，商品吸引力是經營網路商店考慮因素中最為重要之構面，其次是客戶服務與信賴感，三者的權重值合計達 0.4888。所以經營網路商店時，販售的商品必須特別考慮到是否對消費者具有吸引力，亦即其價格是否合理、產品是否多樣化、促銷方案是否奏效，以及對於消費者之諮詢、申訴與售後服務是否周全，最後，則需致力於該網路商店之信譽與知名度的提升。

  (2) 評估指標分析

  從表 22.5 的評估指標權重值與個別排序此二個欄位中，可了解在某一構面下之評估指標的權重值與權重排名，並可對 22 項評估指標進行整體排序。這可以幫助業者在經營網路商店時，對某一構面下那些較為重要的評估指標投入較大的資源。例如：在信賴感此一構面下，「信譽」的權重值高達 0.6817，這代表「信譽」不管在於消費者、業者、學者眼中，都是極為重要的。當然，一家成功的網路商店為求長遠之經營目標，必須建立起商店信譽，秉持著衷心服務消費者為目的，故業者在開設網路商店時，為了讓顧客產生信賴感，所以對於維護商店的「信譽」必須不遺餘力。藉由以上的分析，表 22.6 可以幫助網路商店業者在經營網路商店時，作為決策之用。

表 22.6　層級串聯後各項評估指標之相對權重值及其整體排序

層面	構面	評估指標	評估指標權重值	個別排序	層級串聯後權重值	整體排序
網站因素 0.2664	前置時間 0.1280	反應性	0.4363	2	0.0149	22
		即時性	0.5637	1	0.0192	19
	使用性 0.2222	網站設計	0.2654	3	0.0157	20
		便利性	0.4481	1	0.0265	17
		無時間限制	0.2864	2	0.0170	21
	資訊提供 0.3170	產品說明	0.4283	1	0.0362	15
		購物資訊	0.3189	2	0.0269	16
		購物流程	0.2528	3	0.0214	18

層面	構面	評估指標	評估指標權重值	個別排序	層級串聯後權重值	整體排序
商品因素 0.4520	安全機制 0.3327	隱私權	0.4714	2	0.0418	12
		安全性	0.5286	1	0.0468	10
	吸引力 0.3805	訂價	0.3323	2	0.0571	8
		促銷	0.3235	3	0.0556	6
		多樣化	0.3442	1	0.0592	5
	信賴感 0.3256	知名度	0.3183	2	0.0468	11
		信譽	0.6817	1	0.1003	1
	滿意度 0.2939	品牌形象	0.3357	2	0.0446	14
		商品品質	0.6643	1	0.0882	2
服務因素 0.2817	貨物服務 0.3978	貨物付款方式	0.4957	2	0.0555	9
		運送、退貨服務	0.5043	1	0.0565	7
	客戶服務 0.6022	諮詢、申訴	0.3546	2	0.0601	4
		售後服務	0.4219	1	0.0716	3
		客製化	0.2235	3	0.0379	13

參考文獻

1. Van Laarhoven, P. J. M. and Pedrycz, W., "A Fuzzy Extension of Saaty's Priority Theory," Fuzzy Sets and Systems, Vol. 11, pp. 229-241, 1983.

2. Buckley J. J., "Fuzzy Hierarchical Analysis," Fuzzy Sets and Systems, Vol.17, pp. 233-247, 1985.

3. Ruoning, X. and Xiaoyan, Z., "Extensions of the Analytic Hierarchy Process in Fuzzy Environment," Fuzzy Sets and Systems, Vol. 52, pp. 251-257, 1992.

4. Lasek, M., "Hierarchical Structures of Fuzzy Ratings in the Analysis of Strategic Goals of Enterprises," Fuzzy Sets and Systems, Vol. 50, pp. 127-134, 1993.

5. Klir, G. J. and Yuan, B., "Fuzzy Sets and Fuzzy Logic Theory," 2nd, Boston, Kluwer Academic Publishers, 1995.

6. Zimmerman, H. J., "Fuzzy Set Theory and Its Applications," 2nd, Boston, Kluwer

AcademicPublishers, 1991.

7. Chen, C. T., "Extensions of TOPSIS for Group Decision-Making Under Fuzzy Environment," Fuzzy Sets and Systems, Vol. 144, pp. 1-9, 2000.

8. Csutora, R. and Buckley, J. J., "Fuzzy Hierarchical Analysis: The Lambda-Max Method," Fuzzy Sets and Systems, Vol. 120, pp. 181-195, 2001.

9. Teng, J. Y. and Tzeng, G. H. (1993), Transportation Investment Project Selection with Fuzzy Multi-objective, Transportation Planning and Technology, 17, pp.91-112.

10. 郭英風，陳邦誠，「應用模糊層級分析法分析消費者對行動加值服務之偏好」。

11. https://web.npois.com.tw/signup/fcmc/upload/%7B007933FC-A07A-4366-853DA4F7018DF186%7D_Power%20Choice%20v2.5%E5%BF%AB%E9%80%9F%E5%B0%8E%E5%BC%95%E6%89%8B%E5%86%8A.pdf

12. 羅應浮等，「發展經營網路商店之決策支援系統──運用模糊 AHP 法」。

第23章　AHP 在行銷戰略的食品嗜好調查上之應用

23.1　在感性時代中食品的行銷

目前隨著電腦的顯著發展，可以說是高度資訊化社會，同時也可說是「感性的時代」，整個社會處於「重視人性、重視生活」的動向，從機械產品開始到各式各樣商品的感性品質視為問題的情形逐日俱增。即使從工業產品的生產工程來看，從高度經濟成長期的大量生產所見到的「量的時代」，到品質管理的「質的時代」，接著到以對應消費者多樣性要求與感性作為目的，像 CIM（Computer Integrated Manufacturing）所代表的多品種少量產的「多樣化時代」，甚至到一品種一生產的「感性時代」都在改變著。

被稱為「感性時代」的今日，當考察產品開發、銷售戰略等，不光是生產企業一方所企劃的「product out」之想法，引進站在生活者的立場，亦即行銷一方立場的「Market In」之想法，其需要性更高，基於消費者的需求與感性進行開發，對許多商品而言被認為是有效的。其中，關於食品的嗜好，因為受到人的感性所左右，因此，開發適合消費者感性的產品，站在基於感性的行銷戰略是極為有效的。因此，為了檢討有關食品的行銷戰略，調查食品與感性的關係就顯得極為重要，評估人們對飲食的感情，被認為有助於開發出消費者取向的食品，並且，如果能夠以某種工學的手法計算對食品的感性，而且，收集重現性、客觀性高的消費者資訊之體制如果可以被確立時，那麼對食品產業領域的新產品開發、產品管理以及行銷戰略，可期待能帶來革新的改善。因此，本事例應用 AHP，以建構有關食品的行銷戰略作為目的，就食品的主觀性評價予以敘述。

23.2　對飲食的感性評價

我們每日所需的飲食，不僅是維持生命所不可欠缺，為了維持健康且能活躍的進行日常活動，更是需要充分注意飲食才行。目前便利商店不光是手捲與便

當，也推行各種的配菜，進行著激烈的銷售競爭。並且，各種外食產業到處都是，飲食的周遭環境與過去有極大的改變。關於此種飲食的產業，在社會中占有極大的比重，對食品的健康造成的影響及安全性的問題也有關聯，飲食的問題變得更為重要。

過去，特別是對啤酒或咖啡等嗜好品，利用官能評價等使用所收集的數據，利用多變量分析與類神經網路等資訊處理技術，對人的嗜好與味覺進行定量化。可是，像現在飲食問題呈現複雜化時，只是調查食品保有的物理上屬性與「美味」之感覺的對應關係，在掌握顧客需求上是不夠的，關於人利用感性對飲食具有何種印象之評價，檢討此事也是有需要的。此處，「感性」是指位於感覺（人對於對象，如同感受所意識到的心理現象）與知覺（對於對象，如同所知所意識到的心理現象）的上位認知系統所發揮之功能。

過去人對飲食的感覺，此種官能評價等的研究，是集中在食品所具有的各種屬性之中的 2 大因子，即「口味（flavor）」與「咀嚼性（texture）」。可是，不光是與口味、咀嚼有關的味覺、嗅覺、觸覺、視覺、聽覺等感官，甚至對飲食的記憶與價值觀等，對食物的印象均有影響。

因此，此處並非像官能檢查那樣使用實際的食品，而是使用語言、藝術感性，將食品的主觀特性利用 AHP 予以定量化進行檢討。

23.3　人類的飲食行為

本事例是將人類飲食行為的架構，分成簡便取向、健康取向、正式取向，據此使用 AHP 評價人對飲食的感性。這些主觀特性，藉由將消費者對食品的印象與感覺予以定量化，自家公司在食品產業中所開發的產品，消費者是以何種印象來掌握就可變得明確。另外，開發能讓消費者印象深刻的商品，也是有幫助的。

一、簡便取向

只是認為要存活才要飲食，對飲食並不太講究的飲食行為，這是簡便取向。街上到處都是速食店或便利商店，這可認為是有許多人簡便解決飲食的表徵。

二、健康取向

食品若攝取它對身體有幫助，或者攝取它對身體有害，因爲具備健康一面的機能，所以出現對健康非常注意的傾向。此種飲食行爲是朝向身體健康，此即爲健康取向。健康取向的食品種類，過去就已存在，最近見到的似乎是機能性食品。

三、正式取向

與簡便取向相反，對飲食甚爲講究，甚至講究的是朝向療心，此即爲正式取向。正式取向的人，重視飲食文化，追求美味、享受飲食。1986 年義大利推出漢堡店時，從「義大利的飲食文化變得不行了」的危機感所產生的慢食運動（slow food）等，也是正式取向所致。在日本人中所見到的緩慢生活（slow life）取向，也與此有關。

23.4　AHP 在飲食嗜好評價中的應用

一、感性的非線形性與階層性

感性一般被稱爲非線性，使用一對比較之 AHP，被認爲可以處理感性此種的非線性問題。並且，心理學中雖然有感覺與知覺的區分，但感性被認爲是位於感覺與知覺的上位，有認知上的功能，具有如圖 23.1 的階層構造。亦即，針對人類感覺到什麼的現象，利用感官來意識對象的存在（感覺層次），利用知識意識出它是什麼（知覺層次），接著透過經驗、學習、推理來認識它是什麼東西（認知層次），然後是接著，個人的嗜好、感情、情操、意志或是價值觀、人生觀等複雜交織，出現各種感覺方式（感性層次）。

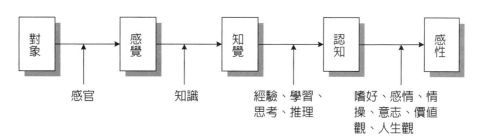

圖 23.1　物象到感性的內心流程

從此種人類感性的非線性與階層性，將複雜狀況下的問題分解成階層構造，利用 AHP 所具有的一對比較評價手法所具有的特徵，應用在感性評價上，就此進行考察。

二、飲食嗜好選擇的階層構造

在 AHP 中，針對問題設定適切的評價基準是很重要的。在第 3 節中，曾將人的飲食行為大類分成「簡便取向」、「健康取向」、「正式取向」，因此將人類飲食嗜好選擇的評價基準當作「簡便」、「健康」、「正式」。接著，將替代案當作桌上菜單，建構出如圖 23.2 的階層構造。

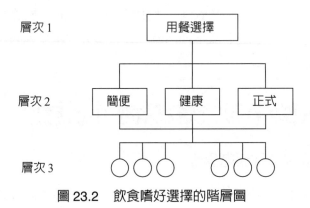

圖 23.2　飲食嗜好選擇的階層圖

三、對評價基準的比重評價

在圖 23.2 之層次 2 中評價基準的比重，在個人選擇用餐時，是以簡便用餐作為取向之程度，即「簡便取向度」；或以健康用餐作為取向之程度，即「健康取向度」；或以正式用餐作為取向之程度，即「正式取向度」；以此三者來評價。

四、從評價基準來看替代案的評價

從評價基準（簡便、健康、正式）來看各替代案（桌上菜單）之評價，是將食品的主觀評價以各菜單的「簡便意向感」、「健康意向感」、「正式意向感」來評價。

23.5　飲食嗜好的評價方法

一、評價尺度的單位

AHP 的目的是決定替代案的優先順位，原本的 AHP 是評價值的合計，是使之成為 1 而加以標準化，無單位是問題所在。因此，乃以 0 為基準，單位以標準常態分配的標準差（$\bar{w} = 1$）求出評價值。在 AHP 中，雖然是求出評價基準的比重以及評價基準來看替代案的評價值，它的加法和當作替代案值，但此處是以評價基準的比重以及從評價基準來看各替代案的評價值，使之具有明確的單位來設定。

二、評價基準的比重的定量化

評價基準（簡便、健康、正式）的比重，亦即對個人用餐的簡便取向度、健康取向度、正式取向度，利用一對比較予以尺度化。具體言之，在選擇用餐時，對受試者詢問以下 3 個問題，即：

①簡便取向與健康取向

②健康取向與正式取向

③正式取向與簡便取向

在兩者之中取向何者的程度，以回答而言，是屬於「極端」、「非常」、「相當」、「略微」或「近乎相同」。在 AHP 中，評價基準的要素 A 與 B 的一對比較，對其回答的評分，如表 23.1 所設定。

對詢問①的回答來說，簡便取向的評分設為 m_{12}，健康取向的評分設為 m_{21}，對詢問②的回答說，健康取向的評分設為 m_{23}，正式取向的評分設為 m_{31}，對詢問③的回答來說，正式取向的評分設為 m_{31}，簡便取向的評分設為 m_{13}，得出以下的一對比較矩陣。

表 23.1　在 AHP 中對回答的評分

回答	要素 A 的評分	要素 B 的評分
極端取向 A 甚於 B	9	1/9
非常取向 A 甚於 B	7	1/7

回答	要素 A 的評分	要素 B 的評分
相當取向 A 甚於 B	5	1/5
略為取向 A 甚於 B	3	1/3
A 與 B 近乎相同取向	1	1
略微取向 B 甚於 A	1/3	3
相當取向 B 甚於 A	1/5	5
非常取向 B 甚於 A	1/7	7
極端取向 B 甚於 A	1/9	9

$$M = \begin{bmatrix} m_{11} & m_{12} & m_{13} \\ m_{21} & m_{22} & m_{23} \\ m_{31} & m_{32} & m_{33} \end{bmatrix} \tag{1}$$

此處，$m_{11} = m_{22} = m_{33} = 1$，$m_{21} = 1/m_{12}$，$m_{23} = 1/m_{32}$，$m_{31} = 1/m_{13}$

各評價基準的比重，可以利用特徵向量法或與對數最小平方法相同的幾何平分均法求出，但此處為了得出以 0 為基準，將標準常態分配的標準差（$\sigma = 1$）當作單位得出尺度，使用以標準常態分配為依據所定義的順序統計量（order statistic），對各回答的評分如表 23.2 那樣設定。

使用順序統計量的一對比較矩陣，對詢問 ÷ 的回答來說，將簡便取向的評分設為 n_{12}，健康取向的評分設為 n_{21}，對詢問 × 的回答來說，將健康取向的評分設為 n_{23}，正式取向評分方法設為 n_{32}，對詢問 ÷ 的回答來說，將正式取向評分方法設為 n_{31}，簡便取向的評分設為 n_{13} 時，即為如下。

表 23.2　利用順序統計量對回答的評分

回答	要素 A 的評分	要素 B 的評分
極端取向 A 甚於 B	1.485	−1.485
非常取向 A 甚於 B	0.932	−0.932
相當取向 A 甚於 B	0.572	−0.572
略微取向 A 甚於 B	0.275	−0.275

回答	要素 A 的評分	要素 B 的評分
A 與 B 近乎相同取向	0.000	0.000
略微取向 B 甚於 A	−0.275	0.275
相當取向 B 甚於 A	−0.572	0.572
非常取向 B 甚於 A	−0.932	0.932
極端取向 B 甚於 A	−1.485	1.485

$$n = \begin{bmatrix} n_{11} & n_{12} & n_{13} \\ n_{21} & n_{22} & n_{23} \\ n_{31} & n_{32} & n_{33} \end{bmatrix} \tag{2}$$

此處，$n_{11} = n_{22} = n_{33} = 0$，$n_{21} = -n_{12}$，$n_{23} = -n_{32}$，$n_{31} = -n_{13}$

各評價基準的比重，在幾何平均法方面，是取各列的幾何平均法，但使用順序統計量時，是取各列的算術平均，個人的簡便取向度（convenience-oriented intention）I_c、健康取向度（health-oriented intention）I_h、正式取向度（earnestness-oriented intention）I_e，可以如下加以考慮。

$$I_c = \frac{n_{11} + n_{12} + n_{13}}{3}$$
$$I_h = \frac{n_{21} + n_{22} + n_{23}}{3} \tag{3}$$
$$I_e = \frac{n_{31} + n_{32} + n_{33}}{3}$$

對一對比較的回答，是利用整合度指數 C.I.（Consistency Index），對回答者進行整合性的判定。整合度指數 C.I. 是利用下式求出，其中，一對比較矩陣的階數設為 n，最大特徵值設為 λ_{max} 時，即為：

$$\text{C.I.} = \frac{\lambda_{max} - n}{n - 1} \tag{4}$$

經驗上，C.I. 之值如果在 0.1 以下（當作 0.15 的時候也有），即判定受試者的回答具有整合性，但此處針對不求出一對性比較矩陣的最大特徵值，仍可判定

是整合性的方法來考察。今假定 (1) 式的一對比較矩陣特徵值設爲 λ，特徵方程式即爲：

$$-\lambda^3 + 3\lambda^2 + \frac{m_{12}}{m_{12}m_{23}} + \frac{m_{12}m_{23}}{m_{13}} - 2 = 0 \tag{5}$$

接著，將左邊與 λ 無關的項目設爲：

$$C = \frac{m_{12}}{m_{12}m_{23}} + \frac{m_{12}m_{23}}{m_{13}} - 2 \tag{6}$$

就 λ 當作變數的函數來考察。

$$f(\lambda) = -\lambda^3 + 3\lambda^2 + C \tag{7}$$

C.I. 之值爲 0（完全具有整合性），與作爲整合性判定之門檻值的 0.1 及 0.15 時，$f(\lambda)$ 的圖形，分別圖示於圖 23.3、圖 23.4、圖 23.5 中。由圖 23.3 知，C.I = 0 時，C = 0.000，由圖 23.4 知，C.I = 0.1 時，C = 2.045，由圖 23.5 知 C.I = 0.15 時，C = 3.267，利用此，如將整合性的判定條件當作 C.I. ≦ 2.048，即可當作整合性的判定條件。因此，利用簡便計算的整合度指數 S.C.I.（Simplified Consistency Index），可定義爲：

$$S.C.I = \frac{C}{2.048} \tag{8}$$

而且，將

$$S.C.I. \leq 1 \tag{9}$$

當作整合性的判定條件。

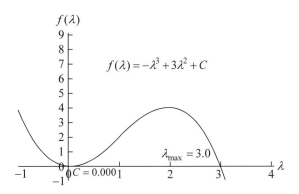

圖 23.3　C.I = 0 時，$f(\lambda)$ 的圖形

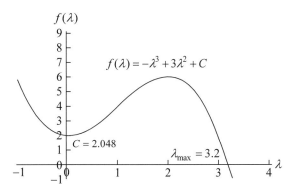

圖 23.4　C.I=0.1 時，$f(\lambda)$ 的圖形

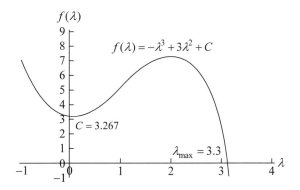

圖 23.5　C.I=0.15 時，$f(\lambda)$ 的圖形

三、利用 5 級評定從評價基準來看替代案的評價

從評價基準（簡便、健康、正式）來看替代案的評價，亦即，替代案的各菜單以主觀特性來說的「簡便意向感」（earnestness-oriented feelings）尺度，是使用 5 級評定法，使之在 0 為基準之下，以標準常態分配的標準差（$\sigma = 1$）為單位來設定。從評價基準來看替代案的評價，有利用一對比較的相對評價與絕對評價法，當替代案的數目增多時，大多使用絕對評價法。可是，此處使用如下 5 級評定法。

對受訪者就每一個桌上菜單，進行如下項 3 詢問：

1. 您認為是簡便意向的桌上菜單嗎？

2. 您認為是健康意向的桌上菜單嗎？

3. 您認為是正式意向的桌上菜單嗎？

回答者從「非常認同」、「有點認同」、「沒意見」、「不太認同」、「非常不認同」的五個回答選項中，選出一個，就其回答以樣本分數定量化。就定量化來說，針對如表 23.3 所示的菜單，就 2 個回答例的簡便意向尺度來考察。

在 2 個回答例中，對於簡便意向的回答，回答 P 是「非常認同」，相對地，回答 Q 是「非常不認同」。此時，回答 P 的「非常認同」，被認為比回答 Q 的「非常認同」弱，因為回答 P 中健康意向與正式意向的「非常認同」，對簡便意向來說，被認為含有否定的心理，並且，回答 Q 中的健康意向與正式意向的「非常不認同」對簡便意向來說，被認為含有肯定的心理所致。

因此，對一個意向的回答，影響其他意向的 2 次性心理影響，當作心理上的擾動（mental perturbation），並定義擾動樣本分數（perturbed sample score），這是為了可以反映在各意向的樣本分數上而進行尺度化。另外，所謂擾動（perturbation）是物理學所使用的概念。物理學是意指在物理系的狀態或運動中小量的 2 次性效果，又在天文學中是指彗星引起引力，擾亂其他彗星系運動之意。

其次，受試者對各意向的回答，是以有關該意向分數的準樣本分數（associated sample score），以及對其他意向之 2 次性心理影響的擾動樣本分數（perturbed sample score），如表 23.3 那樣設定。

表 23.3　準樣本分數與擾動樣本分數

準樣本分數	對詢問之回答	擾動樣本分數
80	非常認同	-10
65	有點認同	-5
50	沒意見	0
35	不太認同	5
20	非常不認同	10

　　於是，就菜單 i 受試者 j 的回答而言，「簡便意向樣本分數」（convenience-oriented sample score）、「健康意向樣本分數」（health-oriented sample score）、「正式意向樣本分數」（earnestness-oriented sample score）分別設為 S_{cij}、S_{hij}、S_{eij}。又「準簡便意向樣本分數」（associated convenience-oriented sample score）、「準健康意向樣本分數」（associated health-oriented sample score）、「準正式意向樣本分數」（associated earnest-oriented sample score）分別設為 a_{cij}、a_{hij}、a_{eij}。另外，各個意向感的回答，對其他 2 個意向感造成 2 次心理影響的「擾動簡便意向樣本分數」（perturbed convenience oriented sample score）、「擾動健康意向樣本分數」（perturbed health-oriented sample score）、「擾動正式意向樣本分數」（perturbed earnest-oriented sample score），分別設為 P_{cij}、P_{hij}、P_{eij}，則上述即可如下定義：

$$S_{eij} = a_{cij} + p_{hij} + p_{eij}$$
$$S_{hij} = a_{hij} + p_{eij} + p_{cij} \tag{10}$$
$$S_{eij} = a_{eij} + p_{cij} + p_{hij}$$

　　由 (10) 所求出的樣本分數，是由 0 到 100 有 125 種（5×5×5）之值。定義出如圖 23.6 所示，近乎形成平均 50，標準差 23.45 的常態分配。以檢定樣本分數的常態性來說，計算偏度 b_1（skewness）與峰度（kurtosis）b_2 的結果如下：

$$b_1 = 0，b_2 = 0.89$$

偏度 $b_1 = 0$，是與常態分配同值，峰度 $b_2 = 0.89$，以顯著水準 5% 檢定虛無假設 $b_2 = 0$（與常態分配同值）雖被否定，但以顯著水準 1% 卻無法否定。又，圖 23.7 是說明使樣本分數的平均爲 0，變異數爲 1 的標準化常態樣本分數的分配，與標準常態分配之比較。可知常態樣本分數的分配與標準常態分配非常接近。

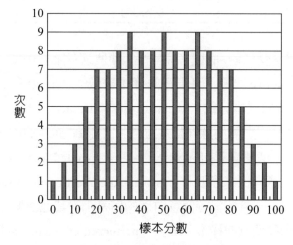

圖 23.6　樣本分數的分配

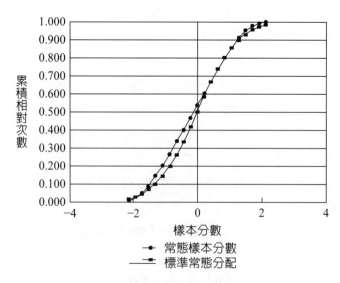

圖 23.7　常態樣本分數與標準常態分配之比較

　　其次，就菜單 i 的 n 位受者來說，此處所定義的簡便意向樣本分數 S_{cij} 的平均設為 m_{cj}，健康意向的樣本分數 S_{hij} 的平均設為 m_{hi}，正式意向樣本分數 S_{eij} 的平均設為 m_{ej}，這些分別定義如下：

$$m_{ci} = \frac{\sum_{j=1}^{n} S_{cij}}{n}$$

$$m_{hi} = \frac{\sum_{j=1}^{n} S_{hij}}{n} \qquad (11)$$

$$m_{ei} = \frac{\sum_{j=1}^{n} S_{eij}}{n}$$

　　利用樣本分數的分配形成常態分配，以各樣本分數的平均所得出的各菜單分數，當作標準常態分配中的下側機率，與它相對的常態分數，當作人們對該菜單所感受的主觀特性的菜單尺度。利用此各種菜單，以平均來說的「簡便意向感」、「健康意向感」以及「正式意向感」的尺度，即可以標準常態分配的標準差（$\sigma = 1$）作為單位來設定，在許多的菜單中，就可以容易比較菜單的主觀特性。

　　以表 23.4 中的尺度化為例，說明對牛肉罐頭 20 位受訪者（大學生）的回答與對回答的各樣本分數，以及各菜單分數與對它的菜單尺度。回答的 1 是「非常認同」、2 是「有點認同」、3 是「沒意見」、4 是「不太認同」、5 是「非常不認同」。由此表來看，對牛肉罐頭來說，人所感受的主觀特性簡便意向菜單尺度（convenience-oriented menu scale）是 0.01，健康意向菜單尺度（health-oriented menu scale）是 –0.08，正式意向菜單尺度（earnest-oriented menu scale）是 –0.50。

　　3 個意向菜單尺度合計是 0.61 + (–0.08) + (–0.05) = 0.03。像這樣，3 個意向的菜單分數合計不成為 0 時，要進行統計上可以視為 0 的修正。因此，即可得出以 0 作為基準、以 1 作為單位的主觀食品特性尺度。但即使不進行修正，值也不會產生甚大的差異，因此實用上不需要特別修正。

表 23.4　牛肉罐頭的主觀特性的尺度化

受試者	回答			樣本分數		
	簡便意向	健康意向	正式意向	簡便意向	健康意向	正式意向
No.1	1	2	4	80	60	30
No.2	1	5	5	100	20	20
菜單分數				73	49	31
菜單尺度				0.61	-0.08	-0.50

四、替代案的評價

替代案的評價是桌上菜單被喜好的程度。今將某個人的簡便取向度設為 I_c，健康取向度設為 I_h，正式取向度設為 I_e，以桌上菜單 i 的主觀特性來說，簡便意向感設為 F_c，健康意向感設為 F_h，正式意向感設為 F_e 時，菜單 i 受該人喜好的程度，亦即嗜好度定義為：

$$P_i = \sqrt{I_c \times F_c + I_h \times F_h + I_e \times F_e}$$

另外，右邊取平方根是為了將嗜好度 P_i 的單位當作 1 所致。

23.6　飲食嗜好的評價結果

以 20 位大學生為受試者，200 種桌上菜單為替代案，各菜單的主觀特性，亦即，簡便意向感 F_c、健康意向感 F_h、正式意向感 F_e，不同的兩人 α 與 β 有關回答者的整合性 S.I.C.，以及簡便取向度 I_c、健康取向度 I_h、正式取向度 I_e，分別表示在表 23.5 與表 23.6 中，從個人對所有菜單的嗜好度 P_i 所求出的結果，顯示出 200 種菜單中的上位 10 種與下位 10 種。對於回答的整合性來說，α、β 的 S.I.C. = 0.399 ≦ 1，形成有整合性的回答，另外，也說明了取決於對各用餐的取向度，不同的桌上菜單有不同的嗜好。

表 23.5　個人 α 的菜單嗜好度

			S.C.I.=0.399	I_c=0.81	I_h=-0.12	I_e=-0.69

順位	菜單	F_c	F_h	F_e	P_i
1	麵包類	0.87	−0.3	0.75	1.11
2	蘇打類	0.99	−0.47	−0.55	1.11
3	水果罐頭、瓶裝	0.82	−0.04	−0.76	1.06
4	魚粉	0.80	−0.06	−0.75	1.08
5	碳酸飲料	0.92	−0.39	−0.50	1.06
6	納豆	0.49	0.55	−1.00	1.01
7	主食麵包	0.68	−0.14	−0.63	1.00
8	魚罐頭	0.67	−0.03	−0.64	0.99
9	素麵	0.70	−0.08	−0.59	0.99
10	海苔	0.61	0.25	−0.75	0.99
:	:	:	:	:	:
191	漢堡	−0.45	0.06	0.37	−0.79
192	酒蒸	−0.42	0.02	0.43	−0.80
193	洋風煮	−0.50	0.19	0.32	−0.80
194	燒肉	−0.46	0.16	0.39	−0.81
195	紅豆糯米飯	−0.49	0.26	0.36	−0.82
196	魚與蔬菜的煮物	−0.60	0.48	0.21	−0.83
197	肉與蔬菜的食物	−0.56	0.35	0.33	−0.85
198	昆布的煮物	−0.64	0.47	0.28	−0.87
199	大白菜	−0.63	0.27	0.40	−0.90
200	茶碗蒸	−0.70	0.31	0.47	−0.96

表 23.6　個人 β 的菜單嗜好度

		S.C.I.=0.399	I_c=-0.12	I_h=-0.69	I_e=0.81

順位	桌上菜單	F_c	F_h	F_e	P_i
1	奶汁烤菜	−0.35	−0.02	0.45	0.65
2	酒蒸	−0.45	0.02	0.43	0.62
3	蛋捲	−0.37	0.06	0.40	0.57

順位	桌上菜單	F_c	F_h	F_e	P_i
4	漢堡	−0.45	0.06	0.37	0.56
5	烤肉	−0.18	−0.01	0.33	0.54
6	烤餅	0.02	−0.21	0.17	0.53
7	燒肉	−0.46	0.16	0.39	0.51
8	刈包	−0.19	−0.06	0.24	0.51
9	茶碗蒸	−0.70	0.31	0.47	0.50
10	燉羊肉	−0.32	0.11	0.34	0.49
:	:	:	:	:	:
191	乳酸飲料	0.37	0.37	−0.57	−0.84
192	沙拉	0.31	0.39	−0.58	−0.88
193	營養健康飲料	0.24	0.45	−0.57	−0.89
194	瓜類	0.49	0.27	−0.71	−0.90
195	海苔	0.61	0.25	−0.75	−0.92
196	水果	0.49	0.35	−0.75	−0.95
197	養樂多	0.39	0.43	−0.70	−0.95
198	牛乳、豆乳、加工乳	0.28	0.55	−0.73	−1.00
199	生菜	0.47	0.47	−0.87	−1.04
200	納豆	0.49	0.55	−1.00	−1.11

23.7 本事例的整理

　　為了有助於在食品產業領域中開發消費者嗜好的商品以及有助於銷售，一面考慮人類的感性，另一面將 AHP 應用於食品嗜好的選擇。

　　此事例的重點如下：

　　1. 本事例對飲食的感性評價利用 AHP，基於個人對用餐的取向，將該人對特定食品取向的程度予以定量化。

　　2. 比較對象數為 3 時，一對比較的整合性判定計算已簡單化，即使以電子計算機也可簡單進行整合性判定。

　　3. 從評價基準來看替代案的評價，使用擾動理論概念以及 5 級評定法，可以將尺度反映到人類微妙的心理上。

　　一對比較使用順序統計量，可以定義有單位的評價尺度，對許多的食品容易比較嗜好的程度。

參考文獻

1. Yamauchi, Z.: Statistical Tables and Formulas with Computer Applications JSA-1072, Japanese Standards Association, p.33.

2. Kanda, T. "Evaluation of Human Meal Preference Based upon Human Meal Feeling and Intentions, International Journal of Kansei Engineering, VOL, 4 NO.4, pp.9-18, 2004.

3. Kanda, T. "A Method to Evaluate Human Meal Kansei," International Journal of Kansei Engineering, VOl.3, NO.3, PP13-20, 2002.

4. 木下榮藏，AHP 事例集－事例 14－（神田太樹），pp.291-311，2008。

第24章 在技術預測調查中利用 AHP 掌握市民需求

24.1 需求項目的體系化

社會、經濟需求調查，主要目的是查明一般市民從生活者的觀點，對科學技術的強烈感受是在何種需求下。人具有的需求與欲望有種種面向，它的表現方法也是多樣，爲了集中許多人的意見，需要以統一的項目實施詢問。此處針對從各種資源所抽出的需求項目進行密集作業，最終參考馬斯洛的需求層級理論，進行需求項目的體系化。

24.2 需求項目專案的抽出

政府所發揮的各種機能，都是直接、間接基於國民的需求。並且，政府各機關的活動是以白皮書或各種報告書方式公布，本事例是根據以往技術，預測調查所抽出的項目，再加上從生活者的觀點所抽出的需求項目，進行分類、整理。此方針與步驟如下：

1. 需求的分類、整理是從由下而上（就所抽出的細項，將關聯的需求歸納在一起建立中分類）以及由上而下（首先設定大分類，再從中分類去分解成細項）兩方面去檢討。

2. 由下而上是從過去的技術，預測調查所抽出的需求項目出發，將這些集中成中項目。

3. 過去的技術預測調查需求項目，因爲是技術導向的需求表現，仍將這些變更爲有「生活感」的表現。

4. 由上而下是利用馬斯洛的人類需求層次當作大分類的項目設定，再將這些分解成中、細項目。

5. 抽出市民的需求是主要目的。因此將分解時的需求表現統一成有「生活感」的表現。

6. 由上而下與由下而上使之融合，再追加不足、遺漏，進行全體的分類與整理。

7. 各個需求細項，再分成「持續性（沒有不行）」的需求與「提高（不足、更多）」的需求。

依照以上步驟檢討的結果，得出如圖 24.1 所示，由項目所構成的需求一覽表專案。

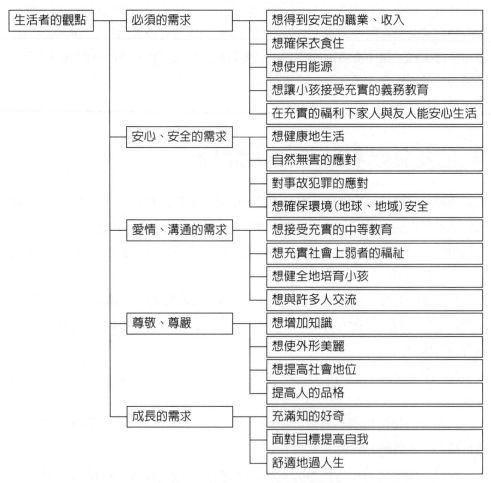

圖 24.1　從生活者的觀點，所抽出的需求一覽表專案（至中項目為止）

註：因版面關係此處並未顯示，但各中項目分成「持續性需求」及「提高需求」，分別由數個細項所構成。細項的總數大約是 250 個。

24.3　再利用集群分析將需求項目再構造化

圖 24.1 顯示一部分的需求一覽表專案，實際上包含許多項目數以及細項間有重複與跨越階層關係，如此應用 AHP 是困難的。因此，為了謀求階層構造的理想與項目的集中化，乃進行兩階段的集群分析。

第 1 階段的集群分析，是製作出所有需求細目間的概略關聯性矩陣。關聯性的評價是與關聯的方向性（因果關係無關），以「無關聯 (0)」與「有關聯 (1)」來進行。其一例如圖 24.2 所示。根據此關聯性矩陣進行集群分析，從其結果抽出需求的「第一階層項目」。第一階層項目的數目，有關「持續性」的需求有 6 項，有關「提高」的有 5 項目。

第 2 階段的集群分析，是就上述「第一階層項目」各項需求，製作需求細項間的影響度交叉支援矩陣。影響度的評價不考慮關係的方向性，矩陣的列的細項對行的細項以 4 級，即「非常大的影響 (8)」、「相當影響 (6)」、「某種程度的影響 (2)」、「幾乎無影響 (0)」來進行。其中一例如圖 24.3 所示。從所得到的交叉支援矩陣，利用 DEMATEL 法求出總影響矩陣，基於此總影響矩陣進行集群分析，就各第一階層項目抽出數個「第 2 階層項目」。

以上的結果，決定出需求項目的階層構造（圖 24.4），針對此階層構造再轉移到利用 AHP 進行此比重設定。

24.4　利用群體幾何平均法設定需求項目的比重

為了就已階層構造化的需求一覽表，從市民的立場來進行需求項目的比重設定，使用由 Saaty 教授所提出的群體幾何平均法。所謂群體幾何平均法是讓數個回答者獨立地實施一對比較，以等價的方式處理其結果，求出全體幾何平均值，得出一對比較矩陣。

針對持續性（不想失去）的需求	想吃、想喝	想攝取能源（膠質、脂肪）	想攝取體力來源（蛋白質）	想有健康的身體（維他命）	想解渴（水分）	想調整食物的味道（調味料）	想有住家	想防止風雨、噪音、冷熱	想防止他人任意侵入	想提高住宅的安全性	想使用廁所、衛浴	想穿衣	想保養皮膚	想蔽體	想禦寒
想吃、想喝	1	1	1	1	1	1	0	0	0	0	1	0	0	0	0
想攝取能源（膠質、脂肪）	1	1	1	1	0	1	0	0	0	0	1	0	0	0	0
想攝取體力來源（蛋白質）	1	1	1	1	0	1	0	0	0	0	1	0	0	0	0
想有健康的身體（維他命）	1	1	1	1	1	1	0	0	0	0	1	0	0	0	0
想解渴（水分）	1	0	0	1	1	1	0	0	0	0	1	0	0	0	0
想調整食物的味道（調味料）	1	1	1	1	1	1	0	0	0	0	1	0	0	0	0
想有住家	0	0	0	0	0	1	0	0	0	1	1	1	1	1	0
想防止風雨、噪音、冷熱	0	0	0	0	0	1	0	0	0	1	1	1	1	0	1
想防止他人任意侵入	0	0	0	0	0	0	0	0	0	0	1	1	1	1	1
想提高住宅的安全性	0	0	0	0	0	0	0	0	0	0	0	0	0	0	0
想使用廁所、衛浴	1	1	1	1	1	1	0	0	1	0	0	1	0	1	1
想穿衣	0	0	0	0	0	0	1	1	1	1	0	0	0	0	0
想保養皮膚	0	0	0	0	0	0	1	1	1	1	0	0	0	0	0
想蔽體	0	0	0	0	0	0	1	1	1	0	0	0	0	0	0
想禦寒	0	0	0	0	0	0	1	1	0	1	1	0	0	0	1

圖24.2　第一階段集群分析的關聯性矩陣（一部分）

與生活有需的需求	068 想維持生計	069 想得到收入途徑	070 想迴避減收	071 想使用瓦斯	023 想使用石油	024 想使用電氣	020 想使用電氣的家電	008 想防止風雨、冷熱、噪音	....
068 想維持生計		8	4	4	0	0	0	0	
069 想得到收入途徑	8		2	2	0	0	0	0	
070 想迴避減收	8	8		2	0	0	0	0	
071 想使用瓦斯	4	4	2		0	0	0	0	
023 想使用石油	0	0	0	0		2	2	2	
024 想使用電氣	0	0	0	0	2		8	4	
020 想使用電氣的家電	0	0	0	0	4	4		0	
08 想防止風雨、冷熱、噪音	4	4	4	2	0	0	0		
....									

圖 24.3　第 2 階段集群分析的交叉支援矩陣例（一部分）

　　AHP 是將數個替代案以「綜合目的－評價基準－替代案」的關係來掌握再建立階層構造，此次的調查，「綜合目的」的要素是「維持現在的生活」（持續性），相當於「評價基準」的要素，譬如「生活環境的維持」、「健康的維持」等第 1 階層項目，以及相當於「替代案」的要素，像「有工作獲得正當收入」、「維持居住」、「不受傷、不生病的身體」等設定成第 2 階層項目，這些階層的要素數目如圖 24.4 所示，「綜合目的」是 2 個，「評價基準」是 11 個，「替代案」是 34 個。

　　原本以完全的型式實施 AHP，是以所有評價基準或替代案之間的組合進行一對評價，必須要進行 $n \times (n-1)/2$ 個比較，但此次像社會、經濟需求那樣，n 的數目甚大時，評價這些所有的組合並不實際。因此，本調查是先利用前述集群分析，將關聯性大者當作區塊取出，只以它們的構成要素進行 $n \times (n-1)/2$ 的比較。

24.5 以一般市民為對象的意見調查

意見調查是利用大型調查公司所具有的調查協助者名單（panel），以 Web 調查來實施（圖 24.5）。名單中所登錄的回答者屬性，如以下所示涉及多方面，利用這些屬性進行詳細交叉累計分析也是可行的。當然，利用這些熟悉調查的名單，仍有某種程度的偏差。在實施意見調查時，考慮到人口構造，乃事先設定「年齡 5 級 × 性別 2 級」共 10 級的回答人數，各級的回答人數達到預定階數即停止受理。

1. 回答者屬性：居住地、年齡、性別、職種、業種、上班地點、規模、車子擁有部數、PC 擁有臺數、未婚已婚、年收入、上網時間、其他。

2. 實施時期：○○○○年○○月。

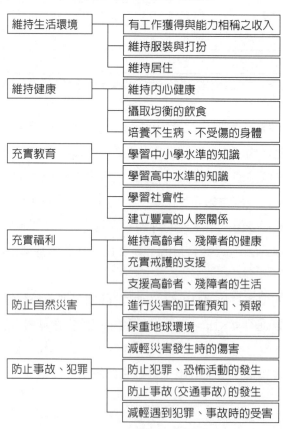

圖 24.4　需求使用 AHP 的階層構造 (1)

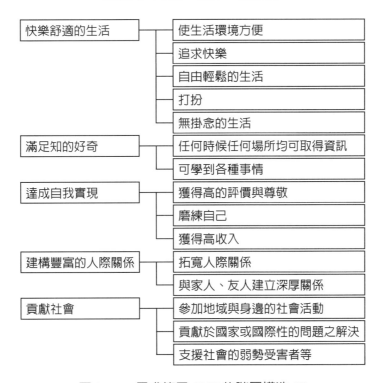

對提高（不足、更多）的需求

快樂舒適的生活	使生活環境方便
	追求快樂
	自由輕鬆的生活
	打扮
	無掛念的生活
滿足知的好奇	任何時候任何場所均可取得資訊
	可學到各種事情
達成自我實現	獲得高的評價與尊敬
	磨練自己
	獲得高收入
建構豐富的人際關係	拓寬人際關係
	與家人、友人建立深厚關係
貢獻社會	參加地域與身邊的社會活動
	貢獻於國家或國際性的問題之解決
	支援社會的弱勢受害者等

圖 24.5　需求使用 AHP 的階層構造 (2)

3. 回收目標：4,000。

根據圖 24.4 的需求構造，製作意見調查的問項。問項大略分成 13 題，各題再分成一對比較的問題，各問項的型態相同，在某個前提下詢問「2 個選項中何者重要」，利用點選介面來詢問重要度。另外，第 7 問題及第 13 問題，是特別的詢問，分別是在問 1～6 與 8～12 的前提下去詢問（圖 24.5）。事前進行測試時，回答所需的平均時間大約 10 分～15 分，可以確認問答者的負擔並不太大。

實施意見調查的結果，得到 4,310 人的回答。將回答者依性別、年齡進行比較，即為圖 24.6。

Q1 對您來說有關「生活環境之特性」的以下各項目，何者較重要？

	非常重要	相當重要	略微重要	一樣重要	略為重要	相當重要	非常重要	
有工作獲得與能力相稱之收入	●							維持居住
維持服裝與打扮							●	有工作獲得與能力相稱之收入

維持居住			●					維持服裝與打扮

Q2

略

Q6

Q7 對您來說有關「維持現有的生活」的以下各項目，何者較重要？

維持生活環境								維持健康
維持健康								充實中小高等教育
維持生活環境								充實中小高等教育

Q8 對您來說有關「舒適生活」的以下各項目，何者較重要？

追求快樂								自由輕鬆的生活
自由輕鬆的生活								無掛念的生活
追求快樂								無掛念的生活

Q9

略

Q12

Q13 對您來說有關「富裕的生活」的以下各項目，何者較重要？

滿足好奇心								達成自我實現
滿足好奇心								建立豐富人際關係
滿足好奇心								貢獻社會

圖 24.5　Web 意見調查的回答者

20 歲男性	350 人	8.1%
30 歲男性	383 人	8.9%
40 歲男性	334 人	7.8%
50 歲以上男性	1020 人	23.7%
20 歲女性	344 人	8.0%
30 歲女性	381 人	8.8%
40 歲女性	334 人	7.8%
50 歲以上女性	1,164 人	27.0%
合計	4,310 人	100%

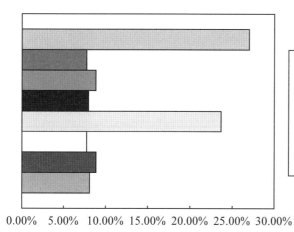

圖 24.6 意見調查的回答者構成比

24.6 意見調查結果的累計與共同分數的計算

意見調查的結果，得出如圖 24.7 所示的回答人數。

將「重要度」的感覺性表現定量化的尺度來說，是使用線性尺度呢？或是對數尺度呢？是常有爭論的地方，本書則是使用對數尺度。亦即，從「相同程度重要」到「非常重要」為止的尺度，是利用 1、2、4、8（相反方向是 1/2、1/4、1/8）。這些利用幾何平均，得出 Q1-1 的代表值是 1.499，Q1-2 的代表值是 0.495，Q1-3 的代表值性是 2.133。將這些表示成 AHP 的一對比較矩陣時，即為表 24.1。

Q1-1 有工作獲得與能力相稱的收入 / 維持居住

非常重要	303	7.0%
相當重要	988	22.9%
略微重要	914	21.2%
一樣重要	1,286	29.8%
略微重要	445	10.3%
相當重要	285	6.6%
非常重要	89	2.1%
	4,310	100.0%

Q1-2 維持服裝與打扮 / 有工作獲得與能力相稱的收入

非常重要	16	0.4%
相當重要	140	3.3%
略微重要	325	4.5%
一樣重要	835	19.4%
略微重要	1,366	31.7%
相當重要	1,227	28.5%
非常重要	401	9.3%
	4,310	100.0%

Q1-3 維持居住 / 維持服裝與打扮

非常重要	422	9.8%
相當重要	1,190	27.6%
略微重要	1,398	32.4%
一樣重要	1,040	24.1%
略微重要	197	4.6%
相當重要	53	1.2%
非常重要	10	0.2%
	4,310	100.0%

圖 24.7　Q1 的回答結果（例）

　　根據表24.1計算各選項的比重時，「有工作獲得與能力相稱之收入」、「維持居住」、「維持服務與打扮」的比重，分別為 0.454、0.353、0.1930。並且，整合度指數 C.I. 是 0.012，可以確認是無問題的層次。

表 24.1　Q1 的一對比較矩陣（例）

$\lambda_{max} = 9.024$　　　　C.I. = 0.012

	工作	居住	打扮	比重
工作	1.000	1.499	2.019	0.454
居住	0.667	1.000	2.133	0.353
打扮	0.495	0.469	1.000	0.193

　　此次所得到的比重畢竟是 Q1，亦即限定在「生活環境之維持」3 種第 2 階層需求之間的比重。並且，從 Q7 的結果可知，「生活環境之維持」本身在第 1 階層內的比重是 0.185。從這些結果可知，檢討第 2 階層的需求細項占全體的比重，要如何計算才好。

　　第 2 階層的所有區塊的大小，亦即對應各評價基準的選項數目相等時，單純地以（第 1 階層內的比重）×（第 2 階層內的比重）當作最終的比重並無大礙，但此次的構造化需求階層，以第 2 階層的區塊大小來說，最小是 2，最大是 5，並不均一。此時，單純利用乘算求比重時，小區塊之中的項目會變得較重，大區塊之中的項目會變得較低。為了修正此偏差，將實際的比重除以比重的期待值再相乘，計算共同分數，亦即：

$$共同分數 = \frac{（區塊的比重）}{（區塊的比重的期待值）} \times \frac{（選項的比重）}{（選項的比重的期待值）}$$

　　具體言之，第 1 階層的評價基準數設為 m，各評價基準的比重設為 a，第 2 階層的選項數設為 n，各選項的比重設為 b，則共同分數 $= \dfrac{a}{1/m} \times \dfrac{b}{1/n}$，此共同分數改成占全體的比重，並排成順位者即為圖 24.8。

24.7 本事例的整理

由調查的結果知，有關「維持現在生活的需求」來說，對「健康的維持」的重視度最高。並且，與「生活環境之維持」與「事故、犯罪的防止」相比，「教育的充實」與「自然無害的防止」的重視度較低。像這樣，個人身邊的課題位於上位，與個人略有距離的溝通與地域社會的應對，重視度有偏低的傾向。

關於「更豐富生活的需求」來說，「快樂、愉快的生活」、「豐富的人際關係的建立」最受重視，略低的是「對社會的貢獻」。整體來說，快樂生活或磨練自我等的項目，重視度較高，相對地，藉由推動他人獲得自己的滿足的項目不太受到重視。

觀察各項目的細目，重視度的評價均有不同，譬如，在快樂的生活方面，「無掛念的生活」在全體中位居上位，而「衣著打扮」卻是全體的最下位。對於自我實現的達成與知識好奇心的充足，也可看出同樣的傾向。

將「維持現在的生活的相關需求」與「各豐富的生活的相關需求」的上位 5 項，整理成表 24.2。

表 24.2　市民重視的上位 5 項需求法則

順位	維持現在生活		更豐富的生活	
1	維持內心的健康	8.2%	無掛念的生活	13.1%
2	有工作獲得與能力相稱的收入	8.1%	磨練自己	9.1%
3	攝取營養均衡的飲食	7.4%	與家人、友人建立深厚關係	8.6%
4	調養成不生病、不受傷的身體	7.0%	任何時候均可取得資訊	8.3%
5	防止犯罪的發生	6.5%	使生活環境方便	7.8%

將本事例的應用重點整理如下：

1. 為了掌握生活者各種需求的比重，利用 Web 意見調查與群體幾何平均法嘗試 AHP 的利用。

2. 將以階級化的許多需求項目利用群集分析分成幾個區塊，利用只在區塊內比較選項，以控制一對比較的數目。

3. 為了修正因區塊大小的不同造成的偏差，將實際比重除以比重的期待值

再相乘，求出共同分數。

　　4.使用共同分數，比較不同區塊內所屬的項目比重，即可決定順位。

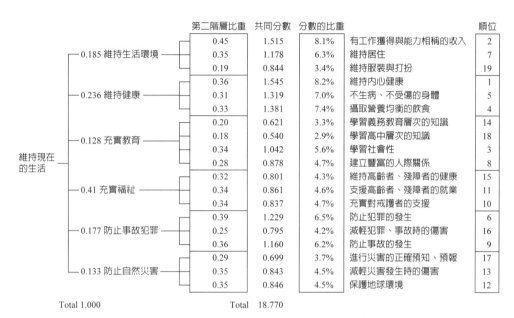

圖 24.8　各項目的共同分數之計算結果與順位 (1)

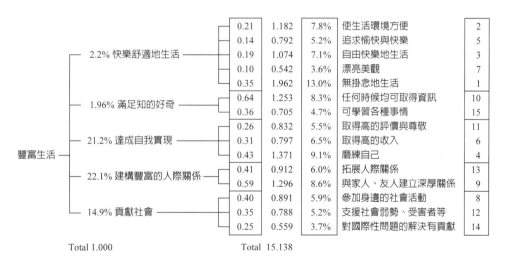

圖 24.8　各項目的共同分數之計算結果與順位 (2)

參考文獻

1. A. H. Maslow：「人性心理學」，產業能率大學出版部，1987。

2. 木下榮藏：「簡明的決策方法論入門」，近代科學社，1996。

3. 木下榮藏：「AHP 事例集——事例 12（鈴木潤）」，pp.247-265，日科技連出版社，2008。

第25章　AHP 在市民意識調查中的活用

25.1　前言

掌握市民意識的手法為數不少，其中 AHP 因為將問題分解成「評價基準」與「替代案」後即可評價，被認為具有高應用性。在其評價過程中，具有直覺與簡單的特徵，以市民意識調查的手法來說，可說非常合適。

以下以某市的市民意識調查來介紹 AHP 被實際應用的事例。

25.2　事例的概要

該市在制訂「綜合計畫」之前，曾進行有關都市建設的市民意識調查。所謂「綜合計畫」是關注大概 10 年左右的未來，因為是地方自治體的基本計畫（簡單的說，相當於企業的「中期經營計畫」），在此市民意識調查中，對於今後的都市建設，市民認為應重視的政策項目是什麼，為了掌握它而有所要求。可是，政策項目涉及多方面，利用單純的比較來決定順位是非常困難的。即使直接地詢問「『福利』與「教育」何者重要？」，也會對回答者感到困擾吧。

因此，依據以下的想法應用 AHP 設計問卷。另外，有效回答數是 2,307 份（分發數：5,000，有效回答率：46.1%）。

一、階層構造與問項

利用以下的階層構造，為了實現「綜合計畫」中所揭示的都市目標——「優雅、有活力，具文化氣息高的都市」，調查市民認為哪一個政策領域是重要的。

1. 評價基準

在「綜合計畫」中，以構成基本構想「基調」的「都市形像」所表示的「優雅與富裕的形成」、「朝氣與活力的形成」、「豐富文化氣息的形成」3 項目，作為本調查的評價基準是適切的，因此決定採用。針對這些以一對評價詢問重要

度。全部有 3 個問題（ = 3×2÷2）。

2. 替代案

在意識調查時所準備的 11 個關鍵字（以下記述為「政策領域」），分別是「振興產業」、「道路交通基礎」、「教育文化」、「生活環境」、「福利」、「健康」、「人權」、「安全、安心」、「資訊化」、「市民參與」與「地球環境」。

針對這些從 3 個評價基準來看的重要度，則以絕對評價詢問。因此，合計有 33 個問項（ = 3×1）。假定將此進行一對比較時，全部就有 165 個問項（ = 3×11×10÷2），詢問數控制成大約五分之一，因此絕對評價的採用是實際的選擇。

二、評價水準

對於應用 AHP 時的評價水準來說，是按如下來設定。

1. 在評價基準的一對比較中所設定的評價水準是：

非常重要：7

相當重要：5

略微重要：3

一樣重要：1

怎麼說都不重要：1/3

不太重要：1/5

完全不重要：1/7

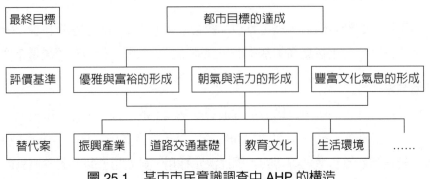

圖 25.1　某市市民意識調查中 AHP 的構造

2. 在替代案的絕對評價中所設定的評價基準是：

　　相當重要：8

　　略微重要：6

　　普通：4

　　不太重要：2

　　不重要：1

25.3　意識調查的結果

以下就市民調查的結果進行說明。

一、有關評價基準的評價

3 個「都市像」（評價基準）的比重，如表 25.1 所示。

「優雅與富裕的形成」略微受到強烈重視，對於剩下的兩個都市形像「朝氣與活力的形成」和「豐富的文化氣息的形成」來說，幾乎以相同的水準被評價重要。

表 25.1　評價基準的比重

	評價基準	比重
第 1 位	優雅與富裕的形成	0.4539
第 2 位	有朝氣與活力的形成	0.2845
第 3 位	豐富文化氣息的形成	0.2616

整合度指數 (C.I)=0.01426

二、對政策領域的評價

按照 3 個評價基準的評價結果，如表 25.2 及圖 25.3 所示。

表 25.2　各評價基準的評價值（常態比後）

	優雅與富裕的形成		朝氣與活動的形成		豐富文化氣息的形成	
1. 振興產業	0.6083	(11)	1.000	(1)	0.5812	(11)
2. 道路交通基礎	0.6654	(8)	0.9254	(2)	0.6096	(10)
3. 教育文化	0.8472	(5)	0.8289	(7)	1.000	(1)
4. 生活環境	0.9816	(2)	0.8496	(5)	0.9323	(2)
5. 福利	1.000	(1)	0.7922	(8)	0.8010	(5)
6. 健康	0.9644	(4)	0.9068	(3)	0.8265	(3)
7. 人權	0.7642	(7)	0.7153	(11)	0.7160	(9)
8. 安全、安心	0.9696	(3)	0.8558	(4)	0.8149	(4)
9. 資訊化	0.6158	(10)	0.8428	(6)	0.7171	(8)
10. 市民參與	0.6357	(9)	0.7918	(9)	0.7361	(7)
11. 地球環境	0.8340	(6)	0.7744	(10)	0.7993	(6)

註：( ) 內的數字是按各評價基準來看的替代案之順位

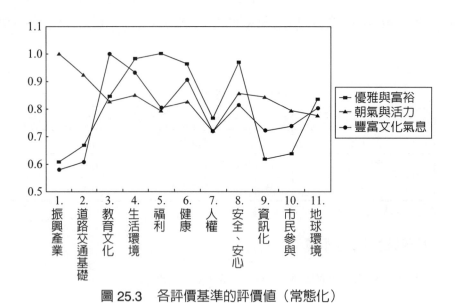

圖 25.3　各評價基準的評價值（常態化）

從「優雅與富裕的形成」的觀點來說，「福利」被評價為最重要的關鍵語，以下是「生活環境」、「安全、安心」。

並且，在「朝氣與活動的形成」方面，「產業振興」最受到注目，其次是「道

路交通基礎」，接著才是「健康」。

在「豐富文化氣息的形成」上，「教育文化」最高，「生活環境」也高。

三、綜合評價

將評價基準的比重與替代案的評價值綜合化的結果，表示在圖 25.4 中。右端所示的綜合評價，依高低順位（重要度被評價為高的順位）將替代案排序。

對於評價基準之中最受重視的「優雅與富裕的形成」來說，評價高的選項，即「生活環境」、「健康」以及「安全、安心」，在最終的綜合評價中，也位居前面 3 位。

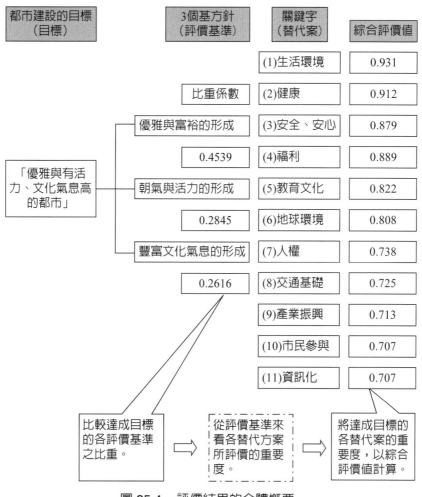

圖 25.4　評價結果的全體概要

四、回答者的屬性別的評價結果

以下也介紹依回答者的屬性別所求出的比重。

1. 評價基準的比重

如表 25.3 所示，與回答者全體的結果雖無太大差異，但可看出 70 歲以上的市民重視「豐富文化氣息的形成」甚於「朝氣與活力的形成」。

表 25.3　依回答者屬性別來看評價基準的比重

	全體	性別		職業	
		男性	女性	薪水階級自營、兼職（註 1）	其他（註 2）
(1) 優雅與富裕的形成	0.4539	0.4447	0.4602	0.4648	0.4404
(2) 朝氣與活力的形成	0.2845	0.2851	0.2860	0.2802	0.2910
(3) 豐富文化氣息的形成	0.2616	0.2537	0.2537	0.2550	0.2686

	全體	年齡別						
		19 歲以下	20～29 歲	30～39 歲	40～49 歲	50～59 歲	60～69 歲	70 歲以上
(1) 優雅與富裕的形成	0.4539	0.4708	0.4983	0.4980	0.4933	0.4312	0.4019	0.3951
(2) 朝氣與活力的形成	0.2845	0.2887	0.2711	0.2529	0.2567	0.2991	0.3216	0.2978
(3) 豐富文化氣息的形成	0.2616	0.2405	0.2306	0.2492	0.2500	0.2697	0.2764	0.3071

註 1：薪水階級（公司員工、公務員等）、營業、農林漁業、兼職
註 2：學生、主婦、無職

2. 替代案的綜合評價結果

將性別、年齡階層別的綜合評價結果屬上位者，表示在圖 25.5。另外，所有的結果請參照表 25.4。

在性別上，女性有重視「福利」的傾向，但看不出男女之間有相當顯著的差

異。又在職業別方面，有職者與無職者、學生相比，有著重視「安全、安心」基於「產業振興」的傾向。

　　在年齡方面，19歲以下的市民最重視「安全、安心」，隨著年齡的增加（性別是50歲以上），強烈重視「健康」與「福利」。

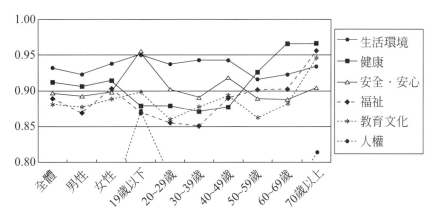

圖 25.5　按年齡階層別所見的綜合評價結果（只取出上位來表示）

表 25.4　按回答者屬性別所見的綜合評價的結果

	全體		性別				職業			
			男性		女性		有給職		其他	
	綜合評價值	順位	綜合評價值	順位	綜合評價值	順位	綜合評價值	順位	綜合評價值	順位
1. 振興產業	0.713	9	0.723	9	0.704	10	0.694	11	0.730	9
2. 道路交通基礎	0.725	8	0.728	7	0.721	8	0.710	8	0.742	8
3. 教育文化	0.882	5	0.877	4	0.889	5	0.876	5	0.890	4
4. 生活環境	0.931	1	0.923	1	0.938	1	0.937	1	0.921	1
5. 福利	0.889	4	0.869	5	0.902	3	0.881	4	0.894	3
6. 健康	0.912	2	0.906	2	0.914	2	0.911	2	0.908	2
7. 人權	0.738	7	0.727	8	0.751	7	0.720	7	0.756	7
8. 安全、安心	0.897	3	0.894	3	0.900	4	0.903	3	0.890	5
9. 資訊化	0.707	11	0.717	10	0.697	11	0.700	10	0.713	10
10. 市民參與	0.707	10	0.705	11	0.708	9	0.701	9	0.710	11
11. 地球環境	0.806	6	0.777	6	0.830	6	0.805	6	0.810	6

	全體		年齡別												
			19 歲以下		20～29 歲		30～39 歲		40～49 歲		50～59 歲		60～69 歲		70 歲以上	
	綜合評價值	順位	綜合評價值	順位	綜合評價值	順位	綜合評價值	順位	綜合評價值	順位	綜合評價值	順位	綜合評價值	順位	綜合評價值	順位
1. 振興產業	0.713	9	0.678	11	0.631	11	0.621	11	0.658	11	0.746	7	0.786	7	0.822	8
2. 道路交通基礎	0.725	8	0.697	9	0.665	9	0.659	9	0.662	10	0.735	8	0.780	8	0.869	6
3. 教育文化	0.822	5	0.899	3	0.958	4	0.877	3	0.894	3	0.862	5	0.883	5	0.946	3
4. 生活環境	0.931	1	0.950	2	0.937	1	0.943	1	0.943	1	0.915	2	0.923	2	0.933	4
5. 福利	0.889	4	0.868	6	0.856	5	0.851	5	0.888	4	0.901	3	0.903	3	0.956	2
6. 健康	0.912	2	0.879	4	0.878	3	0.871	4	0.877	5	0.925	1	0.965	1	0.965	1
7. 人權	0.738	7	0.870	5	0.778	7	0.722	7	0.720	7	0.698	11	0.744	9	0.816	9
8. 安全、安心	0.897	3	0.955	1	0.903	2	0.891	2	0.919	2	0.890	4	0.887	4	0.907	5
9. 資訊化	0.707	11	0.689	10	0.663	10	0.641	10	0.695	9	0.730	9	0.728	10	0.815	10
10. 市民參與	0.707	10	0.740	8	0.691	8	0.672	8	0.705	8	0.710	10	0.707	11	0.765	11
11. 地球環境	0.808	6	0.831	7	0.783	6	0.783	6	0.798	6	0.845	6	0.808	6	0.847	7

25.5　AHP 的應用產生的效果

此次利用了 AHP，在主要政策領域中，市民意識的階層結構上，在以下幾點獲得了詳細的分析。

首先，取決於評價基準有重要度中變動大的替代案，也有變動較小的替代案，市民是從多大的觀點意識各政策領域變得明確。具體言之，「健康」在所有的評價基準中，被評價位於上位，可以確認市民對健康面的普遍性講究。

其次，對「活力」的用語，市民的概念構造變得更為明確。一般行政使用「都市的活力」之表現時，人口或產業經濟面的熱絡是大多數人所意識的。但是，觀察此次市民的回答時，對「朝氣與活力的形成」的基準來說，「健康」被評價為第三重要。亦即，市民認為保有健康狀態，才能在都市中產生朝氣。因此，行使「建設有活力的都市」的用語時，不只是產業經濟的振興，如果未將維持市民的健康與之定位成一樣重要時，與市民意識就會產生悖離。

參考資料　市民意識問卷（只萃取有關 AHP 之部分）

1. 想詢問將來的都市建設

(1) 將來的都市建設，雖然依照基本方向去展開甚為重要，但以方向性來說，舉出以下三者。

÷ 優雅與富裕的形成

　充滿相互體貼與溫暖的地域

× 朝氣與活力的形成

　能朝氣蓬勃地去成長、發展的地域

÷ 豐富文化氣息的形成

　具有豐富知性與感情性充滿魅力的地域

雖然上述 3 者均很重要，但一一比較時，它的重要度被認為有差異。今後，朝向未來進展都市建設時，您認為下表各欄左側的方向性與右側的方向性何者重要呢？

參考記入例，分別在回答欄的適合處加一個○

記入例是左側的「○○○的形成」與右側的「×××的形成」相比，左側是非常重要的回答例。

	左側			左右同等重要	右側			
	非常重要	相當重要	略微重要		略微重要	相當重要	非常重要	
（記入例）○○○的形成	−3	−2	-1	0	1	2	3	×××的形成
÷ 優雅與富裕的形成	−3	−2	-1	0	1	2	3	× 朝氣與活力的形成
÷ 優雅與富裕的形成	−3	−2	-1	0	1	2	3	÷ 豐富文化氣息的形成
× 朝氣與活力的形成	−3	−2	-1	0	1	2	3	÷ 豐富文化氣息的形成

(2) 為了實施「都市建設的方向性」，準備了 11 個關鍵字。

11 個關鍵字

1.產業振興	2.道路交通基礎	3.教育文化
4.生活環境	5.福利	6.健康
7.人權	8.安全、安心	9.資訊化
10.市民參與	11.地球環境	

這些是為了實施前問(1)所揭示的 3 個「都市建設的方向性」，您認為這些有多重要呢？請按各關鍵字在適當處加上○。另外，以關鍵字來說，如認為有最適當者，請記入其他欄。

÷ 從實現「優雅與富裕的形成」之觀點來看其重要性。

關鍵字	非常重要	略微重要	普通	不太重要	不重要
（記入例）△△△		2	3	4	5
1.振興產業	1	2	3	4	5
2.道路交通基礎	1	2	3	4	5
3.教育文化	1	2	3	4	5
4.生活環境	1	2	3	4	5
5.福利	1	2	3	4	5
6.健康	1	2	3	4	5
7.人權	1	2	3	4	5
8.安全、安心	1	2	3	4	5
9.資訊化	1	2	3	4	5
10.市民參與	1	2	3	4	5
11.地球環境	1	2	3	4	5
12.其他(　　)	1	2	3	4	5

× 從實現「朝氣與活力的形成」的觀點來看其重要性。

關鍵字	非常重要	略微重要	普通	不太重要	不重要
（記入例）△△△		2	3	4	5
1.振興產業	1	2	3	4	5
2.道路交通基礎	1	2	3	4	5
3.教育文化	1	2	3	4	5
4.生活環境	1	2	3	4	5
5.福利	1	2	3	4	5
6.健康	1	2	3	4	5
7.人權	1	2	3	4	5
8.安全、安心	1	2	3	4	5
9.資訊化	1	2	3	4	5
10.市民參與	1	2	3	4	5
11.地球環境	1	2	3	4	5
12.其他(　　)	1	2	3	4	5

÷ 從實現「豐富文化氣息的形成」的觀點來看其重要性。

關鍵字	非常重要	略微重要	普通	不太重要	不重要
（記入例）△△△		2	3	4	5
1.振興產業	1	2	3	4	5
2.道路交通基礎	1	2	3	4	5
3.教育文化	1	2	3	4	5
4.生活環境	1	2	3	4	5
5.福利	1	2	3	4	5
6.健康	1	2	3	4	5
7.人權	1	2	3	4	5
8.安全、安心	1	2	3	4	5
9.資訊化	1	2	3	4	5
10.市民參與	1	2	3	4	5
11.地球環境	1	2	3	4	5
12.其他(　　)	1	2	3	4	5

圖 25.6　市民意識調查的問卷

參考文獻

1. 木下榮藏：「入門 AHP」，日科技連出版社，2000 年。

2. 木下榮藏：「成功與失敗的科學」，日科技連出版社，2000 年。

3. 木下榮藏：「AHP 事例案──事例15（山本辰久）」，pp.313-328，2007年。

附錄：AHP案例導讀

案例 1　利用 AHP 探討新產品發展專案選擇之決策分析

（註）本文摘錄自中原大學「企管評論」，2004, VoL.2

摘　要

　　新產品構想的甄選在新產品發展活動上具有關鍵的重要性。執行正確的新產品專案是一項不可見及的新產品發展關鍵成功因素之一。管理者能夠有效的執行此決策性活動，則產品成功的機率也將會大幅提高。為了協助管理者執行新產品甄選活動，研究人員陸續提出管理科學工具，以改善新產品甄選決策的品質與時效性，其中 Saaty 教授於 1980 年所提出之階層分析法（Analytic Hierarchy Process, AHP），即是一項強而有力之分析工具，可協助管理者選擇正確的新產品發展專案。

　　AHP 是一項有利的衡量模式，所依賴的是在多元評估準則上對管理投入的評量。這些投入將轉換成評量分數用以評估新產品概念組合的優先順序。本研究利用 AHP 分析方法，針對「新問世的產品、既有產品的改良或修正、新產品線、既有產品線的延伸」四項新產品發展專案，進行決策分析，選出正確的新產品發展專案。

關鍵字：1.「行銷適配性」，2.「技術適配性」，3.「風險組合」，4.「不確定性」。

壹　研究動機

　　新產品發展是產業中的一項基礎程序，也是競爭優勢更新的來源。市場的全球化創造了高度競爭的環境，為了要在這樣的環境中存活，公司必須要在連續的基礎程序上發展成功的新產品。在過去十幾年來，新產品的競爭已經有了相當大的改變，企業也了解到傳統的做法如高品質、低成本化以及差異化，並不足以保證新產品的成功 [2]。在大多數的產業中，成功的新產品發展與商業化是公司存活的根本 [3]，並且代表著競爭的焦點以及競爭優勢的潛在來源 [8]。依據美國產

品發展與管理協會（Product Development and Management Association, PDMA）報告指出，成功的高科技公司超過 50% 的銷售是來自於新產品，最成功的公司甚至超過 60%。然而新產品的發展對於當代的管理者仍存在著許多的挑戰。這些挑戰簡而言之便在於如何將科技在具有時效與經濟的方式下，將其移轉到有用的產品與服務上。在目前的情境下，這樣的挑戰依然並非容易達成。儘管公司現在已致力藉由減少前置時間（lead time）、採用陣列方法（像是同步工程、時間壓縮等）、新科技的導入（像是電子產品的定義等）；以及更多的工具與技術改善產品發展程序，然而這並非是達成商業化成功的唯一因素 [2]。其中新產品構想的初步甄選，在新產品發展活動上具有關鍵的重要性。具有風險性的專案，必須要在公司做出大量的投資以及機會成本發生之前就加以清除。很不幸的是，一旦新品發展專案開始進行，便很難將發展專案加以撤銷。因此，對於新產品發展構想的初步甄選，便成為重要決策活動之一。

貳　研究目的

　　新產品發展對於 1990 年代以後在全球化市場環境競爭的公司而言，乃是基本的必要活動。然而對於在改善成功的新產品發展上仍存有許的空間 [7]。新產品藉由一系列的活動而將產品帶入市場，新產品發展流程起始於概念的產生，而終止於產品上市，基本的新產品發展程序，則包含了五個循序的階段：機會的確認與選擇、概念的形成、概念 / 專案的評估、發展以及上市 [6]。

　　檢視過去企業新產品發展成功與失敗的例子，Cooper（1999）認為，儘管許多研究已清楚指出新產品發展關鍵成功因素為何，然而卻仍然存在兩種類型的成功因子是未被發現的，第一是執行正確的專案（doing the right projects），第二則是將專案做對（doing projects right）[21]。新產品構想（concept）的甄選，或許是最具關鍵性的新產品發展活動，然而這樣的活動往往在執行上缺乏有效的執行。如果在決策審查的過程中，管理者能夠有效的執行，則產品成功的機率也將會大幅提高。過去有許多的學者對這樣的決策活動提出有效分析方法及工具，例如 Cooper 的 NewProd 軟體等。此外，Saaty 教授於 1980 年所提出之階層分析法（Analytic Hierarchy Process, AHP），便提供了一個強而有力的決策支援模式，協助管理者選擇適當之新產品構想並加以執行。

本研究為了能對四項新產品發展專案提出正確決策，乃利用 AHP 分析方法進行分析，以選出正確的新產品發展專案。

參　研究方法

在新產品概念的初步甄選上，新產品概念將被詳細審查，其中最大的問題往往都存在於資源配置的問題上，所導致的結果往往不是將保留再議，否則便是全盤否認。為了協助管理者執行新產品甄選活動，研究人員便發展出管理科學工具，以改善新產品甄選決策的品質與時效性，其中階層分析法（Analysis Hierarchy Process, AHP）是一項強而有力之分析工具，可協助管理者選擇成功的新產品發展專案。

AHP 是一項有利的衡量模式，所依賴的是在多元評估準則上對管理投入的評量。這些投入將轉換成評量分數，用以評估新產品概念組合的優先順序。

使用 AHP 的步驟概述如下 [10]：

一、問題的界定

對於問題所處的系統，宜盡量考慮周全，將可能影響問題的要因，均需納入問題中。同時成立規劃小組，對問題的範圍加以界定。

二、建構階層構造

由規劃小組的成員，利用腦力激盪法找出影響問題行為的評估準則（Criteria）、次要評估準則（Sub-criteria）、替代方案的性質及替代方案等。其次，將此一初步構造提報決策者或決策小組，以決定是否有些要素需要增減。然後將所有影響問題的要素，由規劃小組或決策小組的成員，決定每兩個要素間的二元關係，最後利用 ISM 或 HAS 法等階層分析法，建構整個問題的階層構造（或直接利用腦力激盪去建構亦可）。

三、問卷設計與調查

每一層級要素在上一層級某一要素作為評價基準下，進行成對比較。因此，對每一個成對比較需設計問卷，在 1～9 的分數下，讓決策者或決策小組的成員

填寫（勾劃每一成對要素比較的尺度）。

根據問卷調查所得到的結果，建立成對比較矩陣，再應用計算求取各成對比較矩陣的特徵值與特徵向量，同時檢定矩陣的整合性。如矩陣整合性的程度不符要求，顯示決策者的判斷前後不一致，因此，規劃者需將問題向決策者清楚地說明，以設法調整。

四、層級整合性的檢定

若每一成對比較矩陣的整合性程度均符合所需，則尚須檢定整個層級結構的整合性。如果整個層級結構的整合性程度不符合要求，顯示層級的要素關聯有問題，必須重新進行要素及其關聯的分析。

五、替代案的選擇

若整個層級結構通過整合性檢定，則可求取替代方案的優勢向量。若只有一位決策者的狀況，只需求取替代方案的綜合評分（優勢程度）即可；若為一決策小組時，則需分別計算每一決策成員的替代方案綜合評分，最後利用加權平均法（如幾何平均法）求取加權綜合評分，以決定替代方案的優先順序。

肆 新產品發展專案之決策分析

一、決定用於評量的評價項目以及備選方案

產品的創新性往往是新產品發展成功的重要因素。創新性的產品對公司而言，代表較佳的機會得以成長並延伸至新的領域。顯著的創新允許公司建立具競爭力的主流位置，並且給予新進入者在市場上取得立足點的機會，但卻也伴隨著高度的風險與管理的挑戰。在新產品的創新上，Booz、Allen、and Hamilton[1]將新產品依照「對於公司的新穎性」以及「對於市場的新穎性」兩構面，定義了六種型態的新產品，如表 1 所示。

表 1　新產品型式

	低	對於市場的新穎性	高
高	新產品線		新問世的產品
改善既有的產品	既有產品線的延伸	
低	成本降低	重新定位	

（註：左側標示「對於公司的新穎性」，「高」對應上方兩列，「低」對應下方兩列）

（一）新問世的產品

這些產品乃前所未有的，並將產生一個全新的市場。例如新力的隨身聽、第一代的雷射唱片以及 3M 的便利貼。

（二）新產品線

在市場上已有相似產品，但是對於某特定公司而言卻仍為新的產品。藉由這些產品，公司得以進入某一特定產品市場。例如，佳能（Canon）並非第一家推出辦公室電射印表機的公司，因此在佳能推出雷射印表機時，顯然這並非革命性的產品創舉，但對於佳能而言則是一條新產品線。

（三）既有產品線的延伸

此類產品對公司而言為新嘗試，可加入公司現有產品線中，增加產品線的完整度，對市場而言並非全新。

（四）既有產品的改良或修正

此類產品最主要的目的是取代公司既有的某些產品。相對於「舊」產品，這些產品可能經過功能改良或修正，在消費者心中具有較高的評價。

（五）重新定位

此類新產品是賦予既有產品新的用途，且通常是為舊產品尋找新的市場區隔。例如阿斯匹靈被認定為頭痛或退燒藥，但隨著許多新發明且較為安全的藥品上市，阿斯匹靈在市場上的地位遭到嚴重打擊。幸運的是醫學證實，阿斯匹靈除了減痛退燒外，還能夠防止心血管的阻塞、中風以及心臟病等，阿斯匹靈因而重新被定位。

（六）成本降低

此類新產品以較低的成本提供相同的產品效益。對行銷而言，這可能不算是新產品，但就產品設計與生產而言，可能需要大幅度的技術突破。

原始的 Booz、Allen、and Hamilton 矩陣包含了九個格子以及上述的六種新產品型式。一些研究者使用這樣的新產品型式，將其減少至四個格子、四個型式，省略了備具爭議的非創新類型──成本減少以及重新定位兩者。

因此，本文將利用 Calantone、di Benedetto、Schmidt[4] 於 1999 年所提出之階層結構，以 Saaty 教授所提出之 AHP 分析方法（成對比較評價法），針對此四項新產品類型，進行新產品發展專案選擇之決策分析。其中專案一代表「既有產品的改良或修正」，專案二代表「新問世產品」，專案三為「新產品線」，專案四為「既有產品線的延伸」。

二、搜尋評價項目並製作階層圖

在評價項目的選擇上，透過對新產品發展關鍵成功因素之探討可以發現，專案與公司核心行銷能力的相互配合──「行銷適配性」（Market fit）、專案與公司的核心技術能力的相互配合──「技術適配性」（Technical fit），專案在風險組合上必須支付的總額──「風險組合」（Risk），以及整體而言管理者所必須面對之專案結果的不確定性──「不確定性」（Uncertainty）。在每個評價基準項目下，仍有對該評價項目加以評估之準則，例如在專案與公司的核心行銷能力相互配合方面，還必須考慮是否與現有產品線相互配合、是否與現有通路相互配合等。評價項目及其定義如表 2 所示。

表 2　評價項目及其定義

評價項目	定義
行銷適配性	專案與公司的核心行銷能力的相互配合
時機	該產品符合目標區隔市場所需的預期進入期間
定價	該產品價格的定價是高於或是低於目標區隔市場
後勤	該產品與後勤、配送的相互配合
通路	該產品與配送通路的相互配合
產品線	該產品與現有產品線的相互配合
銷售力	該產品與公司銷售力、訓練、以及報酬計畫的相互配合

評價項目	定義
技術適配性	專案與公司核心技術能力的相互配合
差異化優勢	該產品給予顧客差異化優勢或利益
製造效率	製造效率將符合需求（具有足夠的製造彈性）
產品設計	該產品針對目標區隔市場所需之品質加以設計
原物料品質	該產品使用高品質且低拒絕率的原物料
製造技術	該產品與最佳製造技術的相互配合
供應商	該產品允許使用最佳的供應商
風險組合	專案風險組合的總額
收益	收益總額的淨現值
損失	成本總額的淨現值
不確定性	整體而言，管理者所必須面對之專案結果的不確定性
無法調整	無法藉由研究所產生的損失
減輕	研究與資訊得以減輕不確定性

在找出評價項目後，即可建立階層構造圖，如圖1所示。

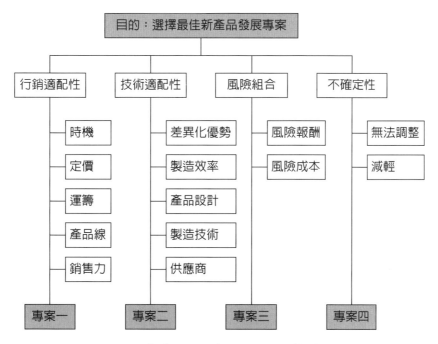

圖1　新產品發展專案選擇階層構造圖

在評價項目的從屬關係上，由過去的研究發現，評價項目本身之間具有從屬關係。其間，「行銷適配」與「風險組合」以及「不確定性」之間會相互影響，「技術適配」與「風險組合」以及「不確定性」之間會相互影響，而「風險組合」與「不確定性」之間亦有相互影響。將評價項目之間的從屬關係繪成從屬關係圖，即如圖2所示。

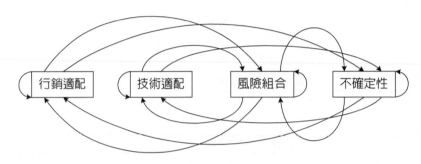

圖2　評價項目的從屬關係圖

三、對評價項目進行成對比較並決定其比重

在各個評價項目的成對比較方式上，評價項目之間的比較將依據 Saaty 教授所提出之方法，若兩項目具有相等重要性，則以分數「1」表示；若前項較後項具有絕對性的重要，則以分數「9」來表示。成對比較的重要度評價尺度，如表3所示。

表3　AHP 成對比較評量尺度

成對比較值	意義
1	兩方項目約同樣重要
3	前項目較後者稍微重要
5	前項目較後者重要
7	前項目較後者相當重要
9	前項目較後者絕對性的重要
2、4、6、8	用於補間
以上數值的倒數	由後面的項目看前面的項目時所使用

在成對比較的重要度評量方面，以下各表均是透過戴爾飛法（Delphi method）對專家[1]進行意見調查，藉由專家的專業判斷，以異中求同的方式來掌握重要度的大小。由調查得知，評價項目間之重要度由高至低依序為風險組合、行銷適配性、技術適配性、不確定性。利用成對比較評量尺度，所建立的第二階層成對比較表，如表4所示（依據Saaty教授所提供的整合度指標是小於0.1。由此可知表4的C.I.比0.1小，因此，此表的整合性佳。以下情形亦同）。

表4　第二階層的成對比較

	行銷適配性	技術適配性	風險組合	不確定性	幾何平均	比重
行銷適配性	1	4	1/4	5	1.495	0.250
技術適配性	1/4	1	1/6	2	0.537	0.090
風險組合	4	6	1	7	3.600	0.602
不確定性	1/5	1/2	1/7	1	0.346	0.058

λ_{max} = 4.16　C.I. = 0.05

如評價項目為獨立時，成對比較結果顯示「風險組合」具有最高的比重，而比重最低為不確定性。但進一步考慮各評價項目間具有從屬關係時之成對比較（參圖2），結果如表5到表8所示。

表5　從行銷適配性考量從屬關係的成對比較

	行銷適配性	風險組合	不確定性	幾何平均	比重
行銷適配性	1	5	1/3	1.186	0.279
風險組合	1/5	1	1/7	0.306	0.072
不確定性	3	7	1	2.759	0.649

λ_{max} = 3.065　C.I. = 0.032

從行銷適配性考量從屬關係之成對比較結果顯示，「不確定性」具有最高的比重（0.649），而最低為「風險組合」（0.072）。

---

1 此處所指的專家，一位是大學教授專長策略管理，另一位為助理教授其專長亦為策略管理，第三位教授其專長為經營管理，另兩位為企業界任職總經理，均有MBA背景。

表 6　從技術適配性考量從屬關係的成對比較

	行銷適配性	風險組合	不確定性	幾何平均	比重
技術適配性	1	1/5	1/3	0.045	0.105
風險組合	5	1	3	2.466	0.637
不確定性	3	1/3	1	1.000	0.258

$\lambda_{max} = 3.039$　C.I. = 0.019

　　從技術適配性考慮從屬關係之成對比較結果顯示，「風險組合」具有最高的比重（0.637），最低為「技術適配性」（0.105）。

表 7　從風險組合考量從屬關係的成對比較

	行銷適配性	技術適配性	風險組合	不確定性	幾何平均	比重
行銷適配性	1	4	5	1/4	1.495	0.265
技術適配性	1/4	1	2	1/6	0.537	0.095
風險組合	1/5	1/2	1	1/7	0.014	0.003
不確定性	4	6	7	1	0.600	0.638

$\lambda_{max} = 4.164$　C.I. = 0.055

　　從風險組合考慮從屬關係之成對比較結果顯示，「不確定性」有最高的比重（0.638），最低為「風險組合」（0.03）。

表 8　從不確定性考量從屬關係的成對比較

	行銷適配性	技術適配性	風險組合	不確定性	幾何平均	比重
行銷適配性	1	1/2	1/3	1/4	0.452	0.095
技術適配性	2	1	1/2	1/3	0.760	0.160
風險組合	3	2	1	1/2	1.316	0.278
不確定性	4	3	2	1	2.213	0.467

$\lambda_{max} = 4.031$　C.I. = 0.010

　　從不確定性考慮從屬關係之成對比較結果顯示，「不確定性」有最高的比重（0.467），最低為「行銷適配性」（0.095）。

綜合考慮各評價項目於獨立時所得之比重以及考量各評價項目具從屬關係時之比重，得到各評價項目具有內部從屬關係之比重。計算方式及結果如下所示：

$$\begin{bmatrix} 0.279 & 0 & 0.265 & 0.095 \\ 0 & 0.105 & 0.095 & 0.160 \\ 0.072 & 0.637 & 0.003 & 0.278 \\ 0.649 & 0.258 & 0.638 & 0.467 \end{bmatrix} \times \begin{bmatrix} 0.250 \\ 0.090 \\ 0.602 \\ 0.058 \end{bmatrix} = \begin{matrix} 行銷適配性 \\ 技術適配性 \\ 風險組合 \\ 不確定性 \end{matrix} \begin{bmatrix} 0.235 \\ 0.075 \\ 0.093 \\ 0.597 \end{bmatrix}$$

經考量各評價項目的內部從屬關係後，各評價項目的比重以「不確定性」為最高，其次為「行銷適配性」。

四、對第三階層的評價項目進行成對比較並決定其比重

在風險組合的評價中，得知收益與損失之重要性相等。所建立的成對比較表，如表 9 所示。

表 9　考慮風險組合之成對比較

風險組合	收益	損失	幾何平均	比重
收益	1	1	1.000	0.500
損失	1	1	1.000	0.500

$\lambda_{max} = 2.000$　C.I. = 0.000

考慮風險組合之成對比較結果顯示，兩者之重要度均相等（0.50）。

行銷適配性之評價中，次一階層各評價項目之重要度，得知其重要度由高至低依序為時機、定價、後勤、通路、產品線、銷售力。所建立的成對比較表，如表 10 所示。

表 10　考慮行銷適配性之成對比較

行銷適配性	時機	定價	後勤	通路	產品線	銷售力	幾何平均	比重
時機	1	3	4	5	6	6	3.595	0.425
定價	1/3	1	3	4	5	5	2.154	0.255

行銷適配性	時機	定價	後勤	通路	產品線	銷售力	幾何平均	比重
後勤	1/4	1/3	1	2	4	4	1.178	0.139
通路	1/5	1/4	1/2	1	3	3	0.780	0.092
產品線	1/6	1/5	1/4	1/3	1	1	0.375	0.044
銷售力	1/6	1/5	1/4	1/3	1	1	0.375	0.044

$\lambda_{max} = 6.297$　　C.I. = 0.059

考慮行銷適配性之成對比較結果顯示,「時機」之比重最高(0.425),其次為「定價」(0.255),「產品線」(0.044)與「銷售力」(0.044)最低。

在技術適配性之評價中,次一階層各評價項目之重要度,得知其重要度由高至低依序為差異化優勢、製造效率、產品設計、原物料品質、製造技術以及供應商。所建立的成對比較表,如表 11 所示。

表 11　考慮技術適配性之成對比較

技術適配性	差異化優勢	製造效率	產品設計	原物料品質	製造技術	供應商	幾何平均	比重
差異化優勢	1	3	4	5	6	8	3.772	0.424
製造效率	1/3	1	3	4	5	7	2.279	0.256
產品設計	1/4	1/3	1	3	4	6	1.348	0.152
原物料品質	1/4	1/4	1/3	1	3	4	0.794	0.089
製造技術	1/6	1/5	1/4	1/3	1	3	0.450	0.051
供應商	1/8	1/7	1/6	1/4	1/3	1	0.251	0.028

$\lambda_{max} = 6.470$　　C.I. = 0.094

考慮技術適配性之成對比較結果顯示,「差異化優勢」之比重最高(0.424),其次為「製造效率」(0.256),最低為「供應商」(0.028)。

在不確定性之評價中,次一階層各評價項目的重要度,得知無法調整之重要性比減輕之重要性高,所建立的成對比較表,如表 12 所示。

表 12　考慮不確定性之成對比較

不確定性	無法調整	減輕	幾何平均	比重
無法調整	1	4	2.000	0.800
減輕	1/4	1	0.500	0.200

考慮不確定性之成對比較結果顯示，「無法調整」之比重最高（0.80）。

整合第二階層與第三階層評價項目所得各評價項目之比重，求得第三階層中各評價項目所得之權重。計算方式及結果如下所示。

$$0.093 \times \begin{bmatrix} 0.500 \\ 0.500 \end{bmatrix} = \begin{matrix} 收益 \\ 損失 \end{matrix} \begin{bmatrix} 0.047 \\ 0.047 \end{bmatrix}, \quad 0.093 \times \begin{bmatrix} 0.800 \\ 0.200 \end{bmatrix} = \begin{matrix} 無法調整 \\ 減輕 \end{matrix} \begin{bmatrix} 0.075 \\ 0.019 \end{bmatrix}$$

$$0.235 \times \begin{bmatrix} 0.425 \\ 0.255 \\ 0.139 \\ 0.092 \\ 0.044 \\ 0.044 \end{bmatrix} = \begin{matrix} 時機 \\ 定價 \\ 後勤 \\ 通路 \\ 產品線 \\ 銷售力 \end{matrix} \begin{bmatrix} 0.100 \\ 0.060 \\ 0.033 \\ 0.022 \\ 0.010 \\ 0.010 \end{bmatrix}, \quad 0.076 \times \begin{bmatrix} 0.424 \\ 0.256 \\ 0.152 \\ 0.089 \\ 0.051 \\ 0.028 \end{bmatrix} = \begin{matrix} 差異化優勢 \\ 製造效率 \\ 產品設計 \\ 原物料品質 \\ 製造技術 \\ 供應商 \end{matrix} \begin{bmatrix} 0.032 \\ 0.019 \\ 0.012 \\ 0.007 \\ 0.004 \\ 0.002 \end{bmatrix}$$

五、按各評價項目對新產品發展專案進行成對比較

在風險組合之「收益」評價中，得知對備選方案之偏好程度由高至低依序為專案一、三、四、二。所建立的成對比較表，如表 13 所示。

表 13　考慮收益之成對比較

收益	專案一	專案二	專案三	專案四	幾何平均	比重
專案一	1	7	2	5	2.893	0.476
專案二	1/7	1	1/3	1/2	0.680	0.112
專案三	1/2	3	1	5	1.316	0.217
專案四	1/5	2	1/5	1	1.189	0.196

$\lambda_{max} = 4.133$　C.I. = 0.044

考慮收益之成對比較結果顯示，專案一在收益的評價中，所得之比重最高（0.476），專案二所得之比重最低（0.112）。

在風險組合之「損失」評價中，得知對備選方案之偏好程度由高至低依序為專案一、三、四、二。所建立的成對比較表，如表 14 所示。

表 14　考慮損失之成對比較

損失	專案一	專案二	專案三	專案四	幾何平均	比重
專案一	1	7	2	5	2.893	0.476
專案二	1/7	1	1/3	1/2	0.680	0.112
專案三	1/2	3	1	5	1.316	0.217
專案四	1/5	2	1/5	1	1.189	0.196

$\lambda_{max} = 4.133$　C.I. = 0.044

考慮損失之成對比較結果顯示，專案一在收益的評價中，所得之比重最高（0.476），專案二所得之比重最低（0.112）。

在行銷適配之「時機」評價中，得知對備選方案之偏好程度由高至低依序為專案一、二、三、四。所建立的成對比較表，如表 15 所示。

表 15　考慮時機之成對比較

時機	專案一	專案二	專案三	專案四	幾何平均	比重
專案一	1	1	5	7	2.432	0.488
專案二	1	1	1	3	1.316	0.264
專案三	1/5	1	1	3	0.880	0.177
專案四	1/7	1/3	1/3	1	0.355	0.071

$\lambda_{max} = 4.066$　C.I. = 0.022

考慮時機之成對比較結果顯示，專案一在時機的評價中所得之比重最高（0.488），專案四所得之比重最低（0.071）。

在行銷適配之「定價」評價中，得知對備選方案之偏好程度由高至低依序為專案二、一、四、三。所建立的成對比較表，如表 16 所示。

表 16　考慮定價之成對比較

定價	專案一	專案二	專案三	專案四	幾何平均	比重
專案一	1	1/3	3	2	2.972	0.214
專案二	3	1	5	7	3.201	0.593
專案三	1/3	1/5	1	1/2	0.427	0.113
專案四	1/2	1/7	2	1	0.614	0.080

λ_{max} = 4.077　C.I. = 0.04

考慮定價之成對比較結果顯示，專案二在定價的評價中所得之比重最高（0.593），專案三所得之比重最低（0.080）。

在行銷適配之「後勤」評價中，得知對備選方案之偏好程度由高至低依序為專案一、二、三、四。所建立的成對比較表，如表 17 所示。

表 17　考慮後勤之成對比較

後勤	專案一	專案二	專案三	專案四	幾何平均	比重
專案一	1	1	5	7	2.432	0.488
專案二	1	1	1	3	1.316	0.264
專案三	1/5	1	1	3	0.880	0.177
專案四	1/7	1/3	1/3	1	0.355	0.071

λ_{max} = 4.066　C.I. = 0.022

考慮後勤之成對比較結果顯示，專案一在後勤的評價中所得之比重最高（0.488），專案四所得之比重最低（0.071）。

在行銷適配之「通路」評價中，得知對備選方案之偏好程度由高至低依序為專案二、一、三、四。所建立的成對比較表，如表 18 所示。

表 18　考慮通路之成對比較

通路	專案一	專案二	專案三	專案四	幾何平均	比重
專案一	1	1/3	3	4	1.141	0.253
專案二	3	1	5	7	.0201	0.573
專案三	1/3	1/5	1	2	0.604	0.108
專案四	1/4	1/7	1/2	1	0.366	0.065

λ_{max} = 4.058　C.I. = 0.019

考慮通路之成對比較結果顯示，專案二在通路的評價中所得之比重最高（0.573），專案四所得之比重最低（0.065）。

在行銷適配之「產品線」評價中，得知對備選方案之偏好程度由高至低依序為專案一、二、三、四。所建立的成對比較表，如表 19 所示。

表 19　考慮產品線之成對比較

產品線	專案一	專案二	專案三	專案四	幾何平均	比重
專案一	1	1	5	7	2.432	0.488
專案二	1	1	1	3	1.316	0.264
專案三	1/5	1	1	3	0.880	0.177
專案四	1/7	1/3	1/3	1	0.355	0.071

$\lambda_{max} = 4.066$　C.I. = 0.022

考慮產品線之成對比較結果顯示，專案一在產品線的評價中所得之比重最高（0.488），專案四所得之比重最低（0.071）。

在行銷適配之「銷售力」評價中，得知對備選方案之偏好程度由高至低依序為專案二、四、一、三。所建立的成對比較表，如表 20 所示。

表 20　考慮銷售力之成對比較

銷售力	專案一	專案二	專案三	專案四	幾何平均	比重
專案一	1	1/5	2	1/4	0.562	0.101
專案二	5	1	7	2	2.893	0.518
專案三	1/2	1/7	1	1/5	0.346	0.062
專案四	4	1/2	5	1	1.778	0.319

$\lambda_{max} = 4.044$　C.I. = 0.015

考慮銷售力之成對比較結果顯示，專案二在銷售力的評價中所得之比重最高（0.518），專案三所得之比重最低（0.062）。

在技術適配之「差異化優勢」評價中，得知對備選方案之偏好程度由高至低依序為專案二、三、四、一。所建立的成對比較表，如表 21 所示。

表 21　考慮差異化之成對比較

差異化優勢	專案一	專案二	專案三	專案四	幾何平均	比重
專案一	1	1/5	1/3	1/3	0.386	0.081
專案二	5	1	2	2	2.115	0.443
專案三	3	1/2	1	2	1.316	0.280
專案四	3	1/2	1/2	1	0.931	0.197

$\lambda_{max} = 4.060$　C.I. = 0.020

考慮差異化之成對比較結果顯示，專案二在差異化優勢的評價中所得之比重最高（0.443），專案一所得之比重最低（0.081）。

在技術適配之「製造效率」評價中，得知對備選方案之偏好程度由高至低依序為專案一、三、四、二。所建立的成對比較表，如表 22 所示。

表 22　考慮製造效率之成對比較

製造效率	專案一	專案二	專案三	專案四	幾何平均	比重
專案一	1	7	2	5	2.893	0.476
專案二	1/7	1	1/3	1/2	0.680	0.112
專案三	1/2	3	1	5	1.316	0.217
專案四	1/5	2	1/5	1	1.189	0.196

$\lambda_{max} = 4.133$　C.I. = 0.044

考慮製造效率之成對比較結果顯示，專案一在製造效率的評價中所得之比重最高（0.476），專案二所得之比重最低（0.112）。

在技術適配之「產品設計」評價中，得知對備選方案之偏好程度由高至低依序為專案二、四、三、一。所建立的成對比較表，如表 23 所示。

表 23　考慮產品設計之成對比較

產品設計	專案一	專案二	專案三	專案四	幾何平均	比重
專案一	1	1/7	1/3	1/5	0.312	0.055
專案二	7	1	5	3	3.201	0.564
專案三	3	1/5	1	1/3	0.669	0.118
專案四	5	1/3	3	1	1.495	0.263

$\lambda_{max} = 4.117$　C.I. = 0.039

考慮產品設計之成對比較結果顯示，專案二在產品設計的評價中所得之比重最高（0.564），專案一所得之比重最低（0.055）。

在技術適配之「原料品質」評價中，得知對備選方案之偏好程度由高至低依序為專案二、三、四、一。所建立的成對比較表，如表 24 所示。

表 24　考慮原料品質之成對比較

原料品質	專案一	專案二	專案三	專案四	幾何平均	比重
專案一	1	1/5	1/3	1/3	0.386	0.081
專案二	5	1	2	2	1.115	0.443
專案三	3	1/2	1	2	1.316	0.280
專案四	3	1/2	1/2	1	0.931	0.197

$\lambda_{max} = 4.060$　C.I. = 0.020

考慮原料品質之成對比較結果顯示，專案二在原料品質的評價中所得之比重最高（0.443），專案一所得之比重最低（0.081）。

在技術適配之「製造技術」評價中，得知對備選方案之偏好程度由高至低依序為專案二、三、四、一。所建立的成對比較表，如表 25 所示。

表 25　考慮製造技術之成對比較

製造技術	專案一	專案二	專案三	專案四	幾何平均	比重
專案一	1	1/5	1/3	1/3	0.386	0.081
專案二	5	1	2	2	2.115	0.443
專案三	3	1/2	1	2	1.316	0.280
專案四	3	1/2	1/2	1	0.931	0.197

$\lambda_{max} = 4.060$　C.I. = 0.020

考慮製造技術之成對比較結果顯示，專案二在製造技術的評價中所得之比重最高（0.443），專案一所得之比重最低（0.081）。

在技術適配之「供應商」評價中，得知對備選方案之偏好程度由高至低依序為專案一、二、四、三。所建立的成對比較表，如表 26 所示。

表 26　考慮供應商之成對比較

供應商	專案一	專案二	專案三	專案四	幾何平均	比重
專案一	1	5	7	5	3.637	0.640
專案二	1/5	1	3	3	1.158	0.200
專案三	1/7	1/3	1	1	0.467	0.080
專案四	1/5	1/3	1	1	0.508	0.090

$\lambda_{max} = 4.120$　C.I. = 0.040

考慮供應商之成對比較結果顯示，專案一在供應商的評價中所得之比重最高（0.640），專案三所得之比重最低（0.200）。

在不確定性之「無法調整」評價中，得知對備選方案之偏好程度由高至低依序為專案一、三、四、二。所建立的成對比較表，如表 27 所示。

表 27　考慮無法調整之成對比較

無法調整	專案一	專案二	專案三	專案四	幾何平均	比重
專案一	1	7	2	5	2.893	0.476
專案二	1/7	1	1/3	1/2	0.680	0.112
專案三	1/2	3	1	5	1.316	0.217
專案四	1/5	2	1/5	1	1.189	0.196

$\lambda_{max} = 4.133$　C.I. = 0.044

考慮無法調整之成對比較結果顯示，專案一在無法調整的評價中所得之比重最高（0.476），專案二所得之比重最低（0.112）。

在不確認性之「減輕」評價中，得知對備選方案之偏好程度由高至低依序為專案一、三、四、二。所建立的成對比較表，如表 28 所示。

表 28　考慮減輕之成對比較

減輕	專案一	專案二	專案三	專案四	幾何平均	比重
專案一	1	7	2	5	2.893	0.476
專案二	1/7	1	1/3	1/2	0.680	0.112
專案三	1/2	3	1	5	1.316	0.217
專案四	1/5	2	1/5	1	1.189	0.196

$\lambda_{max} = 4.133$　C.I. = 0.044

考慮減輕之成對比較結果顯示，專案一在減輕的評價中所得之比重最高
（0.476），專案二所得之比重最低（0.112）。

六、計算總合評價與選定被選方案

由以上之結果可以發現，當評價項目過多時，對於管理控制以及操作上將增
加其困難度，因此可以透過對評價項目重要度的排序方法，選出所得重要度較高
之評價項目，作為成對比較之評價項目。整理先前對各評價項目進行之成對比
較，如表29。

表 29　層次三之要素的重要度與順位

因素	重要度	項目	重要度	層次三為止的重要度	順位
行銷適配性	0.235	時機	0.425	0.100	3
		定價	0.255	0.060	4
		後勤	0.139	0.033	6
		通路	0.092	0.022	8
		產品線	0.044	0.010	12
		銷售力	0.044	0.010	13
技術適配性	0.075	差異化優勢	0.424	0.032	11
		製造效率	0.256	0.019	14
		產品設計	0.152	0.011	15
		原物料品質	0.089	0.006	16
		製造技術	0.051	0.004	2
		供應商	0.028	0.002	10
風險組合	0.093	收益	0.500	0.047	5
		損失	0.500	0.047	6
不確定性	0.597	無法調整	0.800	0.478	1
		減輕	0.200	0.119	2

由表30之順位顯示，「無法調整」、「減輕」、「時機」、「定價」以及
「收益」五項評價項目累積重要度約占80%以上。

表 30　至第 5 位為止的相對性重要度

順位	項目	層次三為止的重要度	累積重要度	相對重要度
1	無法調整	0.478	0.478	0.594
2	減輕	0.119	0.597	0.148
3	時機	0.100	0.697	0.125
4	定價	0.060	0.757	0.075
5	收益	0.047	0.804	0.058

因此利用此五項評價項目對備選方案進行成對比較。整理其成對比較後之比重如表 31。

表 31　各評價項目對備選方案成對比較後之比重

	無調調整	減輕	時機	定價	收益
專案一	0.476	0.476	0.488	0.220	0.476
專案二	0.112	0.112	0.264	0.610	0.112
專案三	0.217	0.217	0.177	0.060	0.217
專案四	0.196	0.196	0.071	0.110	0.196

求出最後的綜合評價如下：

$$\begin{bmatrix} 0.475 & 0.475 & 0.488 & 0.220 & 0.475 \\ 0.112 & 0.112 & 0.264 & 0.610 & 0.112 \\ 0.217 & 0.217 & 0.177 & 0.060 & 0.217 \\ 0.196 & 0.196 & 0.071 & 0.110 & 0.196 \end{bmatrix} \times \begin{bmatrix} 0.594 \\ 0.148 \\ 0.125 \\ 0.075 \\ 0.058 \end{bmatrix} = \begin{bmatrix} 0.4575 \\ 0.1684 \\ 0.2002 \\ 0.1739 \end{bmatrix} \begin{matrix} 專案一 \\ 專案二 \\ 專案三 \\ 專案四 \end{matrix}$$

經由以上層層之間的分析，結果顯示，「專案一」所得之綜合評價比重項目最高（0.4575），其次是「專案三」（0.2002），再其次是「專案四」（0.1739），最低則是「專案二」（0.1684）。

伍　結論

依本文的分析可知「專案一：既有產品的改良或修正」是最優先考量的新產品發展專案，其次，「專案三：開發新產品線」是次優的新產品發展專案。

新產品發展活動往往需要許多珍貴的資源，選擇不正確的專案時，企業將付出慘痛的代價。不幸的是，大部分的新產品方案都不成功，儘管許多研究對於新產品發展成功關鍵因素得出許多結論，然而許多企業仍在新產品開發的戰役中敗陣。究其原因主要在於企業忽略那些無法透過觀察而得到的關鍵成功因素，那就是決策過程，意即 Cooper 所言之「做對的專案」以及「把專案做對」，其中「做對的專案」對於新產品發展的成功具有決定性的影響。

階層分析方法（AHP）提供了篩選新產品發展方案的分析模式，其決策基礎在於專家的專案判斷以及方案與評價基準之成對比較。由於 AHP 的應用兼具「經驗的活用」與「客觀的分析」，因此也漸漸受到管理者的採用。藉由 AHP 的應用，管理者亦可將應用過程中所得到的知識，作為對於企業支援系統上的投入，結合其他模型、外部資訊、以及探索性的決策結果，提供更為完善的新產品發展決策支援，並可建立該企業的知識管理的資料庫。

參考文獻

1. Booz, Allen ,Hamilton, 1982, New Product Management for 1980s, New York: McGraw-Hill.

2. Balbontin A., Yazdani B.B., Cooper R., and Souder W. E., 2000, "New Product Development Practices in American and British Firms", Technovation, Vol.20, pp.257-274.

3. Calantone Roger J., Schmidt Jeffery B., and Song X. Michael, 1996, "Controllable Factors of New Product Success: A Cross-National Comparison", Marketing Science, Vol.15, No.4, pp.341-358.

4. Calantone Roger J., di Benedetto C.A., and Schmidt Jeffery B., 1999, "Using the Analytic Hierarchy Process in New Product Screening", Journal of Product Innovation Management, Vol. 16, pp.65-76.

5. Cooper Roger G, 1999, "From Experience The Invisible Success Factors in Product Innovation", Journal of Product Innovation Management, Vol. 16, pp.115-133.

6. Crawford C. Merle and Di Benedetto C. Anthony, 2000, New Products Management, Irwin McGraw-Hill.

7. Montoya-Weiss Mitzi M. and Calantone Roger, 1994, "Determinants of New Product Performance: AReview and Mata-Analysis", Journal of Product Innovation Management, Vol. 11, pp.394-397.

8. Song X. Michael and Montoya-Weiss Mitzi M., 2001, "The Effect of Perceived Technological Uncertainty on Japanese New Product Development", Academy of Management Journal, Vol. 44, No.1, pp.61-80.

9. Saaty, Thomas L., 1980, The analytic Hierarchy Process, New York: McGraw-Hill.

10.鄧振源，曾國雄，1989年，「層級分析法（AHP）的內涵特性與應用（上），（下）」，中國統計學報，第27卷第六期、第七期，臺北，頁13707-13786。

案例 2　應用 AHP 模型探討企業導入 KM 系統之決策分析

（註）本文摘錄自中國工業工程學會暨學術研討會論文案，2007。

摘　要

　　隨著 21 世紀的來臨，知識、資訊與文化的發達與多元化的運用，公司如何妥善運用知識經濟的力量以強化其競爭力為重要之研究課題。資訊之服務與獲取為影響企業競爭力的主要因素，因此，有必要研發出在企業內部可有效地資訊分享的資料庫，以提升公司的競爭力。知識系統的建立，將有助於企業在知識分享上的運用。而公司對知識管理系統導入之決策考量為何，是本研究之重點。本研究以 AHP 分析方法作為研究架構，以企業考慮 KM 系統本身的屬性構面當作評價基準，以目前市面上有的 KM 系統功能屬性為參考依據，選出五項作為評價基準。在替代方案方面，以目前企業最常使用的三種替代專案為主，分別為專案一「成立跨團隊專案小組自行研發」、專案二「直接購買市面上 KM 軟體」、專案三「委外設計」。最後，分析出企業導入 KM 系統之決策分析的偏好順位，如不計費用時，依序為委外設計，其次是成立跨團隊專案小組自行研發，最後才是直接購買市面上 KM 軟體。如考量費用時，成立跨團隊專案小組自行研發為企業第一偏好，委外設計由於成本最高，因此排序在最後。

關鍵字：AHP、知識分享、評價模型。

壹　緒論

一、研究動機與目的

　　隨著知識經濟的時代已經來臨，知識分享系統的建置，可更加延伸發展出許多不同的資訊整合技術及更多元的功能。近幾年許多公司在此方面的努力使得知識系統的建立發展更是相當迅速，一些技術及軟體已逐漸使用於企業上，藉此幫

助企業在知識上的管理，能有效累積知識資本增加企業競爭力，此做法在知識經濟的時代更加凸顯其價值，知識不再是無形之物，而能累積進而創造財富。

知識分享的系統若能落實在知識分享上，有助於公司知識分享，其優點在於節省成本、提高知識公享效率、有效減少管理成本及提供更為精確的公司資訊管理。此外，透過知識系統資料系統建立，可發展出更簡約的知識分享過程，並加速公司內部知識的分享、有效將公司人員的智慧結晶整合運用、提高公司內部人員的互動，以及提高公司內部知識的擴散效果。知識系統的功效，在於資料傳輸、連結的過程中，經由資訊相互連結、分享，可將公司內部的資訊統一分送到各系統資料庫中，使公司知識的管理能更最佳化，達到節省管理成本之效益。然而，企業在導入 KM 系統時之決策考量為何？哪些項目對於企業來說是考量重點，便是此篇研究著重之處。本研究利用 AHP 來建構企業在導入 KM 系統之考量因素，以便提供企業投入 KM 系統之參考。

貳　文獻探討

一、知識管理

（一）知識管理概念

隨著科技不斷的進步，帶領我們邁入知識經濟的時代，從「資訊應用」進入「知識管理」的時代，知識已經成為創造競爭成功的關鍵因素。根據經濟合作發展組織（Organization of Economic Cooperation and Development; OECD）於 1996 年所發表的《知識經濟報告》中指出，以知識為本位之經濟，將會改變全球經濟發展型態；知識已成為生產力提升與經濟成長的主要驅動力。當知識成為關鍵資源時，企業應妥善運用知識來產生更多新的知識與價值，亦即有效的「知識管理」（Knowledge Management; KM）。

一般而言，知識管理指的是為了提高組織的績效，對於存在於組織內外部及員工本身內隱和外顯之重要的、相關的知識，做有系統的收集、創造、儲存、傳遞、分享與利用的過程及管理。吳思華（2001）則認為，知識管理是指企業為有效運用知識資本、加速產品或服務的創新所建置的管理系統，而這個系統包含知識創造、知識流通與知識加值三大機能。知識分享在知識管理領域中一直是相當

重要的課題，有效率地移轉知識是組織重要的知識活動之一（Goh, 2002）。因此，綜合上述，「知識管理」是為了妥善儲存組織知識、發揮企業智慧，進而提升組織績效、獲利能力與競爭力。從鼓勵員工分享個人知識、建立組織學習文化開始，有系統性的將存在於員工、團隊、企業流程、文件等內隱和外顯之經驗及知識進行收集、儲存、傳遞、分享、利用、加值與創造之循環過程。

（二）知識分享

在過去研究知識分享的學者很多，例如 Senge（1997）將知識分享定義為協助他方發展有效行動的能力，且知識分享必須與對方互動，並成功地移轉至對方，形成對方的行動能力。在 Holtshouse（1998）提出知識研究的議題中，認為許多內隱知識的分享及交換是需要經由直接的第一手觀察，與其他人互動及微妙的身體語言等方式來達成。Davenport 與 Prusak（1998）認為，知識是一種很特殊的資產，在給予適當的刺激後，知識的交流與分享的同時，將會衍生出如加乘效果的組織知識資產之累積。吳思華（2001）亦指出，組織在管理知識資本時，除了關注組織中知識創造的能力與效率外，更常會注意到許多知識並不一定是在組織內部自行創造出來，而是由外部引進的。

勤業顧問公司所提出的知識管理公式架構，內涵包括了組織的共享、活用與實踐，定義知識管理為如下公式：

$$KM = (P + K)^S \tag{1}$$

其中，「KM」為知識管理，「P」是指人員（people），「符號 +」是指資訊科技（technology）協助知識管理的建構，「K」即是知識（knowledge），另外以「s（share）分享」為次方。此公式的含意為，知識管理的架構包括組織的共享、活用與實踐，透過資訊科技的運用，加速知識管理的流程。此外當 $s = 0$ 時，則 KM 只會等於 1，可由此公式看出知識分享在知識管理中的重要性相當地高。以企業家的觀點來看，微軟的總裁 Bill Gates 在其所著之《數位神經系統》中描述到知識管理所重在於「知識分享」。而其所代表的意義是收集在企業中流通的資料，透過科技的方式，將這些資料整理、分析並彙整成有效的資訊與其成為企業經驗，故在微軟公司的定義中，知識管理是指讓人們可以適時地存取其所

需要的資訊,並且利用該資訊來評估問題及作為決策行動之參考,如此才能達到知識管理眞正的目的。

另外,當代管理學大師杜拉克(P. F. Drucker)也在《後資本主義社會》一書中明確指出,人類社會正處於一種變動的過程,未來的社會發展必然不是社會主義取向,而是後資本主義社會,在此社會型態中,知識將成爲非常關鍵的資源。以知識創造社會財富的觀點而論,人類已經歷了工業革命、生產革命與管理革命等三個階段,在此過程中,知識的重要性與關聯性則是與日俱增。在工業革命中,知識導致產品與新工具的產生,這種工作類型的集中,明顯的展現在大型製造廠中;在生產革命中,知識與工作相結合,泰勒(Taylor)的科學管理是導致更有效率與生產力的科學表現;而在第三個階段「管理革命」中,知識係與知識相連結,其特徵爲知識與專門知識的集中運用,以及系統且有目標的解決問題,這也正是人類當前正身處的階段。中小企業如何在知識管理愈趨重要的課題下,實有必要建立一套機制分享公司內部知識。

二、學習型組織

一九九〇年彼得・聖吉的鉅作《第五項修練:學習型組織的藝術與實務》出版,由於此書的問世,「組織學習」(organizational learning)此觀念馬上成爲管理的熱門辭語,事實上,「學習型組織」(learning organization)雖然是新的管理名詞,但是「組織學習」的觀念卻已有多年的歷史,在生涯發展中,員工均須力行「終身學習」(lifelong learning),配合組織未來發展,不斷學習,以強化個人及組織的競爭力。另一方面,組織也應該有「從學習中創造利潤」的觀念。全球知名企業摩托羅拉公司即是一成功例子,該公司每花一美元在訓練上,就可以連續三年,每年提升三十美元的生產力。所以爲員工開發潛能、充實知能,對組織的永續發展是非常重要的。而對現今的組織而言,最主要的是組織中員工優異的專業素養和經驗,組織員工藉由組織學習所獲得的效能,這將成爲未來企業競爭的最大利器。

一般來說,學習型組織步驟有下列五個階段:明確暢通的訊息有利於激發士氣、評估組織氣氛(assess organizational climate)與組織之文化特質深深影響該組織之效能,而組織氣氛又是文化的影響因素、設定工作目標(set improvement goals):發展一套行動計畫(develop an action plan)、執行、追蹤、回饋與評估

（implementation, monitoring-feedback, and evaluation）。藉由以上步驟的完成，將可達成學習性組織的效能。據研究和經驗指出，組織之競爭優勢（competitive advantage）來自於下列四個要素：

（一）共識與了解（common understanding）的建立：成員對組織目標和輕重先後的理解和共識。

（二）全力投入（commitment）的程序：成員對組織的認同和承諾影響組織的凝聚力，而其投入之程度，全視成員對工作意義的認識。

（三）明晰的期望（clear expectation）水準：個體與團隊的表現要有一定的預期標準，如此才能產生成就動機。

（四）優異的能力（capability）表現：成員必須經由不斷的學習和回饋的激勵，增進解決問題和創新的能力。

　　以上四個要素都需透過組織學習（organizational learning），才能充實成員與組織的內涵，增進組織適應變革的能力。學習是一項釐清觀念與解決問題的方法，透過學習可以使組織更加充滿活力，展現組織生命力。因此中小企業如能建立一套合適的知識分享系統，平時有效利用組織知識系統的功能，將組織知識有效的在組織內部流動，此將有助於組織學習的成長，這也是此次計畫建立合適中小企業知識系統的原因。

三、應用於知識管理之資訊工具

　　由於知識具有特殊性，使其有別於組織其他資源，組織須在持續運用的同時，對其加以儲存、過濾、更新、傳遞與保護，目前有不少資訊工具可以協助組織進行管理本身的知識，從支援的角度來看，這些工具可以滿足個人、群體、組織的知識管理需求，從知識管理的層級來看，不同的工具也可以對應不同的知識管理程序，進而輔助組織知識管理的實行。以下為這些工具的彙整說明。

（一）資料探勘（Data Mining）

　　資料探勘為利用資料來模擬真實世界之模式，可利用模式來描述資料中的特徵與關係，透過分析得出隱含的知識，以協助組織工作任務進行。當系統中的資訊日漸增多時，應用資料探勘技術將能有效快速地找到特定文件或資訊。

（二）文件管理系統（Document Management Systems）

由於組織管理的知識之中，最直接的是文件狀態存在的顯性知識，所以文件管理系統在知識管理模式中，占有重要地位。文件管理系統的功能為文件的上下傳送、權限設定、文件呈現與瀏覽、分類管理、文件搜尋等。時下許多所謂知識管理系統，大多帶有文件管理功能。

（三）搜尋引擎（Search Engine）

搜尋引擎和文件管理系統擁有的文件搜尋功能不同之處，為其搜尋對象並不只限定在組織內部的文件資料，更包含網際網路遠端搜尋能力和多種資料格式之應用能力，有助成員利用本項工具取得所需資訊、知識，不至於受到太多資訊干擾，能於短時間內發揮最大的工作效益。

（四）企業資訊入口（Enterprise Information Portal）

利用網頁單一入口將組織內部知識資源整合，常以個人化需求為導向，能根據不同使用者提供所需之最新資訊或知識，是現在最普遍被採用資訊工具。

（五）專家系統與知識庫（Expert System and Knowledge-based System）

擷取特殊領域專家知識在系統當中，始能針對特定領域問題提供專家級建議或思考，是行之多年且有效的資訊工具，但建置不易，一般中小企業組織較少應用此種資訊工具。

四、知識管理系統導入

知識管理系統（Knowledge Management Systems, KMS）泛指組織所用之知識管理資訊系統，支援與協助組織進行知識的創造、存取轉移、應用等知識管理活動。導入知識管理系統最主要有三個目的：

（一）最佳實務的轉移與分享

組織的知識管理系統最重要的應用是在於典範轉移與分享。最典範的轉移是運用知識管理系統，將知識予以儲存，提供使用者使用與查詢。

（二）建立組織知識圖

建立組織內部的專家索引地圖或目錄，是知識管理系統較常被使用到的原因。因為組織中有許多知識無法文字化，若能標定組織內專家或資深工作者，對於知識推廣有一定之效果。

（三）建立知識網路

建立知識網路是可以分享知識，之前分享知識容易受到時間、空間的限制，現在由於資訊科技的協助，可以使知識的分享無障礙。

陳泰明（2003）指出，建置知識分享系統需注意下列幾點：

（一）一致化的使用者介面

一致化的使用者介面可以讓員工很容易上手，並且習慣去使用它，減少導入知識系統時所會遭遇的阻礙。目前資訊技術所使用的，就是盡量使用 Web Page、Browser Base 可以一致化使用者介面。

（二）簡單易用易學的平臺和架構

知識管理系統平臺建置後是讓知識工作者來操作，減少知識工作者在操作上的困難度，可以從開發簡單易用的應用軟體著手。

（三）穩定、安全、多樣化的資料庫與工具

穩定、安全的資料庫是建置知識系統的基礎，但多樣化的資料庫也是不可或缺的一環。能同時容納結構化與非結構化的資料，將知識以各種型式儲存在資料庫後，可有效幫助知識的分享與再利用。資料庫工具所支援的資料庫格式、存取資料庫的能力，必須能隨著資料量與連線使用者的增加，逐步的擴充。

（四）強而有力的檢索功能

複雜的知識資料庫必須輔以強大的檢索系統，如此對知識工作者才能正確且快速找尋知識中所需的資料，另檢索工具亦需具備對結構型（例如傳統資料庫格式）及非結構型資料庫（例如文件及網頁格式）等全文檢索功能，方能符合各式資料格式一次搜足機能。

（五）個人化的需求

　　每一知識工作者對介面的需求並非完全一致，對每一知識工作者能自訂其使用者介面環境，也是知識平臺應考慮的一環，因此所選用的平臺亦需具備個人化需求。

　　知識分享系統的建置可分為三階段，見下表。

表 1　知識管理建置模式

階動	第一階段	第二階段	第三階段
推動目標	建立知識分享機制	建立知識學習機制	建立知識創新機制
推動目的	知識匯集與再利用	知識流通與加值	革新與創建知識
推動內容	■ 建立知識架構 ■ 建立知識庫 ■ 建立知識流程 ■ 建立知識管理機制 ■ 形成分享文化	■ 導入學習型組織 ■ 隱性知識採擷技術 ■ 建立實務社群 ■ 發展領導模式 ■ 形成學習工作文化	■ K-SCM ■ K-CRM ■ 國際文化知識管理 ■ 創新管理 　形成創新的文化
IT 內容	■ 文件電子化 ■ 建立協同作業環境 ■ K-Portal	■ e-知識流程 ■ e-Learning	■ 企業智慧網
推動知識管理效益	■ 提高知識擴散範圍 ■ 縮短知識找尋時間 ■ 知識系統化儲存 ■ 聰明複製	■ 改善知識獲得管道 ■ 提高學習意願 ■ 建立學習團隊 ■ 隱性知識分享	■ 激發組織創意 ■ 擴大知識交流對象 ■ 革新－產品、技術、經營模式等

資料來源：陳泰明（2003）

　　馬曉雲（2001）指出，知識管理的效益衡量須遵循以下五個原則：(1) 整合企業的願景、使命與策略；(2) 結合具體的行動；(3) 採用多面向的績效衡量；(4) 涵蓋內、外部的靜態與動態指標；(5) 運用風險意識的領先指標。1998 年在倫敦舉辦的知識管理研討會中，列出全球最受讚賞的知識企業排名，並訂定八項評價標準，分別為：(1) 知識計畫整體的品質；(2) 領導管理的支援度；(3) 在整個商業領域的革新貢獻度；(4) 知識資產的活用度；(5) 促使知識共享的實務；(6) 持續性學習文化的確認度；(7) 創造顧客價值和改善主權的活動；以及 (8) 創造股東價值的知識活動。

如上述之企業評估知識管理的效益，應考慮多方面的績效，針對組織人力、顧客、財務及創新等項目，進行全面性的評估。據此，馬曉雲（2001）歸納整理指標及細項，詳列於表 2。

表 2　知識管理的效益評估指標

綜合性指標	
項目	說明
財務能力	資金雄厚、財務健全、資金運用能力強
創新能力	具有長期投資價值
前瞻能力	具有願景及吸引人才
組織效能	本業獲利及組織彈性
資訊技術	運用科技提升競爭優勢
國際化	跨國的經營能力
顧客化	注重產品及服務品質
社會責任	注重環保及社會公益形象
直接性指標	
項目	說明
市場占有率	開發新產品、增加產品線
獲利率	提高利潤率及資產報酬率
原料	降低採購及運送成本
直接／間接人工	降低人力成本及提升生產力
研究發展	縮短開發週期、改善產品品質
資訊系統	運用資訊科技建構管理系統
財務結構	透明化、精確預算及財務槓桿
產銷系統	專業化、自動化、電子化

資料來源：馬曉雲（2001）

參 研究方法

一、階層分析法（Analytic Hierarchy Process, AHP）

階層分析法（Analytic Hierarchy Process, AHP）是屬於一種多目標的決策方法，是在 1971 年由 Thomas L. Satty（匹茲堡大學教授）所發展提出的一套決策方法。

使用 AHP 決策分析時，包括以下階段：

（一）確認問題

將研究所需之考量要因盡量納入問題中，此時研究小組也必須對研究問題的範圍加以明確界定清楚。

（二）建立層級架構

層級雖無一定建構程序，但建構時最高層級為評估的最終目標，最低層級為替代方案，重要性相近的要素，需盡量放在同一層級。

（三）整體層級權重計算

各層級要素間的權重計算後，再進行整體層級權重之計算。最後依各替代方案的權重，決定達成最終目標的最適替代方案。

二、企業導入 KM 系統之決策分析

企業在導入 KM 系統時，通常會考慮公司組織面以及 KM 系統本身的功能性、支援等屬性，本研究以企業考慮 KM 系統本身的屬性構面當作評價基準，以目前市面上有的 KM 系統功能屬性為參考依據，且由先前之文獻探討與專家建議，分別選出「文件控管功能」、「資訊檢索功能」、「擴充能力」，以及「知識循環」和「支援多國語言」等五項作為評價基準。

在替代方案方面，以目前企業最常使用的三種替代專案為主，分別為專案一「成立跨團隊專案小組自行研發」、專案二「直接購買市面上 KM 軟體」、專案三「委外設計」。

專案一是以公司內部自行研發為主，將各部門以及各階層不同的人才成立跨

團隊的專案小組，依照公司的需求以及使用習慣，研發適合公司的 KM 系統，而費用大約預估在平均值 140,000 元／月。

專案二為直接購買市售知識管理系統軟體，缺點是有許多功能不齊全或是無法符合公司的特殊需求，而根據目前市售軟體的價格區間，平均值成本約為 70,000 元／一套。

專案三為外包設計，符合企業潮流趨勢，又能夠適合企業使用，價位根據目前市面上資訊公司的平均行情，簡易版 KM 系統設計一套約為 21,000 元。

三、企業導入 KM 系統之決策階層圖

本研究應用 AHP 分析法，將決策階層以圖 1 表示如下。

在評價關係的從屬關係上，由過去的研究發現，評價項目以及替代方案間有內部從屬關係。「文件控管功能」與「知識循環機制」相互影響，「文件控管功能」與「資訊檢索功能」亦相互影響；「擴充」與「資訊檢索功能」互相影響，「擴充」與「支援多國語言」亦互相影響；「支援多國語言」與「知識循環機制」相互影響；「資訊檢索功能」影響「知識循環機制」。將評價項目間的從屬關係繪製成從屬關係圖，如圖 2 所示。

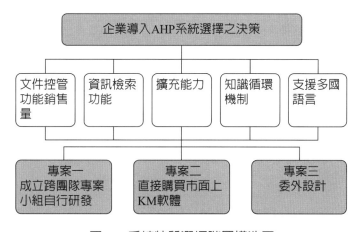

圖 1　系統特質選擇階層構造圖

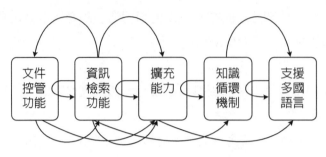

圖 2　評價項目從屬關係圖

肆　評價基準與替代方案之評估

一、對評價項目進行成對比較

在成對比較的重要度評比方面，下列各表均透過戴菲爾法（Delphi method)對專家進行意見調查，藉由專家的專業知識，來掌握各評價基準的重要度大小。

首先我們進行評價基準獨立時，各評價基準之一對比較，如下表 3 所示。

表 3　各評價基準間獨立的一對比較

評價	文件控管	資訊檢索	擴充	知識循環	多國語言	比重
文件控管	1	3	6	1/4	8	0.251
資訊檢索	1/3	1	4	1/5	6	0.134
擴充	1/6	1/4	1	1/7	2	0.05
知識循環	4	5	7	1	9	0.533
多國語言	1/8	1/6	1/2	1/9	1	0.032

$\lambda_{max} = 5.28$　C.I. = 0.07

表 3 所顯示的結果為「知識循環」比重最高為 0.533，「多國語言」比重最低為 0.032，且各評價基準比重如下：

$$W_1^T = (0.251, 0.134, 0.05, 0.533, 0.032)$$

　　然而本研究的評價基準以及替代方案均有內部從屬，因此以下顯示各評價基準內部從屬的一對比較表。

表 4　從文件控管考量從屬關係的成對比較

文件控管	文件控管	資訊檢索	知識循環	比重
文件控管	1	5	2	0.57
資訊檢索	1/5	1	1/4	0.097
知識循環	1/2	4	1	0.333

λ_{max} = 3.04　C.I. = 0.02

（一）從文件控管考量從屬關係之成對比較結果顯示，「文件控管」具有最高比重（0.57），而比重最低的為「資料檢索」（0.097）。

表 5　從資訊檢索考量從屬關係的成對比較

資訊檢索	資訊檢索	文件控管	擴充	比重
資訊檢索	1	3	5	0.627
文件控管	1/3	1	6	0.28
擴充	1/5	1/6	1	0.094

λ_{max} = 3.16　C.I. = 0.08

（二）從資訊檢索考量從屬關係之成對比較結果顯示，「資訊檢索」具有最高比重（0.627），而比重最低的為「擴充」（0.094）。

表 6　從擴充考量從屬關係的成對比較

擴充	擴充	文件控管	多國語言	比重
擴充	1	3	6	0.635
資訊檢索	1/3	1	5	0.287
多國語言	1/6	1/5	1	0.078

λ_{max} = 3.18　C.I. = 0.09

（三）從擴充考量從屬關係之成對比較結果顯示，「擴充」具有最高比重

（0.635），而比重最低的為「多國語言」（0.078）。

表 7　從知識循環考量從屬關係的成對比較

知識循環	知識循環	文件控管	資訊檢索	多國語言	比重
知識循環	1	1/4	3	1/4	0.120
文件控管	4	1	7	3	0.542
資訊檢索	1/3	1/7	1	1/4	0.059
多國語言	4	1/3	4	1	0.280

$\lambda_{max} = 4.21$　C.I. = 0.07

（四）從知識循環考量從屬關係之成對比較結果顯示，「文件控管」具有最高比
重（0.542），而比重最低的為「資訊檢索」（0.059）。

表 8　從多國語言考量從屬關係的成對比較

多國語言	多國語言	擴充	知識循環	比重
多國語言	1	4	2/1	0.345
擴充	1/4	1	1/4	0.109
知識循環	2	4	1	0.547

$\lambda_{max} = 3.1$　C.I. = 0.05

（五）從多國語言考量從屬關係之成對比較結果顯示，「知識循環」具有最高比
重（0.547），而比重最低的為「擴充」（0.109）。

將上述之表 3 至表 8 的比重加以整理，可以獲得從屬矩陣 W_3，如下所示：

	文件控管	資訊檢索	擴充	知識循環	多國語言
文件控管	0.57	0.28	0.000	0.542	0.000
資訊檢索	0.097	0.627	0.287	0.059	0.000
擴充	0.000	0.094	0.635	0.000	0.109
知識循環	0.333	0.000	0.000	0.120	0.547
多國語言	0.000	0.000	0.078	0.280	0.345

由以上結果，從屬矩陣 W_3 與向量 W_1^T，利用下式即可求出內部從屬的各評價基準比重 W_C。

$$W_C = W_3 \times W_1^T = (0.469, 0.154, 0.048, 0.165, 0.164)$$

二、各評價基準對替代方案之成對比較

　　其次從各評價基準對替代方案進行成對比較。

表 9　考慮文件控管功能之成對比較

文件控管	專案一	專案二	專案三	比重
專案一	1	4	1/3	0.271
專案二	1/4	1	1/6	0.085
專案三	3	6	1	0.644

$\lambda_{max} = 3.1$　C.I. = 0.05

（一）從文件控管對各替代策略方案的成對比較結果顯示，「專案三」具有最高的比重（0.644），次高為「專案一」（0.271），比重最低為「專案二」（0.085）。

表 10　考慮資訊檢索功能之成對比較

資訊檢索	專案一	專案二	專案三	比重
專案一	1	1/4	1/8	0.068
專案二	4	1	1/5	0.199
專案三	8	5	1	0.733

$\lambda_{max} = 3.18$　C.I. = 0.09

（二）從資訊檢索對各替代策略方案的成對比較結果顯示，「專案三」具有最高的比重（0.733），次高為「專案二」（0.199），比重最低為「專案一」（0.068）。

表 11　考慮擴充之成對比較

擴充	專案一	專案二	專案三	比重
專案一	1	1/5	1/8	0.067
專案二	5	1	1/3	0.272
專案三	8	3	1	0.661

λ_{max} = 3.18　C.I. = 0.09

（三）從擴充對各替代策略方案的成對比較結果顯示，「專案三」具有最高的
比重（0.661），次高為「專案二」（0.272），比重最低為「專案一」
（0.067）。

表 12　考慮知識循環之成對比較

知識循環	專案一	專案二	專案三	比重
專案一	1	3	7	0.669
專案二	1/3	1	3	0.243
專案三	1/7	1/3	1	0.088

λ_{max} = 3.2　C.I. = 0.01

（四）從知識循環對各替代策略方案的成對比較結果顯示，「專案一」具有最高
的比重（0.669），次高為「專案二」（0.243），比重最低為「專案三」
（0.088）。

表 13　考慮多國語言之成對比較

多國語言	專案一	專案二	專案三	比重
專案一	1	1/8	1/4	0.068
專案二	8	1	5	0.733
專案三	4	1/5	1	0.199

λ_{max} = 3.18　C.I. = 0.09

（五）從多國語言對各替代策略方案的成對比較結果顯示，「專案二」具有最高
的比重（0.733），次高為「專案三」（0.199），比重最低為「專案一」
（0.068）。

整理上述表 9 至表 13，可以得出結果如下：

$W_{21} = (0.271, 0.885, 0.644)$

$W_{22} = (0.068, 0.199, 0.733)$

$W_{23} = (0.067, 0.272, 0.661)$

$W_{24} = (0.669, 0.243, 0.088)$

$W_{25} = (0.068, 0.733, 0.199)$

三、內部從屬之各評價基準與替代方案成對比較

其次，考慮替代方案內部從屬，各評價基準與替代方案的一對比較如下：

（一）專案一與文件控管之成對比較

表 14　專案一與文件控管之成對比較

文管＊專一	專案一	專案二	專案三	比重
專案一	1	9	3	0.672
專案二	1/9	1	1/5	0.063
專案三	1/3	5	1	0.265

$\lambda_{max} = 3.06$　C.I. = 0.03

文件控管＊專案一（專案一的文件控管力）可以表示如下：

$$W_{41(1)} = (0.672, 0.063, 0.265)$$

比重最高為專案一（0.672），最低為專案二（0.063）。

（二）專案二與文件控管之成對比較

表 15　專案二與文件控管之成對比較

文管＊專二	專案一	專案二	專案三	比重
專案一	1	2	6	0.559
專案二	1/2	1	7	0.371
專案三	1/6	1/7	1	0.07

$\lambda_{max} = 3.16$　C.I. = 0.08

文件控管＊專案二（專案二的文件控管力）可以表示如下：

$$W_{4(2)} = (0.559, 0.371, 0.07)$$

比重最高為專案一（0.599），最低為專案三（0.07）。

（三）專案三與文件控管之成對比較

表 16　專案三與文件控管之成對比較

文管＊專二	專案一	專案二	專案三	比重
專案一	1	2	1/7	0.144
專案二	1/2	1	1/6	0.096
專案三	7	6	1	0.76

$\lambda_{max} = 3.16$　C.I. = 0.08

文件控管＊專案三（專案三的文件控管力）可以表示如下：

$$W_{41(3)} = (0.114, 0.096, 0.76)$$

比重最高為專案三（0.76），最低為專案二（0.096）。
因此根據上面三個矩陣可以得到各替代方案間關於文件控管的影響矩陣 W_{41}。

$$W_{41} = (W_{41(1)}, W_{41(2)}, W_{41(3)})$$

同理，針對其他評價基準＊各替代方案，調查各替代案所具有的影響度。

（四）專案一與資訊檢索功能之成對比較

表 17　專案一與資訊檢索功能之成對比較

資訊檢索＊專案一	專案一	專案二	專案三	比重
專案一	1	1/4	1/9	0.069
專案二	4	1	1/3	0.250
專案三	9	3	1	0.681

$\lambda_{max} = 3.02$　C.I. = 0.01

資訊檢索 * 專案一（專案一的資訊檢索）可以表示如下：

$$W_{42(1)} = (0.069, 0.250, 0.681)$$

比重最高為專案三（0.681），最低為專案一（0.069）。

（五）專案二與資訊檢索功能之成對比較

表 18　專案二與資訊檢索功能之成對比較

資訊檢索 * 專案二	專案一	專案二	專案三	比重
專案一	1	1/5	1/8	0.070
專案二	5	1	1/2	0.326
專案三	8	2	1	0.604

$\lambda_{max} = 3.02$　C.I. = 0.01

資訊檢索 * 專案二（專案二的資訊檢索）可以表示如下：

$$W_{42(2)} = (0.070, 0.326, 0.604)$$

比重最高為專案三（0.604），最低為專案一（0.070）。

（六）專案三與資訊檢索功能之成對比較

表 19　專案三與資訊檢索功能之成對比較

資訊檢索 * 專案三	專案一	專案二	專案三	比重
專案一	1	5	4	0.674
專案二	1/5	1	1/3	0.101
專案三	1/4	3	1	0.226

$\lambda_{max} = 3.16$　C.I. = 0.08

資訊檢索 * 專案三（專案三的資訊檢索）可以表示如下：

$$W_{42(3)} = (0.674, 0.101, 0.226)$$

比重最高爲專案一（0.674），最低爲專案二（0.101）。

因此 $W_{42} = (W_{42(1)}, W_{42(2)}, W_{42(3)})$。

（七）專案一與擴充功能之成對比較

表 20　專案一與擴充功能之成對比較

擴充 * 專案一	專案一	專案二	專案三	比重
專案一	1	1/5	1/8	0.064
專案二	5	1	1/4	0.237
專案三	8	4	1	0.699

$\lambda_{max} = 3.18$　C.I. = 0.09

擴充 * 專案一（專案一的擴充）可以表示如下：

$$W_{43(1)} = (0.064, 0.237, 0.699)$$

比重最高爲專案三（0.699），最低爲專案一（0.064）。

（八）專案二與擴充功能之成對比較

表 21　專案二與擴充功能之成對比較

擴充 * 專案二	專案一	專案二	專案三	比重
專案一	1	1/4	1/2	0.127
專案二	4	1	5	0.687
專案三	2	1/5	1	0.186

$\lambda_{max} = 3.18$　C.I. = 0.09

擴充 * 專案二（專案二的擴充）可以表示如下：

$$W_{43(2)} = (0.127, 0.687, 0.186)$$

比重最高爲專案二（0.687），最低爲專案一（0.127）。

（九）專案三與擴充功能之成對比較

表 22　專案三與擴充功能之成對比較

擴充＊專案三	專案一	專案二	專案三	比重
專案一	1	3	1/6	0.166
專案二	1/3	1	1/8	0.073
專案三	6	8	1	0.761

$\lambda_{max} = 3.14$　C.I. = 0.07

擴充＊專案三（專案三的擴充）可以表示如下：

$$W_{43(3)} = (0.127, 0.687, 0.186)$$

比重最高為專案二（0.687），最低為專案一（0.127）。

因此 $W_{43} = (W_{43(1)}, W_{43(2)}, W_{43(3)})$。

（十）專案一與知識循環之成對比較

表 23　專案一與知識循環之成對比較

知循＊專案一	專案一	專案二	專案三	比重
專案一	1	1/5	1/6	0.078
專案二	5	1	1/3	0.287
專案三	6	3	1	0.635

$\lambda_{max} = 3.18$　C.I. = 0.09

知識循環＊專案一（專案一的知識循環）可以表示如下：

$$W_{44(1)} = (0.078, 0.287, 0.635)$$

比重最高為專案三（0.635），最低為專案一（0.078）。

（十一）專案二與知識循環之成對比較

表 24　專案二與知識循環之成對比較

知循＊專案二	專案一	專案二	專案三	比重
專案一	1	1/5	1/9	0.060
專案二	5	1	1/4	0.231
專案三	9	4	1	0.709

$\lambda_{max} = 3.14$　C.I. = 0.07

知識循環＊專案二（專案二的知識循環）可以表示如下：

$$W_{44(2)} = (0.060, 0.231, 0.709)$$

比重最高為專案三（0.709），最低為專案一（0.060）。

（十二）專案三與知識循環之成對比較

表 25　專案三與知識循環之成對比較

知循＊專案三	專案一	專案二	專案三	比重
專案一	1	2	1/7	0.135
專案二	1/2	1	1/8	0.081
專案三	7	8	1	0.784

$\lambda_{max} = 3.06$　C.I. = 0.03

知識循環＊專案三（專案三的知識循環）可以表示如下：

$$W_{44(3)} = (0.135, 0.081, 0.784)$$

比重最高為專案三（0.784)，最低為專案二（0.081）。

令 $W_{44} = (W_{44(1)}, W_{44(2)}, W_{44(3)})$。

（十三）專案一與支援多國語言之成對比較

表 26　專案一與支援多國語言之成對比較

支援多國語言 * 專案一	專案一	專案二	專案三	比重
專案一	1	1/3	1/4	0.122
專案二	3	1	1/2	0.320
專案三	4	2	1	0.558

$\lambda_{max} = 3.04$　C.I. = 0.02

支援多國語言 * 專案一（專案一的支援多國語言）可以表示如下：

$$W_{45(1)} = (0.122, 0.320, 0.558)$$

比重最高為專案三（0.558），最低為專案一（0.122）。

（十四）專案二與支援多國語言之成對比較

表 27　專案二與支援多國語言之成對比較

支援多國語言 * 專案二	專案一	專案二	專案三	比重
專案一	1	4	5	0.687
專案二	1/4	1	1/2	0.127
專案三	1/5	2	1	0.186

$\lambda_{max} = 3.18$　C.I. = 0.09

支援多國語言 * 專案二（專案二的支援多國語言）可以表示如下：

$$W_{45(2)} = (0.687, 0.127, 0.186)$$

比重最高為專案一（0.687），最低為專案三（0.186）。

（十五）專案三與支援多國語言之成對比較

表 28　專案三與支援多國語言之成對比較

支援多國語言 * 專案二	專案一	專案二	專案三	比重
專案一	1	5	6	0.729
專案二	1/5	1	1/2	0.109
專案三	1/6	2	1	0.163

$\lambda_{max} = 3.16$　C.I. = 0.08

支援多國語言 * 專案三（專案三的支援多國語言）可以表示如下：

$$W_{45(3)} = (0.729, 0.109, 0.163)$$

比重最高爲專案一（0.729），最低爲專案二（0.109）。

令 $W_{45} = (W_{45(1)}, W_{45(2)}, W_{45(3)})$。

其次根據以上 $W_{41} \sim W_{45}$ 的結果，求出各替代方案對各評價基準的比重（評價值）。

關於文件控管能力（Wa_1）：

$$Wa_1 = W_{41} * W_{21} = (0.322363, 0.110432, 0.567205)$$

關於資訊檢索功能（Wa_2）：

$$Wa_2 = W_{42} * W_{22} = (0.512664, 0.155907, 0.332162)$$

關於擴充（Wa_3）：

$$Wa_3 = W_{43} * W_{23} = (0.148558, 0.250996, 0.600446)$$

關於知識循環機制（Wa_4）：

$$Wa_4 = W_{44} * W_{24} = (0.078642, 0.255264, 0.666094)$$

關於支援多國語言（Wa_5）：

$$Wa_5 = W_{45} * W_{25} = (0.656938, 0.136542, 0.206719)$$

其中 $W_{21} \sim W_{25}$ 為各替代方案對各評價基準的評價向量（各替代案間獨立時），令 $W_a = (Wa_1, Wa_2, Wa_3, Wa_4, Wa_5)$。

四、企業導入 KM 系統決策選擇結果

關於企業導入 KM 系統的三個方案的綜合評價值 W 即為如下：

$$W = Wa * Wc = (0.35831683, 0.152434274, 0.490093569)$$

因此，可以得出企業導入 KM 系統之決策選擇偏好為專案三 (0.490093569) > 專案一 (0.35831683) > 專案二 (0.152434274)。

伍　結論——未考慮費用比重之分析

本研究以 AHP 分析企業導入 KM 系統之決策分析，根據結果所示，委外設計是較為偏好的結果，這與當前企業界外包風氣的盛行不謀而合，委外設計的好處是可以減少內部資源的浪費，而經過與專業設計公司的溝通協調，又能夠設計出符合企業本身需求的 KM 系統，將必要且不易保留的知識留在企業當中，因此才是企業的首選。

而第二個選擇方案偏好為成立專案小組來設計 KM 系統，此種方法有好有壞，有可能由於不熟悉 KM 系統的設計，造成企業內部資源的浪費。然而自行設計的 KM 系統較適合企業內部的使用模式，可以提高使用率，進而留住無形的知識。

最後的選擇為直接購買市售 KM 軟體，研究者以為這是最後一個選擇方案的原因在於，市售軟體功能不齊全，也不一定能夠完全符合企業的需要，再者，現成的 KM 系統軟體沒有與企業本身獨特的文化和員工使用習慣結合，較無法提高使用率，然而直接購買市售 KM 系統是最省成本的專案。

陸 結論二——替代方案費用／利益分析選擇

根據第三節所提到的替代方案之預算，本研究利用 AHP 分析各替代方案費用／利益，加入費用來探討最佳選擇為何。本研究根據得出之最後比重：

$$W = Wa * Wc = (0.35831683, 0.152434274, 0.490093569)$$

專案一：0.35831683
專案二：0.152434274
專案三：0.490093569

而各專案與費用的一對比較表如下所示：

費用	專案一	專案二	專案三	比重
專案一	1	2	1/2	0.297
專案二	1/2	1	1/3	0.163
專案三	2	3	1	0.540

C.I. = 0.01

比重最高的為專案三（0.54），比重最低為專案二（0.163）

接下來利用費用之比重除以收益之比重，得出如下結果：

專案一：0.297/0.35831683 = 0.82
專案二：0.163/0.152434274 = 1.07
專案三：0.540/0.490093569 = 1.12

由此結果可看出，費用／收益比重值越小越好，因此若是將費用加入企業選擇 KM 系統時的選擇分析，則喜好排序第一為專案一，第二為專案二，最後才是專案三。此結果與結論一有所出入，原因是加入成本費用分析後，喜好的排列順序會有所改變，專案一組成跨團隊的專案小組為企業第一偏好，委外設計由於成本最高，因此排序在最後。

經由以上分析，可供企業在引進 KM 系統時能有最佳選擇。

參考文獻

一、中文文獻

1. 王漢源，組織學習與種子效應，游於藝，公務人力發展中心報導，第三期（1997）。

2. 林清江，「評一九九六歐洲終身學習年牛皮書」，成人教育雙月刊，第三七期，第2-8頁（1997）。

3. 吳明烈，終身學習時代的知識管理（載於中華民國成教學會主編：知識社會與成人教育），臺北：師大書苑（2001）。

4. 吳思華，「知識經濟、知識資本與知識管理」，臺灣產業研究，第4期，第11-50頁（1997）。

5. 馬曉雲，新經濟的運籌管理：知識管理，臺北：中國生產力中心（2001）。

6. 許史金譯，知識管理推行實務，臺北：商周出版（1997）。

7. 許瓊予，「我國 ebusiness 應用現況與需求趨勢」，資策會 MIC（1997）。

8. 陳至哲，「我國電子商務軟體與應用市場商機分析」，資策會MIC（2001）。

9. 陳泰明，分享知識的企業──中國生產力中心，中國生產力中心（2003）。

10. 葉連祺，「中小學轉行為知識型組織之探討」〔輯於國立暨南國際大學教育政策與行政研究所（編）〕，知識管理與人力素質研討會論文集（2001）。

11. 劉智瑋，「組織間知識分享之結構性因素與關係性因素對組織績效影響之實證研究」，義守大學管理研究所碩士論文（2004）。

二、英文文獻

1. Alavi M., and Leidner, D.E., "Knowledge Management Systems: Issues, Challenges, and Benefits.", *Communications of the Association for Information Systems*, 1-37(2001).

2. Clausnitzer, A.; Jaedicke, M.; Mitschang, B.: Nippl, C.; Reiser, A.; Zimmermann, S., "On the application of parallel database technology for large scale document ianagement systems", *International Database Engineering and Applications Symposium*, 388-396(1997).

3. Davenport, T.H., D.W. De Long and M.C. Beers, "Successful knowledge

management projects, *SMR*, 43-57, 1998.

4. Davenport T. H. & Prusak L., *Working knowledge: How organizations manage what they know*. President and Fellows of Harvard College, 1998.

5. Goh. S.C., Managing effective knowledge transfer: An integrative framework and some practice implications,」 *journal of Knowledge Management*, 6(1), 23-30(2002).

6. Holtshouse D., "Knowledge research issues,". *California Management Review*, 40(3), 277-280, 1998.

7. Hassen A and Shea G.F., *A Better place to work, a new sense of motivation leading to high productivity, AMA Membership puvlications Division*, New York, USA, 1997.

8. Kleissner, C., "Data mining for the enterprise" *Thirty-First Hawaii International*, 17,295-304(1998).

9. Senge, P., "Sharing mnowledge," *Executive Excellence*, 15(6), 11-12(1998).

10. Swneeney, J,. "Tips for improving school climate," *American Association of Schoole Administrators*(1998).

11. Smith, L.S.; Hurson, A.R., "A search engine selection methodology", Information Technology: Coding and Computing, 122-129(2003).

12. Yau-Hwang Kuo;Ling-Yang Kung;Feng, A.; Ching-Chung Tzeng; Guang-Huei Jeng; Tse Chen, "KMDS-an expert system for integrated hardware/software design of microprocessorbased digital systems," *IEEE*, 661-664(1989).

13. Thomas L.Satty, *Analytic Hierarchy Process*, McGraw Hill(1985).

三、網站資料

1. 經濟部工業局，產業自動化與電子化推動方案網站，http://www.iaeb.gov.tw/。

2. 經濟部商業司，商業自動化及電子化推動計劃網站，http://www.moea.gov.tw/。

3. 經濟部中小企業處，中小企業產業電子化服務團計畫，http://eservice.moeasmea.gov.tw/。

4. 經濟部中小企業處，推行中小企業知識管理應用服務網。http://smeKM.moeasmea.gov.tw/index.jsp。

案例 3　利用 AHP 探討企業選擇最佳成長策略之分析

（註）本文摘錄自第 5 屆新世紀優質企業觀念與價值研討會，2004 輔仁大學。

摘　要

本研究認為對於一個企業而言，成長或轉型是非常重要的策略之一。因此，本研究引用 Ansoff 在 1990 年提出的產品／市場擴張矩陣，其依產品／市場的發展組合可以導出市場滲透、產品開發、市場開發、多角化等四個類型的成長策略，以作為企業欲成長的方向。

再者，企業欲制定成長策略時，需考量的因素非常之多，本研究採用 AHP 的內部從屬與絕對評價法的衡量模式，其能在多元評估準則上（即外部環境、內部環境），對企業成長策略做出最佳的評量，並讓企業知悉其在制定成長策略時，應先考量的因素次序為顧客、企業內部能力、競爭者、企業財務表現，方能選出最佳的成長策略。本研究根據相對評價中的內部從屬法與絕對評價法等分析後，發現「市場開發」乃為一企業最佳的成長策略，乃是因為市場開發比市場滲透、產品開發等策略能更快速的成長，而企業所面臨的成長風險又比多角化策略小，因此市場開發是一個折衷且較佳的成長策略。透過上述分析結果，本研究希望能提供給企業界，未來制定成長策略時一個更具體的參考方向。

壹　研究動機

Penrose（1959）在其所著的 *The theory of the growth of the firm* 一書中論述，認為企業的「成長」是極為自然的現象，如同有機體一般。成長的經濟性存在於任何規模的廠商，廠商只要有效率的使用組織內部資源，便有成長的可能。Penrose 的觀點，引發了學者們開始重視資源與成長的關係。再者，企業所具備的核心能力是要與競爭者做比較，而且必須是顧客所需要的。是故，企業在制定策略時，若能同時考量外部環境與自身內部能力，並達到最佳之配適，乃是企業競爭力的來源之一。因此，企業的經營績效除了因應環境的策略能否有效

運作外，更需視企業資源所培養的核心能力而定。

　　近年來，由於國內外環境改變，使我國產業環境產生快速的變化。在國際環境方面：區域化經濟與全球分工合作將成為世界潮流，開發中國家及中國大陸廉價而充沛之原料及勞力，已迅速在國際市場崛起，大幅削弱我國產業的競爭力；在國內環境方面：工資上漲、環保意識高漲、兩岸關係的互動、以及消費型態改變等因素，致使產業與企業產生伴隨市場不景氣及產業低迷的惡劣環境等衝擊和變化。基於以上種種的變化，均使企業無法享有現在的成功，而完全不想成長或轉型。綜合上述，本研究認為不管是什麼企業，都會面臨到是否要成長或是應該如何成長等問題，乃為本研究之動機。

貳　研究目的

　　公司管理者的責任就是要制定策略，不論是領導一個部門或是一家公司的角色，都是要引領公司走向正確的方向。然而，管理者在制定策略時，需考慮諸多因素，如：公司的目標、市場情況的外部分析、組織特性的內部分析、公司有何競爭優勢、組織結構等等。然而管理者的時間與資源是有限的，許多時候無法全面及周延地考量制定策略的種種因素，因而做出錯誤的決策。有鑑於此，本研究期望能利用 AHP 的分析方法，提供一套協助管理者制定策略的決策模型，乃以制定成長策略為例。使得管理者面臨到市場的快速變化，以及制定策略諸多因素之考量，在有限的時間與資源下，能幫助公司做出最佳的成長策略，引領公司在市場上能更有競爭力，並且透過不斷的成長能永續經營，乃為本研究之目的。

參　研究方法

　　「決策」對於個人或組織已漸漸成為相當重要的課題，如何有效評估各種外在環境變數，利用充分的資訊來做正確的決策，乃是現今決策者追求與努力的目標。為了解決因素的多樣化、意見判斷或偏好的分歧等狀況下的困難，使決策者能正確評估各因素間的重要程度，以做出正確的決策，若使用簡單、斷章取義的方法覺得有欠妥當，但使用太複雜的方法又難以活用而無法隨機應變，於是，階層構造分析法（Analytic Hierarchy Proess; AHP）因應而生。

　　階層構造分析法（Analytic Hierarchy Proess; AHP）係由美國匹茲堡大學沙第（Thomas L.Saaty）教授經過多年的研究，於 1971 年為美國國防部進行應變規劃問題研究時所發展出來的一套決策方法；主要應用在不確定情況下及具有多個評估準則的決策問題。根據 Saaty 教授所說，AHP 是個有組織的架構，它可以使我們在複雜的問題上做出有效的決策，簡化、促進我們本能的決策程序。

　　分析層級程序法（AHP）的理論可用來解決非結構化的經濟、社會及管理科學問題。鄧振源、曾國雄（民 78）研究中提出，層級分析法的作用是將複雜且非結構化的問題系統化，由高層次往低層逐步分解，並經過量化的判斷，簡化並改進以往依靠直覺的決策程序，求得各方案間的優先權重值，提供決策者選擇適當方案的充分資訊，凡優先權重值愈大的方案，表示被採納的優先順序愈高，可降低決策錯誤的風險性。

　　因此，本研究期望利用 AHP 分析方法，幫助企業在選擇成長策略時，經由許多因素各方考量，以引導企業制定正確的策略。由於企業制定成長策略須同時考量內外部因素，且內外部因素須達到最佳之適配，方能使決策更加正確，故使用內部從屬法。再者，本研究欲進一步了解哪一評價基準，對於一管理者或企業在制定成長策略時，是絕對重要的考量因素，故使用絕對評價法予以分析。綜合以上所述，本研究使用 AHP 分析方法中的「內部從屬法」與「絕對評價法」，以達成本研究之目的。

肆　企業成長策略之決策分析

一、決定評價項目以及備選方案

　　當外部環境快速變遷，企業必須檢視外部環境與內部條件制定一套因應策略以求永續經營，而成長策略是最常見的策略模式之一。成長策略（growth strategy）是指企業重大的成長決策與成長類型，能引導組織的資源配置與活動的重要決策。大部分的企業均追求成長，以成長為經營活動中最重要的目標之一。成長的內涵包括銷貨的成長、附加價值的成長、利潤的成長、員工的成長及資源的成長（Aaker, 1984）。學者在探討成長策略時，常因研究的內涵與重點的差異而有所不同。一般而言，公司在制定成長策略規劃時，通常可採用下列三種

方式：(1) 密集式成長策略：在現有之事業中尋求進一步成長的機會。(2) 整合式成長策略：建立或取得與現有事業有關的事業機會。(3) 多角化成長策略：增加其吸引力與現有事業不相關的事業機會。

在此，本研究採用 Ansoff（1990）曾提出一個有用的架構，藉以決定新的密集式成長機會，稱為產品／市場擴張矩陣（product/market expansion matrix），其策略是指在目前的產品市場條件下，設法發揮潛力，其依產品／市場的發展組合，可以導出市場滲透、市場開發、產品開發等三個策略，以及企業在新產品、新市場條件下，發揮企業之潛力的多角化策略，成長策略類型如表 1 所示：

表 1　產品／市場擴張矩陣

市場＼產品	現在產品	新產品
現有市場	市場滲透	產品開發
新市場	市場開發	多角化

（一）市場滲透策略：係指以現有產品在現有市場上，增加更積極之力量，以提高銷售量值之做法。例如：鼓勵顧客增加購買次數與數量、吸引競爭者的顧客或是游離使用的新顧客。

（二）市場開發策略：係以現有產品在新市場上行銷，以提高銷售量值之做法。例如：開發新地理市場，吸收新顧客、開發新市場區隔以吸引新目標市場的顧客。

（三）產品開發策略：係指在現有市場推出新產品，以提高銷量值之做法。例如：發展新產品特性或內容，來改變原來的產品外型或機能。

（四）多角化策略：即公司開發新的產品，開發新的市場以增加市場行銷量。

綜合以上所述，本研究利用 Ansoff 於 1990 年提出的企業成長策略類型，以及 Saaty 教授所提出之 AHP 分析方法，並進行這四個成長策略類型選擇之決策分析。本研究定義方案一為「市場滲透」、方案二為「產品開發」、方案三為「市場開發」、方案四為「多角化」。

二、選定評價項目並繪製階層圖

　　針對選定評價項目而言，本研究透過策略管理相關理論與研究發現，企業在制定任何策略時，企業內部環境與外部環境兩者之間必須達到最佳適配（Daniel, F. Spulber, 2004），因此，企業在選擇或制定一最佳成長策略時亦然。綜合以上所述，企業在選擇成長策略時，需同時考量自身的內部組織資源、能力以及其所面臨的外部環境，故本研究認為，企業應考量外部環境中的「競爭者」與「顧客」，由此可知，市場機會的潛力有多大。再者，企業應檢視內部過去的「績效」及自身是否有「能力」可以實現外部的市場機會。倘若兩者之間達到最佳的適配，管理者同時予以考量，再搭配 AHP 分析方法，方能替企業管理者選擇出一最佳的成長策略。因此，本研究選定「競爭者」、「顧客」、「績效」及「能力」四個評價項目，作為決定企業成長策略的評價基準。

　　在找出評價項目與決定替代方案後，即可建立本研究的階層構造圖，如圖 1 所示。然而，在每個評價項目下，仍有對該評價項目加以評估之準則，例如在考量顧客的同時，則要顧及顧客的所得與偏好，有關評價項目及準則的操作性定義如表 2 所示。

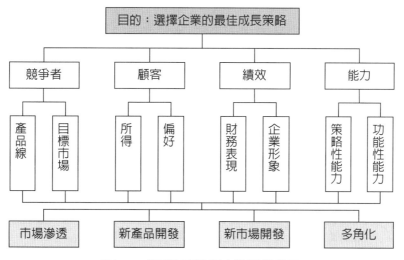

圖 1　成長策略選擇之階層構造圖

表 2　各評價項目與準則之操作性定義

評價項目	操作性定義
競爭者	企業制定成長策略時，需考量的外部環境因素。
產品線	意指競爭者的經營範疇。
目標市場	意指競爭者的主要顧客群。
顧客	企業制定成長策略時，需考量的外部環境因素。
所得	意指顧客對產品的購買能力。
偏好	意指顧客對產品的喜好與需求。
績效	企業制定成長策略時，需考量的內部環境因素。
財務表現	意指企業每年的營收與淨利等表現。
企業形象	意指一般社會大眾對企業的評價與其所擁有之聲譽。
能力	企業制定成長策略時，需考量的內部環境因素。
功能性能力	意指產品創新、流程創新、行銷、採購及勞工關係。
策略性能力	意指企業進入成長性市場的能力，以及比競爭者擁有更快、更有效率地退出衰退市場的能力。

　　在評價項目的內部從屬關係上，由過去文獻與相關研究發現，評價項目本身之間是會互相影響，彼此間具有從屬關係。從過去文獻中再顯示，企業制定策略時，外部環境與組織內部特性會相互影響。當企業要制定成長策略時，必須考量外部環境與自身內部能力，亦即企業所具備的核心能力與財務績效表現是要與競爭者做比較，而且企業所擁有的核心能力必須是顧客所需要的（Daniel，2004；Penrose，1959）。因此，每個評價項目之間皆會相互影響。本研究將評價項目間的內部從屬關係予以繪製，並如圖 2 所示。

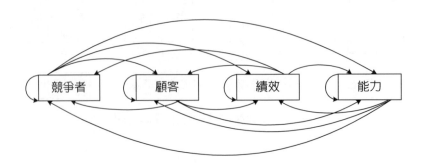

圖 2　評價項目間之從屬關係圖

三、對評價項目進行成對比較並決定其比重

在此本研究藉由學者專家的訪談，以戴爾飛法的方式設定各評價項目之間的相互影響重要程度，而其評價項目之間的比較是依據 Saaty 教授提出的方法，若兩項同樣重要，則以分數「1」表示；若前項比後項重要一些，則以分數「2」表示，以此類推，若前項比後項具有絕對重要性，則以分數「9」來表示。成對比較表之比較值及意義如表 3 所示。

表 3　AHP 一對比較評量尺度

成對比較值	意義
1	兩方項目約同樣重要
3	前項目較後者稍微重要
5	前項目較後者重要
7	前項目較後者相當重要
9	前項目較後者絕對性的重要
2、4、6、8	用於補間
以上數值的倒數	由後面的項目看前面的項目時所使用

在了解其值所代表的意義後，我們將進行一對比較表的運算，而在進行一對比較表時，必須要計算其整合度（C.I），依據 Saaty 教授所提供的整合度必須小於 0.1，表示整合性佳，否則必須加以調整。表 4 為第二階層中評價項目的一對比較計算過程：

表 4　第二階層之評價項目的一對比較

	競爭者	顧客	績效	能力	比重
競爭者	1	1/2	2	1/3	0.16
顧客	2	1	4	1	0.36
績效	1/2	1/4	1	1/3	0.10
能力	3	1	3	1	0.38

λ_{max} = 4.05　C.I. = 0.015

當第二階層中之評價項目間為獨立之情形時，就競爭者對其他評價項目而言，雖然公司推出的產品必須考量競爭者的產品，但產品主要仍是以滿足顧客需求為主，所以顧客比競爭者重要一點（給予 1/2 的數值），即使公司未來的表現必須參考過去的績效，但過去績效並不會決定未來表現的一切，故競爭者比績效重要一點（給予 2 的數值），公司能力會決定公司未來在營運過程中的表現，當公司能力不佳時，參考再多競爭者的資訊也於事無補，故能力比競爭者稍微重要（給予 1/3 的數值），以此類推，對各評價項目給較多重要度，以下不加以贅述。一對比較結果顯示，「能力」具有最高的比重，表示其對企業成長策略的選定有 38% 的影響力，依次為「顧客」、「競爭者」，而比重最低為「績效」，只有 10% 的影響力，得出此矩陣之標準化特徵微向量（比重）為：

$$W_T = (0.16, 0.36, 0.10, 0.38)$$

四、內部從屬法

（一）對第二階層的評價項目進行成對比較並決定其比重

進一步考慮各評價項目間具有相互從屬關係時（請參圖 2），如競爭者的評價項目競爭者，也受到顧客、績效及能力的影響；接著，將這些評價項目的一對比較結果呈現於表 5～表 8 中。

表 5　從競爭者考量從屬關係的一對比較

競爭者	競爭者	顧客	績效	能力	比重
競爭者	1	1/5	3	4	0.44
顧客	5	1	4	2	0.39
績效	1/3	1/4	1	4	0.05
能力	1/4	1/2	1/4	1	0.12

$\lambda_{max} = 4.26$　C.I. = 0.085

從競爭者考量從屬關係之一對比較，可得知企業的外部環境較內部環境重要，在外部環境中，顧客較競爭者重要（給予 1/5 的數值），因為顧客的需求會

影響企業的產品或市場決策。一對比較結果顯示，「競爭者」具有最高的比重（0.44），比重最低者為「能力」（0.12）。

表 6　從顧客考量從屬關係的一對比較

顧客	競爭者	顧客	績效	能力	比重
競爭者	1	1/5	2	4	0.25
顧客	5	1	3	2	0.52
績效	1/2	1/3	1	2	0.13
能力	1/4	1/2	1/2	1	0.11

$\lambda_{max} = 4.21$　C.I. = 0.07

從顧客考量從屬關係之一對比較，顧客會較著重企業的能力，因為公司能力會影響企業在產品或市場上的表現，所以顧客比績效稍微重要，顧客比能力重要一點。一對比較結果顯示，「顧客」具有最高的比重（0.52），比重最低者為「能力」（0.11）。

表 7　從績效考量從屬關係的一對比較

績效	競爭者	顧客	績效	能力	比重
競爭者	1	1/2	1/4	1/3	0.09
顧客	2	1	1/2	4	0.30
績效	4	2	1	3	0.46
能力	3	1/4	1/3	1	0.15

$\lambda_{max} = 4.13$　C.I. = 0.04

從績效考量從屬關係之一對比較，可得知績效較競爭者重要（給予 4 的數值），因為績效會影響公司未來的表現、績效較顧客重要（給予 2 的數值），績效仍會影響顧客的消費選擇、績效較能力稍微重要（給予 3 的數值）。一對比較結果顯示，「績效」具有最高的比重（0.46），比重最低者為「競爭者」（0.09）。

表 8　從能力考量從屬關係的一對比較

能力	競爭者	顧客	績效	能力	比重
競爭者	1	3	2	1/3	0.25
顧客	1/3	1	2	1/4	0.13
績效	1/2	1/2	1	1/3	0.11
能力	3	4	3	1	0.51

λ_{max} = 4.05　C.I. = 0.02

從能力考量從屬關係之一對比較，能力較競爭者稍微重要（給予 3 的數值），能力較顧客重要（給予 4 的數值）；只要公司有好的能力，不用擔心競爭者的威脅與過去績效的表現，而顧客也會被公司的能力所吸引。所以，一對比較結果顯示，「能力」具有最高的比重（0.51），比重最低者為「績效」（0.11）。

綜合考慮各評價項目於獨立時所得之比重，以及考量各評價項目間具有相互從屬關係時之比重（從屬矩陣），即得到各評價項目間具有內部從屬關係之比重，其計算方式及結果如下所示：

$$\begin{bmatrix} 0.44 & 0.25 & 0.09 & 0.25 \\ 0.39 & 0.52 & 0.30 & 0.13 \\ 0.05 & 0.13 & 0.46 & 0.11 \\ 0.12 & 0.11 & 0.15 & 0.51 \end{bmatrix} \times \begin{bmatrix} 0.16 \\ 0.36 \\ 0.10 \\ 0.38 \end{bmatrix} = \begin{matrix} 競爭者 \\ 顧客 \\ 績效 \\ 能力 \end{matrix} \begin{bmatrix} 0.26 \\ 0.33 \\ 0.14 \\ 0.27 \end{bmatrix}$$

在考量各評價項目間具有內部從屬關係後，各評價項目的比重以「顧客」為最高，對選擇企業成長策略具有 33% 的影響力，其次為「能力」具有 27% 的影響力、「競爭者」有 26% 的影響力、「績效」有 14% 的影響力，得出各評價項目的從屬性之比重為：

$$W_1^T = (0.26, 0.32, 0.14, 0.27)$$

（二）對第三階層的評價項目進行成對比較並決定其比重

接著將針對第三階層的評價項目進行成對比較並決定其比重。在競爭者的評

價中，得知目標市場較產品線來得稍微重要，將所建立的一對比較表呈現於表 9 中，結果顯示「偏好」之比重為 0.75，「所得」的比重為 0.25。

表 9　考慮競爭者之一對比較

競爭者	產品線	目標市場	比重
產品線	1	1/2	0.33
目標市場	2	1	0.67

λ_{max} = 2.0　C.I. = 0.00

表 10　考慮顧客之一對比較

顧客	所得	偏好	比重
所得	1	1/3	0.25
偏好	3	1	0.75

λ_{max} = 2.0　C.I. = 0.00

　　在績效的評價中，得知財務表現較企業形象來得稍微重要，將所建立的一對比較表呈現於表 11 中，結果顯示「財務表現」之比重為 0.67，「企業形象」的比重為 0.33。

　　在考慮的評價中，得策略性能力較功能性能力重要，於是將所建立的一對比較表呈現於表 12 中，結果顯示「策略性能力」之比重為 0.75，「功能性能力」的比重為 0.25。

表 11　考慮績效之一對比較

績效	財務表現	企業形象	比重
財務表現	1	2	0.67
企業形象	1/2	1	0.33

λ_{max} = 2.0　C.I. = 0.00

表 12　考慮能力之一對比較

能力	策略性能力	功能性能力	比重
策略性能力	1	3	0.75
功能性能力	1/3	1	0.25

$\lambda_{max} = 2.0$　C.I. = 0.00

（三）整合第二階層與第三階層評價項目之比重

在求算出第二階層各評價項目的從屬比重與第三階層評價項目之比重後，本研究進一步整合第二階層與第三階層中各評價項目之比重，求得第三階層中各評價項目之權重，其計算過程與結果如下所示：

$$競爭者 \rightarrow 0.26 \times \begin{bmatrix} 0.33 \\ 0.67 \end{bmatrix} = \begin{matrix} 產品線 \\ 目標市場 \end{matrix} \begin{bmatrix} 0.09 \\ 0.17 \end{bmatrix}$$

$$顧客 \rightarrow 0.33 \times \begin{bmatrix} 0.25 \\ 0.25 \end{bmatrix} = \begin{matrix} 所得 \\ 偏好 \end{matrix} \begin{bmatrix} 0.08 \\ 0.25 \end{bmatrix}$$

$$績效 \rightarrow 0.14 \times \begin{bmatrix} 0.67 \\ 0.33 \end{bmatrix} = \begin{matrix} 財務表現 \\ 企業形象 \end{matrix} \begin{bmatrix} 0.09 \\ 0.04 \end{bmatrix}$$

$$能力 \rightarrow 0.27 \times \begin{bmatrix} 0.75 \\ 0.25 \end{bmatrix} = \begin{matrix} 策略性能力 \\ 功能性能力 \end{matrix} \begin{bmatrix} 0.20 \\ 0.07 \end{bmatrix}$$

最後，得出在第二階層具從屬關係下，第三階層中各評價項目之標準化特徵向量（比重）為：

$$W_2^T = = (0.09, 0.17, 0.08, 0.25, 0.09, 0.04, 0.20, 0.07)$$

五、絕對評價法

（一）對評價項目設定絕對性評價水準與決定其比重

本研究針對第三階層中各評價項目設定絕對性評價水準，給予「很重要、重要、普通、不重要」四個評價水準，其結果如表 13 所示。

表 13　第三階層中各評價項目的評價水準（重要程度）

產品線	目標市場	所得	偏好	財務表現	企業形象	策略性能力	功能性能力
很重要	很重要		很重要			很重要	很重要
重要	重要	重要	重要	重要	重要	重要	重要
普通	普通	普通	普通	普通	普通	普通	普通
不重要	不重要	不重要	不重要	不重要	不重要	不重要	不重要

接著，進行第三階層中各評價項目間的一對比較，其中，因為「產品線」、「目標市場」、「偏好」、「策略性能力」以及「功能性能力」的評價水準相同，所以一同對它們進行一對比較；相同地，對「所得」、「財務表現」與「企業形象」一起進行一對比較，如表 14 所示。

表 14　第三階層中各評價項目的評價水準的一對比較

產品線、目標市場、偏好、策略性能力、功能性能力	很重要	重要	普通	不重要	比重
很重要	1	3	5	7	0.56
重要	1/3	1	3	5	0.26
普通	1/5	1/3	1	3	0.12
不重要	1/7	1/5	1/3	1	0.06

λ_{max} = 4.11　C.I. = 0.004

所得、財務表現、企業形象	重要	普通	不重要	比重
重要	1	4	6	0.70
普通	1/4	1	2	0.19
不重要	1/6	1/2	1	0.10

λ_{max} = 3.01　C.I. = 0.005

計算後，得出第三階層中各評價項目之評價水準的標準化特徵向量（比重）：

產品線、目標市場、偏好、策略性能力、功能性能力……

$$W_1^T = W_2^T = W_4^T = W_4^T = W_7^T = (0.56,\ 0.26,\ 0.12,\ 0.06)$$

很重要　重要　普通　不重要

所得、財務表現、企業形象…$W_3^T = W_5^T = W_6^T = (0.70, 0.19, 0.10)$

重要　普通　不重要

其次，將各替代案（方案一至四的成長策略）按第三階層中八個評價項目的評準水準（如表 15 所示），進行重要程度的設定；設定結果如表所示，方案一對「產品線」、「目標市場」、「偏好」、「功能性能力」而言很重要，對「所得」為重要，對「財務表現」、「企業形象」與「策略性能力」則只有普通的重要性。

表 15　各方案的重要程度之評價

評價項目 替代案	產品線	目標 市場	所得	偏好	財務 表現	企業 形象	策略性 能力	功能性 能力
方案一	很重要	很重要	重要	很重要	普通	普通	普通	很重要
方案二	很重要	普通	重要	很重要	重要	普通	重要	很重要
方案三	普通	很重要	重要	很重要	重要	重要	重要	很重要
方案四	不重要	重要	重要	很重要	重要	重要	很重要	很重要

（二）決定綜合評價矩陣與長策略

此時，要計算出層次三之評價項目與各方案間之評價水準的比重。將第三階層中的各評價項目（i）對各方案（j）的評價值（a_{ij}），以評價項目（i）中的最大評價值（a_{max}）來除其值，把運算之結果（S_{ij}）重新作為評價項目（i）對各方案（j）的評價值。例如：方案三對產品線的評價水準為「普通」（0.12），將「普通」的評價值除以產品線中最大的評價值「很重要」（0.56），即重新求出方案三對產品線的評價值為 0.21，以此類推，計算過程如表 16 所示。

表 16　各方案的重要程度之綜合評價值

	產品線	目標 市場	所得	偏好	財務 表現	企業 形象	策略性 能力	功能性 能力
方案一	0.56/ 0.56	0.56/ 0.56	0.70/ 0.70	0.56/ 0.56	0.19/ 0.70	0.19/ 0.70	0.12/ 0.56	0.56/ 0.56
方案二	0.56/ 0.56	0.12/ 0.56	0.70/ 0.70	0.56/ 0.56	0.70/ 0.70	0.19/ 0.70	0.26/ 0.56	0.56/ 0.56

	產品線	目標市場	所得	偏好	財務表現	企業形象	策略性能力	功能性能力
方案三	0.12/0.56	0.56/0.56	0.70/0.70	0.56/0.56	0.70/0.70	0.70/0.70	0.26/0.56	0.56/0.56
方案四	0.06/0.56	0.26/0.56	0.70/0.70	0.56/0.56	0.70/0.70	0.70/0.70	0.56/0.56	0.56/0.56

最後，運用表所示之綜合評價矩陣與第三階層中各評價項目之比重向量（W_2^T），求出各成長策略（方案一至四）的綜合評價值；結果顯示，企業選擇成長策略的優先順位為「新市場開發」（0.92）>「多角化」（0.90）>「市場滲透」（0.74）>「新產品開發」（0.72）。

$$\begin{bmatrix} 1 & 0.21 & 1 & 1 & 0.27 & 0.27 & 0.21 & 1 \\ 1 & 1 & 1 & 1 & 1 & 0.27 & 0.46 & 1 \\ 0.21 & 1 & 1 & 1 & 1 & 1 & 1 & 1 \\ 1 & 0.46 & 1 & 1 & 1 & 1 & 1 & 1 \end{bmatrix} \times \begin{bmatrix} 0.09 \\ 0.17 \\ 0.08 \\ 0.25 \\ 0.09 \\ 0.04 \\ 0.20 \\ 0.07 \end{bmatrix} = \begin{matrix} 市場滲透 \\ 新產品開發 \\ 新市場開發 \\ 多角化 \end{matrix} \begin{bmatrix} 0.74 \\ 0.72 \\ 0.92 \\ 0.90 \end{bmatrix}$$

伍　結論

　　企業在制定策略時，往往需要考量其所面對的外部環境及其自身的內部能力。許多企業制定不正確的策略時，通常將付出慘痛的代價。因此，一個企業最怕的就是做出錯誤的決策。本研究認為，企業在制定成長策略時，應考量外部環境的競爭者與顧客；內部環境的企業績效與能力。由於外在環境的快速變動，使得企業無法固守已有的成功，往往需面臨企業的成長或轉型，廠商更需思考經營方向及策略的調整，才得以延續生存之壓力。

　　因此，本研究使用階層分析方法（AHP），提供了企業制定成長策略的分析

模式，其決策基礎在於專家的專業判斷以及方案與評價基準之成對比較、絕對比較。本研究經由相對評價的內部從屬及絕對評價法之分析發現，企業在制定成長策略時，第一個應考量的因素就是顧客，才能知道顧客的需求為何，顧客乃是市場導向之企業最重要的要素；再者，企業了解顧客的需求後，組織本身應要有能力去符合顧客的需求。因此，組織內部能力乃為企業制定成長策略時，第二個重要考量之因素，其次才是競爭者、組織內部的財務表現。

倘若企業本身的內部體質非常良好，且有能力因應外在之環境（如顧客與競爭者），其可採行的策略順序為方案三（市場開發）、方案四（多角化）、方案一（市場滲透）、方案二（產品開發）。由於企業本身的體質與各方面條件均非常優良，本研究建議應優先採用市場開發與多角化等策略，方能使得企業快速成長。透過上述研究結果，期望給予企業在制定成長策略時，能更有系統地思考與制定，以增加策略選擇的正確性，使得企業在制定策略時能更加精練。

參考文獻

1. Aaker, D. A.(1984), Developing Business Strategies, New York:Mcgraw-Hill, 35~36.

2. Ansoff, H. I. (1965), Corporate Strategy, New York:Mcgraw-Hill.

3. Ansoff, H. I., & McDonnell E. (1990), Implanting Strategic Management (2th ed) United Kingdon: Prentice-Hall.

4. Daniel, F. Spulber. (2004), Management Strategy, The McGrow Hill Companies.

5. Penrose, E. T. (1959), The Theory of the Growth of the Firm. New York: John Wiley.

6. Saaty, Thomas L., (1980), The Analytic Hierarchy Process, New York: Mcgraw-Hill.

7. 陳耀茂，1999 年，「階層構造分析法入門」，出版兼發行者。

8. 鄧振源，曾國雄，1989 年，「層級分析法（AHP）的內涵特性與應用（上）、（下）」，中國統計學報，第27卷第六期、第七期，臺北，頁 13707-13786。

案例 4　以 ANP 探討高科技產業選擇新產品開發專案的決策分析

摘　要

　　有鑑於全球競爭日益激烈、市場分裂為以利基市場為主，本研究欲探討企業間如何藉由新產品開發成功，為公司帶來競爭優勢。對很多產業來說，新產品開發是攸關企業成敗中最重要的因素。一個成功的公司會根據本身能力以及未來發展方向，詳細地規劃 R&D 的組合，讓新產品開發目標、目前企業擁有的資源以及能力達到最佳的適配。

　　成功的新產品發展專案，對內能協助公司組織賺取利潤並強化其競爭力，對外則能為公司組織建立市場地位以因應競爭者的挑戰。但真正能為組織帶來龐大收益，並可稱之為成功的新產品個案卻屈指可數。因此本研究係以回饋型 ANP 決策方法，幫助公司決策新產品專案中應選擇執行哪個方案，提供決策者最終的參考依據。

　　由本研究可知，替代案的偏好順序為突破性（0.365）、R&D（0.287）、衍生性（0.24)）、平臺性（0.108），可以預料突破性產品一旦成功，將帶給公司極大利潤。

關鍵詞：回饋型 ANP，新產品發展專案，突破性產品，衍生性，平臺性。

壹　研究背景

　　對很多產業來說，新產品開發是攸關企業成敗最重要的因素。對新產品的重視，刺激研究者從策略管理、工程、行銷以及其他學科來研究新產品的開發過程。大部分學者的結論是，為了要使新產品開發成功，企業必須同時達到兩個重要的目標，一是與客戶需求的適配度要達到最大化，二是產品上市的時間縮到最短。雖然這兩個目標對公司來說是有衝突的，有證據指出，企業可能會從事策略活動來成功地達到這兩個目標。一個成功的公司會根據本身能力以及未來發展方向，詳細地規劃 R&D 的組合，讓新產品開發目標、目前企業擁有的資源以及能

力達到最佳的適配。

貳 研究動機

成功的新產品發展專案，對內能協助公司組織賺取利潤並強化其競爭力，對外則能為公司組織建立市場地位以因應競者的挑戰，然而當不同規模的公司組織紛紛投入新產品發展之際，真正為組織帶來龐大收益，並可稱之為成功的新產品個案卻屈指可數。由此可見，新產品發展專案具有高度的不確定性，而其發展過程亦須承受來自市場環境、競爭者及技術層面的風險，這些都是新產品發展專案難以控制及管理的部分。

故本研究著眼於新產品專案在正式進入發展階段前的決策時點，以回饋型ANP決策針對新產品專案該選擇哪一個方案進行分析與評估，並提供決策者採取最終行動的參考依據。

參 研究目的

產品創新對企業有維持其競爭力是十分重要的，因此根據前述的研究動機有下列3個目的：
1. 確保公司有清楚、一致的技術策略，有效地進行新產品開發。
2. 公司可透過ANP的決策分析，選擇有利於公司的方案。
3. 經由資源、預期報酬與風險、競爭者與市場需求來評價新產品。

肆 文獻探討

本文擬先就產品開發的相關議題進行介紹。

一、新產品的類型

本研究根據V.K. Narayanan（2004）的研究，將新產品區分為以下五種類型：

1. 全新的產品（new-to-world products）

對整個世界來說是個新發明的產品。例如：Polaroid的第一臺相機、第一輛

車、人造纖維、雷射印表機等。

2. 新產品系列（new category entries）

　　這些產品讓企業進入新市場區隔。這些產品並不是首次在世界中亮相，但是對公司來說則是前所未有的。例如：寶鹼進入洗髮精市場、Hallmark 對贈品禮物的發展、AT&T 聯名卡的推出。

3. 增加的產品線（additions to product lines）

　　對現有市場產品線的擴充。例如：Tide 流動洗衣精、Bud Lite 的啤酒以及蘋果電腦的 Mac 2SI。

4. 改良品（product improvements）

　　對現有產品的改良。現在市場上的產品都經過改造，並且經過很多次的改造。

5. 對產品重新定位（repositioning）

　　這些產品被重新定位到一些新的應用方面，最典型的例子是：Arm&Hammer 的烘焙蘇打，曾經被重新定位於排水溝除臭劑、冰箱除臭劑等等。

二、新產品開發相關因素探討

1. 資源

　　當一家公司決定要進行新產品開發的時候，會受到資源的限制，包含財務資源以及人力資源等等。資源需求因產業不同而有所不同，新產品類型的不同，也會使得資源需求不同。例如：製藥業開發出一種新的藥品，平均來講都在 2 億美元以上。然而如果只是對某一種藥品進行產品線的擴充，則成本就會低了許多。當一家公司同時進行多項產品時——即新產品開發組合，就必須對這些產品進行區分優先等級，並且根據優先等級來分配資源。

　　新產品發展專案需要組織內部各部門人力與物力的有效支援與配合，組織應視擁有資源的多寡，來選擇哪種型式的新產品開發專案。在注重同步工程的時代，組織內跨部門人員的合作更顯重要。Cooper 與 Kleinschmidt（1996）提到，應由一個跨功能性團隊來主導新產品發展專案，專案成功的機率會比較大。而這個團隊的成員應來自研發、行銷、製造、工程等各個部門。由於新產品發展專案小組成員是來自公司組織內不同部門的成員，成員們不同的工作背景有助於產品

在發展過程中融合多方不同意見，刺激創意點子的產生，也可以減少產品通過在研發部門設計完善後，卻在製造與生產階段發生其設計不可行的情況。周文賢與林嘉力（民90）提到，在新產品發展程序的企業分析階段，企業必須召集公司各功能部門會商，讓行銷、研發、生產、財務與人事部門，根據本身的專業判斷與能力評估，分析產品開發的可行性。

新產品發展牽涉到公司組織內部許多重大資源的投入，Cooper與Kleinschmidt（1991）歸納新產品發展所謂的適切資源，包含以下三項，分別是：任用適恰的人才、給予發展團隊充分的時間進行作業、以及提供適當的研究與發展預算。高層的鼓勵與支持，也是新產品開發專案成功的重要因素之一，高層可以為專案的人力與資本做適當的分配，確保生產過程中不會受到資源不足的限制。高層也可以激勵各個不同單位的人員做良好的溝通與合作。具備相關技術能力的人才，充裕的設備與金援等，都是新產品發展不可或缺的資源投入。

2. 預期報酬與風險評估

新產品發展專案本身即具高度風險，在發展過程中容易遭遇到來自公司組織內部或外部不確定事件的威脅。開發的過程中也會碰到各類型的問題，例如：新產品專案所持有的問題類型。Rosenau與Moran（1993）認為，在產品發展過程中有三個典型問題：

(1) 確保產品開發小組的工作進度與預期應達成的活動時程能夠有效配合；

(2) 決定何時放棄那些不具發展潛力的產品開發專案；

(3) 分配適當的資源給予應優先進行的開發活動。

推出新產品是有風險的，事實上，多數新產品開發最後的結果是失敗了。同時，開發需要具備足夠的資源，這是很重要的一點。因此，新產品開發的決策，必須建立在對未來預期的報酬（expected returns）、預計投入的資源（planned commitment of resources）以及該專案的風險（the riskiness of the project）三者有效的評估的基礎上。

周文賢與林嘉力（民90）認為，新產品引進市場的時機錯誤，也是新產品遭遇失敗的原因此一。如果組織決定為先驅者，在市場需求尚未明朗時就決定進入市場，可能面對的風險為，由於初期的供應商不足，投入設備、資源等需要較高的成本，並且可能面對市場需求不符合預期的風險。又如太晚引入新產品到市場上，此時競爭者可能已經充斥整個市場，市場需求也可能已經趨於飽和，組織

可能因而無法獲得合理利潤。

　　Davis（2002）將專案風險分為市場風險、技術性風險及使用者風險，並將新產品發展專案又細分為「世界性的新產品」、「對公司而言的新產品」、「現有產品線的延伸」及「改良性的新產品」，將三種風險類型對於四種專案型態而言，其相關權重值為何，做了相關的介紹，對決策者而言，是一個估算專案風險狀態的良好基礎。新產品發展專案在每個發展階段都有其特定的風險狀況，Ozer（1999）提到公司在進行市場測試時，其實已開放機會讓競爭廠商獲知潛在市場的情況，所以其他廠商就能立即進入開發程序，省卻了花費龐大且耗時的事前調查，反而為競爭者創造了機會發展競爭品牌。

　　成功的新產品發展專案能為公司組織帶來潛藏的巨額利潤，然而失敗的新產品在推出市場後反應不佳，在發展過程中的相關資源投入也就無法回收，於是新產品專案在執行階段都會透過一些機制檢視專案的執行績效，期望減少失敗率高的新產品專案繼續消耗組織資源。

3. 新產品開發專案的類型

　　新產品開發流程中，每一個專案都要適當地管理。本研究係採取 Melissa A. Schilling 與 Charles W. L. Hill（1999）的文獻，來區分新產品開發專案的類型。新產品開發專案依產品改變的程度與流程改變的程度，可區分為以下四種型式：完全的研發專案（pure R & D）、突破性專案（breakthrough）、平臺性專家（platform）以及衍生性專案（derivative projects）。一項技術可能會隨著時間而移轉到不同的專案類型，如下圖所示：

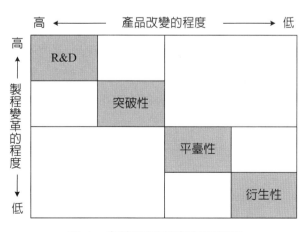

圖1　新產品開發專案的類型

R&D 專案是促成開發專案商品化的先驅，而且對於發展重要的策略性技術是不可或缺的。突破性專案是整合了新的產品技術與流程技術研發出新產品。平臺性專案改善了上一代產品的成本、品質與技術。衍生性專案包含產品及流程上的增加（的變化）。平臺性專案設計的重點在於服務某些核心顧客群，反之衍生性專案只是基本平臺設計的變化，以迎合此核心顧客群內不同的需求。

伍　研究方法

本研究主要是以回饋型 ANP 層級分析法來進行，將複雜問題系統層級化，使之成為系統層級化，成為簡單明確的層級架構關係，再透過分析評比，找出各個層級因素的重要程度、優先順序、相對差異性。以探討出企業經營者在制定其新產品開發時的產品項目策略，應著重於何種項目為首。以下說明回饋型 ANP 層級分析法的應用與實際運算步驟。

一、架構說明

本研究在探討新產品開發經營策略，經由文獻整理及專家意見的選取而得到關係產品開發之關鍵因素，以及新產品開發經營的項目，依照回饋型層級分析法（ANP）的架構，將研究變數分為三層，分別說明如下：

1. 第一層因素

本層級最重要的目的，在於探討「高科技產業新產品開發之專案選擇分析」。

腳本 S_1 是考慮新產品開發專案需要組織內部跨部門人力與物力的有效支援，這個團隊的成員應來自研發、行銷、製造、工程等部門。公司必須根據本身的專業判斷與能力評估有多少資源可供使用，因此「資源」看得比較重要。

腳本 S_2 是考慮雖然成功的新產品發展專案可為公司帶來高額獲利，但若市場預測錯誤，則專案本身即具高度風險。公司必須在報酬與風險之間做個取捨，也該對市場預測做正確評估，因此將「預期報酬與風險」與「市場需求」看得比較重要。

腳本 S_3 是考慮產業是否已經飽和以及進入市場的時間是否為初期或成熟期，因此「競爭者」看得比較重要。

2.第二層因素

　　本研究之觀念架構，彙整融合文獻著作、刊物報導探討和產業環境現況及內外部因素的分析，將此層（第二層）架構因素歸納出高科技產業新產品開發之關鍵因素有下列：「資源」、「預期報酬與風險」、「競爭者」、「市場需求」等四項。

3.第三層因素

　　本研究之觀念架構，彙整融合文獻著作將此層（第三層）架構因素歸納出高科技產業新產品開發有下列：「R&D」、「突破性」、「平臺性」、「衍生性」等四項。以下為本研究架構圖：

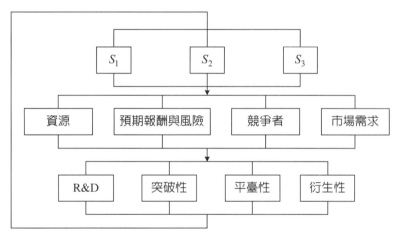

圖2　研究架構圖

二、回饋型 ANP 分析步驟

第一步驟：

　　專案選擇的階層如圖所示，層次一列入三個腳本（S_1、S_2、S_3），層次二列入四個評價基準（資源、預期報酬與風險、競爭者、市場需求），層次三列入四個替代方案（R&D、突破性、平臺性、衍生性），並使其回饋至層次一。

第二步驟：

　　其次，求各層次的比重。首先從各替代案來看三個腳本（S_1、S_2、S_3）的一對比較，我們從第一層因素知道，腳本 S_1 是將資源看得比較重要，腳本 S_2 是將

「預期報與風險」與「市場需求」看得比較重要，腳本 S_3 是將「競爭者」看得比較重要。以 R&D 專案來說，公司是否擁有足夠的資源來支撐此開發專案，最為攸關新產品開發是否得以成功，因此 S_1 比重給最高。以突破性專案來說，市場創新程度越高，越能吸引消費者注意，但仍需視其是否能符合消費者需求為重，若需求預測錯誤，則具有風險，因此 S_2 比重最高。以平臺性專案來說，公司是否擁有足夠的資源來支撐此開發專案，最為攸關新產品開發是否得以成功，因此 S_1 比重給最高。以衍生性專案來說，是否能打敗競爭者攸關新產品開發是否得以成功，因此 S_3 比重較為重要。

這些矩陣的特徵向量，分別整理如表 1、表 2、表 3 與表 4：

表 1　R&D 與三個腳本的一對比較

R&D	S_1	S_2	S_3	比重
S_1	1	2	3	0.540
S_2	1/2	1	2	0.297
S_3	1/3	1/2	1	0.163

$\lambda_{max} = 3.009209$　C.I. = 0.004604

從 R&D 考量從屬關係之一對比較結果顯示，「R&D」比較重視腳本 S_1。

表 2　突破性與三個腳本的一對比較

突破性	S_1	S_2	S_3	比重
S_1	1	1/5	1/2	0.106
S_2	5	1	7	0.744
S_3	2	1/7	1	0.150

$\lambda_{max} = 9.356881$　C.I. = 0.05948

從突破性考量從屬關係之一對比較結果顯示，「突破性」比較重視腳本 S_2。

表 3　平臺性與三個腳本的一對比較

平臺性	S_1	S_2	S_3	比重
S_1	1	3	2	0.540
S_2	1/3	1	1/2	0.163
S_3	1/2	2	1	0.297

$\lambda_{max} = 3.009209$　C.I. = 0.004604498

從平臺性考量從屬關係之一對比較結果顯示，「平臺性」比較重視腳本 S_1。

表 4　衍生性與三個腳本的一對比較

衍生性	S_1	S_2	S_3	比重
S_1	1	1/2	1/3	0.169
S_2	2	1	1	0.387
S_3	3	1	1	0.443

λ_{max} = 3.033333　C.I. = 0.010200448

從衍生性考量從屬關係之一對比較結果顯示，「衍生性」比較重視腳本 S_3。

其次，從腳本 S_1、S_2、S_3 來看各評價基準的一對比較。以腳本 S_1 來說，資源為最重要；以腳本 S_2 來說，預期報酬為最重要；以腳本 S_3 來說，競爭者最為重要。一對比較表整理如表 5、表 6 與表 7。

表 5　腳本 S_1 與各評價基準的一對比較

S_1	資源	預期報酬與風險	競爭者	市場需求	比重
資源	1	5	7	5	0.64
預期報酬與風險	1/5	1	3	4	0.2
競爭者	1/7	1/3	1	1	0.07
市場需求	1/5	1/3	1	1	0.09

λ_{max} = 4.12　C.I. = 0.04

從比重可以看出，S_3 是注重「資源」的腳本。

表 6　腳本 S_2 與各評價基準的一對比較

S_2	資源	預期報酬與風險	競爭者	市場需求	比重
資源	1	1/5	3	1/3	0.0836
預期報酬與風險	5	1	7	3	0.6743
競爭者	1/3	1/7	1	1/3	0.0359
市場需求	3	1/3	3	1	0.2

λ_{max} = 4.264　C.I. = 0.09

從比重可以看出，S_2 是注重「預期報酬」、「市場風險」的腳本。

表 7　腳本 S_3 與各評價基準的一對比較

S_3	資源	預期報酬與風險	競爭者	市場需求	比重
資源	1	1/5	1/9	3	0.084
預期報酬與風險	5	1	1/3	5	0.270
競爭者	9	3	1	7	0.594
市場需求	1/3	1/5	1/7	1	0.051

$\lambda_{max} = 4.25$　C.I. = 0.083

從比重可以看出 S_3 是注重「競爭者」的腳本。

再來是從各評價基準來看各替代案的一對比較。以資源來說，公司資源充足，則有能力支撐 R&D 專案，因此 R&D 比重最為重要；以預期報酬與風險來說，突破性專案若能正確地預測市場，則可為公司帶來巨大獲利，因此突破性專案比重最為重要；以競爭者來說，突破性專案若能打敗競爭者，則可為公司帶來巨大獲利，因此突破性專案比重最為重要；以市場需求來說，衍生性專案若能獲得市場青睞，則較能成功，因此衍生性專案比重最為重要。一對比較表整理如表8、表 9、表 10 與表 11。

表 8　資源替代方案的一對比較

資源	R&D	突破性	平臺性	衍生性	比重
R&D	1	1/5	9	3	0.084
突破性	5	1	1/3	5	0.270
平臺性	1/9	3	1	7	0.594
衍生性	1/3	1/5	1/7	1	0.051

$\lambda_{max} = 4.249$　C.I. = 0.083

從比重可以看出，資源是「平臺性專案」注重的評價基準。

表 9　預期報酬與風險與替代方案的一對比較

預期報酬與風險	R&D	突破性	平臺性	衍生性	比重
R&D	1	1/5	3	4	0.44
突破性	5	1	4	2	0.39
平臺性	1/3	1/4	1	4	0.05
衍生性	1/4	1/2	1/4	1	0.12

λ_{max} = 4.141　C.I. = 0.047

從比重可以看出，預期報酬與風險是「R&D」注重的評價基準。

表 10　競爭者與替代方案的一對比較

競爭者	R&D	突破性	平臺性	衍生性	比重
R&D	1	1/5	2	4	0.25
突破性	5	1	3	2	0.52
平臺性	1/2	1/3	1	2	0.13
衍生性	1/4	1/2	1/2	1	0.11

λ_{max} = 4.21　C.I. = 0.07

從比重可以看出，競爭者是「突破性專案」注重的評價基準。

表 11　市場需求與替代方案的一對比較

市場需求	R&D	突破性	平臺性	衍生性	比重
R&D	1	3	2	1/3	0.25
突破性	1/3	1	2	1/4	0.13
平臺性	1/2	1/2	1	1/3	0.11
衍生性	3	4	3	1	0.51

λ_{max} = 4.05　C.I. = 0.02

從比重可以看出，市場需求是「衍生性專案」注重的評價基準。

第三步驟：建立超矩陣（supermatrix）

綜合上述，可得一個由不同階層矩陣所形成的超矩陣 W，如下所示：

$$W = \begin{array}{l} S_1 \\ S_2 \\ S_3 \\ 資源 \\ 預期報酬與風險 \\ 競爭者 \\ 市場需求 \\ R\&D \\ 突破性 \\ 平臺性 \\ 衍生性 \end{array} \begin{bmatrix} 0 & 0 & 0 & 0 & 0 & 0 & 0 & 0.54 & 0.106 & 0.54 & 0.2 \\ 0 & 0 & 0 & 0 & 0 & 0 & 0 & 0.297 & 0.744 & 0.163 & 0.4 \\ 0 & 0 & 0 & 0 & 0 & 0 & 0 & 0.163 & 0.15 & 0.297 & 0.4 \\ 0.64 & 0.0836 & 0.084 & 0 & 0 & 0 & 0 & 0 & 0 & 0 & 0 \\ 0.2 & 0.6743 & 0.27 & 0 & 0 & 0 & 0 & 0 & 0 & 0 & 0 \\ 0.07 & 0.0359 & 0.594 & 0 & 0 & 0 & 0 & 0 & 0 & 0 & 0 \\ 0.09 & 0.2 & 0.051 & 0 & 0 & 0 & 0 & 0 & 0 & 0 & 0 \\ 0 & 0 & 0 & 0.084 & 0.44 & 0.25 & 0.25 & 0 & 0 & 0 & 0 \\ 0 & 0 & 0 & 0.27 & 0.39 & 0.52 & 0.13 & 0 & 0 & 0 & 0 \\ 0 & 0 & 0 & 0.594 & 0.05 & 0.13 & 0.11 & 0 & 0 & 0 & 0 \\ 0 & 0 & 0 & 0.051 & 0.12 & 0.11 & 0.51 & 0 & 0 & 0 & 0 \end{bmatrix}$$

上式 W 超矩陣具有馬可夫性，在長期之下將會趨於收斂。

可得到在長期下趨於穩定的超矩陣，如下所示：

$$W^* = \begin{array}{l} S_1 \\ S_2 \\ S_3 \\ 資源 \\ 預期報酬與風險 \\ 競爭者 \\ 市場需求 \\ R\&D \\ 突破性 \\ 平臺性 \\ 衍生性 \end{array} \begin{bmatrix} 0 & 0 & 0 & 0 & 0 & 0 & 0 & 0.395 & 0.395 & 0.395 & 0.395 \\ 0 & 0 & 0 & 0 & 0 & 0 & 0 & 0.265 & 0.265 & 0.265 & 0.265 \\ 0 & 0 & 0 & 0 & 0 & 0 & 0 & 0.34 & 0.34 & 0.34 & 0.34 \\ 0.36 & 0.36 & 0.36 & 0 & 0 & 0 & 0 & 0 & 0 & 0 & 0 \\ 0.21 & 0.21 & 0.21 & 0 & 0 & 0 & 0 & 0 & 0 & 0 & 0 \\ 0.135 & 0.135 & 0.135 & 0 & 0 & 0 & 0 & 0 & 0 & 0 & 0 \\ 0.295 & 0.295 & 0.295 & 0 & 0 & 0 & 0 & 0 & 0 & 0 & 0 \\ 0 & 0 & 0 & 0.287 & 0.287 & 0.287 & 0.287 & 0 & 0 & 0 & 0 \\ 0 & 0 & 0 & 0.365 & 0.365 & 0.365 & 0.365 & 0 & 0 & 0 & 0 \\ 0 & 0 & 0 & 0.108 & 0.108 & 0.108 & 0.108 & 0 & 0 & 0 & 0 \\ 0 & 0 & 0 & 0.24 & 0.24 & 0.24 & 0.24 & 0 & 0 & 0 & 0 \end{bmatrix}$$

陸　結論

由上面超矩陣可知，替代案的偏好順序為突破性（0.365）、R&D（0.287）、衍生性（0.24）、平臺性（0.108），可以預料突破性產品一旦成功，將帶給公司極大利潤。由以上矩陣可知，各評價基準的比重是收斂在資源（0.36）、預期報酬與風險（0.21）、競爭者（0.135）、市場需求（0.295）。各腳本的比重是收斂在 S_1(0.395)、S_2(0.265)、S_3(0.34)。比較產業開發新產品「突破

性」的比重最為重要，「R&D」、「衍生性」與「平臺性」對於開發新產品的評價基準中，雖然比重較低，但也不可忽略其影響。一個成功的公司可以根據上述研究，表達出公司的策略意圖以及詳細地規劃產品的組合，讓新產品開發目標、目前企業擁有的資源以及能力達到最佳的適配。

參考文獻

1. Booz, Allen, Hamilton, 1982, New Product Management for 1980s, New York: McGraw-Hill.

2. Balbontin A., Yazdani B.B., Cooper R., and Souder W. E., 2000, "New Product Development Practices in American and British Firms", Technovation, Vol.20, pp.257-274.

3. Calantone Roger J., Schmidt Jeffery B., and Song X. Michael, 1996, "Controllable Factors of New Product Success: A Cross-National Comparison", Marketing Science, Vol.15, No.4, pp.341-358.

4. Calantone Roger J., di Benedetto C.A., and Schmidt Jeffery B., 1999, "Using the Analytic Hierarchy Process in New Product Screening", Journal of Product Innovation Management, Vol. 16, pp.65-76.

5. Cooper Roger G, 1999, "From Experience The Invisible Success Factors in Product Innovation", Journal of Product Innovation Management, Vol. 16, pp.115-133.

6. Crawford C. Merle and Di Benedetto C. Anthony, 2000, New Products Management, Irwin McGraw-Hill.

7. Montoya-Weiss Mitzi M. and Calantone Roger, 1994, "Determinants of New Product Performance: AReview and Mata-Analysis", Journal of Product Innovation Management, Vol. 11, pp.394-397.

8. Song X. Michael and Montoya-Weiss Mitzi M., 2001, "The Effect of Perceived Technological Uncertainty on Japanese New Product Development", Academy of Management Journal, Vol. 44, No.1, pp.61-80.

9. Saaty, Thomas L., 1980, The analytic Hierarchy Process, New York: McGraw-Hill.

10.鄧振源，曾國雄，1989 年，「層級分析法（AHP）的內涵特性與應用（上）、

（下）」，中國統計學報，第27卷第六期、第七期，臺北，頁13707-13786。

11.Melissa A. Schilling and Charles W. L. Hill. Managing the new product development process: Strategic imperatives. Academy of management executive (1998).

12.V.K. Narayanan. Managing technology and innovation for competitive advantage. Publisher Education Taiwan Ltd. (print in Taiwan Aug. 2004).

13.Cooper, R.G. & Kleinschmidt, E. J. New product processes at leading industrial firms. Industrial Marketing Management. (1991).

案例5 以 ISM 建立階層構造及利用 AHP 評估資訊電子業選擇「供應商管理存貨機制(VMI)」運作模式的決策分析

本文摘錄自第 9 屆科技整合管理國際研討會，東吳大學企管系所，2005

摘　要

　　本研究旨在說明資訊電子業建立供應商管理存貨機制（VMI）時，其考量的十三個重要因素，並將十三個影響供應商管理存貨機制的因素，利用 ISM 階層構造分析法，評估採取供應商存貨管理的資訊電子業其建立 VMI 時考量因素的階層構造圖，從構造圖當中可以看出，資訊電子業對於 VMI 考量因素的架構，作為資訊電子產業在運作 VMI 時整個規劃的流程，且可作為一幅藍圖，提供資訊電子產業在設置 VMI 時的參考依據。經由構造圖，本研究接著使用 Satty 教授於 1980 年提出的階層分析法（Analytic Hierarchy Process, AHP），此種分析方法是一種強而有力的分析工具，可以協助管理者判斷出當該資訊電子業屬於買方的物料市場時，且其物料特性是屬於需求量大、共用性高且體積小，公司該使用何種 VMI 運作模式。

關鍵字：「資訊電子業」、「供應商管理存貨機制」、「ISM 階層構造分析法」、「階層分析法」。

壹　研究動機

　　在目前全球化、自由化、國際化的社會中，如何加強供應鏈的運作，使得企業的存貨降低，進而讓供應鏈的總成本降低，達到企業利潤提升的目標，是企業當務之急，當然資訊電子產業也不例外。劉毓民（2002）指出二十一世紀企業經營的重心已逐漸從單純的內部運作，轉移至與上、下游廠商之間的整合。

根據 Gartner Group 研究，到了 2005 年，擁有協同商務能力的供應商與客戶，在與沒有協同商務能力的企業競爭時，將能贏得超過 8 成的商機。Toelle 與 Tersine（1989）認為，在全球競爭市場的製造觀念中，已經不再將存貨看成一種必要的資產，而是看成一種增加公司成本的負債。因此，如何將供應鏈加以整合，及降低庫存所產生的風險及壓力，在整個供應鏈體系中快速回應，已是企業生存之必要條件。藉由供應商管理存貨機制（VMI）的方式，讓供應鏈中、上、下游以快速回應的方式配合運作，可以使得供應鏈中長鞭效應減低，供應鏈總成本降低。

翟志剛（1998）提出供應商管理存貨機制（VMI; Vender-Managed Inventory）定義為：掌握銷售資料和庫存量，作為市場需求預測和庫存補貨的解決方法，藉由銷售資料得到消費需求資訊，供應商可以更有效的計劃、更快速的反應市場變化和消費者的需求。林宏澤（2003）提出供應商管理存貨機制（VMI; Vender-Managed Inventory）可以用來作為降低庫存量、改善庫存週轉率，進而維持庫存量的最佳化。對企業而言，可以立即降低庫存金額，並避免物料跌價與呆料的損失；對供應商來說，則可以透過庫存風險分擔的誘因，建立與製造商之間長期的夥伴關係。由此可見，供應商管理存貨機制對於降低供應鏈成本助益頗深。因此處於供應商上、下游配合建立管理存貨機制的背景，本研究欲探討影響其機制的因素有哪些。透過對於影響機制因素的了解，本研究可以繪製出階層圖，經由階層圖的繪製，了解各項因素皆會影響 VMI 的三種運作模式，本研究以 AHP 分析法，了解當公司屬於買方的物料市場，此物料特性是屬於需求量大、共用性高且體積小時，該使用何種 VMI 運作模式。

貳　研究目的

由上述的動機背景之下，可以得知供應商管理存貨機制在供應鏈整合當中扮演重要的角色，因此本研究之目的及問題分別敘述如下：

一、資訊電子業為何需要建立供應商存貨管理機制？

二、在資訊電子業建立供應商存貨管理機制時，影響其機制的因素有哪些？

三、在建立 VMI 機制時，應該如何考慮各個要素對於該機制的重要性，及建立 VMI 機制時，最適階層構造圖應該如何繪製？

四、繪製出階層構造圖之後，應該如何使用 AHP 分析方法，來分析當公司屬於

買方的物料市場，此物料特性是屬於需求量大、共用性高且體積小時，該使用何種 VMI 運作模式？

因此，本研究首先使用由 J.N. Warfield 所提出的 ISM 階層分析法，該方法可改良 AHP 是以決策者的主觀判斷決定各階層的構造，改以利用數學模式，用更客觀的方法導出最適構造。利用 ISM 階層分析法，本研究得以引導出供應商管理存貨機制（VMI; Vender-Managed Inventory）的最適階層構造。緊接著為了能夠在公司屬於買方的物料市場，且物料特性是屬於需求量大、共用性高且體積小時，做出正確的決策，乃利用 AHP 分析方法進行分析，以選出正確的 VMI 運作模式。

參　研究方法

一、ISM 階層分析法

本研究欲探討資訊電子業建立供應商管理存貨機制（VMI）時，其考量的因素，為了協助管理者在建立該系統時，能夠確切掌握到那些影響該機制的因素是須先執行的，必須繪製最適階層構造圖，因此本研究首先採 ISM 階層分析法，這是一種系統化數理模式，利用客觀的方式，引導出建立供應商管理存貨機制（VMI）的最適階層構造圖，此模式取 Interpretive Structural Modeling（說明式的構造模式法）的第一個字母，是階層構造化手法的一種。

ISM 階層分析法應用在實際問題上，可以修正利用人所具有的直覺與經驗判斷在認識上所具有的矛盾點，可以更客觀的使問題明確。ISM 階層分析法的特徵如下：

（一）為了查明問題，需要聚集許多人智慧的一種參與型系統。

（二）以小組腦力激盪法的思考技術，包括主持人在 5～10 名之內，盡可能相互提出許多奇特的創意，但絕不批評別人的想法。

（三）以手法來說，是屬於程序式（Algorithm），以電腦的支援當作基本。

ISM 階層分析法的計算步驟如下，聚集數位成員，利用腦力激盪法抽出關聯因素，本研究因為時間關係，採用 Iacovou et al. 及 Chwelos et al. 等學者認為影響建立供應商管理存貨機制（VMI）時會考慮的十三項因素，來作為探討及繪製

最適階層構造圖的依據。接著進行此要素的一對比較，要素 i 如對要素 j 有影響時當作 1，若非如此時當作 0，製作關係矩陣。

二、AHP 階層分析法

資訊電子業對於使用 VMI 機制，有諸多因素會影響 VMI 機制的建立，本研究藉由 ISM 階層分析法繪製出最適階層構造圖，經由最適階層構造圖，再以 AHP 分析屬於買方的物料市場，且物料特性是屬於需求量大、共用性高且體積小時的資訊電子業，其運作模式與 VMI 影響因素之間的重要性及在屬於買方的物料市場，且物料特性是屬於需求量大、共用性高且體積小的情況下，該公司管理者應該採用何種 VMI 運作模式。

為了協助管理者選擇最適合公司的 VMI 運作模式，研究人員便發展出管理科學工具，以改善 VMI 機制運作模式的品質與執行的時效性，其中階層分析法（Analysis Hierarchy Process; AHP），是一項強而有力之分析工具，可協助管理者選擇最合適於公司的 VMI 運作模式。

AHP 是一項有利的衡量模式，所依賴的是在多元評估準則上對管理投入的評量。這些投入將轉換成評量分數，用以評估新產品概念組合的優先順序。

使用 AHP 的步驟概述如下：

（一）問題的界定

對於問題所處的系統，宜盡量考慮周全，將可能影響問題的要因，均需納入問題中。同時成立規劃小組，對問題的範圍加以界定。

（二）建構階層構造

由規劃小組的成員，利用腦力激盪法找出影響問題行為的評估準則（criteria）、次要評估準則（sub-criteria）、替代方案的性質及替代方案等。其次，將此一初步構造提報決策者或決策小組，以決定是否有些要素需要增減。然後將所有影響問題的要素由規劃小組或決策小組的成員，決定每兩個要素間的二元關係，最後利用 ISM 或 HAS 法等階層分析法，建構整個問題的階層構造，或直接利用腦力激盪法建構亦可。

（三）問卷設計與調查

每一層級要素在上一層級某一要素作為評價基準下，進行成對比較。因此，

對每一個成對比較需設計問卷，在 1～9 的分數下，讓決策者或決策小組的成員填寫（勾畫每一成對要素比較的尺度）。

　　根據問卷調查所得到的結果，建立成對比較矩陣，再應用計算求取各成對比較矩陣的特徵值與特徵向量，同時檢定矩陣的整合性。如矩陣整合性的程度不符要求，顯示決策者的判斷前後不一致，因此，規劃者需將問題向決策者清楚地說明，以設法調整。

（四）層級整合性的檢定

　　若每一成對比較矩陣的整合性程度均符合所需，則尚須檢定整個層級結構的整合性。如果整個層級結構的整合性程度不符合要求，顯示層級的要素關聯有問題，必須重新進行要素及其關聯的分析。

（五）替代方案的選擇

　　若整個層級結構通過整合性檢定，則可求取替代方案的優勢向量。若只有一位決策者的狀況，只需求取替代方案的綜合評分（優勢程度）即可；若為一決策小組時，則需分別計算每一決策成員的替代方案綜合評分，最後利用加權平均法（如幾何平均法）求取加權綜合評分，以決定替代方案的優先順序。

肆　以 ISM 評估資訊電子業建立供應商管理存貨機制的考量因素

　　茲將此部分分成六大部分說明，第一部分將依上述十三個因素，整理評價基準一覽表如下。第二部分將依據評價基準一覽表繪製關係矩陣圖。第三部分列出 M 矩陣圖。第四部分依據 M 矩陣圖，利用 Excel 依序求出 M 的乘冪，直到 $M^{K-1} = M^{K} = M^{K+1}$ 為止，得到可達矩陣 M^{*}。第五部分由可達矩陣求算出可達集合和先行集合。第六部分依據第五部分繪製出階層構造圖。

一、決定評價基準的內容

　　本研究採擷 Iacovou et al. 及 Chwelos et al. 等學者認為影響建立供應商管理存貨機制（VMI）時會考慮的十三項因素，作為探討及繪製最適階層構造圖的評價標準。表 1 列出所有會影響 VMI 的因素，並予以說明如下：

（一）VMI 機制／系統的採用與整合：企業與其合作夥伴間都採用相同的 VMI 管理機制／系統。

（二）整備程度：企業與其合作夥伴之間的整合準備程度。

（三）認知利益：企業在採用 VMI 機制／系統前，預期能達到的利益。

（四）外部壓力：處於全球運籌階段，企業所面臨的壓力。

（五）財務資源：企業投資在資訊科技的資本。

（六）資訊技術成熟度：企業除了了解技術層面的專業知識，在於管理層面也必須要了解，並且支援使用資訊科技。

（七）交易夥伴的整備程度：合作夥伴整體的資訊技術是否健全。

（八）協同作業流程的整備程度：企業與其合作夥伴的協同合作流程範圍。

（九）直／間接利益：節省營運成本、其他內部的效率、促進客戶服務與流程再造。

（十）競爭壓力：企業是否有能力去維持在產業間的競爭力。

（十一）與交易夥伴的依賴程度：企業與其合作夥伴的依賴程度強弱。

（十二）交易夥伴所具有的權利：根據雙方交易量或其他制衡影響策略，使合作夥伴可行使的潛在權利。

（十三）產業壓力：整體產業所面臨的供應鏈壓力和其處於供應鏈的位置所面臨的存貨壓力。

　　上述介紹了十三個影響供應商管理存貨機制（VMI）的考量因素，本研究以 ISM 階層分析法來評估，探討電子資訊業在這十三種因素當中，企業在建立 VMI 機制／系統時的階層架構模式。

表 1　評價基準一覽表

號碼	評價基準的內容
1	VMI 機制／系統的採用與整合
2	整備程度
3	認知利益
4	外部壓力
5	財務資源
6	資訊技術成熟度

號碼	評價基準的內容
7	交易夥伴的整備程度
8	協同作業流程的整備程度
9	直／間接利益
10	競爭壓力
11	與交易夥伴的依賴程度
12	交易夥伴所具有的權利
13	產業壓力

二、繪製關係矩陣（D）

本研究整理 Iacovou et al. 及 Chwelos et al. 等學者文獻發現下列的相關性：採用及整合 VMI 機制／系統時，必須要注意整個資訊產業的準備程度，特別是企業與交易夥伴的整備程度及協同作業流程的整備程度。企業是否具有足夠的整備程度，端賴其是否具有財務資源和資訊技術成熟度。同時，企業需認知到，預期使用此機制的利益，分別是直接和間接利益都需要考慮。且企業需體認外部所帶來的壓力，像是企業與企業之間彼此相互競爭的壓力、整個資訊電子產業所帶來的壓力、與交易夥伴的依賴程度及交易夥伴所具有的權利。經由上述，可以得知號碼 1 及 2、3、4、5、6、7、8、9、10、11、12、13 都有相關。號碼 2 和 5、6、7、8 有相關。號碼 3 和 9 有關。號碼 4 和 10、11、12、13 有相關。如下表 2 所示。

表 2　關係矩陣

評價基準	1	2	3	4	5	6	7	8	9	10	11	12	13
1	0	0	0	0	0	0	0	0	0	0	0	0	0
2	1	0	0	0	0	0	0	0	0	0	0	0	0
3	1	0	0	0	0	0	0	0	0	0	0	0	0
4	1	0	0	0	0	0	0	0	0	0	0	0	0
5	1	1	0	0	0	0	0	0	0	0	0	0	0
6	1	1	0	0	0	0	0	0	0	0	0	0	0
7	1	1	0	0	0	0	0	0	0	0	0	0	0

評價基準	1	2	3	4	5	6	7	8	9	10	11	12	13
8	1	1	0	0	0	0	0	0	0	0	0	0	0
9	1	0	1	0	0	0	0	0	0	0	0	0	0
10	1	0	0	0	0	0	0	0	0	0	0	0	0
11	1	0	0	0	0	0	0	0	0	0	0	0	0
12	1	0	0	0	0	0	0	0	0	0	0	0	0
13	1	0	0	0	0	0	0	0	0	0	0	0	0

（0 代表無關，1 代表相關）

三、M 矩陣的計算

利用上述關係矩陣（D），將關係矩陣（D）加上單位矩陣（I），即可繪成 M 矩陣，如下表 3 所示。

$$M = D + I \tag{1}$$

表 3　M 矩陣

評價基準	1	2	3	4	5	6	7	8	9	10	11	12	13
1	0	0	0	0	0	0	0	0	0	0	0	0	0
2	1	1	0	0	0	0	0	0	0	0	0	0	0
3	1	0	1	0	0	0	0	0	0	0	0	0	0
4	1	0	0	1	0	0	0	0	0	0	0	0	0
5	1	1	0	0	1	0	0	0	0	0	0	0	0
6	1	1	0	0	0	1	0	0	0	0	0	0	0
7	1	1	0	0	0	0	1	0	0	0	0	0	0
8	1	1	0	0	0	0	0	1	0	0	0	0	0
9	1	0	1	0	0	0	0	0	1	0	0	0	0
10	1	0	0	1	0	0	0	0	0	1	0	0	0
11	1	0	0	1	0	0	0	0	0	0	1	0	0
12	1	0	0	1	0	0	0	0	0	0	0	1	0
13	1	0	0	1	0	0	0	0	0	0	0	0	1

四、可達矩陣的計算

利用 Excel 依序求出 M 的乘冪，得到可達矩陣 M^*（計算直到 $M^K = M^{K-1}$ 為止），所謂可達矩陣，即為下述表 4 所示的內容。像 (1) 式那樣，如將 $(D + I)$ 寫成 M 時，將此進行 $(K - 1)$ 次以上的乘冪計算，其結果也不變。此處，k 即為 D 的次元。亦即，$M^{K-1} = M^K = M^{K+1}$。

稱此矩陣為原來矩陣 D 的可達矩陣（reachability matrix），以 M^* 表示。但是，此矩陣演算是以 1（有影響）與 0（無影響）來進行。

本研究使用 Excel 軟體計算之後，得到當 $M^{K-1} = M^K = M^{K+1}(M^3 = M^4 = M^5)$，此時矩陣之值趨於一致，可得到如下可達矩陣。

表 4　可達矩陣

評價基準	1	2	3	4	5	6	7	8	9	10	11	12	13
1	0	0	0	0	0	0	0	0	0	0	0	0	0
2	1	1	0	0	0	0	0	0	0	0	0	0	0
3	1	0	1	0	0	0	0	0	0	0	0	0	0
4	1	0	0	1	0	0	0	0	0	0	0	0	0
5	1	1	0	0	1	0	0	0	0	0	0	0	0
6	1	1	0	0	0	1	0	0	0	0	0	0	0
7	1	1	0	0	0	0	1	0	0	0	0	0	0
8	1	1	0	0	0	0	0	1	0	0	0	0	0
9	1	0	1	0	0	0	0	0	1	0	0	0	0
10	1	0	0	1	0	0	0	0	0	1	0	0	0
11	1	0	0	1	0	0	0	0	0	0	1	0	0
12	1	0	0	1	0	0	0	0	0	0	0	1	0
13	1	0	0	1	0	0	0	0	0	0	0	0	1

五、可達矩陣的先行集合表

利用可達矩陣對各評價基準 t_i 求出可達集合和先行集合。

$$可達集合\ R(t_i) = \{t_j | m'_j = 1\} \tag{2}$$

$$先行集合\ A(t_i) = \{t_j | m'_j = 1\} \tag{3}$$

在求可達集合 $R(t_i)$ 方面，觀察各列之後，收集出現「1」的行，在求先行集合 $A(t_i)$ 方面，觀察各行之後，收集出現「1」的列，本例中各評價基準的可達集合與先行集合如表 5 所示。

表 5　可達集合與先行集合

t_i	$R(t_i)$	$A(t_i)$	$R(t_i) \cap A(t_i)$
1	1	1,2,3,4,5,6,7,8,9,10,11,12,13	1
2	1,2,	2,5,6,7,8	2
3	1,3	3,9	3
4	1,4	4,10,11,12,13	4
5	1,2,5	5	5
6	1,2,6	6	6
7	1,2,7	7	7
8	1,3,8	8	8
9	1,4,9	9	9
10	1,4,10	10	10
11	1,4,11	11	11
12	1,4,12	12	12
13	1,4,13	13	13

在階層構造中各評價基準之層次，是利用此可達矩陣 $R(t_i)$ 與先行矩陣 $A(t_i)$，逐次去求出滿足。

$$R(t_i) \cap A(t_i) = R(t_i) \tag{4}$$

來決定，在 (4) 式中，滿足表 5 的只有評價基準 1 而已，所以第一層次即可決定。

亦即：

$$L_1 = \{1\}$$

其次，從表 5 消去評價基準 1，以同樣的做法抽出滿足表 5 的評價基準。結果以層次 2 而言，即為：

$$L_2 = \{2, 3, 4\}$$

其次，消去這些評價基準 {2, 3, 4}，即為表 6。

表 6 可達集合與先行集合

t_i	$R(t_i)$	$A(t_i)$	$R(t_i) \cap A(t_i)$
5	5	5	5
6	6	6	6
7	7	7	7
8	8	8	8
9	9	9	9
10	10	10	10
11	11	11	11
12	12	12	12
13	13	13	13

針對此表再應用式 (4)，層次 3 即為：

$$L_3 = \{5, 6, 7, 8, 9, 10, 11, 12, 13\}$$

亦即，此階層構造的層次只到層次 3 為止，利用這些各層次的評價基準與表 4 的可達矩陣，可以得出相鄰層次之間的評價基準之關係的構造化矩陣。即為表 7 所示。

表 7　構造化矩陣

評價基準	1	2	3	4	5	6	7	8	9	10	11	12	13
1	1	0	0	0	0	0	0	0	0	0	0	0	0
2	1	1	0	0	0	0	0	0	0	0	0	0	0
3	1	0	1	0	0	0	0	0	0	0	0	0	0
4	1	0	0	1	0	0	0	0	0	0	0	0	0
5	0	1	0	0	1	0	0	0	0	0	0	0	0
6	0	1	0	0	0	1	0	0	0	0	0	0	0
7	0	1	0	0	0	0	1	0	0	0	0	0	0
8	0	1	0	0	0	0	0	1	0	0	0	0	0
9	0	0	1	0	0	0	0	0	1	0	0	0	0
10	0	0	0	1	0	0	0	0	0	1	0	0	0
11	0	0	0	1	0	0	0	0	0	0	1	0	0
12	0	0	0	1	0	0	0	0	0	0	0	1	0
13	0	0	0	1	0	0	0	0	0	0	0	0	1

六、繪製最適階層構造圖

根據上述，以線連結有關聯的評價基準間，從層次 1 到層次 3 的階層構造予以圖示時，即為圖 1。

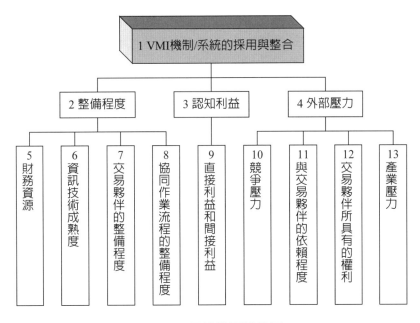

圖 1　最適階層構造圖

伍　選擇最適 VMI 運作模式的決策分析

　　經由第二部分的 ISM 階層分析法運算，本研究以較客觀的方式得到了階層圖，緊接著運用 AHP 分析法，分析選擇最適 VMI 運作模式，由於三種運作模式都與 VMI 機制的因素相關，於是在階層圖之下我們可以建立第四層加以分析。本節分成七大部分來說明。

一、決定用於評量的評價項目以及備選方案

　　若將 VMI 的運作模式分類，則林宏澤（2003）提出依實體倉庫的所在地點，VMI 可以分為三種模式，茲分別敘述如下：

（一）補貨倉運作模式：供應商在自己的倉庫，為製造商設立備料的 VMI 倉。

（二）發貨中心運作模式：供應商在製造商附近設立一發貨倉，以就近供應製造商所需。

（三）寄銷倉運作模式：供應商在製造商所在地設立的 VMI 倉。

因此，本研究將以 Satty 教授所提出的 AHP 分析方法（成對比較評價法），針對此三種運作模式進行對於屬於買方的物料市場，且物料特性是屬於需求量大、共用性高且體積小的資訊電子業，選擇最適 VMI 運作模式的決策分析。

二、搜尋評價項目並繪製階層圖

評價項目及定義可參見第肆節，茲將上述三種運作模式結合圖 1 的最適階層構造圖，改繪製如下圖 2：

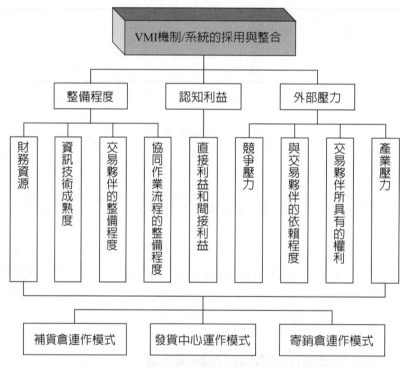

圖 2　以 AHP 求最適運作模式的階層構造圖

三、對評價項目進行成對比較並決定其比重

在各個評價項目的成對比較方式上，評價項目之間的比較，將依據 Saaty 教授所提出之方法，若兩項目具有相等重要性，則以分數「1」表示；若前項較後項具有絕對性的重要，則以分數「9」來表示。成對比較的重要度評價尺度，如

表 8 所示。

表 8　AHP 成對比較評量尺度

成對比較值	意義
1	兩方項目約同樣重要
3	前項目較後者稍微重要
5	前項目較後者重要
7	前項目較後者相當重要
9	前項目較後者絕對性的重要
2、4、6、8	用於補間
以上數值的倒數	由後面的項目看前面的項目時所使用

　　在成對比較的重要度評量方面，以下各表均是透過戴爾飛法（Delphi method）對專家進行意見調查，藉由專家的專業判斷，以異中求同的方式來掌握重要度的大小。由調查得知，評價項目間之重要度，由高至低依序為外部壓力、整備程度、認知利益。利用成對比較評量尺度，所建立的第二階層的成對比較表，如表 9 所示。（依據 Saaty 教授所提供的整合度指標是小於 0.1。由此可知表 9 的 C.I 比 0.1 小，因此，此表的整合性佳。以下情形亦同）。

四、層次二與層次三的一對比較與重要度

　　層次二的因素一對比較如表 9 所示。使用此值所計算的重要度，則記在表 9 的最右欄。「外部壓力」（0.637）與「整備程度」（0.258）的比重較大。「認知利益」的比重則較低，此處仍然保留著，考慮層次三的取捨選擇。

　　其次，就第二階層的各因素所屬的第三階層各因素，將它們的一對比較與由此所計算的重要度，如表 10 到表 12 加以表示，在整備程度之評價中，次一階層各評價項目之重要度，得知其重要度由高至低依序為「財務資源」（0.64）、「資訊技術成熟度」（0.20）、「交易夥伴的整備程度」（0.09）、「協同作業流程的整備程度」（0.08）。如表 10 所示。

　　在認知利益之評價中，次一階層各評價項目的重要度，「直接利益和間接利益」（1.00），如表 11 所示。

　　在外部壓力之評價中，次一階層各評價項目的重要度，由高至低依序為

「交易夥伴所具有的權利」（0.56）、「競爭壓力」（0.26）、「產業壓力」（0.14）、「與交易夥伴的依賴程度」（0.05）。如表12所示。

表9　第二階層因素的一對比較

因素	整備程度	認知利益	外部壓力	幾何平均	比重
整備程度	1	3	1/3	1	0.258
認知利益	1/5	1	1/3	0.405	0.105
外部壓力	3	5	1	2.466	0.637

$\lambda_{max} = 3.04$　C.I. = 0.02

從第二階層因素的一對比較結果顯示，「外部壓力」具有最高的比重（0.637），而最低為「認知利益」（0.105）。

表10　考慮整備程度的一對比較

整備程度	財務資源	資訊技術成熟度	交易夥伴的整備程度	協同作業流程的整備程度	幾何平均	比重
財務資源	1	7	5	5	3.637	0.64
資訊技術成熟度	1/5	1	3	3	1.158	0.20
交易夥伴的整備程度	1/5	1/3	1	1	0.508	0.09
協同作業流程的整備程度	1/7	1/3	1	1	0.467	0.08

$\lambda_{max} = 4.12$　C.I. = 0.04

從考慮整備程度的一對比較結果顯示，「財務資源」具有最高的比重（0.64），最低為「協同作業流程的整備程度」（0.08）。

表11　考慮認知利益的一對比較

因素	直接利益和間接利益	幾何平均	比重
直接利益和間接利益	1	1	1

$\lambda_{max} = 1.00$　C.I. = 0

從考慮認知利益的一對比較結果顯示，「直接利益和間接利益」的比重爲1。

表 12 　考慮外部壓力的一對比較

因素	競爭壓力	與交易夥伴的依賴程度	交易夥伴所具有的權利	產業壓力	幾何平均	比重
競爭壓力	1	5	3	1/3	1.495	0.26
與交易夥伴的依賴程度	1/5	1	1/5	1/7	0.275	0.05
交易夥伴所具有的權利	7	5	1	3	3.200	0.56
產業壓力	5	1/3	1/5	1	0.760	0.14

$\lambda_{max} = 4.24$ 　C.I. = 0.08

從考慮外部壓力的一對比較結果顯示，「交易夥伴所具有的權利」具有最高的比重（0.56），最低爲「與交易夥伴的依賴程度」（0.05）。

五、至層次三為止的累積計算

將現在所計算之層次三的重要度乘上上面之層次二之因素所具有的重要度，計算出層次三的各要素所具有的相對重要度。其結果如表 13 所示，由此順位可得知考慮外部壓力之相關因素，包括「交易夥伴所具有的權利」（第一位），「競爭壓力」（第二位）。考慮整備程度之相關因素——「財務資源」（第三位）。考慮認知利益之相關因素——「直接利益和間接利益」（第四位）。以上這些項目都是非常受到重視的。這些重要度總和就達到 0.793（79.3%），其他要素比重則較輕，此後的分析則決定此四個要素來進行。表 14 是針對此四要素表示相對的重要度比率。

表 13　層次三之要素的重要度與順位

第二階層因素	重要度	第二階層所屬第三階層因素	重要度	主層次三為止的重要度	順位
整備程度	0.258	財務資源	0.64	0.165	3
		資訊技術成熟度	0.20	0.052	6
		交易夥伴的整備程度	0.09	0.023	8
		協同作業流程的整備程度	0.08	0.021	9
認知利益	0.105	直接利益和間接利益	1	0.105	4
外部壓力	0.637	競爭壓力	0.26	0.166	2
		與交易夥伴的依賴程度	0.05	0.032	7
		交易夥伴所具有的權利	0.56	0.357	1
		產業壓力	0.14	0.089	5

由表 13 之順位顯示，「交易夥伴所具有的權利」、「競爭壓力」、「財務資源」、「直接利益和間接利益」四項評價項累積重要度約占 80% 左右。

表 14　至第四位為止的相對性重要度

順位	項目	重要度	累積	相對的重要度
1	交易夥伴所具有的權利	0.357	0.357	0.450
2	競爭壓力	0.166	0.523	0.209
3	財務資源	0.165	0.688	0.208
4	直接利益和間接利益	0.105	0.793	0.132

利用上述四項評價項目，對備選方案進行成對比較。

六、層次四的一對比較與重要度

針對上述四要素，各種運作模式「補貨倉運作模式」、「發貨中心運作模

式」、「寄銷倉運作模式」的一對比較值與重要度，如表 15 至 18 所示。值得注意的是，「寄銷倉運作模式」在四個要素中，比其他另外兩種運作模式占有壓倒性的優勢。「發貨中心運作模式」則是在四個要素中屈居第二名的地位。「補貨倉運作模式」在四個要素中的評分都相當的低。

表 15　考慮交易夥伴所具有的權力的一對比較

交易夥伴 所具有的權力	補貨倉 運作模式	發貨中心 運作模式	寄銷倉 運作模式	幾何平均	比重
補貨倉運作模式	1	1/3	1/7	0.362	0.081
發貨中心運作模式	3	1	1/5	0.843	0.188
寄銷倉運作模式	7	5	1	3.271	0.731

$\lambda_{max} = 3.065$　C.I. = 0.03

從考慮交易夥伴所具有的權利的一對比較結果顯示，「寄銷倉運作模式」具有最高的比重（0.7316），最低為「補貨倉運作模式」（0.081）。

表 16　考慮競爭壓力的一對比較

競爭壓力	補貨倉 運作模式	發貨中心 運作模式	寄銷倉 運作模式	幾何平均	比重
補貨倉運作模式	1	1/3	1/5	0.405	0.105
發貨中心運作模式	3	1	1/3	1.000	0.258
寄銷倉運作模式	5	3	1	2.500	0.637

$\lambda_{max} = 3.039$　C.I. = 0.02

從考慮競爭壓力的一對比較結果顯示，「寄銷倉運作模式」具有最高的比重（0.637），最低為「補貨倉運作模式」（0.105）。

表 17　考慮財務資源的一對比較

財務資源	補貨倉運作模式	發貨中心運作模式	寄銷倉運作模式	幾何平均	比重
補貨倉運作模式	1	1/3	1/5	0.405	0.105
發貨中心運作模式	3	1	1/3	1.000	0.258
寄銷倉運作模式	5	3	1	2.500	0.637

$\lambda_{max} = 3.039$　C.I. = 0.02

　　從考慮財務資源的一對比較結果顯示,「寄銷倉運作模式」具有最高的比重(0.637),最低為「補貨倉運作模式」(0.105)。

表 18　考慮直接利益和間接利益的一對比較

直接利益和間接利益	補貨倉運作模式	發貨中心運作模式	寄銷倉運作模式	幾何平均	比重
補貨倉運作模式	1	1/2	1/5	0.464	0.122
發貨中心運作模式	1/3	1	2	0.874	0.230
寄銷倉運作模式	5	3	1	2.466	0.648

$\lambda_{max} = 3.003$　C.I. = 0.00

　　從考慮直接利益和間接利益的一對比較結果顯示,「寄銷倉運作模式」具有最高的比重(0.648),最低為「補貨倉運作模式」(0.122)。

七、總和得分

　　表 19 是各運作模式的總和得分,從此結果可知,「寄銷倉運作模式」相對居於優位,其次依序是「發貨中心運作模式」、「補貨倉運作模式」。

　　因此,本研究得知,當資訊電子業屬於買方的物料市場,此物料特性是屬於需求量大、共用性高且體積小時,在使用 AHP 分析法得出相關評價之後,計算而得的結果是,該公司決策者最佳使用的 VMI 運作模式為寄銷倉運作模式。

表 19　總分

運作模式	交易夥伴所具有的權利	競爭壓力	財務資源	直接利益和間接利益	總分
	0.450	**0.209**	**0.208**	**0.132**	
補貨倉運作模式	0.081	0.105	0.105	0.122	0.096
發貨中心運作模式	0.188	0.258	0.258	0.230	0.223
寄銷倉運作模式	0.731	0.637	0.637	0.648	0.681

陸　結論

　　由上述的資訊電子業採取「供應商管理存貨機制」的考量因素階層構造圖可以看出，當電子資訊業在進行建立 VMI 時，其所考慮的十三個要素階層架構，依次為第一層次先考量 VMI 機制的採用與整合，第二層次再考量「整備程度」、「認知利益」、「外部壓力」等三個因素，第三層次則考量「財務資源」、「資訊技術成熟度」、「交易夥伴的整備程度」、「協同作業流程的整備程度」、「直／間接利益」、「競爭壓力」、「與交易夥伴的依賴程度」、「與交易夥伴的依賴程度」、「產業壓力」，而「財務資源」、「資訊技術成熟度」、「交易夥伴的整備程度」、「協同作業流程的整備程度」是歸屬在第二個要素之下的考量因素；「直／間接利益」是歸屬在第三個要素之下的考量因素；「競爭壓力」、「與交易夥伴的依賴程度」、「與交易夥伴的依賴程度」、「產業壓力」則是歸屬在第四個要素之下的考量因素。藉由這三個層次的劃分，提供資訊電子業在建立 VMI 時的重要參考藍圖。

　　接著本研究使用 AHP 分析法，得出當資訊電子業屬於買方的物料市場，且此物料特性是屬於需求量大、共用性高且體積小時，該公司決策者最佳使用的 VMI 運作模式為寄銷倉運作模式。由於 AHP 與 ISM 的應用兼具「經驗的活用」與「客觀的分析」，因此逐漸被業界管理者所喜好與採用，藉由 ISM 與 AHP 的應用，管理者可以將應用過程中所得的知識，作為對於企業支援系統上的投入，結合其他支援的資訊系統，提供企業更為完善的供應商管理存貨機制之決策支援，為企業帶來更豐富的知識庫，追求更高的利潤增長，邁向更美好的未來。

參考文獻

1. 何琇雯，「影響企業採用供應商管理存貨機制因素之探討——以資訊電子業為例」，私立中原大學資訊管理學系碩士班論文，2003 年。

2. 朱家勳，「臺灣有線電視系統臺經營績效之研究——綜合運用 DEA 與 AHP 模式」，私立長庚大學企業管理系研究所在職專班碩士論文，2004 年。

3. 林宏澤，「構築高效能供應鏈的祕訣電子化 VMI 的導入策略」，惠第一專刊，第一期，pp.52-55，2003 年 2 月。

4. 蔡耀輝、陳耀茂，「利用 AHP 探討新產品發展專案選擇之決策分析」，私立中原企管評論，第一期 2004 年 6 月。

5. 鄧振源，曾國雄，「層級分析法（AHP）的內涵特性與應用（上）、（下）」，中國統計學報，第 27 卷第六期、第七期，1989 年，頁 13707-13786。

6. 廖德璋，「企業建立 VMI 管理機制以追求供應鏈整體綜效之研究」，私立淡江大學資訊管理學系碩士班碩士論文，2000 年。

7. 翟志剛，「商業快速回應輔導案例——供應商管理存貨機制」，經濟部商業司，1998 年。

8. 翟志剛，「供應商管理庫存的法寶——VMI」，資訊與電腦雜誌，5 月號，1997 年。

9. Chwelos, p., Benbasat, I, and Dexter A.S. (2001),「Research Report: Empirical Test of an EDI Adoption Model,」Information Systems Research, pp.304-432.

10. Iacovou, C. L., I. Benbasat and A.S. Dexter(1995),「Electronic Data Interchange and Small Organizations: Adoption and Impact of Technology,」MIS Quarterly, pp.465-485.

11. Satty T.L., The Analytic Hierarchy Process (1980), McGrew-Hill.

12. Toelle Richard A. and Tersine Richard J. (1989),「Excess Inventory: Financial Asset OrOperational Liability?,」Production and Inventory Management Journal, Vol.30(4), pp.32-35.

案例6 利用 AHP 與模糊理論分析臺灣資訊電子產業選擇大陸市場之進入模式

摘　要

　　隨著兩岸經貿關係的動態發展與大陸廣大的內需市場等因素，使得愈來愈多的高科技廠商前往大陸投資。在大陸改革開放政策下，亦加速帶動大陸經濟成長發展，帶給臺商極佳的投資機會。本研究之目的在於探究臺灣資訊電子產業之廠商前往大陸投資時，將如何選擇其進入模式。對於臺灣廠商進入大陸市場而言，選擇最佳的進入模式企業，能否獲利的重大決定因素，而在考量進入模式的選擇時，將涉及許多條件作為判斷準則。因此本文依 Dunning 之折衷理論，由企業的所有權優勢、區位優勢與內部化優勢，作為進入模式選擇的評價基準，再分別由此三優勢中，取出不同的構面來衡量資訊電子產業進入模式的主要因素，並藉由衡量的比重，來探討所應採取的最適進入模式。由於進入模式的選擇參雜許多層級要素考量，且具有模糊性與不確定性，故本文藉由層級分析法（AHP）和模糊理論予以架構進入模式的模型，並以獨資、合資、策略聯盟、授權與出口，此五種進入模式作為替代方案，進行最適的進入模式評估。分析結果發現，臺灣 IT 產業之廠商，以「合資」的方式進入大陸市場為最適的進入模式，而最不適宜採取「出口」的進入模式。由於近年來臺灣企業進入大陸市場在對外投資制度面存在許多限制，如專利權或資本額等限制；而大陸方面為加強對外資的管制與促進當地產業的發展，也設限外籍企業在大陸投資必須和當地企業採取合資經營，此與分析結果一致。

關鍵詞：進入模式、Dunning 折衷理論、AHP、模糊理論。

壹　緒論

在面對國際化的競爭態勢與區域經濟整合成為世界的潮流、臺灣在內需市場規模有限和外資紛紛進入臺灣市場，逐漸使得臺灣市場漸趨飽和，因此國內市場競爭日益激烈、生產成本的升高也導致臺灣廠商在國際的競爭力日益降低等多重因素，愈來愈多的臺灣企業紛紛轉向海外投資，例如西進大陸之調整策略。過去臺灣廠商前往大陸投資主要是著重於土地與勞動優勢，傳統產業能在大陸取得較低的生產成本，如今隨著兩岸經貿關係的動態發展與大陸廣大內需市場等因素，使得愈來愈多的高科技廠商前往大陸投資。此外，大陸改革開放政策下，快速帶動大陸經濟的成長發展，同時也帶給臺商極佳的投資機會。在大陸市場中，臺商由於語言、文化及地緣等條件均比其他外國廠商相近，因此更具競爭優勢。

近年來，國內景氣逐漸復甦，臺灣廠商在全球運籌與兩岸分工的能力業已成熟，全球電子產品需求也緩慢提升，再加上逐年增加研發投入和人才培養，這也是臺灣電子產品在全球市場占有率仍可維持逐年成長的原因。資訊電子產業（Information Technology；簡稱 IT 產業）為我國進出口貢獻度最高者，且景氣熱絡帶動高科技投資熱潮，赴大陸投資的廠商，也愈來愈多係以技術與資本密集為主的高科技廠商，是故本文之研究對象即為我國資訊電子產業。而本文主要研究目的，則在於探究臺灣 IT 產業之廠商前往大陸投資時，將如何選擇其進入模式；其次，期望以此分析作為臺灣 IT 產業未來進入其他海外市場之參考依據。

本文研究架構共分為五節，除前述之第壹節緒論，探討本文之研究背景、動機與目的外，第貳節為文獻探討，為海外投資之理論基礎，第參節為研究步驟與方法，採用 AHP（層級構造法）與模糊理論，第肆節為分析研究之結果，最後一節為結論與建議。

貳　文獻探討

一般而言，公司進行海外投資的目的可能分成兩種，一種是基於國際貿易理論之比較利益原則，廠商為了降低生產成本，會將生產活動移往工資和技術水準較低的開發中國家；另一種是基於產業組織理論，廠商具有某種獨特的優勢為其他廠商所無法模仿時，便進行海外直接投資，將其內部化。而 Dunning（1980）

則將上述兩種理論加以綜合,提出折衷理論（eclectic theory）,解釋公司進行海外投資是由於具備所有權優勢（ownership advantage）、區位優勢（location advantage）與內部化優勢（internalization advantage）。以下分別簡述多國籍企業的定義與分類、企業進行海外投資的理論基礎與進入模式（entry mode）的選擇。

一、多國籍企業

多國籍企業（Multinational Enterprises; MNEs）此一名詞,過去有許多學者對此提出不同的定義。Vernon（1977）提出,多國籍企業必須要有大規模的地域營運、財務與人力資源由總部來統籌調配,且年銷售額達一億美元以上。Bartlett和Ghoshal（1989）認為,多國籍企業為基於組織結構的型式加以區分為全球性、多國企業及跨國企業,曾紀幸（1996）定義為企業從事跨國經營活動,且海外的子公司都由位於某地的總部所控制管理者。而吳青松（2002）則定義,一個公司其營運範圍已跨越了國界,同時在國外和國內從事生產的工作。

Vernon（1966）認為,多國籍公司應限於至少有六個以上的其他國家有營運業務的公司,且是藉由不同國籍的公司群組,透過共同之所有權而結合,並具有共同的管理策略者。Dunning（1988）則認為,多國籍企業擁有並控制位於兩個以上國家附加價值活動的企業,該類活動可產生具體有形之商品、無形服務或其他組合。成果可授予其他廠商或由本身使用,以再度進行其他階段附加價值活動,也可直接銷售給消費者。Bartlett與Ghoshal（1989）將多國籍企業依「當地化程度」與「全球化程度」區分成四類,即:(一)、多國企業（multination companies）:對全世界各國環境的差異能夠敏銳觀察,應付自如。(二)、全球企業（global companies）:將世界市場視為一整合個體,採中央集權追求全球效率。(三)、國際企業（international companies）:以母公司的能力和知識為基礎,移轉到海外市場,其控制程度介於上述兩種企業之間。(四)、跨國企業（transnational companies）:來自各國差異化貢獻,組成了全世界的整合運作,共同開發和分享知識、資產,與資源分散但相互依存的組織體系。

二、海外投資之理論基礎

(一) 國際貿易理論 (International Trade Theory)

1. 比較利益理論

　　比較利益理論認為，各國的要素稟賦（factor endowment）不同，所以各個國家會根據比較利益原則，以生產或輸出其生產效率較高與生產成本較低之財貨，同時輸入生產效率較低與生產成本較高之財貨，透過貿易提高整體社會福利，將資源做有效率的使用。再為求不斷地取得該要素或資源進行投資，將產生聚集經濟，跨國公司便利用各國的比較優勢，結合本身的能力進行國際競爭，進而創造規模經濟與綜效。

　　此理論將海外直接投資區分為以確保原料來源及母國產品之輸出的「互補型」，及以企業策略為目的而輸出本身具優勢產業的「互斥型」兩種。海外直接投資行為能增加國際間的動態分工，國際間直接投資的行為將如同「雁行」形態，先進國家扮演「教導者」的角色，不僅可以幫助落後家運用內部資源，也可使先進國家專注於先進產品與技術的開發，毋須浪費資源生產低層次產品，因此雙方將能有效利用資源。以目前臺商赴大陸投資為例，因臺灣的產業環境已不具比較利益，如勞力、土地、原料成本高及原物料取得困難等，故當大陸擁有臺灣所沒有的經營環境時，臺商勢必會趨之若鶩。此外，在兩岸分工方面，臺灣以技術密集產業發展，而大陸則持續發展傳統產業，則是具有互補性。

2. 區位理論 (location theory)

　　又稱國家優勢理論，內容包括：自然資源豐富、地理距離適當、低廉勞工、市場潛力大、政經穩定度高、獎勵投資、投資風險低、低文化衝突以及貿易障礙少等因素，亦即考慮目標投資地是否具備母國沒有而廠商又欠缺的上述投資優勢。資源的取得是廠商進入新市場投資的障礙，也是競爭優勢；當廠商優勢能與海外國家內部優勢相配合時，將產生對外投資動機，故可稱此為區位理論。

　　區位理論主旨闡述聚集經濟的本質，揭示區位間財貨與要素流動的原因。進行海外投資的廠商為以較低成本取得，並使用該生產要素和資源，便會向該要素或資源豐富的區位進行直接投資，經由不斷直接投資，使該處漸漸形成一聚集經濟；此聚集經濟之概念能以下述三點進一步降低生產成本：(1) 大規模經濟：指

某區位之廠商擴大生產規模，使生產成本降低。(2) 區位化經濟：指爲以較低成本取得，並使用該生產要素或資源造成許多相同產業之廠商聚集某區位，投資者不僅可得到較便宜生產要素，且可進行要素替代及取得獨特勞動。(3) 都市化經濟：指形成區位化的產業，經由向前連鎖和向後連鎖，促成其他產業到該區位聚集，使得整個經濟規模擴大，因而吸引更多廠商到該區位，形成多種行業且多樣化的都市經濟。

（二）產業組織理論（Industrial Organization Theory）

1. 寡占市場理論

對外投資行爲，乃是寡占市場之廠商行爲，其原因分別爲：(1) 廠商獨特的優勢（firm-specific advantages）：Hymer（1960）認爲，進行對外直接投資的廠商必定擁有超出當地競爭者的優勢，否則無法克服缺乏當地市場知識、風俗習慣差異、距決策中心遙遠等不利因素，這種特有優勢可以分爲優越的知識和規模經濟。所謂知識，包括技術、管理、生產、行銷及決策等各方面。擁有這些知識的廠商，可以將這些知識運用到國外生產，以降低生產成本，彌補之前不利的因素，並利用這種優勢賺取利潤。多國籍企業擁有的寡占特質，是其對外直接投資最重要原因。(2) 市場結構的不完全性（market structure imperfections）：獨占或寡占市場中廠商爲提高利潤，常利用對外直接投資以減少競爭對手或防止對手出現，例如：利用垂直對外投資控制原料，阻礙對手加入，或利用水平對外投資來占有當地市場，防止當地生產者成爲往後競爭對手。此外，寡占市場每一廠商的單獨行動與其他廠商息息相關，因此不得不注意對手行動。廠商著重成長甚於利潤，爲了加速成長，市場占有率常成爲策略的主軸。一個寡占廠商對外投資，其他廠商也會相繼跟進，因爲他們怕原先的外銷市場被直接投資者入侵，也擔心對外投資廠商經由對外投資，來增進本身的競爭力和獨占力，此狀況稱爲「競爭回應效果」。(3) 政府施加的扭曲（government-imposed distortions）：政府施加的扭曲包括匯率、工資、移民政策、關稅、非關稅障礙、價格與利潤管制等，這些扭曲會促成對外直接投資的進行。一般來說，其他條件相同時，關稅越高，越容易鼓勵廠商放棄輸出，而直接採行對外投資。

2. 交易成本理論

理論以交易作爲分析單位，並從資產獨特性（asset specificity）、環境不確

定性（environment uncertainty）與交易的頻率三方面考慮進入模式選擇，對於解釋垂直整合決策特別有效。此理論指出，若內部組織運作的效率高於外部市場（或內部組織運作的交易成本低於外部市場），則廠商可將交易透過內部組織完成；若內部組織運作的效率若低於外部市場（或內部組織運作的交易成本高於外部市場），則廠商可將交易透過外部市場來完成。

影響交易成本高低中，最重要的決定因素為交易標的物之「資產獨特性」，所謂資產獨特性高，指交易標的物具有不容易被其他資產替代的特性，例如某些獨特的研發、製程技術或獨特的資本設備、人力資源。而當交易標的物之資產獨性愈高時，愈容易受制於對方，此時交易模式的選擇將傾向以內部化的方式進行，如垂直整合或併購，此時企業才能完全藉由組織層級的指揮關係，掌握該項獨特資產並降低經營風險；反之，若交易資產之獨特性低，則企業將傾向於市場機制的交易方式。

3. 內部化理論

此理論是指廠商本身直接使用其所特有的優勢，而不將之出售或出租，將一切生產及行銷活動置於公司的所有權和控制之下（即經由內部市場運作），而不經由外部市場契約式之安排；此時，廠商的活動雖跨越了國界，但仍可獲得如同在企業內運作般的整合之經濟效期，如降低交易成本與代理成本、維持產品標準、控制行銷通路及減少稅負等。但此理論偏重於廠商內部的決策過程，而不注重一些會影響內部化利益及成本的外在控制變數對廠商之影響。

（三）折衷理論（Eclectic Theory）

Dunning（1980）提出折衷理論（又稱為 OLI 理論），說明本國企業若具有下列三項優勢，則將促成海外投資：

1. 所有權優勢（ownership advantage）：即在產業組織理論中所謂「無形資產優勢」，企業如擁有其專屬優勢，在地主國（host country）才有能力與當地廠商競爭。

2. 區位優勢（location advantage）：根據產品生命週期理論（product cycle theory），產品在面對不同的生命週期時，廠商基於低成本策略原則或其他目的，生產地會隨著比較利益的變動而移轉至不同的國家，基於此因素，被投資國必須具備相當區位優勢條件（如地理優勢、獨特資源、其他優惠等有利條件），

方能吸引外資投入。

　　3. 內部化優勢（internalization advantage）：依據內部化理論，廠商為能降低交易成本，而選擇直接投資的經營方式，以追求利潤極大的行為，換言之，當廠商擁有內部化優勢時，將其所有權優勢以對外直接投資之方式進行內部移轉所產生之效益，將大於藉由外部市場機能所產生之效益。Dunning 認為，對外投資必須綜合評估上述三種優勢之相對強弱，當廠商的所有權優勢必須與某地區的優勢結合才能有所發揮，而且必須以內部化的方式呈現，即形成對外投資的現象。

三、折衷理論之影響因素分析

　　Contractor（1984）認為，影響國際市場進入模式之策略選擇的因素，主要為地主國特性，此特性包括：當地市場潛力、投資風險與當地國對外國投資的相關法令。

　　Cooper 和 Kleinschmidt（1985）、Samiee 和 Walters（1990）的研究結果發現，當企業規模愈大，則其在海外市場的績效表現愈佳。Wilson（1980）的研究指出，母公司的國際化經驗會影響子公司在海外的經營績效。

　　Agarwal 和 Ramaswami（1991）則以企業之特性，包括「企業規模」、「國際化經驗」與發展「獨特產品能力」，作為所有權優勢的影響構面，以「市場潛力」與「投資風險」作為投資區位優勢的構面；針對美國 1196 家企業所做之實證研究發現，企業規模愈大且其國際經驗越豐富時，市場潛力大的地區傾向於採取獨資和合資兩種進入策略；而企業規模愈小且國際營運經驗較缺乏時，在市場潛力大的地區傾向於採取合資進入策略或不進入策略。

四、進入模式的選擇 [1]

　　當企業決定進行海外直接投資（Foreign Direct Investment; FDI）時，其所面臨之首要決策，即為選擇以何種進入模式進入海外市場；選擇最佳的進入模式，將是企業能否獲利的重大決策因素。一般而言，進入模式可以區分成以下幾種：
（一）獨資（Wholly Owned）：一般而言，獨資指的是握有 100% 股權，能完全

1　本節引用自蕭育鎮（2002），「企業海外投資進入模式影響因素之研究——以臺商投資大陸實證探討」。

控制企業之經營權並獨享營運的利潤，如此便能避免日後溝通及利潤之衝突問題；但進行獨資經營需要有龐大的資本投入、管理人力、完整市場活動之涉入及地主國法律與租稅之限制，故風險最大。

（二）合資（Joint Venture）：合資可分為握有 50% 股權之多數股權合資，及 50% 以下之少數股權合資。Harrigan（1986）認為，合資比獨資更能替企業提供介紹新產品、取得技術、收縮生產產能及垂直整合之新途徑，更能應付科技進步之變化及產業間日益競爭激烈之挑戰。

（三）策略聯盟（Strategic Alliances）：係指廠商與目前或潛在之競爭者的合作協議，利用聯盟來強化自己企業之競爭能力，擴大經營的利潤，而其範圍則限於合資經營與短期契約協定之間。

（四）授權（Licensing）：授權者（licensor）與被授權者（licensee）將具有商業價值的專利權、品牌、商標、版權或製造技術，以支付特定費用或權利金方式，用較少資金投入，迅速進入國際市場。

（五）特許加盟（Franchising）：特許加盟是一種特別型式的授權，加盟主（franchisor）除授權給加盟者（franchisee）使用其無形資產（如商標）及必要之物資支援，以獲得加盟金外，並會要求特許者遵守其所制定的經營方式及規定。

（六）出口（Exporting）：出口的進入模式策略可謂國際投資之基礎，係指本國國內所生產之產品，藉由廠商本身或委託出口代理商來辦理出口手續的國際商務交易；許多企業在擴展全球市場時，都採用此種方式之後，再轉為其他之模式。

（七）契約生產（Contract Manufacturing）：Vern（1987）認為，契約生產即所稱 OEM 方式，而其方式可分成下列幾種：1. 高層次契約生產：指地主國廠商負責生產，國外廠商負責行銷，而其產品品牌仍為國外廠商。2. 中層次契約生產：由國外廠商提供部分技術，地主國廠商負責部分線路圖及全部製程。3. 低層次契約生產：國外廠商僅提供地主國廠商完整線路圖，地主國廠商只負責裝配製造。

參　研究步驟與方法

一、研究步驟

（一）建立研究架構

　　本研究以 Dunning（1980）之 OLI 折衷架構，探究臺灣 IT 產業之廠商進入大陸市場時，是基於具備所有權優勢、區位優勢或是內部化優勢，而選擇其進入模式；另外依 Agarwal 與 Ramswami（1992）分別針對此三種優勢所提出之影響進入模式選擇之構面：所有權優勢中，包括企業規模、國際化經驗與產品差異化的能力，區位優勢中，包括市場潛力、投資風險與獨特生產要素，內部化優勢之構面則為契約風險。本研究另外加入「擁有獨特的生產要素」作為區位優勢之另一考量因素。最後，依 IT 產業進入海外市場的方式，區分成下列五種，即獨資、合資、策略聯盟、授權與出口，愈前者表示涉入程度愈高。

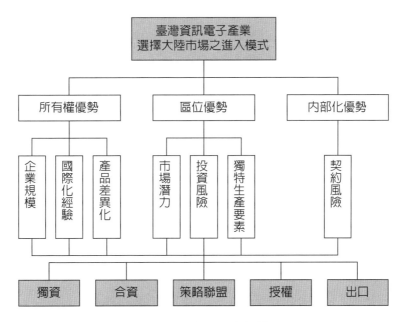

圖 1　本文之研究架構

（二）建立評估要項成對比較表

成對比較的評量爲延請數位專家訪談後，對於上述架構進行評估並取衆數所得到之結果。在各個評價項目的成對比較方式上，評價項目之間的比較，將依據 Saaty 教授所提出之方法，若兩項具有相等重要性，則以分數 1 表示，若前項較後項具有絕對的重要性，則以分數 9 表示。成對比較的重要度評價尺度如表 1 所示。

表 1　AHP 成對比較評量尺度定義及說明

成對比較值	定義	說明
1	同等重要	兩項目貢獻程度同等重要
3	稍微重要	前項較後項稍微重要
5	頗為重要	強烈代表前項較後項重要
7	極為重要	非常強烈代表前項較後項重要
9	絕對重要	有足夠證據肯定前項較後項重要
2、4、6、8	中間值	折衷狀況下之值
以上數值之倒數		由後面看前項之值

（三）建立各替代方案的模糊評估值

在替代方案評量上，亦延請專家針對五個替代方案之評價項目進行評估。

（四）求出各評估要項的模糊測度值

爲了解各評估要項之間是否具優的加法性、劣的加法性或簡單加法性，本研究針對各評價項目進行評估其相乘、相抵或獨立之作用。

（五）計算模糊積分

由前一步驟之模糊測度值，代入 Choquet 模糊積分函數，求算出各替代方案的模糊積分值，此即爲各替代方案的綜合評估值。

二、研究方法[2]

　　本研究以層級分析法與模糊理論此兩種方法，分析臺灣資訊電子產業選擇大陸市場之進入模式。

（一）層級分析法（Analytic Hierarchy Process; AHP）

　　層級分析法（簡稱 AHP）爲 1971 由 Thomas L. Saaty 博士所提出，一直以來是經濟科學、社會科學與管理科學中，廣泛被用來分析與建構非結構化問題的一個決策方法；主要應用在不確定性情況下，與具有多個評估準則的決策問題上，藉由方案間的成對比較，經由決策者的偏好資訊，導引出相對應的決策優先向量；由層級式架構逐一剖析在決策目標下的各項要素及其相關性，藉由評估各要素間之相對重要性，預期實際應用層級目標之貢獻，以提供決策者進行規劃評估之依據。層級分析法發展的目的，即是將複雜問題系統化，藉由不同層面給予層級分解，透過量化判斷，尋得脈絡後加以綜合評估，以提估決策者選擇適當方案的充分資訊，同時減少決策錯誤的風險性。

　　AHP 爲層級架構的準則權重提供了方法論，但由於其根植於單一層級評估架構，故引用 AHP 時，常會因爲不同的評估觀點所造成不同的評估架構，而遇到難以選擇最適當架構的問題；倘若能根據統計及群體決策理論，整合及妥協數個評估結果，則可得到較客觀之評估。AHP 的基本假設，主要包括下項九項：

1. 一個系統可被分解成多種類或成分，並形成網路式層級架構。
2. 層級結構中，每一層級之要素均假設具有獨立性。
3. 每一層級內的要素，可用上一層內某些或所有要素作爲評準，進行評估。
4. 比較評估時，可將絕對數值尺度轉換成比例尺度。
5. 成對比較後，可使用正倒值矩陣處理。
6. 偏好關係滿足遞移性，同時強度關係也滿足遞移性。
7. 完全遞移性並不容易，因此容許不具遞移性存在，但需測試一致性程度。
8. 要素的優勢程度，經由加權法則求得。
9. 任何要素不論其優勢程度如何小，均被認爲與整個評估結構有關，而非檢核層級結構獨立性。

2　本小節引用自張恆（2003），「第三代無線行動通訊產品市場與未來發展之研究」。

進行 AHP 的步驟如圖 2，一般而言，遵循下述步驟：

1. 確立研究問題：對於問題所處的系統，宜盡量考慮周全，將可能影響問題的要因，均需納入問題中。

2. 提列評估因素：依研究主題、目的及對象，逐項列出影響決策關鍵要素。

3. 建立層級：層級為系統結構的骨架，在於研究要素間之功能影響程度及其對整體系統的衝擊力；而層級的多寡則視問題的分析所需而定，若分析的問題相當複雜，則需垂直延伸劃分多層層級，但單一比較群體中的要素數目以不要超過七個為原則，元素數目的多寡或增減，亦會使得比較評選之結果產生質量變化。

4. 問卷設計與調查：對每一成對比較設計問卷，名義尺度的劃分總共區分成九個尺度，分別給予從 1 至 9 之比重，讓決策者填寫。

5. 建立成對比較矩陣：根據問卷調查的結果，建立成對比較矩陣，再求取各矩陣的特徵值與特徵向量，同時檢定其整合性。若整合程度不符要求，需設法調整。

6. 層級一致性檢定：每一成對比較矩陣的一致性程度如果均符合規定，則尚需檢定整個層級結構一致性，如有不符規範，則需重新進行要素關聯分析。

7. 層級權重之求解：應用層級分析法進行各指標權重之求解過程如下：(1) 確定決策問題。(2) 確定估指標。(3) 建構層級。(4) 建構成對比較矩陣。(5) 求解特徵向量及最大特徵值。(6) 求解一致性指標與一致性比率。

8. 替代方案的選擇：由替代方案之綜合評分，利用加權平均法求取加權綜合評分，來決定替代方案的優先順序。

（二）模糊理論[3]

　　模糊理論發展是為了解決存在真實世界中無法用數學方式精確定義的一些模糊觀念，尤其對於表現人類語言語意模糊現象有很好的適用效果。美國加州大學 Lotfl. A. Zadeh（1965）提出此項理論至今，和此領域相關的研究不勝其數，而且應用的範圍也相當廣泛，如專業研究應用於醫學、氣象、地震等領域或是應用

---

3 本節引用自尤明偉（2001），「應用類神經網路於股票技術指標聚類與預測分析之研究」。

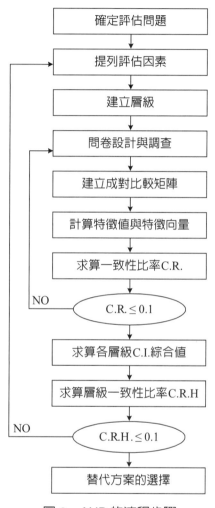

圖2　AHP 的流程步驟

於日常生活中，如：洗衣機、電子鍋等實際應用。模糊理論最主要是將我們傳統對事務的評價，只有「好與壞」或「對與錯」的二分法邏輯（binary logic）推展至具有灰色地帶的連續多值（continuous multi-value）邏輯，利用「歸屬函數」（membership function）的觀念來描述事務的特質，也就是利用 0 與 1 的區間值來表達一個事物特質程度的概念，成為該事物對此歸屬函數的歸屬度（degree of membership）。用歸屬度 0 和 1 分別代表傳統評價「錯」和「對」，而介於 0 和 1 之間的值，即代表灰色地帶。

1. 模糊集合

模糊集合和傳統集合在觀念上只有少許的差異，模糊集合可視爲傳統集合的延伸，模糊集合是將傳統集合分得更細密，如此可以使回答問題者有更充裕的思考空間，而不會局限於傳統集合單一值的思考空間，所以傳統集合可說是模糊集合加上一些限制條件而形成的型式。模糊理論是爲了幫助人們對於一些資料不完全或是訊息不完整的事件要做判斷時，不必經由精密而複雜的演算或處理，即可做出正確的判斷。模糊集合即是利用界限或邊界不明且具有特定事物的集合，建立「亦此亦彼」的概念，意謂將元素屬於集合的概念模糊化，例如：某一個元素可能「不完全屬於」某集合，爲了描述「屬於」的程度，因此，建立歸屬函數，用歸屬函數的歸屬度來表達「屬於」的程度，歸屬函數定義如下：

假設宇集爲 $U = \{x_1, x_2, \cdots, x_n\}$ (1)

宇集 U 的模糊集合爲 $\tilde{A} = \{[x_1, u_{\tilde{A}}(x_1)], [x_2, u_{\tilde{A}}(x_2)], \cdots, [x_n, u_{\tilde{A}}(x_n)]\}$ (2)

$u_{\tilde{A}} : U \rightarrow \{0,1\}$ 爲模糊集合 $\tilde{A}$ 之歸屬函數；$u_{\tilde{A}}(x_i)$ 表示模糊集合 $\tilde{A}$ 中 x_i 之歸屬度。模糊集合中歸屬度介於 0～1 之間，當模糊集合 $\tilde{A}$ 退化爲傳統集合 A 時，模糊集合 $\tilde{A}$ 的值域也將退化爲 $\{0,1\}$。

2. λ 的模糊測度 [4]

目前應用最廣之模糊測度型態爲 Sugeno（1974）所提出之 λ 的模糊測度，λ 的模糊測度，係以參數 λ 描述可加性的程度，受 λ 值所限制之測度。

一般模糊測度之規範需要知道 X 中所有子集合 A 之測度值 $g(A)$，爲降低資料收集之困難度，Sugeno 遂增加 λ 可加性（λ-additivity）之公設。

令 $\lambda \in (-1, \infty)$，$A, B \subset X$、$A \cap B = \phi$，且

$$g(A \cup B) = g(A) + g(B) + \lambda \cdot g(A) \cdot g(B) \tag{3}$$

成立時，則模糊測度 g 稱爲 λ 可加性，滿足 λ 可加性之模糊測度，便稱爲 λ

---

4 此 2 與 3 項引用自楊宗憲（2001），「應用模糊測度與模糊積分於方案評估之研究 —— 以臺灣自行生產軌道組件之評估爲例」。

模糊測度：因其由 Sugeno（1974）提出，故又稱為 Sugeno 測度。

　　λ 模糊測度之函數 g，具有以下之特質：

$$g(A \cup B) = g(A) + g(B) + \lambda \cdot P_{A,B} \cdot g(A) \cdot g(B) \tag{4}$$

　　當 $P_{A,B} > 0$ 時，表示 A 與 B 之間具有優的加法性。當 $P_{A,B} < 0$ 時，表示 A 與 B 之間具有劣的加法性，即為替代作用，兩者提供之作用會互相重複或抵消。當 $P_{A,B} = 0$ 時，表示 A 與 B 之間具有加法性，即為獨立關係。

3. Choquet 模糊積分

　　Choquet 模糊積分（Choquet's Integral）為模糊積分較為常見的一種型式，為一種綜合評估之方式，並不需假設評估方案間相互獨立，因此可運用於評估方案間具有相關的情況，適用於主觀之評價問題，計算公式如下所示：

$$\int f dg = f(x_1)g(X_n) + [f(x_2)-f(x_1)]g(X_{n-1}) + \cdots + [f(x_n)-f(x_{n-1})]g(X_1) \tag{5}$$

　　其中 $f(x_i)$ 為待評估方案在第 i 屬性上之表現（績效值），而 $g(X_i)$ 表示同時考慮屬性 $x_1 \sim x_i$ 時之重要度。

肆　分析結果

一、成對比較表

　　在成對比較的評量方面，表 2 之重要度乃延請數位專家訪談後，進行評估並取眾數所得到之結果。

表 2　各評價基準之成對比較法

目的	所有權優勢（O）	區位優勢（L）	內部化優勢（I）	比重
所有權優勢（O）	1.000	0.143	0.250	0.075
區位優勢（L）	7.000	1.000	4.000	0.696
內部化優勢（I）	4.000	0.250	1.000	0.229

$\lambda_{max} = 3.076$　C.I. = 0.038

565

三種優勢中，區位優勢之重要度最高（0.696），其次為內部化優勢（0.229），最後為所有權優勢（0.075）。

表3　考慮所有權優勢之成對比較法

所有權優勢（O）	企業規模	國際化經驗	產品差異化	比重
企業規模	1.000	0.500	5.000	0.333
國際化經驗	2.000	1.000	7.000	0.552
產品差異化	0.200	0.143	1.000	0.070

$\lambda_{max} = 3.017$　C.I. = 0.009

在考慮所有權優勢的情況下，國際化經驗之重要度最高（0.552），其次企業規模（0.333），最後為產品差異化（0.070）。

表4　考慮區位優勢之成對比較法

區位優勢（L）	市場潛力	投資風險	獨特生產風險	比重
市場潛力	1.000	2.000	0.200	0.167
投資風險	0.500	1.000	0.143	0.094
獨特生產風險	5.000	7.000	1.000	0.740

$\lambda_{max} = 3.014$　C.I. = 0.007

在考慮區位優勢的情況下，獨特生產風險之重要度最高（0.740），其次為市場潛力（0.167），最後為投資風險（0.094）。

整合第二層級與第三層級評價項目所得各評價項目之權重值，求得第三層級中各評價項目之權重。計算方式及結果如下所示：

$$0.075 \times \begin{bmatrix} 0.333 \\ 0.552 \\ 0.070 \end{bmatrix} = \begin{matrix} 企業規模 \\ 國際化經驗 \\ 產品差異化 \end{matrix} \begin{bmatrix} 0.025 \\ 0.042 \\ 0.005 \end{bmatrix}$$

$$0.696 \times \begin{bmatrix} 0.167 \\ 0.094 \\ 0.740 \end{bmatrix} = \begin{matrix} 市場潛力 \\ 投資風險 \\ 獨特性產要素 \end{matrix} \begin{bmatrix} 0.116 \\ 0.065 \\ 0.514 \end{bmatrix}$$

$$0.229 \times [1.000] = 契約風險\ [0.229]$$

由上述之結果可知，專家所注重的評價項目為獨特生產要素（0.514）、契約風險（0.229）、市場潛力（0.116）、投資風險（0.065）與國際化經驗（0.042），此五個評價項目的總權重值高達 0.966（> 0.75），其他的項目權重值較輕，故此後的分析將以此五項目來進行。表 5 為進行此五項目之調整權重的結果。

表 5　評價項目調整後之權重

名次	評價基準	權重	調整後之權重
1	獨特生產要素 f	0.514	0.523
2	契約風險 g	0.229	0.237
3	市場潛力 d	0.116	0.120
4	投資風險 e	0.065	0.068
5	國際化經驗 b	0.042	0.043
	權重加總	0.96	1

二、各替代方案之模糊評估值

在替代方案的評估方面，亦延請數位專家針對五個替代方案的評價項目進行評估，所建立的替代方案評估值如表 6。

表 6　替代方案的模糊評估值

評估值	獨資	合資	策略聯盟	授權	出口
企業規模 a	2	5	2	2	5
國際化經驗 b	1	1	5	3	2
產品差異化 c	9	3	4	5	10
市場潛力 d	6	7	8	8	9
投資風險 e	5	9	10	9	1
獨特生產要素 f	8	8	6	7	4
契約風險 g	10	10	9	10	8

由上表可知，各替代方案之排序如下所示：

獨資的評估值排序：$f(g) > f(c) > f(f) > f(d) > f(e) > f(a) > f(b)$。

合資的評估值排序：$f(g) > f(e) > f(f) > f(d) > f(a) > f(c) > f(b)$。

策略聯盟的評估值排序：$f(e) > f(g) > f(d) > f(f) > f(b) > f(c) > f(a)$。

授權的評估值排序：$f(g) > f(e) > f(d) > f(f) > f(c) > f(b) > f(a)$。

出口的評估值排序：$f(c) > f(d) > f(g) > f(a) > f(f) > f(e)$。

三、模糊測度值

為了解各評估要項之間是否具優的加法性、劣的加法性或簡單加法性，本研究針對各評價項目進行評估，各評價項目的相乘、相抵或獨立之作用，如表 7 所示。

表 7　各評估要項間的相乘、相抵或獨立之評估值

模糊測度	a	b	c	d	e	f	g
企業規模 a	1	1	2	2	0	0	−1
國際化經驗 b	1	1	2	3	0	0	−1
產品差異化 c	2	2	1	3	0	1	−2
市場潛力 d	2	3	3	1	0	1	0
投資風險 e	0	0	0	0	1	0	2
獨特生產要素 f	0	0	1	1	0	1	−1
契約風險 g	−1	−1	−2	0	2	−1	1

利用上表所得之各評價項目之模糊測度值，並令 $\lambda = 0.2$ 帶入公式，可求算出各替代方案評估要項之模糊測度值。

（一）替代方案為「獨資」

$$g^1(g) = 0.237$$
$$g^1(g+f) = g(g) + g(f) + \lambda \cdot P_{g,f} \cdot g(g) \cdot g(f)$$
$$= 0.237 + 0.532 + 0.2 \times (-1) \times 0.237 \times 0.532 = 0.744$$

$$g^1(g+f+d) = g(g+f) + g(d) + \lambda[P_{g,d} \cdot g(g) \cdot g(d) + P_{f,d} \cdot g(f) \cdot g(d)]$$

$$= 0.774 + 0.120 + 0.2 \times [0 \times 0.237 \times 0.120 + 1 \times 0.532 \times 0.120]$$

$$= 0.877$$

$$g^1(g+f+d+e) = g(g+f+d) + g(e) + \lambda \cdot [P_{g,e} \cdot g(g) \cdot g(e) + P_{f,e} \cdot g(f) \cdot$$

$$g(e) + P_{d,e} \cdot g(d) \cdot g(e)]$$

$$= 0.877 + 0.068 + 0.2[2 \times 0.237 \times 0.068 + 0 \times 0.532 \times 0.068$$

$$0 \times 0.120 \times 0.068] = 0.951$$

$$g^1(g+f+d+e+b) = g(g+f+d+e) + g(b) + \lambda[P_{g,b} \cdot g(g) \cdot g(b) + P_{f,b}$$

$$\cdot g(f) \cdot g(b) + P_{d,b} \cdot g(d) \cdot g(b) + P_{e,b} \cdot g(e) \cdot g(b)]$$

$$= 0.951 + 0.043 + 0.2[(-1) \times 0.237 \times 0.043 + 0 \times 0.532$$

$$\times 0.043 + 3 \times 0.120 \times 0.043 + 0 \times 0.068 \times 0.043] = 1$$

（二）替代方案為「合資」

$$g^2(g) = 0.237$$

$$g^2(g+e) = g(g) + g(e) + \lambda \cdot P_{g,e} \cdot g(g) \cdot g(e)$$

$$= 0.237 + 0.068 + 0.2 \times 2 \times 0.237 \times 0.068 = 0.311$$

$$g^2(g+e+f) = g(g+e) + g(f) + \lambda[P_{g,f} \cdot g(g) \cdot g(f) + P_{e,f} \cdot g(e) \cdot g(f)]$$

$$= 0.311 + 0.530 + 0.2 \times [(-1) \times 0.237 \times 0.532 + 0 \times 0.068 \times 0.532]$$

$$= 0.818$$

$$g^2(g+e+f+d) = g(g+e+f) + g(d) + \lambda[P_{g,d} \cdot g(g) \cdot g(d) + P_{e,d} \cdot g(e)$$

$$\cdot g(d) + P_{f,d} \cdot g(f) \cdot g(d)]$$

$$= 0.818 + 0.120 + 0.2[0 \times 0.237 \times 0.120 + 0 \times 0.068 \times 0.120$$

$$+ 1 \times 0.532 \times 0.120] = 0.951$$

$$g^2(g+e+f+d+b) = g(g+e+f+d) + g(b) + \lambda[P_{g,b} \cdot g(g) \cdot g(b)$$

$$+ P_{e,b} \cdot g(e) \cdot g(b) + P_{f,b} \cdot g(f) \cdot g(b) + P_{d,b} \cdot g(d) \cdot g(b)]$$

$$= 0.951 + 0.043 + 0.2[(-1) \times 0.237 \times 0.043 + 0$$

$$\times 0.068 \times 0.043 + 3 \times 0.532 \times 0.043 + 3 \times 0.120 \times 0.043]$$

$$= 1$$

（三）替代方案為「策略聯盟」

$$g^3(g) = 0.068$$

$$g^3(e+g) = g(e) + g(g) + \lambda \cdot P_{e,g} \cdot g(e) \cdot g(g)$$
$$= 0.068 + 0.237 + 0.2 \times 2 \times 0.068 \times 0.237 = 0.311$$

$$g^3(e+g+d) = g(e+g) + g(d) + \lambda[P_{e,d} \cdot g(e) \cdot g(d) + P_{g,d} \cdot g(g) \cdot g(d)]$$
$$= 0.311 + 0.120 + 0.2[0 \times 0.068 \times 0.120 + 0 \times 0.237 \times 0.068]$$
$$= 0.431$$

$$g^3(e+g+d+f) = g(e+g+d) + g(f) + \lambda[P_{e,f} \cdot g(e) \cdot g(f) + P_{g,f} \cdot g(g)$$
$$\cdot g(f) + P_{d,f} \cdot g(d) \cdot g(f)]$$
$$= 0.431 + 0.532 + 0.2[0 \times 0.068 \times 0.532 + (-1) \times 0.237 \times 0.532$$
$$+ 1 \times 0.532 \times 0.120] = 0.951$$

$$g^3(e+g+d+f+b) = g(e+g+d+f) + g(b) + \lambda[P_{e,b} \cdot g(e) \cdot g(b) + P_{g,b}$$
$$\cdot g(g) \cdot g(b) + P_{d,b} \cdot g(d) \cdot g(b) + P_{f,b} \cdot g(f) \cdot g(b)]$$
$$= 0.951 + 0.043 + 0.2[0 \times 0.068 \times 0.043 + (-1) \times 0.237$$
$$\times 0.043 + 3 \times 0.120 \times 0.043 + 0 \times 0.532 \times 0.043] = 1$$

（四）替代方案為「授權」

$$g^4(g) = 0.237$$

$$g^4(g+e) = g(g) + g(e) + \lambda \cdot P_{g,e} \cdot g(g) \cdot g(e)$$
$$= 0.237 + 0.068 + 0.2 \times 2 \times 0.237 \times 0.068 = 0.311$$

$$g^4(g+e+d) = g(g+e) + g(d) + \lambda[P_{g,d} \cdot g(g) \cdot g(d) + P_{e,d} \cdot g(e) \cdot g(d)]$$
$$= 0.311 + 0.120 + 0.2[0 \times 0.237 \times 0.120 + 0 \times 0.068 \times 0.120]$$
$$= 0.431$$

$$g^4(g+e+d+f) = g(g+e+d) + g(f) + \lambda[P_{g,f} \cdot g(g) \cdot g(f) + P_{e,f} \cdot g(e)$$
$$\cdot g(f) + P_{d,f} \cdot g(d) \cdot g(f)]$$
$$= 0.431 + 0.532 + 0.2[(-1) \times 0.237 \times 0.532 + 0 \times 0.068 \times 0.532$$
$$+ 1 \times 0.120 \times 0.532] = 0.951$$

$$g^4(g+e+d+f+b) = g(g+e+d+f) + g(b) + \lambda \cdot [P_{g,b} \cdot g(g) \cdot g(b)$$
$$+ P_{e,b} \cdot g(e) \cdot g(b) + P_{d,b} \cdot g(d) \cdot g(b) + P_{f,b} \cdot g(f) \cdot g(b)]$$
$$= 0.950 + 0.043 + 0.2[(-1) \times 0.237 \times 0.043 + 0 \times 0.068$$
$$\times 0.043 + 3 \times 0.120 \times 0.043 + 0 \times 0.532 \times 0.043] = 1$$

（五）替代方案為「出口」

$$g^5(g) = 0.120$$
$$g^5(d+g) = g(d) + g(g) + \lambda \cdot P_{d,g} \cdot g(d) \cdot g(g)$$
$$= 0.120 + 0.237 + 0.2 \times 0 \times 0.120 \times 0.237 = 0.357$$
$$g^5(d+g+f) = g(d+g) + g(f) + \lambda[P_{d,f} \cdot g(d) \cdot g(f) + P_{g,f} \cdot g(g) \cdot g(f)]$$
$$= 0.357 + 0.532 + 0.2[1 \times 0.120 \times 0.532 + (-1) \times 0.237 \times 0.532]$$
$$= 0.877$$
$$g^5(d+g+f+b) = g(d+g+f) + g(b) + \lambda[P_{d,b} \cdot g(d) \cdot g(b)$$
$$+ P_{g,b} \cdot g(g) \cdot g(b) + P_{f,b} \cdot g(f) \cdot g(b)]$$
$$= 0.877 + 0.043 + 0.2[3 \times 0.120 \times 0.043 + (-1) \times 0.237$$
$$\times 0.043 + 0 \times 0.532 \times 0.043] = 0.921$$
$$g^5(d+g+f+b+e) = g(d+g+f+b) + g(e) + \lambda[P_{d,e} \cdot g(d) \cdot g(e)$$
$$+ P_{g,e} \cdot g(g) \cdot g(e) + P_{f,e} \cdot g(f) \cdot g(e) + P_{b,e} \cdot g(b) \cdot g(e)]$$
$$= 0.921 + 0.068 + 0.2[0 \times 0.120 \times 0.068 + 2 \times 0.237$$
$$\times 0.068 + 0 \times 0.532 \times 0.068 + 0 \times 0.043 \times 0.068] = 1$$

四、Choquet 模糊積分

　　所計算出的模糊測度值，代入 (5) 式 Choquet 模糊積分之公式中，即可求算出各個替代方案的模糊積分值，此即爲綜合評估值。

（一）替代方案為「獨資」

$$E^1 = E_1 + E_2 + E_3 + E_4 + E_5$$
$$= f(b) \cdot g^1(g + f + d + e + b) + [f(e) - f(b)] \cdot g^1(g + f + d + e)$$
$$+ [f(d) - f(e)] \cdot g^1(g + f + d) + [f(f) - f(d)] \cdot g^1(g + f)$$
$$+ [f(g) - f(f)] \cdot g^1(g)$$
$$= 1 \times 1 + (5 - 1) \times 0.951 + (6 - 5) \times 0.877 + (8 - 6) \times 0.744 + (10 - 8) \times 0.237$$
$$= 0.764$$

（二）替代方案為「合資」

$$E^2 = E_1 + E_2 + E_3 + E_4 + E_5$$
$$= f(b) \cdot g^2(g + e + f + d + b) + [f(d) - f(b)] \cdot g^2(g + e + f + d)$$
$$+ [f(f) - f(d)] \cdot g^2(g + e + f) + [f(e) - f(f)] \cdot g^2(g + e)$$
$$+ [f(g) - f(e)] \cdot g^2(g)$$
$$= 1 \times 1 + (7 + 1) \times 0.951 + (8 - 7) \times 0.818 + (9 - 8) \times 0.311 + (10 - 9) \times 0.237$$
$$= 8.072$$

（三）替代方案為「策略聯盟」

$$E^3 = E_1 + E_2 + E_3 + E_4 + E_5$$
$$= f(b) \cdot g^3(e + g + d + f + b) + [f(f) - f(b)] \cdot g^3(e + g + d + f)$$
$$+ [f(d) - f(f)] \cdot g^3(e + g + d) + [f(g) - f(d)] \cdot g^3(e + g)$$
$$+ [f(e) - f(g)] \cdot g^3(e)$$
$$= 5 \times 1 + (6 - 1) \times 0.951 + (8 - 6) \times 0.431 + (9 - 8) \times 0.311 + (10 - 9) \times 0.068$$
$$= 7.192$$

（四）替代方案為「授權」

$$E^4 = E_1 + E_2 + E_3 + E_4 + E_5$$
$$= f(b) \cdot g^4(g+e+d+f+b) + [f(f)-f(b)] \cdot g^4(g+e+d+f)$$
$$+ [f(d)-f(f)] \cdot g^4(g+e+d) + [f(e)-f(d)] \cdot g^4(g+e)$$
$$+ [f(g)-f(e)] \cdot g^4(e)$$
$$= 3 \times 1 + (7-3) \times 0.951 + (8-7) \times 0.431 + (9-8) \times 0.311 + (10-9) \times 0.237$$
$$= 7.773$$

（五）替代方案為「出口」

$$E^5 = E_1 + E_2 + E_3 + E_4 + E_5$$
$$= f(e) \cdot g^5(d+g+f+b+e) + [f(b)-f(e)] \cdot g^5(d+g+f+b)$$
$$+ [f(f)-f(b)] \cdot g^5(d+g+f) + [f(g)-f(f)] \cdot g^5(d+g)$$
$$+ [f(d)-f(g)] \cdot g^5(e)$$
$$= 1 \times 1 + (2-1) \times 0.921 + (4-2) \times 0.0877 + (8-4) \times 0.357 + (9-8) \times 0.120$$
$$= 5.223$$

　　由以上之計算結果可知，各替代方案的綜合評估值中，最高的前三者依序為「合資」（8.072 分）、「授權」（7.783 分）、「獨資」（7.643 分），此三者的分數十分相近，其次為「策略聯盟」（7.192 分），而最低者為「出口」（5.223 分）。故臺灣 IT 產業進入大陸市場，主要會選擇以「合資」的方式，即為最適的進入模式。

伍　結論與建議

一、結論

　　本研究之主題在於「利用 AHP 與模糊理論分析臺灣資訊電子產業選擇大陸市場之進入模式」。從分析結果可以發現，臺灣 IT 廠商進入大陸的選擇模式，

依序為合資、授權、獨資、策略聯盟,最後是出口,此結果亦符合臺灣 IT 廠商的進入模式選擇之現況。現實面上,兩岸間一直處於競合的狀況,臺灣擁有大陸所需的高層次技術和專業人才,而大陸擁有的則是最便宜的生產要素,但卻由於政治面關係而影響著兩岸的生產行為。

(一)合資:近年來,臺籍企業西進大陸情況日益嚴重,進而在對外投資制度面上設下許多關卡和限制,例如:許多大型企業赴大陸投資卻有專利權和資本額等限制;而大陸方面為加強對外資的管制與促進當地產業的發展,也設限外籍企業在大陸投資必須和當地企業採取合資經營。在此等條件背景下,臺籍電子廠商為了在大陸市場能更順利運作,通常都採取「臺骨陸皮」,也就是以「合資」的模式進入大陸市場,此舉較能符合大陸當局在法令上之要求。

(二)授權:對擁有高科技的電子廠商而言,由於主要擁有的技術是屬於管制性技術,臺灣當局不會輕易放行,但廠商又希望在大陸生產以降低成本為目的,故通常採取將不屬管制性技術的產品「授權」給大陸廠商生產,在臺灣僅進行研發與高技術屬性的部分。

(三)獨資:愈來愈多知名電子企業現在也逐漸採取「獨資」方式進入大陸市場。歷經多年大陸當局的培植,大陸的本土企業也逐漸成為臺籍企業的勁敵,且其中絕大部分是過去的合資夥伴;因此,臺籍廠商為了防止技術再度外流,亦有趨勢採用獨資方式進入;雖然在大陸逐漸開放下獨資需承擔更大的投資風險,但相信未來會是個主流趨勢,而企業本身的競爭力,將是能否永續經營的重要關鍵。

上述三種進入模式是臺灣 IT 廠商進入大陸市場主要選擇的方式。而策略聯盟方面,部分臺籍廠商顧及合資風險太大,或無法以獨資自行承擔風險,才會採用以雙方專長進行分工合作的「策略聯盟」方式與大陸廠商合作。最後「出口」的方式是最為少數的,原因在於臺灣 IT 廠商大多遷廠到大陸生產製造,在臺灣製作後才出口到大陸加工完成者僅為少數。

二、研究限制與建議

本研究受限於時間之限制,故僅探討 IT 產業進行海外投資之進入模式選擇,也從許多進入模式中挑選五個符合 IT 產業者;未來可以探討其他不同產業,

並使用適當的進入模式以分析不同情境下之結果。另外，本文採取模糊理論之模糊積分與模糊測度之方式作爲評分標準，而在思考邏輯與觀點上不同，可能造成主觀的差異，未來可以進行迴歸模型分析，探討此一主題。

參考文獻

1. 尤明偉（2001），應用類神經網路於股票技術指標聚類與預測分析之研究，義守大學工業管理學系碩士論文。

2. 余明助（1999），多國籍企業組織、策略與控制關係之研究──以台商海外子公司爲例，國立成功大學企業管理學系博文論文。

3. 吳青松（2002），國際企業管理──理論與實務，智勝文化。

4. 林原晁、曾薏芬、陳耀茂（2005），利用 AHP 與模糊理論探討在企業債信評等之決策分析──以三家主機板公司爲例，南亞學報，25：167-182。

5. 邱暐超（2003），台商赴大陸投資形態對績效影響之探討，大葉大學國際企業管理學系碩士班碩士論文。

6. 洪諄任、吳秀眞、林灼榮（2006），臺灣資訊電子業廠商西進與債信評等之攸關性研究，第一屆中興大學台商研究論文研討會。

7. 張恆（2003），第三代無線行動通訊產品市場與未來發展之研究，大葉大學事業經營研究所碩士班碩士論文。

8. 許慧卿（2001），整合性物流設施系統方案評估架構之建立，國立高雄第一科技大學運輸與倉儲研究所碩士論文。

9. 陳琬琪（2002），進入策略、成長策略與經營績效關係之研究──以台商連鎖服務業進入中國大陸觀點分析，中原大學企業管理研究所碩士論文。

10.陳耀茂（1999），模糊理論，五南圖書出版公司。

11.曾紀幸（1996），多國籍企業在台子公司網路組織型態及其母公司管理機制選擇之關係，國立政治大學企業管理研究所博士論文。

12.楊宗憲（2001），應用模糊測度與模糊積分於方案評估之研究──以臺灣自行生產軌道組件之評估爲例，國立臺灣海洋大學河海工程學系碩士論文。

13.劉素珍（2001），進入策略、產業網路發展與經營績效關係之研究──以赴大陸投資被動元件產業之台商爲研究對象，中原大學企業管理研究所碩士論

文。

14. 潘曉儀（2005），臺灣成立自由貿易區對提升產業競爭力之研究，大葉大學事業經營研究所碩士班碩士論文。

15. 蕭育鎮（2002），企業海外投資進入模式影響因素之研究──以台商投資大陸實證探討，大葉大學國際企業管理研究所碩士論文。

16. Agarwal,S. and Ramaswami, N. (1992), "Choice of Foreign Market Entry Mode: Impact of Ownership, Location and Internalization Factors," *Journal of International Business Studies*, pp.47-54.

17. Bartlett, C.A. and Ghoshal, S. (1989), "Managing across boarders," Cambridge: HBS Press, M.A.

18. Brouthers, L.E., Brouthers, K.D. and Werner, S. (1999), "Is Dunning's Eclectic Framework Descriptive or Normative?" *Journal of International Business Studies*, 30(4): 831-844.

19. Contractor, F.J. (1984), "Choosing Between Direct Investment and Licensing: Theoretical Considerations and Empirical Tests," *Journal of International Business Studies*, winter, pp.167-188.

20. Cooper Robert G.. and Kleinschmidt Elko J.(1985), "The Impact of Export Strategy on Exoprt Sales Performance," *Journal of International Business Studies*, 16(Spring), 37-55.

21. Dunning, J.H. (1980), "Toward an Eclectic Theory of International Production: Some Empirical Test," *Journal of International Business Studies*, Vol. 11, pp.9-31.

22. Dunning, J.H. (1980), "Toward an Eclectic Theory of International Production: A Restatement and Some Possible Extensions,: *Journal of International Business Studies*, 19(1):1-32.

23. Harrigan R.K.(1986), "Managing for Joint Venture Success," by *Lexington Book*, Chapter 1.

24. Hymer, S. H. (1967) ,"The International Operations of National Firms: A Studies of Direct Foreign Investment," *Cambridge*: MIT Press.

25. Samiee Saeed and Walters Peter G.P. (1991). "Segmenting Corporate Exporting Activities, Sporadic versus Regular Exporters," *Journal of the Academy of*

Marketing Science, 19(2), 93-104.

26. Saaty, T.L. (1980), "The Analytic Hierarchy Process," *New York*: McGraw-Hill.

27. Verb T. (1987), "International Marketing," 4thed by *Drydren* Press Chapter 10.

28. Vernon, R. (1966), "International Investment and International Trade in the Product Cycle," *Quarterly Journal of Economics*, Vol.31, May, pp.190-207.

29. Vernon, R. (1977), "Storm over the multinationals: The Real issues." London: Macmillan.

30. Wilson I. (2001), "U.K. SMEs in China-Performance & market entry strategies," *Journal of International Marketing and Marketing Research*, 26(3), pp.151-164.

案例 7　利用 ANP 與 DEMA-TEL 方法選擇最佳投資組合之決策分析

摘　要

在投資觀念盛行且投資方法眾多的情況下，有效的投資決策已經成為一個非常重要的議題，本研究的目的在於探討專業理財人員與金融背景人員在選擇投資對象時所重視因素的異同，藉以提供一般民眾了解專業理財人員選擇投資對象的原因，讓一般民眾更能與其所屬之專業理財人員在投資的認知上達到共識。

在此研究中，使用 ANP 法，架構出關於最佳投資組合決策的評價基準項目（企業規模、過去績效、交易成本、變現能力、敏感度、固定收益）以及替代方案（避險基金、股價雙持、TOP 10），來計算出最適合於投資人的替代方案，進而達成決策的目的。對投資者而言，在眾多投資目的中（絕對報酬、穩定報酬、提升報酬），其最為重視穩定報酬，也就是在高報酬的誘惑下，投資者更傾向於穩定、低風險。

關鍵詞：投資決策、分析網路程序法。

壹　研究動機

市場方面的投資組合早已成為投資人不可缺少的生財工具之一，也因此近年來關於探討選股的論文為數不少。然而在眾多關於選股的研究分析中，往往都是依據財務方面的變數作為考量來判斷選股的準則，比方利用系統性風險（林威光，82）、本益比（許維真，84）以及財務報表的解讀等因素，作為選股策略的考量，並且大多透過迴歸分析方式得出選股策略的相關重要因素為何。然而選股策略牽涉到人的思考層面時，未必完全是僅僅牽涉到幾個個別因素，而有可能是組合式的考量所得出之結論，比方即使研究得出「本益比」是選股的最關鍵因素，然而投資人還是很少僅僅憑著一個本益比去做出選股的決策，而可能是「3/4 本益比 +1/4 風險」的考量。因此，為了研究結果能夠更接近選股時投資人

的思考情形，利用分析網路程序法（Analytic Network Process; ANP）進一步分析投資組合策略中較爲重要的變數，以供投資人作爲日後參考的依據。

貳　研究目的

　　國內諸多關於投資決策之研究，大多探討單一層面決策方向對於投資績效之影響，爲了提供消費者在複雜的金融市場上了解影響投資決策的主要因素，本研究將探討專業理財與具有金融背景及概念之人員相關意見，由於專業理財人員具有專業理財知識，且經常參與理財課程，能夠深入掌握理財資訊，不僅要了解各式商品的特性，且需掌握市場變化，對於複雜的因素皆能深入分析，爲消費者提供適當的決策，因此了解專業理財人員選擇投資對象時的重視因素，可以幫助投資者與專業理財人員在認知上獲共識。本研究欲達成的目的如下：

　　一、由整理文獻回顧與專家訪談，定義構面比較層與因素比較層的層級架構。

　　二、利用分析網路程序法，分析影響投資組合各因素之權重值，並進一步分析探討各項目的重要性。

　　三、將非量化的資訊，以分析網路程序法分析，將影響投資組合的因素逐層做分析，最後了解專業理財人員在選擇最佳投資組合的重視因素。

參　研究背景

　　投資理財是現代人在生活中所重視的層面，當人們有多餘的資金時，一般的儲蓄存款已不能滿足多數人的需求，因此，其他的投資項目日趨受到重視，例如：股票、債券、外幣、期權、認股權證、衍生性金融商品、房地產、骨董、藝術品乃至紅酒等，其中以投資組合來降低風險是較理想之選擇。若能有效率的掌握趨勢，就可以獲得高額的報酬。然而，有許多因素會影響投資組合之選擇，例如：總體經濟的情況、產業動向、國內外政治因素、法令制度、人爲操作等。消費者可能忽略資訊背後隱藏內容的能力，而常常陷入追求高獲利的迷思，而導致錯誤的決策，並造成嚴重損失。

肆　文獻探討

一、分析網路程序法（ANP）簡介

　　Thomas L. Saaty 於 1971 年因規劃工作問題而首創分析層級程序法（Analytic Hierarchy Process; AHP），1972 年美國國家科學基金會採用分析層級程序法（AHP），針對產業對國家福利的貢獻度來決定電力的分配，直到 1973 年因 Saaty 主持蘇丹運輸研究時，分析層級程序法（AHP）才得以成熟。分析層級程序法（AHP）的理論發展，提供解決非結構化的經濟、社會及管理科學問題。幫助解決資源分配、方案選擇、決定優先順序、解決衝突、規劃、績效衡量等問題，該方法為針對問題訂立總目標，根據總目標發展出次目標，即為下層元素，反覆直到最後一層元素，建構完成後，藉由尺度（scale）進行成偶比對（pairwise comparison），求出特徵向量（evector）作為評估各元素間的權重，最後再透過綜合求得整體的優先順序。該方法中，假設每一階層的要素均要相互獨立，並未考量多條件間相互依賴的特性，而將複雜問題系統化（systematize）以進行評估。然而，現實生活中的問題常存在相依（dependence）或回饋（feedback）關係，隨著問題愈大，愈係也愈錯綜複雜，此時若再使用獨立性的假設，則有可能過度簡化問題，致使評估結果產生偏差。Thomas L. Saaty 為了解決這個問題，於 1975 年再提出考慮相依及回饋關係的層級分析法，直到 1996 出版《分析網絡程序法》（*Analytic Network Process; ANP*）一書後，其整個架構方始完備。

　　分析網路程序法（Analytic Network Process; ANP）是由分析層級程序法（Analytic Hierarchy Process; AHP）延伸而來。分析網路程序法（ANP）是將分析層級程序法（AHP）加上回饋（feedback）與相依（dependence）的機制，並加以闡述發揚。

二、分析網路程序法（ANP）與分析層級程序法（AHP）之比較

　　分析層級程序法（AHP）是一種單目標多準則評估方法，主要將決策問題分解為垂直階層的關係，再透過量化的判斷進行評估。在分析層級程序法（AHP）中有一個基本假設，即各階層元素與其他階層元素必須獨立。基於此一假設，決策問題的架構便形成僅能存在階層關係的不合理限制，且在較複雜的決策問題中，將使得原本的問題結構變形，進而影響到決策品質。

決策分析──方法與應用

事實上，很多決策不能只用純階層的關係來建構，因為高階元素與低階元素間亦可能存在相依關係與交互作用。因此，Saaty 在 1996 年提出具有相依與回饋概念的分析網路程序法（ANP），而分析層級程序法（AHP）的階層架構，則可視為分析網路程序法（ANP）中的一個特例。此外，ANP 與 AHP 的相異之處，在於前者的層級結構為線性，後者為非線性的網路結構。ANP 具相依與回饋之特性，並使用超級矩陣（supermatrix）來計算權重。兩種方法的相異之處，如下表所示：

AHP 與 ANP 比較表

	AHP	ANP
元素間之相互關係	因子之間必須相互獨立	考量因子之間相互關係
表示問題的結構特性	層級式架構	網路式架構
回饋關係	沒有	回饋係統
權重的計算方式	簡單矩陣	超級矩陣
元素評比基礎	以目標（主觀）為評比基礎	以選定項目（客觀）為評比基礎

三、決策實驗室分析法（Dematel）

決策實驗室分析法分析各管理問題間之複雜關係，Dematel 方法為 1971 年在日內瓦的 Battelle 協會用以解決科技與人類的事情，被用於研究解決相互關聯的問題群（如：種族、環保、能源問題等），以釐清問題本質，而有助於對策研擬。

（一）Dematel 基本假設

Dematel 法基本假設有三：

1. 需要明確問題的性質：在問題的形成和規劃階段，對研究的問題清楚知道是什麼性質，以便正確的設定問題。

2. 需有明確問題間的關聯度：由每個問題元素起始，表示出與其他元素間的關聯度，以 1、2、3、4 等表示為其關聯強度。

3. 需了解每個問題元素的本質特性：對每個問題元素，再做相關問題分析後的補充說明（含同意及不同意之觀點等）。而 Dematel 則根據客觀事務的具體

特點，確定變量間之相互依存與制約關係，因此反映出系統本質的特徵及演變趨勢。

（二）Dematel 運算模式

Dematel 進行步驟如下：

步驟 1：定義程度大小。即了解兩兩因素間之關係，此須先設計影響程度大小之量表。在語意值及其語意操作型定義表中，有分 1、2、3、4 代表不同的影響程度，影響程度可分「沒影響 (1)」、「低度影響 (2)」、「高影響 (3)」與「極高度影響 (4)」。

步驟 2：建立直接關係矩陣。當影響程度大小已知時，即可建立直接關係矩陣 (S)，而 n 項評估因素，將會產生 $n \times n$ 大小直接關係矩陣，矩陣內的每一個值 Z_{ij}，表示因素 i 影響因素 j 的影響程度大小。

步驟 3：建立標準化矩陣。將直接關係矩陣正規化，根據步驟 2 所得直接關係矩陣 S 進行標準化，即可得一強弱程度矩陣 (X)

步驟 4：建立總影響關係矩陣。當得知強弱程度矩陣 X 後，經由公式（$T = X(I - X) - 1$）可得出總影響關係矩陣 T。

步驟 5：各列及各行的值之加總。將總影響關係矩陣 T 之每一列每一行做加總，即可得出每一列之總和 D 值與每一行之總和之 R 值。

步驟 6：結果分析 D 值表示總關係矩陣 T 每一列之加總值，意即直接或間接影響其他準則之影響程度大小；R 表示總關係矩陣 T 每一行之加總值，意即被其他準則影響之程度大小。將行列式運算的變數分別設為 D 代表影響其他因素的因子、R 代表被其他因素影響的因子、$D + R$：代表因子間的關係強度（中心度）、$D - R$：代表因子影響或被影響的強度（原因度）。故依據各變數之計算結果，對各因素間之因果相互影響關係進行分析。

四、投資決策

如何有效的掌握上述這些訊息，並且加以分析探討，一直是學術領域所不斷研究的重要課題。基本面因素的優點，將是能夠確實的分析出公司的投資價值，但是缺點在於真正的財報數據無法即時知道，以及產業展望和成長潛力等多項因

素很難將其數據化作為投資決策的參考；而技術面因素的缺點在於太主觀的判斷股價的變化，以及股價過去行為不一定會再出現。所以在複雜的股票市場當中，只依賴技術面的分析很難獲取更大的報酬率。由於股市是屬於一開放的環境，其變遷所牽涉到的因素多且複雜，雖有許多相關研究指出，股市存在某些市場變數間互動的規則或是相關的因應效應，以作為投資者的參考，但最後投資者還是要根據自己的經驗法則來做判斷，不過，投資者可能會因為忽略某些相關因素，而導致決策錯誤，蒙受不小的個人損失。因此，如何掌握時機，及時做出正確的投資決策，便愈顯其重要性。下列表為國內外學者在不同領域對金融理財投資決策之相關文獻整理。

樊冬心 （1996）	股票投資決策之研究	1. 在不同景氣循環中，出口值、進口值、貨幣供給量、躉售物價指數、消費者物價指數、美元匯率以及一個月定存利率等經濟因素確實會影響股價的變動，只是影響的方向及程度各不相同。 2. 就長期而言，臺灣股價深受貨幣供給量、躉售物價指數以及美元匯率的影響。
郭曉穎 （2005）	投資人類型、投資注意力與投資決策關聯之研究	1. 投資人進行投資決策時，均會考慮交易量與前一日股價報酬率。 2. 無論是個別投資人或是三大法人，面對股市交易量及前一日股價報酬時，均會給予前一日股價酬有較高的權重。
黃瀚霄 （2006）	臺灣股票市場外資法人和個人投資者決策之研究	1. 依據良好的原由購買股票，只能獲得略高於大盤的報酬率。 2. 外資法人比起個人投資者的購買行為更受良好原由的影響。 3. 績優的公司趨向高的市值，市價／淨值比和較大的股價波動。
李春生 （2006）	台指期貨投資決策點之研究	使用 KD、MACD、量價關係，與買入持有及傳統技術買賣法則相較，使用盈虧比率、獲利因子、夏普指標等綜合評估最佳操作模組，結果顯示除了 KD 組，其餘 MACD 組與量價關係組，皆顯著優於買入持有與傳統技術分析。
何玉媚 （2006）	理財商品決策因素之研究	理財人員在進行理財決策時重視的因素，依序為獲利性、安全性及流動性，且認為報酬率、投資規模及市場景氣是非常重要的評估準則。
廖維苾 （2007）	股票與債券報酬相關性之研究	當波動性或是股票週轉率增加時，往往可以觀察到股票和債券的報酬相關係數呈現負向的情況。

資料來源：本研究整理

五、避險基金

所謂 Hedge Fund 即避險基金或稱之為對沖基金，此基金的操作方式較具彈性，可運用各種衍生性金融工具，如指數期貨、股票選擇權、遠期外匯合約，乃至於其他具有財務槓桿效果的金融工具進行投資，同時亦可在各地的股票市場、債券市場、外匯市場、商品市場進行投資。利用放空投資標的、使用槓桿及買賣衍生性金融商品等非傳統技術及工具來規避風險增加收益，而較不受市場風險影響。傳統型投資係仰賴市場之表現來決定績效，而避險基金則是仰賴經理人之專業操作技術及經驗，因此避險基金皆以追求「絕對報酬」為操作目標。

六、Fortune magazine Top 10

Jeff Anderson and Gary Smith 指出，*Fortune* 雜誌定義的美國最敬佩年度最佳十間公司的股票，不管是哪一個，在出版日後五個、十個、十五個或二十個交易天後，購買的股票（一年、二年）績效，皆勝過 S&P500（市場）。

伍　研究方法

本研究中使用分析網路程序法（Analytic Network Process；ANP）為研究方法，此法是經由分析層級程序法（Analytic Hierarchy Process；AHP）所延伸而來，並加以結合網路系統型態所呈現的一種研究方法。主要優勢乃是將分析階層程序法結合回饋（feedback）機制而加以闡述及發展。

過去 AHP 法所求出的是主觀的量化結果，忽略對於準則及方案之間的相互回饋之關係特性，因此運用 ANP 法求得之量化結果，可作為群體決策及評估結果更具理論及實用基礎之信賴度。其 ANP 法目前應用的範圍，大多在於解決研發方案之選擇、資訊系統方案選擇等方面的問題。

其實，ANP 法可以說是 AHP 法的一個特例，因為 ANP 法不須滿足 AHP 法八項基本假設中的「有向網層結構」以及「每一層的要素均假設具有獨立性」這兩個假設，但是其餘假設都與 AHP 法相同。

ANP 法的基本假設為以下六項：

（一）每一層級內的要素可用上一層內某些或所有要素為評價基準來進行評估。

（二）比較評估時，可以將絕對尺度轉換成比例尺度。

（三）成對比較（pair-wise comparison）之後，可以使用正倒值矩陣（positive reciprocal matrix）進行處理。

（四）偏好關係會滿足遞移性這個特點。

（五）完全具有遞移性不容易，因此可以容許不具遞移性的存在，但必須測試一制性的程度。

（六）要素的優勢程度可經由加權法則得來。任何要素只要出現在階層中，不管其優勢程度多小，皆會被認為與整體評估結構有關。

在此我們使用 ANP 法的回饋型方法為研究方法，做為分析以及決策的工具，ANP 法是以 AHP 法為基礎來進行運作與分析，可以分為以下四個階段：

（一）形成架構與問題。

（二）互相依賴群組的一對比較。

（三）形成超短陣。

（四）選擇最佳方案。

所以在此我們將決策分析分成以下的五個步驟：

步驟 1：建立決策問題：收集相關資訊，將可能影響決策的因素納入。

步驟 2：建立 ANP 階層圖：建立階層圖可以讓我們更清楚了解因素與各替代方案間的關係。

步驟 3：發展一對比較表：這裡用 AHP 的評價尺度求算每個互賴構面下的各個要素比重。

步驟 4：建立評價基準間的內部從屬短陣：運用 Dematel 法可得比短陣。

步驟 5：建立超短陣：利用一對比較表的比重及結果來建立超矩陣，並且計算最後收斂的結果。

步驟 6：選擇最佳方案：利用超矩陣所求算出來的結果，作為最佳方案的選擇依據。

陸　選擇最佳投資組合之決策分析

一、決定評價基準之項目

（一）企業規模

一般衡量大型、中型與小型企業的衡量有下列條件，例如：資本額、營業額、員工人數、市占率，甚至企業的管理能力、品牌價值與專利件數等。概括這些要素集合起來，便是企業的規模。因此，以企業的規模來衡量企業的大小，是較為正確的做法，並不是以單一的指標，像是只以資本額來判斷作為該企業大小的依據。

（二）過去績效

過去績效是個重要參考依據，但並非唯一，其他還有市場走向以及基金之資產配置、規模、風險值、經理人等眾多因素得納入考量。即使只就「過去績效」而言，仔細檢視、分析也是必要的功課。

（三）交易成本

交易成本可以視為一系列的「制度成本」，包括：(1) 搜尋與資訊成本（search and information costs），(2) 談判與決策成本（bargaining and decision costs），(3) 策略與執行成本（policing and enforcement costs），(4) 制度結構變化的成本（systematic changing costs）等。簡而言之，一切不直接發生於物質生產過程中的成本，均可稱之為「交易成本」（Coase, R. H. & Harry, Ronald, 1988；張五常，2000）。

（四）變現力

變現力（Liquidity）即變現能力，是指某項資產轉換為現金或負債償還所需之時間。長期及短期債權人，以此評估企業償還到期債務之能力。投資者則利用變現力來判斷企業未來支付現金股利之能力，及未來擴大營業之可能性。變現力越低，企業倒閉或不能達成特定目標之風險級越高。而反映變現能力的指標主要包括：流動比率和速動比率。

（五）敏感度（β）

β（Beta）是衡量股票風險的指標，並無所謂好壞，越高的 β，代表越大的波動性，也就是說，你投資在這一檔股票上的報酬或損失，都會比市場平均報酬率還來得劇烈。越大的 β 代表市場漲得多，您的股票就漲得更多；但是市場下跌時，您的股票會跌得越深。因此一般是用 beta 來衡量自己投資組合中的積極程度。

（六）固定收益

固定收益型顧名思義是投資於定期產生利息收入的金融工具，如：定存、票券、債券等。目標是賺取固定收益，淨值會受利率趨勢等因素影響而波動。風險介於股票型基金與（類）貨幣型基金之間，是建構投資組合的重要資產之一，能扮演投資組合穩健的防禦性部位，有效降低整體風險。

二、決定替代方案與製作階層圖

根據以上所設定的情境、評價基準與替代方案，我們建立的三階層之階層圖如下：

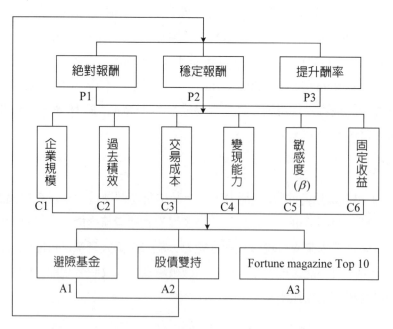

＊ Fortune magazine Top 10 為美國雜誌定義最敬佩的年度最佳十間公司股票

圖1

這裡針對圖 1 階層圖中之腳本與替代方案加以定義與說明：

表 1　腳本與替代方案之詳述表

腳本與其說明	
腳本	說明
腳本 1（p1）	重視絕對報酬
腳本 2（p2）	重視穩定報酬
腳本 3（p3）	重視提升報酬
替代方案與其說明	
方案	說明
替代方案 A	避險基金
替代方案 B	股債雙持
替代方案 C	Fortune magazine TOP 10

三、對評價項目進行成對比較並決定其比重

在各個評價項目的一對比較上，評價項目間的比較，將依據 Satty 教授所提出的方法：如果兩個項目重要性相等，則以分數「1」表示之；如果前項較後項具有絕對的重要性，則以分數「9」來表示。

表 2　ANP 一對比較評量尺度之表示方式

一對比較值	意義
1	兩個項目約同樣重要
3	前項目較後者稍微重要
5	前項目較後者重要
7	前項目較後者相當重要
9	前項目較後者絕對性的重要
2、4、6、8	用於補間
以上數值之倒數	由後面的項目看前面的項目時使用

資料來源：陳耀茂，（民 87），階層構造分析法入門

　　由於我們所研究的是進行投資組合之決策分析，所以在一對比較的重要度評量方面，我們是透過目前有從事相關產業工作的當事人或投資人，經由專家訪談法來進行調查，以掌握重要度的大小。根據 Saaty 教授所提供的整合度指標是小於 0.1 的。

（一）由替代方案看腳本之一對比較表

避險基金	絕對報酬	穩定報酬	提升報酬	比重
絕對報酬	1	7	3	0.659
穩定報酬	0.14	1	0.25	0.079
提升報酬	0.3	4	1	0.263

C.I. = 0.03

　　以替代方案 A 來看三個腳本，最重視依序是腳本 1、腳本 3、以及腳本 2。計算出比重依序如下。

替代方案 A……(0.659, 0.079, 0.263)

股債雙持	絕對報酬	穩定報酬	提升報酬	比重
絕對報酬	1	0.25	3	0.218
穩定報酬	4	1	6	0.691
提升報酬	0.3	0.166667	1	0.091

C.I. = 0.05

　　以替代方案 B 來看三個腳本，最重視依序是腳本 2、腳本 1、以及腳本 3。計算出比重依序如下。

替代方案 B……(0.218, 0.691, 0.091)

top 10	絕對報酬	穩定報酬	提升報酬	比重
絕對報酬	1	0.142857	0.3	0.081
穩定報酬	7	1	5	0.731
提升報酬	3	.2	1	0.188

C.I. = 0.06

以替代方案 C 來看三個腳本，最重視依序是腳本 2、腳本 3、以及腳本 1。
計算出比重依序如下。

替代方案 C……(0.081, 0.731, 0.188)

（二）由 3 個腳本來看各評價基準之一對比較表

絕對報酬	企業規模	過去績效	交易成本	變現能力	市場敏感	固定收益	比重
企業規模	1	0.25	2	2	0.25	0.2	0.076
過去績效	4	1	8	4	3	3	0.389
交易成本	0.5	0.12	1	0.2	0.14	0.16	0.031
變現能力	0.5	0.25	5	1	0.5	0.3	0.083
市場敏感	4	0.3	7	2	1	0.3	0.163
固定收益	5	0.3	6	3	3	1	0.259

C.I. = 0.08

以腳本 1（P1）來看六個評價基準，最重視的是過去績效，再來是固定收
益、變現能力、市場敏感、企業規模，最後是交易成本。計算出比重依序如下。

腳本 P1……(0.076, 0.389, 0.031, 0.083, 0.163, 0.259)

穩定報酬	企業規模	過去績效	交易成本	變現能力	市場敏感	固定收益	比重
企業規模	1	2	0.5	0.25	3	0.25	0.096
過去績效	0.5	1	0.5	0.3	2	0.5	0.087
交易成本	2	2	1	0.3	0.25	0.166667	0.126
變現能力	4	3	3	1	7	0.5	0.276
市場敏感	0.3	0.5	4	0.142857	1	0.25	0.044
固定收益	4	2	6	2	4	1	0.372

C.I. = 0.08

以腳本 2（P2）來看六個評價基準，最重視的是固定收益、變現能力、交易

成本、企業規模、過去績效，最後是市場敏感。計算出比重依序如下。

腳本 P2……(0.096, 0.087, 0.126, 0.276, 0.044, 0.372)

提升報酬	企業規模	過去績效	交易成本	變現能力	市場敏感	固定收益	比重
企業規模	1	0.5	2	2	2	2	0.1
過去績效	2	1	5	3	4	5	0.408
交易成本	0.5	0.2	1	0.3	0.3	0.5	0.055
變現能力	0.5	0.3	3	1	0.5	2	0.15
市場敏感	0.5	0.25	3	2	1	2	0.183
固定收益	0.5	0.2	2	0.5	0.5	1	0.104

C.I. = 0.05

以腳本 3（P3）來看六個評價基準，最重視的是過去績效，再來是市場敏感、變現能力、固定收益、企業規模，最後是交易成本。計算出比重依序如下。

腳本 P3……(0.1, 0.408, 0.055, 0.15, 0.183, 0.104)

（三）由各評價基準看替代方案之一對比較表

企業規模	避險基金	股債雙持	top 10	比重
避險基金	1	0.25	0.5	0.136
股債雙持	4	1	3	0.625
top 10	2	0.3	1	0.238

C.I. = 0.02

以評價基準 C1 來看三個替代方案，最重視的是股債雙持、top 10 以及避險基金。計算出比重依序如下。

企業規模……(0.136, 0.625, 0.238)

過去績效	避險基金	股債雙持	top 10	比重
避險基金	1	0.25	2	0.193
股債雙持	4	1	6	0.701
top 10	0.5	0.166667	1	0.106

C.I. = 0.01

　　以評價基準 C2 來看三個替代方案，最重視的是股債雙持、避險基金以及 top 10。計算出比重依序如下。

過去績效……(0.193, 0.701, 0.106)

交易成本	避險基金	股債雙持	top 10	比重
避險基金	1	0.5	4	0.333
股債雙持	2	1	5	0.57
top 10	0.25	0.2	1	0.097

C.I. = 0.02

　　以評價基準 C3 來看三個替代方案，最重視的是股債雙持、避險基金以及 top 10。計算出比重依序如下。

交易成本……(0.333, 0.57, 0.097)

市場敏感	避險基金	股債雙持	top 10	比重
避險基金	1	0.2	2	0.172
股債雙持	5	1	6	0.726
top 10	0.5	0.16	1	0.102

C.I. = 0.03

　　以評價基準 C4 來看三個替代方案，最重視的是股債雙持、避險基金以及 top 10。計算出比重依序如下。

變現能力……(0.172, 0.726, 0.102)

市場敏感	避險基金	股債雙持	**top 10**	比重
避險基金	1	0.3	2	0.238
股債雙持	3	1	4	0.625
top 10	0.5	0.25	1	0.136

C.I. = 0.02

以評價基準 C5 來看三個替代方案，最重視的是股債雙持、避險基金以及 top 10。計算出比重依序如下。

市場敏感……(0.238, 0.625, 0.136)

固定收益	避險基金	股債雙持	**top 10**	比重
避險基金	1	0.5	4	0.333
股債雙持	2	1	5	0.57
top 10	0.25	0.2	1	0.097

C.I. = 0.02

以評價基準 C6 來看三個替代方案，最重視的是股債雙持、避險基金以及 top 10。計算出比重依序如下。

固定收益……(0.333, 0.57, 0.097)

（四）透過 Dematel 法得到評價水準間的一對比較

	企業規模	過去績效	交易成本	變現能力	市場敏感	固定收益
企業規模	0	3	1	1	2	1
過去績效	2	0	2	3	3	2
交易成本	1	2	0	3	1	2
變現能力	3	3	2	0	1	2

	企業規模	過去績效	交易成本	變現能力	市場敏感	固定收益
市場敏感	2	2	2	3	0	1
固定收益	3	3	1	2	1	0

The direct-relation matrix

　　根據專家對問題主觀的認知，判斷元素兩兩間的關係。評估尺度為四種程度：0：沒有影響；1：稍微影響；2：有影響；3：影響很大。例如：以交易成本來看，約與企業規模、市場敏感同等重要，比過去績效、固定收益重要，而比變現能力重要很多，其他依此類推。

　　再依 Dematel 法可得出內部從屬矩陣：

	企業規模	過去績效	交易成本	變現能力	市場敏感	固定收益
企業規模	0.119625	0.150346	0.139127	0.134234	0.154816	0.13788
過去績效	0.193333	0.167958	0.201507	0.201742	0.213046	0.200589
交易成本	0.148303	0.155201	0.133621	0.166834	0.149836	0.167541
變現能力	0.190439	0.186172	0.187139	0.154195	0.174692	0.188129
市場敏感	0.168454	0.165237	0.17732	0.177242	0.143622	0.162395
固定收益	0.179846	0.175086	0.161286	0.165752	0.163989	0.143467

The inner dependence matrix

（五）超矩陣

　　由以上各階層的一對比較（替代方案看腳本之一對比較、3 個腳本看各評價基準之一對比較、評價基準看替代方案之一對比較），依序算出上面各階層的一對比較表之比重後，加上透過專家意見而得的內部從屬矩陣，可以進一步畫出超矩陣（W），但是必須計算到收斂的超矩陣（W^*）為止，才能得到最後的結果。

	絕對報酬	穩定報酬	提升報酬	企業規模	過去績效	交易成本	變現能力	市場敏感	固定收益	避險基金	股債雙持	top 10
絕對報酬	0	0	0	0	0	0	0	0	0	0.659	0.218	0.081
穩定報酬	0	0	0	0	0	0	0	0	0	0.079	0.691	0.731
提升報酬	0	0	0	0	0	0	0	0	0	0.263	0.091	0.188
企業規模	0.076	0.096	0.1	0.0598	0.0752	0.0696	0.0671	0.077	0.0689	0	0	0
過去績效	0.389	0.087	0.408	0.0967	0.084	0.1008	0.1009	0.107	0.1003	0	0	0
交易成本	0.031	0.126	0.055	0.0742	0.0776	0.0668	0.0834	0.075	0.0838	0	0	0
變現能力	0.083	0.276	0.15	0.0952	0.0931	0.0936	0.0771	0.087	0.0941	0	0	0
市場敏感	0.163	0.044	0.183	0.0842	0.0826	0.0887	0.0886	0.072	0.0812	0	0	0
固定收益	0.259	0.372	0.104	0.0899	0.0875	0.0806	0.0829	0.082	0.0717	0	0	0
避險基金	0	0	0	0.0685	0.0965	0.1665	0.086	0.119	0.1665	0	0	0
股債雙持	0	0	0	0.3125	0.3505	0.285	0.363	0.313	0.285	0	0	0
top 10	0	0	0	0.119	0.053	0.0485	0.051	0.069	0.0485	0	0	0

The unweighted supermatrix

最後結果為收斂的超矩陣,且 $\lim_{n \to \infty} M^n = M^*$,以下為收斂的結果。

	絕對報酬	穩定報酬	提升報酬	企業規模	過去績效	交易成本	變現能力	市場敏感	固定收益	避險基金	股債雙持	top 10
絕對報酬	0.078	0.078	0.078	0.078	0.078	0.078	0.078	0.078	0.078	0.078	0.078	0.078
穩定報酬	0.140	0.140	0.140	0.140	0.140	0.140	0.140	0.140	0.140	0.140	0.140	0.140
提升報酬	0.037	0.037	0.037	0.037	0.037	0.037	0.037	0.037	0.037	0.037	0.037	0.037
企業規模	0.059	0.059	0.059	0.059	0.059	0.059	0.059	0.059	0.059	0.059	0.059	0.059
過去績效	0.107	0.107	0.107	0.107	0.107	0.107	0.107	0.107	0.107	0.107	0.107	0.107
交易成本	0.062	0.062	0.062	0.062	0.062	0.062	0.062	0.062	0.062	0.062	0.062	0.062
變現能力	0.096	0.096	0.096	0.096	0.096	0.096	0.096	0.096	0.096	0.096	0.096	0.096
市場敏感	0.068	0.068	0.068	0.068	0.068	0.068	0.068	0.068	0.068	0.068	0.068	0.068
固定收益	0.118	0.118	0.118	0.118	0.118	0.118	0.118	0.118	0.118	0.118	0.118	0.118
避險基金	0.061	0.061	0.061	0.061	0.061	0.061	0.061	0.061	0.061	0.061	0.061	0.061
股債雙持	0.163	0.163	0.163	0.163	0.163	0.163	0.163	0.163	0.163	0.163	0.163	0.163
top 10	0.031	0.031	0.031	0.031	0.031	0.031	0.031	0.031	0.031	0.031	0.031	0.031

The unweighted supermatrix

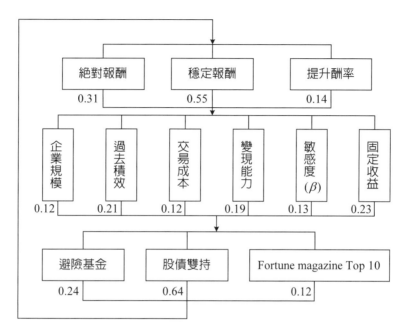

* Fortune magazine Top 10 為美國雜誌定義最敬佩的年度最佳十間公司的股票

圖2

（六）分析結果

　　從上面的結果可知，替代方案1（避險基金）其最重視絕對報酬，而爲了達到目的，其中固定收益項目與過去的績效表現最爲相關。而方案2（股債雙持）則相對重視穩定的報酬，其中以固定收益、變現能力與交易成本爲重，最後方案3（Fortune magazine Top 10）則是追求穩定的報酬與提高報酬率，其中以對市場的敏感性、過去的績效、變現力最爲相關。

　　從綜合目的也就是投資組合選擇方面來看，較爲重視腳本2（穩定報酬），所以其最佳的投資方案，依序爲：方案B（股債雙持）、方案A（避險基金）、方案C（Fortune magazine Top 10）。

柒　結論

　　對投資者而言，在眾多投資目的中（絕對報酬、穩定報酬、提升報酬），其

最為重視穩定報酬，也就是在高報酬的誘惑下，投資者更傾向於穩定、低風險。而為了達成穩定的報酬，其中標的是否有固定報酬、過往的績效是否佳、變現能力是否夠能有效抵擋變化萬千的市場，顯為重要。

透過這個研究也能了解資產配置的重要性，一個好的投資組合，除了過去的績效所顯示的未來價值，其中是否包含不受景氣影響的「固定收益」穩定其市場風險，另外還有變現的能力，是否能即時反應市場，都是降低風險不可或缺的因子。

參考文獻

一、中文部分

1. 陳耀茂，1998，階層構造分析法入門。
2. 何鄭陵，1987，證券投資──產經分析，華泰文化，臺北。
3. 李春生，2006，台指期貨投資決策點之研究，大業大學會計學系碩士班。
4. 楊朝成、陳勝源，2006，投資學，華泰文化，臺北。
5. 杜金龍，2006，最新技術指標在臺灣股市應用的訣竅，財訊出版，臺北。
6. 戴和勝，2004，應用層級分析法建構共同基金選取模型之研究，交通大學管理學院（國際經貿學程）研究所。
7. 鄭淯隆，2004，臺灣股市日內價格變動之研究，國立成功大學企業管理系。
8. 杜金龍，1999，基本分析：在臺灣股市應用的訣竅，金錢文化出版，臺北。
9. 陳建全，1998，臺灣股市技術分析之實證研究，臺灣大學商學研究所碩士論文。
10. 謝劍平，1996，現代投資與分析與管理，智勝文化出版社，臺北。
11. 樊多心，1996，股票投資決策之研究，中華大學工業研究所。
12. 簡禎富，2005，決策分析與管理，雙葉書廊，臺北。
13. 廖維苪，2007，股票與債券報酬相關性之研究──以 DCCX 模型為研究方法，國立交通大學。

二、英文部分

1. Satty, T. L., (1980), "The Analytic Hierarchy Process", New York: McGraw-Hill.

2. Zahedi, F., 1986, The Analytic Hierarchy Process-A Survey of the Method And its Applications, Interfaces 16, pp. 96- 108.

3. Sharpe, W. F., 1963, A Simplified Model for Portfolio Analysis, Management Science, Vol. 9, , pp. 277-293.

4. Ossadnik, W. and Lange, 0. , 1999, "AHP based evaluation of AHP software" European Journal of Operational Research, vol. 118, No. 3, pp. 578-588.

案例 8　以聯合分析和約略集合探討消費者對手機屬性的偏好與行為模式之研究

本文摘錄自前瞻管理學術與產業趨勢研討會，國立聯合大學，2010 年 5 月

摘　要

在我國目前的行動電話市場已呈現「人手一機」的情況下，行動電話儼然成為民生必需品。在行動電話市場已經趨於飽和的狀況下，為了達到增加銷售業績的目的，各家手機廠商與系統業者無不絞盡腦汁，欲了解消費者重視的屬性，並將其開發成各種型態的新型產品。而可能影響消費者選購的因素包羅萬象，包括手機品牌、價格、功能、造型、顏色等等，本研究所探討的是，如何找出其重要之手機產品屬性，以消費者所認同的手機產品屬性是否會因個人特質不同而有所差異。

本研究以顧客角度，試圖為手機廠商再次開發新型產品，針對現有的產品屬性，找出顧客真正需求及渴望的產品組合。因此本研究使用了聯合分析法及約略集合分析法進行研究。

聯合分析結果顯示，整體來說，重要度的排序為：「主要功能」（25.29%）>「外觀顏色」（21.06%）>「外觀造型」（19.44%）>「機型大小」（19.40%）>「輸入方式」（14.81%），表示消費者對於「主要功能」與「外觀顏色」之屬性最為重視，而最不重視之屬性則為「輸入方式」。其中消費者較喜愛之水準組合為「暗色系列」的外觀顏色；「大（螢幕大）」的機型大小；「注重影響」的主要功能；「平面的」的外觀造型；「鍵盤輸入」的輸入方式。

而在約略集合的研究結果顯示，在「外觀顏色」中，獲得較高的偏好為「暗色系列」；「機型大小」中，獲得較高偏好為「大（螢幕大）」；「主要功能」中，獲得較高的偏好為「注重影音」；「外觀造型」中，獲得較高偏好為「平面的」；「輸入方式」中，獲得較高偏好為「鍵盤輸入」，此分析結果與聯合分析結果是相同的。

　　另外，約略集合的分析在顧客不喜歡的產品組合中，較不重視明亮系列的外觀顏色；小（方便攜帶）的機型大小；注重遊戲的主要功能；有蓋的外觀造型；觸控式輸入的輸入方式。故在開發新產品時，要特別注意顧客的偏好屬性，盡量避免顧客不喜歡的偏好屬性。

關鍵詞：聯合分析、約略集合、偏好。

壹　緒論

一、研究背景與動機

　　隨著時代進步、科技日新月異，人們的生活型態也逐漸改變，尤其在講求效率、便利的生活環境中，人與人的溝通仰賴更多科技產品。以臺灣地區為例，根據國家通訊傳播委員會（NCC）提供的資料顯示，2009 年第 3 季臺灣的行動通信用戶數為 2,661 萬戶，手機門號人口普及率為 115.2%，也就是說，每 100 位臺灣民眾中，就持有 115 個手機門號。整體而言，此季整體行動通信用戶數較上一季提升 1.7%，顯示我國目前的行動電話市場，已經是呈現「人手一機」的情況，而行動電話儼然已成為民生必需品。在行動電話市場已趨於飽和的狀況下，為了達到增加銷售業績的目的，各家手機廠商與系統業者無不絞盡腦汁，欲了解消費者重視的屬性，並將其開發成各種型態的新型產品來吸引消費者的目光，並期望增加銷售量。

　　一般來說，消費者在選購手機之前，往往會透過簡單的資訊收集，先設定心目中較偏好的幾款手機。而可能影響消費者選購的因素包羅萬象，包括手機品牌、價格、功能、造型、顏色等等，本研究所探討的是，如何找出其重要之手機產品屬性，以及消費者所認同的手機產品屬性是不會因個人特質不同而有所差異。

二、研究目的

　　隨著手機的發展趨勢而言，手機的功能是越來越強大與完善，這是手機業者所面臨到的一個難題，要如何不斷推出新產品與開發新的功能，如何不斷吸引消費者的關注與愛戴。基於以上原因，本研究的目的為：

（一）了解目前手機產品之消費者使用行為現況。

（二）以聯合分析探討手機產品屬性內容重視情形。

（三）以約略集合分析探討消費者喜歡或不喜歡手機產品之行為模式。

貳　文獻探討

一、手機產品發展相關議題

表 1　影響手機發展的功能性指標與非功能性指標

功能性指標	(一) 相機功能
	(二) 音樂播放功能
	(三)A-GPS 功能
	(四)3.5G HSDPA 行動上網
非功能性指標	(一) 外觀造型走向輕、薄、短、小
	(二) 新興市場的掘起，帶動低價版手機的發展趨勢
	(三) 產品生命週期日益縮短

資料來源：本研究整理

二、聯合分析

在《商品企劃七工具中 2──深入解析篇》一書中（參見參考文獻 1）所提及，主要用聯合分析的原因一般來說有三（找尋顧客偏好之商品概念、取捨之分析以及市占率之分析），而本研究主要在尋找顧客偏好之商品概念，以期能夠了解顧客喜愛的產品屬性及水準，進而推出最佳產品組合。

聯合分析的用途為何，該書中亦有所提及：

（一）詢問商品的好惡（或是消費者購買意願）。

（二）藉由前項得知商品受喜歡的原因（消費者為何想要購買），以及每個要因的影響程度。

（三）其資料為各個商品的好惡程度、順序或者比較中的優劣等受訪者回答的情形。

承上所述的用途，聯合分析便是針對影響商品好惡的商品特徵（像是功能、

價格等），估計個別之效果。然而由於還牽涉到要因影響，也因此即使將顧客所偏好的商品特徵組合起來，也未必能得到正確的最佳組合。有鑑於此，聯合分析便是從商品的整體評價，來估計此商品各個要因的個別效果。

因此也可以說，聯合分析是分析顧客「偏好」（preference）的統計方法。而當使用聯合分析時，我們將會把要因稱為「屬性」，屬性是一種較為抽象的概念，而屬性的具體設定值我們則稱為「水準」（level）。

當我們把屬性中每個水準選出來，組成不同的「屬性輪廓」，並記述於不同的卡片上時，即稱之為「聯合卡」。當顧客對某張卡的屬性輪廓很中意時，便可得知顧客的需求能藉由該商品滿足，而滿足的程度即稱為「商品效用」。

三、約略集合理論（Rough Set Theory, RST）

Pawlak（1991）早在 1982 年便提出了約略集合理論，由於具有不需任何前提假設或關於資料的多餘資訊的優點，以及處理不確定性資料及知識簡化的特性，近年來廣泛應用於資料探勘領域。Ziarko（1991）認為，約略集合研究的是資料的結構關係（structural relationships），而非機率分配（probability distributions），且以決策表（decision table）而非決策樹（decision tree）進行資料處理。

約略集合理論可有效地解決資料縮減、挖掘資料相關性、估計資料顯著性、將自資料所得之決策理論一般化、資料概略分類、挖掘資料的相似或相異處、挖掘資料模型以及挖掘因果關係，特別是應用於醫療、藥理學、商業、銀行業、市場研究、工程設計、氣象學、震動分析、衝突分析、影像處理、聲音辨識、決策分析等各項領域（陳利詮，2002）。

了解約略集合理論的優點與特性以及應用範圍之後，接下來說明其基本操作流程。約略集合理論於分析資料時，首先形成條件屬性之不可區分關係，再根據上、下限近似集（lower and upper approximation sets）之運算，作為資料分類準則，而 Han 與 Kamber（2001）指出，為了更精簡決策規則，約略集合將屬性刪減與找尋核心的概念融入其中，產生所有可能的最小屬性集合（reducts），達到最佳判別效果，最後，經由一連串的運算，即得到所有可能的決策分類規則（decision classific- ation rules）。

本研究有別於過去之研究，利用約略集合推論出消費者對產品屬性組合感到

滿意的決策規則，同時也推論出不滿意的決策規則，有助於新產品開發人員掌握消費者偏好及不偏好的購買行為模式。此外，也利用聯合分析找出消費者對產品所偏好的屬性組合，就兩者所得出的結論進行比較。

參　研究方法

一、研究架構

本研究礙於經費與時間之限制，無法針對母體進行普查，故本研究即以東海大學學生為本研究的樣本。本研究先由產品及手機的特性決定出屬性，再由各屬性中找出水準，利用五項屬性與水準，建立出本研究的手機產品輪廓，利用所設計出的聯合卡，作為問卷設計之基本素材，並透過聯合分析及約略集合，了解顧客潛在核心偏好之產品屬性；再針對聯合分析及約略集合分析做比較。

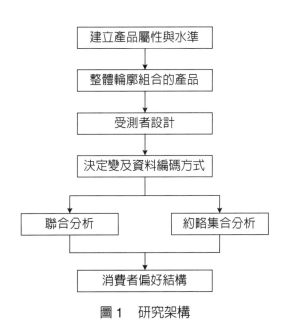

圖 1　研究架構

二、研究方法

（一）決定手機款式的屬性與屬性水準

本研究探問卷方式來收集資料，根據研究架構，問卷分為三個部分，第一部分為使用情況設計，第二部分為正規卡的回答，第三部分為個人基本資料，正規卡的設計過程敘述如下：

依照聯合分析之步驟，本研究先進行產品屬性之決定，經由專家之訪談與文獻之驗證後，認為有五項屬性適用於手機，再就這五項屬性觀察市場現況，決定出以下水準，本研究所設計對手機預期之產品屬性與水準，分述如下表：

表 2　產品屬性與水準

屬性一：外觀顏色 　　水準 1：明亮系列 　　水準 2：暗色系列	屬性四：外觀造型 　　水準 1：有蓋的 　　水準 2：平面的
屬性二：機型大小 　　水準 1：大（螢幕大） 　　水準 2：小（方便攜帶）	屬性五：輸入方式 　　水準 1：鍵盤輸入 　　水準 2：觸控式輸入
屬性三：主要功能 　　水準 1：注重影響 　　水準 2：注重遊戲	

資料來源：本研究整理

（二）建立受測體

根據以上的屬性水準，將會有 $2 \times 2 \times 2 \times 2 \times 2 = 32$ 種不同的受測組合，然而若要受訪者決定 32 種組合的順位排序，因為過於麻煩而遭拒答的機率可能會提升許多。考量到這個因素，本研究使用 SPSS 的直交設計，將受測組合縮減到 8 個，也就是 8 張正規卡，一共排序 8 個受測組合，此 8 個受測組合如下表所示：

表 3　受測組合

編號	外觀顏色	機型大小	主要功能	外觀造型	輸入方式
1	暗色系列	小	影音	有蓋的	觸控式
2	明亮系列	小	遊戲	有蓋的	觸控式
3	明亮系列	大	影音	有蓋的	鍵盤
4	明亮系列	大	遊戲	平面的	觸控式
5	明亮系列	小	影音	平面的	鍵盤
6	暗色系列	大	遊戲	有蓋的	鍵盤
7	暗色系列	小	遊戲	平面的	鍵盤
8	暗色系列	大	影音	平面的	觸控式

資料來源：本研究整理

　　接著運用文字描述，進行正規卡片的設計，請消費者依其偏好填寫對於 8 張正規卡的偏好順序，順位越前者，表示消費者越喜歡該產品屬性之組合，此即全概念法中之順位法，收集完資料後，使用 SPSS 進行統計分析。

三、研究對象與問卷設計

（一）研究對象

　　本研究的樣本主要以東海大學的學生為研究對象，由於本研究先進行預備調查，因此發放 10 份做為前測資料，為日後進行大規模調查之參考。有效的回收問卷共有 10 份。

（二）問卷內容設計

　　本研究的問卷內容共分為三大部分。第一部分主要目的在於了解消費者使用手機的情形。第二部分為正規卡的回答，主要探討受測者對手機的偏好。第三部分是關於受測者的個人基本資料，包含性別、年齡。

肆 資料分析

一、聯合分析的分析結果

（一）整體受試者

如下表所述，本次實驗 Kendall's tau 值等於 0.714 大於 0.5，表示應可充分相信此聯合分析之結果。整體來說，重要度的排序為：「主要功能」（25.29%）>「外觀顏色」（21.06%）>「外觀造型」（19.44%）>「機型大小」（19.40%）>「輸入方式」（14.81%），表示消費者對於「主要功能」之屬性最為重視，而最不重視之屬性則為「輸入方式」。

在偏好屬性水準方面，由下表得知，消費者較喜愛「暗色系列」的外觀顏色，「大（螢幕大）」的機型大小，「注重影音」的主要功能，「平面的」的外觀造型以及「鍵盤輸入」的輸入方式。

表 4　聯合分析結果──整體受試者

屬性	重要度（%）		水準	屬性效用值
外觀顏色	21.06		明亮系列	-.5278
			暗色系列	.5278
機型大小	19.40		大（螢幕大）	.6389
			小（方便攜帶）	-.6389
主要功能	25.29		注重影音	.6667
			注重遊戲	-.6667
外觀造型	19.44		有蓋的	-.3333
			平面的	.3333
輸入方式	14.81		鍵盤輸入	.2500
			觸控式輸入	-.2500
綜合	10	常數	4.5000	
Pearson's R = .854 Kendall's tau = .714				

資料來源：本研究整理

（二）依性別區分

　　如下表可以發現，男性和女性在屬性的偏好順序上有所不同。最重視的屬性
上，男性最重視的為「機型大小」，其餘重要性均等。女性最重視的屬性為「主
要功能」，最不重視的屬性則為「輸入方式」。

　　但以整體來說，男性較喜愛「暗色系列」的外觀顏色，「大（螢幕大）」的
機型大小，「注重影音」的主要功能，「平面的」外觀造型以及「鍵盤輸入」的
輸入方式，而女性較喜愛「暗色系列」的外觀顏色，「大（螢幕大）」的機型大
小，「注重影響」的主要功能，「平面的」外觀造型以及「鍵盤輸入」的輸入方
式。

表5　聯合分析結果──依性別區分

屬性	重要度（%）		水準	屬性效用值	
	男（n=3）	女（n=7）		男（n=3）	女（n=7）
外觀顏色	21.06	23.81	明亮系列	-0.3333	-0.6250
			暗色系列	0.3333	0.6250
機型大小	19.40	23.81	大（螢幕大）	0.6667	0.6250
			小（方便攜帶）	-0.6667	-0.6250
主要功能	25.29	31.75	注重影音	0.3333	0.8333
			注重遊戲	-0.3333	-0.8333
外觀造型	19.44	12.70	有蓋的	-0.3333	-0.3333
			平面的	0.3333	0.3333
輸入方式	14.81	7.94	鍵盤輸入	0.3333	0.2083
			觸控式輸入	-0.3333	-0.2083
總合	10	常數	4.5000		

資料來源：本研究整理

二、約略集合的分析結果

　　本研究利用 POSE 系統作為約略集合模式的作業平臺，約略集合模式的好處
在於不需將變數進行因素分析，只要經過核心與屬性刪減運算，即可萃取出重要
的變數，再列出所有可能的最小屬性集（all possible reducts），並更進一步找出

決策規則（Decision Rule; DR）。

（一）本研究已經透過 SPSS 的直交設計，將受測組合縮減至 8 個，也就是 8 張正規卡，並將此 8 張正規卡設計出的問卷，交由 10 位受訪者，依照偏好順序排序，並將此十筆資料中偏好 1 和偏好 2 的兩張正規卡設定為顧客喜歡的產品，決策屬性設為 1，偏好 7 及偏好 8 設定為不喜歡的產品，決策屬性設為 2，藉此分析消費者對產品組合中各產品屬性之偏好程度。

使用 ROSE 系統進行屬性刪減與核心，但此步驟無法確切找出決策偏好的核心屬性，且因這八張正規卡是透過 SPSS 的直交設計，將受測組合縮減到八個，而此八張正規卡之性質是相互直交，因識別矩陣是用來合併產品屬性，故在識別矩陣步驟中無法產生結果。

透過 Satisfactory Description 分析消費者之滿意水準，資料分類結果如下表，先以 Rule 1 作為說明。Rule 1 的判斷根據為「外觀顏色＝明亮系列」，也就是產品屬性外觀顏色中的明亮系列，占所有手機屬性偏好的 35%（7/20），即為 Rule 1 的規則強度（C.I.）。

Rule 2 的判斷根據為「外觀顏色＝暗色系列」，也就是產品屬性外觀顏色中的暗色系列，占所有手機屬性偏好的 65%（13/20），即為 Rule 2 的規則強度。其他 Rule 則以此類推，消費者之滿意水準，結果如下：

rule 1.（外觀顏色＝明亮系列）$\Rightarrow$（y = 喜歡 1）；[7, 7, 35.00%, 100.00%] [7]

rule 2.（外觀顏色＝暗色系列）$\Rightarrow$（y = 1）；[13, 13, 65.00%, 100.00%] [13]

rule 3.（機型大小＝大（螢幕大））$\Rightarrow$（y = 1）；[15, 15, 75.00%, 100.00%] [15]

rule 4.（主要功能＝注重影音）$\Rightarrow$（y = 1）；[11, 11, 55.00%, 100.00%] [11]

rule 5.（主要功能＝注重遊戲）$\Rightarrow$（y = 1）；[9, 9, 45.00%, 100.00%] [9]

rule 6.（外觀造型＝有蓋的）$\Rightarrow$（y = 1）；[9, 9, 45.00%, 100.00%] [9]

rule 7.（外觀造型＝平面的）$\Rightarrow$（y = 1）；[11, 11, 55.00%, 100.00%] [11]

rule 8.（輸入方式＝鍵盤輸入）$\Rightarrow$（y = 1）；[12, 12, 60.00%, 100.00%] [12]

rule 9.（輸入方式＝觸控式輸入）$\Rightarrow$（y = 1）；[8, 8, 40.00%, 100.00%] [8]

由此可知，在「外觀顏色」中，獲得較高的滿意度為「暗色系列」；「機型大小」中，獲得較高滿意度為「大（螢幕大）」；「主要功能」中，獲得較高的滿意度為「注重影音」；「外觀造型」中，獲得較高滿意度的為「平面的」；「輸入方式」中，獲得較高滿意度的為「鍵盤輸入」。

　　（二）接著，從 10 位受訪者，依照偏好順序排序，並將此 10 筆資料中偏好 7 和偏好 8 的兩張正規卡設定為顧客不喜歡的產品組合，藉此分析消費者對產品組合中各產品屬性之不偏好程度。

　　透過 Satisfactory Description 分析消費者之滿意水準，資料分類結果如下表，先以 Rule 4 作為說明。Rule 4 的判斷根據為「主要功能＝注重遊戲」，也就是產品屬性主要功能中的注重遊戲，占所有手機屬性偏好的 75%（15/20），即為 Rule 4 的規則強度，表示消費者對此產品屬性較不重視。其他 Rule 則以此類推，消費者之滿意水準，結果如下：

rule 1.（外觀顏色＝暗色系列）$\Rightarrow$（y = 喜歡 2）：[7, 7, 35.00%, 100.00%] [7]

rule 2.（外觀顏色＝明亮系列）$\Rightarrow$（y =2）：[13, 13, 65.00%, 100.00%] [13]

rule 3.（機型大小＝小（方便攜帶））$\Rightarrow$（y = 2）：[15, 15, 75.00%, 100.00%] [15]

rule 4.（主要功能＝注重遊戲）$\Rightarrow$（y =2）：[15, 15, 75.00%, 100.00%] [15]

rule 5.（外觀造型＝有蓋的）$\Rightarrow$（y =2）：[15, 15, 75.00%, 100.00%] [15]

rule 6.（輸入方式＝鍵盤輸入）$\Rightarrow$（y =2）：[8, 8, 40.00%, 100.00%] [8]

rule 7.（輸入方式＝觸控式輸入）$\Rightarrow$（y =2）：[12, 12, 60.00%, 100.00%] [12]

三、聯合分析與約略集合之分析結果比較

表 6　結果比較

產品屬性	屬性水準	聯合分析	約略集合（顧客喜歡的產品組合）	約略集合（顧客不喜歡的產品組合）
外觀顏色	明亮系列			●
	暗色系列	◎	◎	
機型大小	大（螢幕大）	◎	◎	
	小（方便攜帶）			●
主要功能	注重影音	◎	◎	
	注重遊戲			●
外觀造型	有蓋的			●
	平面的	◎	◎	
輸入方式	鍵盤輸入	◎	◎	
	觸控式輸入			●

資料來源：本研究整理

由上表得知，聯合分析和約略集合分析在顧客喜歡的產品組合中，重視暗色系列的外觀顏色；大（螢幕大）的機型；注重影音的主要功能；平面的外觀造型；鍵盤輸入的輸入方式，兩者都有一致的結果。

在約略集合的分析中，顧客不喜歡的產品組合是，明亮系列的外觀顏色；小（方便攜帶）的機型；注重遊戲的主要功能；有蓋的外觀造型；觸控式輸入的輸入方式。故在開發新產品時要特別注意顧客的偏好屬性，設法避免顧客不喜歡的偏好屬性爲宜。

伍　結論與建議

一、研究結論

本研究運用聯合分析與約略集合的分析結果，發現在手機的五個屬性中，其中「外觀顏色」、「機型大小」、「主要功能」與「外觀造型」和「輸入方式」此五個項目之屬性水準結果皆相同。

另外在聯合分析中發現，整體來說重要度的排序爲：「主要功能」（25.29%）>「外觀顏色」（21.06%）>「外觀造型」（19.44%）>「機型大小」（19.40%）>「輸入方式」（14.81%），表示消費者對於「主要功能」最爲重視，而最不重視之屬性則爲「輸入方式」。以主要功能來說，視覺影音是消費者最注重的功能，由於現在流行手機照相與錄影，一方面可以省去隨身攜帶相機的不便，另一方面更能留下美好的片刻，方便記錄當下與成爲日後的回憶，因此，視覺影音功能長時間以來都是消費者非常重視的因素。

再者，「外觀顏色」是第二重視的屬性。外觀顏色會影響消費者第一眼看到的感覺，許多大學生在挑選手機時會考慮到明亮系列容易汙損的問題，因此會對於「暗色系列」的手機款式特別喜愛。

「外觀造型」是第三重視的屬性。市面上擁有多種款式的手機造型供消費者選擇，包括最大衆化的平面機種與造型獨特的摺疊機、滑蓋機等，使得消費者有更多樣化的造型選擇，但由於有蓋的機種在蓋子接觸點容易有接觸不良的問題，造成消費者對基本款的平面機種會特別喜愛。

至於「輸入方式」是大學生最不重視的，因爲在傳達訊息時，若能達到基本

訴求，學生們最不會去在意輸入方式如何。

　　在約略集合的分析中，特別可以發現顧客較不重視明亮系列的外觀顏色；喜歡小（方便攜帶）的機型；注重遊戲的主要功能；喜歡有蓋的外觀造型；喜歡觸控式輸入的輸入方式。故在開發新產品時要特別注意顧客的偏好屬性，盡量避免顧客不喜歡的偏好屬性為宜。

二、研究建議

　　當手機款式開發公司在設計手機時，必須去了解消費者的喜好屬性，抓住使用者的心，且在這個人手一機的市場裡，許多消費者會受到朋友與同好的影響而購買相同的手機。手機產品生命週期短且求新求變，在手機的設計上若無法突破現有格局，將很難受到消費者的喜好與購買。本研究顯示，在大學生族群中，「主要功能」的手機款式是較受大學生喜愛的，因此，若要搶占大學生的市場，應朝向「注重影音」的遊戲類型去設計、製作，並在開發新產品時也要注意顧客不喜歡的產品屬性，針對顧客不喜歡的偏好屬性應該忽略甚至是避免。藉由以上原則設計出符合大眾偏愛的遊戲款示，一定都能受到歡迎。

參考文獻

1. 神田範明等著，陳耀茂譯（2002），商品企劃七工具 2——深入解讀篇，中衛發展中心。

2. 陳耀茂著（2005），圖式問題解決法，中衛發展中心。

3. 真成知己著，陳耀茂譯（2006），聯合分析的 SPSS 使用手冊，鼎茂圖書出版股份有限公司。

4. 吳尚儒（2005），產品功能與消費者生活型態之屬性關聯研究，國立臺北大學企業管理研究所碩士論文。

5. 林奕志（2007），屬性範圍對消費者購買評估之影響——以手機廣告為例，國立成功大學電信管理研究所碩士論文。

6. 李慧慈（2004），利用約略集合論預測網路銀行使用意願，私立南臺科技大學國際企業研究所碩士論文。

7. 王派洲（2005），利用約略集合理論預測燒燙傷患者死亡率，私立南臺科技

大學國際企業研究所。

8. 陳秀蓉（2003），手機文化之探討，生活科技教育月刊，36（2）。

9. 陳淑倩（2007），手機廠商的發展策略與挑戰，拓墣產業研究所。

10. 蘇昱霖（2007），手機產業發展趨勢，通訊研究中心，拓墣產業研究所。

11. 資策會電子商務研究所：http://www.find.org.tw/

12. 東方快線網路市調：http://www.eolembrain.com.tw/Latest_View. aspx?SelectID=101

國家圖書館出版品預行編目資料

決策分析：方法與應用／陳耀茂著. -- 初版.
-- 臺北市：五南，2019.07
　　　面； 公分
　　　ISBN 978-957-763-485-6 (平裝)

1.決策管理

494.1　　　　　　　　　　　108009922

5B39

決策分析──方法與應用

作　　者 ─ 陳耀茂（270）

發 行 人 ─ 楊榮川

總 經 理 ─ 楊士清

總 編 輯 ─ 楊秀麗

主　　編 ─ 王正華

責任編輯 ─ 金明芬

封面設計 ─ 姚孝慈

出 版 者 ─ 五南圖書出版股份有限公司

地　　址：106台北市大安區和平東路二段339號4樓

電　　話：(02)2705-5066　　傳　　真：(02)2706-6100

網　　址：http://www.wunan.com.tw

電子郵件：wunan@wunan.com.tw

劃撥帳號：01068953

戶　　名：五南圖書出版股份有限公司

法律顧問　林勝安律師事務所　林勝安律師

出版日期　2019年7月初版一刷

定　　價　新臺幣750元

經典永恆・名著常在

五十週年的獻禮——經典名著文庫

五南，五十年了，半個世紀，人生旅程的一大半，走過來了。

思索著，邁向百年的未來歷程，能為知識界、文化學術界作些什麼？

在速食文化的生態下，有什麼值得讓人雋永品味的？

歷代經典・當今名著，經過時間的洗禮，千錘百鍊，流傳至今，光芒耀人；

不僅使我們能領悟前人的智慧，同時也增深加廣我們思考的深度與視野。

我們決心投入巨資，有計畫的系統梳選，成立「經典名著文庫」，

希望收入古今中外思想性的、充滿睿智與獨見的經典、名著。

這是一項理想性的、永續性的巨大出版工程。

不在意讀者的眾寡，只考慮它的學術價值，力求完整展現先哲思想的軌跡；

為知識界開啟一片智慧之窗，營造一座百花綻放的世界文明公園，

任君邀遊、取菁吸蜜、嘉惠學子！